机械工程学科研究生教学用书

最优化理论与方法

Optimal Theories and Methods

黄 平 主编
孟永钢 副主编

清华大学出版社
北京

内容简介

本书系统地介绍了在机械工程学科中常用的最优化理论与方法，分为线性规划与整数规划、非线性规划、智能优化方法、变分法与动态规划4个篇次，共15章。第1篇包含最优化基本要素、线性规划和整数规划。在介绍优化变量、目标函数、约束条件和数学建模等最优化的基本内容后，讨论了线性规划求解基本原理和最常用的单纯形方法，然后给出了两种用于整数线性规划的求解方法。在第2篇的非线性规划中，包含了非线性规划数学分析基础、一维最优化方法、无约束多维最优化方法、约束非线性规划方法等。第3篇的智能优化方法包括启发式搜索方法、Hopfield神经网络优化方法、模拟退火法与均场退火法、遗传算法等内容。在第4篇中，介绍了变分法、最大(小)值原理和动态规划等内容。各章都配备了习题。

本书可作为高等院校机械工程一级学科各专业的最优化理论与方法课程的研究生教材和教师的教学和科研参考书，也可作为其他相关专业的教学用书，以及从事生产规划、优化设计和最优控制方面工作的工程技术与科研人员的参考用书。

图书在版编目(CIP)数据

最优化理论与方法/黄平主编. —北京：清华大学出版社，2009.2(2025.5重印)
ISBN 978-7-302-19153-7

Ⅰ. 最…　Ⅱ. 黄…　Ⅲ. 最优化理论　Ⅳ. O224

中国版本图书馆CIP数据核字(2008)第205910号

责任编辑：张秋玲
责任校对：王淑云
责任印制：沈　露

出版发行：清华大学出版社
网　　址：https://www.tup.com.cn, https://www.wqxuetang.com
地　　址：北京清华大学学研大厦A座　　**邮　　编**：100084
社 总 机：010-83470000　　**邮　　购**：010-62786544
投稿与读者服务：010-62776969，c-service@tup.tsinghua.edu.cn
质量反馈：010-62772015，zhiliang@tup.tsinghua.edu.cn
印 装 者：三河市君旺印务有限公司
经　　销：全国新华书店
开　　本：175mm×245mm　　**印　　张**：19.5　　**字　　数**：469千字
版　　次：2009年2月第1版　　**印　　次**：2025年5月第10次印刷
定　　价：56.00元

产品编号：030903-03

前言

PREFACE

最优化理论与方法是工科研究生学习的一门主干课。该课程主要教授研究生一些实用的最优化理论和方法，使其在今后的研究中能够运用这些理论和方法，在设计、制造和选材等方面获得结构、电路和过程的最优解。

以往大多数的最优化方法课程和书籍专业性较强，常被分为生产规划类的线性规划、机械类的优化设计、计算机类的智能优化和电子类的最优控制等不同课程。随着科学技术的发展，各学科间的交叉与融合越来越紧密，一项科学研究需要应用不同学科的理论与方法已经是极为普遍的，因此这也对最优化理论与方法的研究生教学提出了新的要求。为了适应学科发展现状，我们在多年实践的基础上，编写了本书，以介绍成熟的最优化理论与方法为主，适当介绍最优化理论的新的研究成果和发展趋势，为研究生将来开展的论文研究提供最优化方面的理论基础与实用方法。

本书较系统地介绍了在工科中常用的最优化理论与方法，分为线性规划与整数规划、非线性规划、智能优化方法、变分法和动态规划 4 个篇次，共 15 章。第 1 篇包含最优化基本要素、线性规划和整数规划 3 章。线性规划在工业、农业、商业、交通运输、军事和科学研究的各个领域有广泛应用。例如，在资源有限的情况下，如何合理使用人力、物力和资金等资源，以获取最大效益；如何组织生产、合理安排工艺流程或调整产品成分等，使所消耗的资源(人力、设备台时、资金、原材料等)为最少等。在介绍了最优化的基本内容后，讨论了线性规划求解的基本原理和最常用的单纯形方法，并给出了用于整数线性规划的求解方法。第 2 篇所述内容是 20 世纪中期形成的一个方向，随着计算机技术的发展，出现了许多有效的算法，并得到了快速发展。非线性规划广泛应用于机械设计、工程管理、经济生产、科学研究和军事等方面。这一篇的主要内容包含非线性规划数学基础、一维最优化方法、无约束多维非线性规划方法、约束问题的非线性规划方法和多目标最优化 5 章，这些内容是非线性规划中最基本也是最重要的，可以为优化设计等提供有力的工具。第 3 篇是智能优化方法。智能优化算法有别于一般的按照图灵机进行精确计算的程序，是对计算机模型的一种新的诠释，它模拟自然过程、生物或人类思维等方式来求解最优化问题。例如，模拟退火法源于物质的退火过程，遗传算法借鉴了生物进化思想，神经网络模拟了人脑的思维等。其中一些方法可以解决组合优化或较有效处理“局部极值”和“全局极值”等问题。智能优化方法很多，本书选取了启发式搜索方法、Hopfield 神经网络优化方法、模拟退火法与均场退火法、遗传算法 4 章内容。第 4 篇包括变分法及其在最优控制中的应用、最大(小)值原理和动态规划共 3 章，这些内容是解决最优控制问题的主要方法。最优控制广泛应用于控制系统、燃料控制系统、能耗控制系统、线性调节器等最优综合和设计场合。

本书介绍的最优化理论与方法范围较宽，包括了目前各工程类专业在科学研究与应用时常用的和主要的方法与手段，这些是作为一名工科研究生需要学习和掌握的。另外，为了兼顾不同学科的特点，在某些内容上具有一定的理论深度。但是本书的重点是让学生掌握这些内容的基本理论和基本方法。考虑到教学时数的限制，书中给出了适当的算例，而具体的工程应用实例有待于学生在今后的研究中进一步学习和领会。本书各章均配备了习题，可作为高等院校机械工程一级学科各专业的最优化理论与方法课程的研究生教材和教师的教学和科研参考书，也可作为其他相关专业的教学用书，以及作为从事生产规划、优化设计和最优控制方面工作的工程技术与科研人员的参考用书。

本书主编为黄平，副主编为孟永钢。具体参加本书各章内容编写工作的是：李旻(第 1～5 章)、孟永钢(第 6,7 章)，黄平(第 8,9,13 章)、胡广华(第 10,11 章)、邱志成(第 12 章)、刘旺玉(第 14 章)、孙建芳(第 15 章)。在本书编写工作中，我们参考和引用了许多国内外的书籍和文献等材料，为此我们向这些作者表示衷心的感谢，这些参考文献都列在本书各章的后面。另外，由于作者的水平所限，难免存在不足和错误，希望读者给予批评指正。

编者

2008 年 10 月 30 日

Preface

Theories and methods of optimization is one of the main subjects for engineering graduate students. The purpose of this subject is to teach graduate students some common and useful theories and methods of optimization so that they can use the knowledge in design, manufacturing and material selection to obtain the optimal solution of a structure, a circuit or a process.

Most of the traditional text books on optimization are discipline oriented, usually dividing into different courses of operation research, optimal machine design, intelligent optimization and optimal control. Along with the development of science and technology, interdisciplinary merging and fusion become closer and tighter. Nowadays it is quite often to apply theories and methods in different fields to solve problems in scientific researches. To meet the demands of scientific development, the education of theories and methods of optimization for graduate students should be improved. Based on the teaching practice in the past several years, the authors have compiled this new text book, which mainly covers the well-developed theories and methods of optimization, adding a few topics of advances in optimization theory. The book provides the knowledge of basic theories and practical methods of optimization for graduate students to carry out their research work.

The subject matters of this book are grouped into 4 parts in total 15 chapters, linear programming and integer linear programming, nonlinear programming, intelligent optimization methods, calculus of variations and dynamic programming, collecting most of the theories and methods of optimization commonly used in engineering. In the first part of linear programming, 3 chapters of basic elements of optimization, linear programming and integer linear programming are included. Linear programming is of wide applications in industry, agriculture, business, transportation, military operations and scientific researches. For an example, under the condition of finite resources, linear programming can be used to make a plan of the distribution of human, material and financial resources for getting the maximum gain. Meanwhile, consumption of resources can be reduced to minimum by production planning, process rationalization and/or ingredient modification with the optimization method. At first fundamentals of optimization theories are introduced.

Then the principles of linear programming and the simplex method are discussed. In addition, the scheme of integer linear programming is described in this part. The second part is on the nonlinear programming which is a branch formed in the middle of the 20th century. Accompanying with the development of digital computers, nonlinear programming has been growing rapidly, and many effective algorithms has appeared. Nowadays, nonlinear programming has been widely used in machine design, project management, production, scientific research activities and military affairs. In this part there are 5 chapters, including basic mathematics of nonlinear optimization, optimization methods for single argument problems, unconstrained multivariate problems and constrained nonlinear programming, which are the most fundamental and important contents of nonlinear programming, and powerful tools for optimal design. The third part is on intelligent optimization methods, which provide new interpretation of computing, differing from the precise calculation programs of Turing machines. Intelligent optimization methods are inspired from nature, and mimic of natural evolution and biological thinking processes to find optimal solutions. Simulated annealing method, for instance, mimics the annealing process of substances, while genetic algorithm refers to the evolution of organisms, and neural network is a model of human brain. Some of the intelligent optimization methods can effectively solve the problem of "local maxima" or "whole maxima". Among many intelligent optimization methods, the heuristic search method, Hopfield neural network optimization method, the simulated annealing method and mean field annealing method, and the genetic algorithm are selected and included in the book. The last part of the book consists of 3 chapters of calculus of variations and its applications in optimal control, maximum principle and dynamic programming, which are the major methods for solving optimal control problems. Optimal control is widely applied in the fields of system control, fuel consumption control, energy consumption control and linear adjustors.

The major feature of this book is the broadness of its contents, covering most of the common optimization methods used in different engineering disciplines, which are necessary knowledge for engineering graduate students to be mastered. Considering the different requirements for the students in different fields, the book puts emphasis on the fundamentals of theories and methods of optimization although a part of them more theoretical are also included. Because of the limited course time in one semester, practical engineering problems are not discussed much in the book, leaving them for students to study in the future, while giving some relative simple examples. In the end of each chapter, exercises are prepared for students to do. This book can be used as a textbook for post-graduates majoring in mechanical engineering. It can also serve as a rcference book for university teachers and students in their teaching and research work as well as for the researchers and engineers who work on operation research, optimal design or optimal control.

The author in chief of this book is Huang Ping, and the associate author is Meng Yonggang. The following authors took part in the following compilations of the book, Li Min (Chapter 1-5), Meng Yonggang (Chapter 6 and 7), Huang Ping (Chapter 8, 9 and 13), Hu Guanghua (Chapter 10 and 11), Qiu Zhicheng (Chapter 12), Liu Wangyu (Chapter 14), and Sun Jianfang (Chapter 15). During the compilation of the book, we have referred and cited many publications which are listed in the references. To all of the authors of the references, we extend our most sincere thanks. The authors welcome hearing from readers about any errors of fact or omission that may undoubtedly existed in the book.

Authors

October 30, 2008

CONTENTS

目录

第1篇　线性规划与整数规划

第2篇 非线性规划

第3篇 智能优化方法

第4篇 变分法与动态规划

CONTENTS

Part 1 Linear Programming and Integer Programming

Part 2 Non-Linear Programming

1

第1篇

线性规划与整数规划

1 最优化基本要素

求解实际的最优化问题一般要进行两项工作。第一是将实际问题抽象地用数学模型来描述,包括选择优化变量,确定目标函数,给出约束条件;第二是对数学模型进行必要的简化,并采用适当的最优化方法求解数学模型。

建立优化数学模型是求解优化问题的基础,有了正确、合理的模型,才能选择适当的方法来求解。数学模型的建立要求具备与实际问题有关的专业技术知识,确定优化追求的目标,并推导出相应的目标函数;分析影响目标函数的因素有哪些,它们之间的相互关系如何,选择哪些参数作为优化变量,同时又受到哪些约束条件的限制。优化变量、目标函数和约束条件是最优化问题数学模型的 3 个基本要素。

1.1 优化变量

一个实际的优化方案可以用一组参数(如几何参数、物理参数、工作性能参数等)来表示。在这些参数中,有些根据要求在优化过程中始终保持不变,这类参数称为常量。而另一些参数的取值则需要在优化过程中进行调整和优选,一直处于变化的状态,这类参数称为优化变量(或称为决策变量、设计变量)。优化变量必须是独立的参数。例如,如果将矩形的长和宽作为优化变量,则其面积就不是独立参数,不能再作为优化变量了。

优化变量的全体可以用向量来表示。包含 n 个优化变量的优化问题称为 n 维优化问题,这些变量可以表示成一个 n 维列向量,即

$$\boldsymbol{x}=\begin{bmatrix}x_1\\x_2\\\vdots\\x_n\end{bmatrix}=[x_1,x_2,\cdots,x_n]^{\mathrm{T}} \tag{1-1}$$

式中,$x_i(i=1,2,3,\cdots,n)$表示第 i 个优化变量。当 x_i 的值都确定之后,向量 $\boldsymbol{x}$ 就表示一个优化方案。

对于二维优化问题,$\boldsymbol{x}=[x_1,x_2]^{\mathrm{T}}$ 可以用以 x_1,x_2 为坐标轴的平面直角坐标系中始于原点、终于点(x_1,x_2)的向量来表示,如图 1-1(a)所示。对于三维优化问题,

$\boldsymbol{x}=[x_1,x_2,x_3]^{\mathrm{T}}$ 可以用以 x_1,x_2,x_3 为坐标轴的空间直角坐标系中始于原点、终于点(x_1,x_2,x_3)的向量来表示，如图 1-1(b)所示。

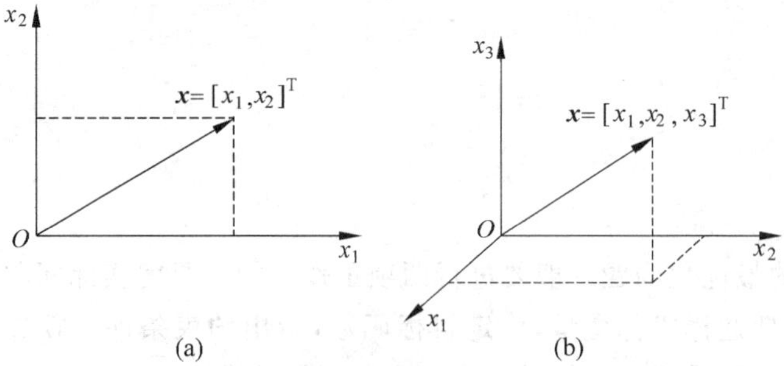

图 1-1 二维平面与三维空间

(a) 二维坐标系；(b) 三维坐标系

当 $n>3$ 时，向量 $\boldsymbol{x}$ 就无法用以 $x_1,x_2,\cdots,x_n$ 为坐标轴组成的空间图表示出来，该空间是一个抽象的超空间，称为 n 维空间，或称为 n 维欧氏空间。因为优化变量 x_i ($i=1,2,\cdots,n$)都是实数，所以这 n 个独立变量组成的 n 维向量空间是一个 n 维实空间，用 R^n 表示。具有 n 个优化变量的优化问题的每一个方案 $\boldsymbol{x}$ 都对应于 n 维向量空间的一个向量或一个点。

优化变量的个数(优化问题的维数)称为自由度。优化变量的个数越多，自由度就越大，可供选择的方案就越多，优化的难度就越大，计算的程序也越复杂，计算量也越大。所以在建立数学模型时，应尽可能把对优化目标没有影响或者影响不大的参数作为常量，而只把对优化目标影响显著的参数作为优化变量，以减少优化变量的数目，而又尽量不影响优化效果。

自由度为 2～10 的优化问题一般认为是小型优化问题；自由度为 10～50 的优化问题一般认为是中型优化问题；自由度大于 50 的优化问题则认为是大型优化问题。

优化变量的取值可以是连续变化的，也可以是离散的；优化变量的取值范围可以是无限的，也可以是有限的。

1.2 目标函数

目标函数是用优化变量来表示的优化目标的数学表达式，是方案好坏的评价标准，故又称为评价函数。目标函数通常表示为

$$f(\boldsymbol{x})=f(x_1,x_2,\cdots,x_n) \tag{1-2}$$

求解优化问题的实质，就是通过改变优化变量获得不同的目标函数值，通过比较目标函数值的大小来衡量方案的优劣，从而找出最优方案。目标函数的最优值可能

是最大值，也可能是最小值，在建立优化问题的数学模型时，一般将目标函数的求优表示为求极大或极小。

目标函数的极小化可以表示为

$$f(\boldsymbol{x}) \rightarrow \min \text{ 或 } \min f(\boldsymbol{x})$$

目标函数的极大化可以表示为

$$f(\boldsymbol{x}) \rightarrow \max \text{ 或 } \max f(\boldsymbol{x})$$

求目标函数 $f(\boldsymbol{x})$的极大化等效于求目标函数 $-f(\boldsymbol{x})$的极小化。为规范起见，将求目标函数的极值统一表示为求其极小值。

在优化问题中，如果只有一个目标函数，则其为单目标函数优化问题；如果有两个或两个以上目标函数，则其为多目标函数优化问题。目标函数越多，对优化的评价越周全，综合效果也越好，但是问题的求解也越复杂。

一个优化向量 $\boldsymbol{x}$ 确定 n 维空间中的一个方案点，每一个方案点都有一个相应的目标函数值 $f(\boldsymbol{x})$与其对应；但是对于目标函数值 $f(\boldsymbol{x})$的某一定值 C，却可能有无穷多个方案点与其对应。目标函数值相等的所有方案点组成的集合称为目标函数的等值曲面。对于二维问题，这个点集为等值曲线；对于三维问题，这个点集为等值曲面；对于多维问题，这个点集为超曲面。

二维问题的目标函数图形可以在三维空间表示出来。图 1-2 所示为某二维问题的目标函数 $f(\boldsymbol{x})$的曲面。令目标函数 $f(\boldsymbol{x})$的值分别为 a,b,c,d，则与这些函数值相对应的方案点的集合是 x_1Ox_2 坐标平面内的一簇曲线，每条曲线上的各点都对应相等的目标函数值，这些曲线即为等值线。从图 1-2 可以看出，等值线族反映了目标函数值的变化规律，等值线越往里，目标函数值越小。对于有中心的曲线族来说，等值线簇的中心即为目标函数的无约束极小点 $\boldsymbol{x}^*$。所以从几何意义来说，求目标函数的无约束极小值点就是求其等值线簇的中心。

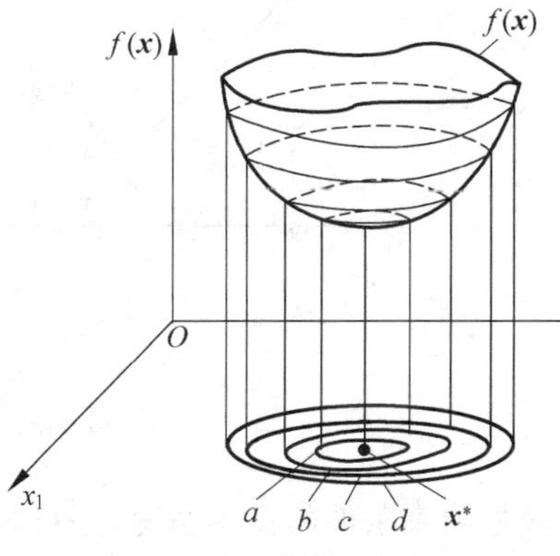

图 1-2　二维目标函数的等值线

1.3　约束条件

约束条件是在优化中对优化变量取值的限制条件，可以是等式约束，也可以是不等式约束。

等式约束的形式为

$$h_l(\boldsymbol{x}) = 0, \quad l = 1,2,\cdots,L \tag{1-3}$$

不等式约束更为普遍，形式为

$$g_m(\boldsymbol{x}) \leqslant 0, \quad m = 1,2,\cdots,M \tag{1-4}$$

式中，L 和 M 分别表示等式约束和不等式约束的个数。其中，等式约束的个数 L 必须小于优化变量的个数 n，如果相等，则该优化问题就成了没有优化余地的既定系统。等式约束 $h_l(\boldsymbol{x})=0$ 也可以用 $h_l(\boldsymbol{x})\leqslant 0$ 和 $-h_l(\boldsymbol{x})\leqslant 0$ 两个不等式约束来代替。不等式约束 $g_m(\boldsymbol{x})\geqslant 0$ 可以用 $-g_m(\boldsymbol{x})\leqslant 0$ 的等价形式代替。

根据约束性质的不同，约束可以分为边界约束和性能约束两类。边界约束直接用来限制优化变量的取值范围，如长度变化的范围。性能约束则是根据某种性能指标要求推导出来的限制条件，如零件的强度条件。

满足所有约束条件的方案点的集合称为可行区域，简称可行域，用 D 表示，如图 1-3 所示。可行域可以是无限集、有限集，或者是空集。可行域内的方案点称为可行方案点，简称可行点(或内点)，否则称为不可行方案点(或外点)。当方案点位于某个不等式约束的边界上时，称为边界点。边界点是可行点，是该约束所允许的极限方案。图 1-3(b)中，$\boldsymbol{x}_1$ 为可行点，$\boldsymbol{x}_3$ 为不可行点，$\boldsymbol{x}_2$ 为边界点。

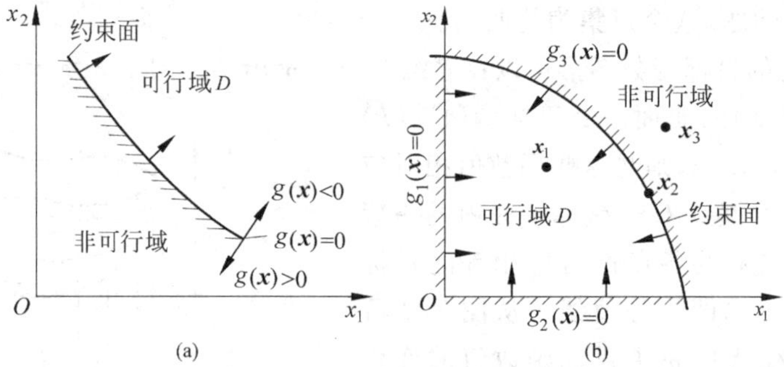

图 1-3 二维问题的可行与非可行域

(a) 半无限可行域；(b) 有限可行域

根据约束条件的作用情况，还可将约束划分为起作用约束(又称紧约束、有效约束)和不起作用约束(又称松约束、无效约束)。若优化问题的可行点 $\boldsymbol{x}_k$ 落在某个不等式约束 $g_m(\boldsymbol{x})\leqslant 0$ 的边界上，即 $\boldsymbol{x}_k$ 使该约束 $g_m(\boldsymbol{x}_k)=0$，则称该约束为 $\boldsymbol{x}_k$ 的一个起作用约束，否则为不起作用约束。对于每一个可行点 $\boldsymbol{x}_k$ 来说，等式约束都是起作用约束。

对同一优化目标来说，约束条件越多，可行域就越小，可供选择的方案也就越少，计算求解的工作量也随之增大。所以，在确定约束条件时，应在满足要求的前提下，尽可能减少约束条件的数量。同时也要注意避免出现重复的约束、互相矛盾的约束和线性相关的约束。

例 1-1 分析以下约束优化问题的可行和非可行域：

$$g_1(\boldsymbol{x}) = x_1^2 + x_2^2 - 16 \leqslant 0$$

$$g_2(\boldsymbol{x}) = 2 - x_2 \leqslant 0$$

解：约束 $g_1(\boldsymbol{x})$表示的是以坐标原点为圆心，半径为 4 的圆内区域(包含边界)。约束 $g_2(\boldsymbol{x})$表示的是以直线 $x_2=2$ 为界的上半平面(包含边界)。图 1-4 中 D 为可行区域，它是由直线 $x_2=2$ 和圆 $x_1^2+x_2^2=16$ 上的圆弧 ABC 所围成的区域(包括线段 AC 和圆弧 ABC)。

解毕。

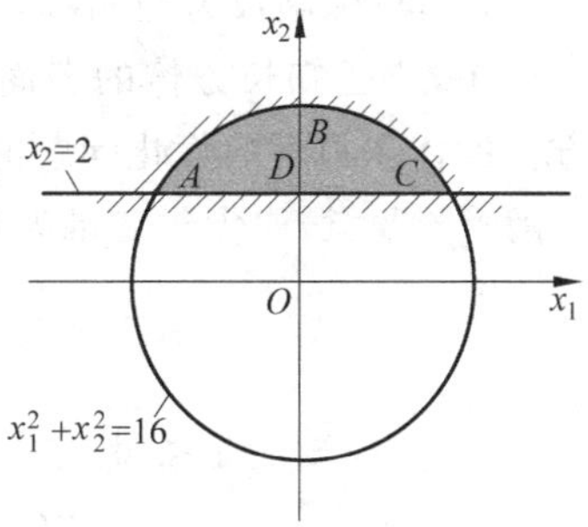

图 1-4 例 1-1 图

1.4 最优化问题的数学模型及分类

根据以上讨论，由优化变量、目标函数和约束条件三要素所组成的最优化问题的数学模型可以表述为：在满足约束条件的前提下，寻求一组优化变量，使目标函数达到最优值。一般约束优化问题数学模型的基本表达方式为

$$\begin{aligned} &\min f(\boldsymbol{x}), && \boldsymbol{x} \in D \subset R^n \\ &\text{s.t.} \quad h_l(\boldsymbol{x}) = 0, && l = 1,2,\cdots,L \\ &\qquad g_m(\boldsymbol{x}) \leqslant 0, && m = 1,2,\cdots,M \end{aligned} \tag{1-5}$$

式中，s. t. 为“subject to”的缩写，表示“受约束于”或“满足于”的意思。当 $L=0$ 时即为不等式约束优化问题；当 $M=0$ 时即为等式约束优化问题；当 $L=0,M=0$ 时，便退化为无约束优化问题。

最优化问题的类别很多，可以从不同角度分类。以下是一些常见的分类和名称：

(1) 按照约束的有无，可分为无约束优化问题和有约束优化问题。

(2) 按照优化变量的个数，可分为一维优化问题和多维优化问题。

(3) 按照目标函数的数目，可分为单目标优化问题和多目标优化问题。

(4) 按照目标函数与约束条件线性与否，可分为线性规划问题和非线性规划问题。当目标函数是优化变量的线性函数，且约束条件也是优化变量的线性等式或不等式时，称该优化问题为线性规划问题；当目标函数和约束条件中至少有一个是非线性时，称该优化问题为非线性规划问题。

(5) 当目标函数 $f(\boldsymbol{x})$为优化变量的二次函数，$h_l(\boldsymbol{x})$和 $g_m(\boldsymbol{x})$均为线性函数时，则该优化问题称为二次规划问题。

(6) 当优化变量中有一个或一些只能取整数时，称为整数规划；如果只能取 0 或 1，则称为 0-1 规划；如果只能取某些离散值，则称为离散规划。

(7) 当优化变量随机取值时，称为随机规划。

(8) 当目标函数为凸函数，可行域为凸集时，称该优化问题为凸规划问题。

例 1-2 已知长方体的表面积为 S，试建立以该长方体的长、宽、高为变量，使该长方体的体积最大的优化问题的数学模型。

解：依题意，取优化变量为长 x_1、宽 x_2、高 x_3，目标函数为长方体体积的相反数，有

$$f(\boldsymbol{x}) = -x_1x_2x_3$$

同时 x_1, x_2, x_3 要满足条件

$$2(x_1x_2 + x_2x_3 + x_3x_1) = S$$

并且长、宽、高要为正数，所以 $x_1 > 0, x_2 > 0, x_3 > 0$。

因此，该问题的数学模型为

$$\begin{aligned} &\min f(\boldsymbol{x}) = -x_1x_2x_3 \\ &\text{s.t.} \quad h(\boldsymbol{x}) = 2(x_1x_2 + x_2x_3 + x_3x_1) - S = 0 \\ &\qquad\ \ g_1(\boldsymbol{x}) = -x_1 < 0 \\ &\qquad\ \ g_2(\boldsymbol{x}) = -x_2 < 0 \\ &\qquad\ \ g_3(\boldsymbol{x}) = -x_3 < 0 \end{aligned}$$

解毕。

1.5 最优化方法概述

1.5.1 最优化方法的分类

一个好的优化方法应该做到总计算量小、存储量小、精度高、逻辑结构简单。

对于能用数学模型表达的优化问题，所用的求优方法称为数学优化法，其中包括数学规划法和最优控制法。最优控制问题又可以通过离散化等措施转化为数学规划问题来处理，所以一般以讨论数学规划法为主。对于难以抽象出合适的数学模型的优化问题，根据情况可以采用经验推理、方案对比、人工智能、专家系统或准则法求优。

根据优化机制与行为的不同，常用的优化方法主要可分为经典算法、构造型算法、改进型算法、基于系统动态演化的算法和混合型算法等。

1. 经典算法

经典算法包括线性规划、动态规划、整数规划和分枝定界等运筹学中的传统算法，其算法计算一般很复杂，只适于求解小规模问题，在工程中往往不实用。

2. 构造型算法

构造型算法是用构造的方法快速建立问题的解，通常算法的优化质量差，难以满足工程需要。譬如，调度问题中的典型构造型方法有 Johnson 法、Palmer 法、Gupta 法、CDS 法、Daunenbring 快速接近法、NEH 法等。

3. 改进型算法

改进型算法也称为邻域搜索算法。从任一解出发,通过对其邻域的不断搜索和当前解的替换来实现优化。根据搜索行为不同,邻域搜索算法又可分为局部搜索法和指导性搜索法。局部搜索法是以局部优化策略在当前解的邻域中进行搜索。例如,只接受优于当前解的状态作为下一当前解的爬山法;接受当前解邻域中的最好解作为下一当前解的最陡下降法等。指导性搜索法是利用一些指导规则来指导整个解空间中优良解的搜索,如SA,GA,TS等。

4. 基于系统动态演化的算法

这种方法是将优化过程转化为系统动态的演化过程,基于系统动态的演化来实现优化,如神经网络和混沌搜索等。

5. 混合型算法

这种方法是将上述各算法从结构或操作上相混合而产生的各类算法。

按照求优的途径不同,优化方法可分为数值法(直接法)、解析法(间接法)、实验法、图解法和情况比较法等,但在实际应用中以数值法和解析法为主。解析法是利用数学解析方法(如微分法、变分法等)求目标函数的极值点。数值法即为数值迭代法,它是利用已知的和再生的信息,沿着使目标函数值下降的方向,经过反复迭代,逐步向目标函数的最小值点逼近的方法。

在经典的极值问题中,解析法虽然具有概念简明、计算精确等优点,但因只能适用于简单或特殊问题的寻优,对于复杂的问题通常无能为力,所以极少使用。常用的优化方法多采用数值迭代法求解。随着计算机软、硬件技术的发展,数值迭代法得到越来越广泛的应用。

1.5.2 数值迭代法及其终止准则

数值迭代法的求优过程简述如下。

首先选一个尽可能接近极小值点的初始点 $\boldsymbol{x}_0$,按一定原则选择可行方向 $\boldsymbol{s}_0$,沿 $\boldsymbol{s}_0$ 方向移动步长 α_0 移动到 $\boldsymbol{x}_1$ 点,使得 $f(\boldsymbol{x}_1)<f(\boldsymbol{x}_0)$,即

$$\boldsymbol{x}_1 = \boldsymbol{x}_0 + \alpha_0\boldsymbol{s}_0$$

且满足

$$f(\boldsymbol{x}_1)<f(\boldsymbol{x}_0)$$

再从 $\boldsymbol{x}_1$ 点出发,沿可行方向 $\boldsymbol{s}_1$ 移动步长 α_1 移动到 $\boldsymbol{x}_2$ 点,使得 $f(\boldsymbol{x}_2)<f(\boldsymbol{x}_1)$。如此继续,不断向极值点 $\boldsymbol{x}^*$ 靠近,如图1-5所示。

中间过程的每一步迭代搜索均按下式进行:

$$\boldsymbol{x}_{k+1} = \boldsymbol{x}_k + \alpha_k\boldsymbol{s}_k \tag{1-6}$$

并且要满足

$$f(\boldsymbol{x}_{k+1}) < f(\boldsymbol{x}_k) \tag{1-7}$$

式中,$\boldsymbol{x}_k$ 为前一步求得的方案点,α_k 为本次迭代的步长,$\boldsymbol{s}_k$ 为本次迭代的搜索方向,$\boldsymbol{x}_{k+1}$ 为本次迭代所求的新方案点。

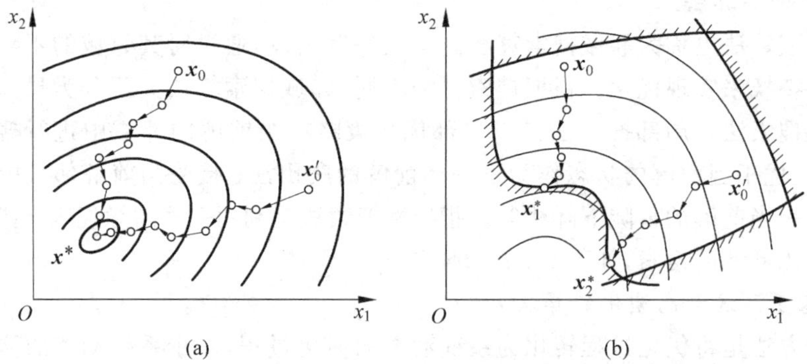

图 1-5 二维优化问题的数值迭代求解过程示意图
(a) 求无约束最优解的迭代过程；(b) 求约束最优解的迭代过程

上述一系列迭代计算是依据“爬山法”的思想，就是将寻求目标函数极小值点(无约束或约束极小值点)的过程比喻为向“山顶”攀登的过程，不断向更“高”的方向挺进，直至到达“山顶”。当然“山顶”可以理解为目标函数的极大值，也可以理解为极小值，前者称为上升算法，后者称为下降算法。这两种算法都有一个共同的特点，就是每前进一步都应该使目标函数值有所改善，同时还要为下一步移动的搜索方向提供有用的信息。

如果是下降算法，每次迭代获得的新方案点应该为使目标函数值有所下降的可行点。如图 1-5(a)所示，对于无约束优化问题，从不同的初始点出发都收敛于同一极值点，因此最终可获得非常接近目标函数理论最优点的近似最优点 $\boldsymbol{x}^*$。对于约束优化问题，每个新方案点除了要满足式(1-6)和式(1-7)之外，还要检查其可行性，并且从不同的初始点出发，可能会得到不同的极值点，如图 1-5(b)所示。

从式(1-6)和式(1-7)可以看出，迭代求优的核心是搜索方向 $\boldsymbol{s}_k$ 和步长 α_k 的确定，不同的迭代求优方法也主要是在这个核心问题上显示出各自的特色。

数值迭代求优过程中，各新方案点不断向理论最优点靠拢，从理论上来说可以无限靠近，但不能真正到达。此外，从实际需要和经济角度考虑，也没有必要追求问题的精确解。因此，必须确定迭代计算终止准则，当求得足够近似的最优点 $\boldsymbol{x}^*$ 时，即可终止迭代计算。

数值迭代计算常用的终止准则有以下 3 种：

(1) 点距准则。用相邻两迭代点的向量差的模作为终止迭代的依据，当相邻两次优化迭代点之间的距离为充分小时终止迭代，即

$$\| \boldsymbol{x}_{k+1} - \boldsymbol{x}_k \| \leqslant \varepsilon_1 \tag{1-8}$$

(2) 函数值下降量准则。用两次迭代点的目标函数值之差作为终止迭代的判据，当相邻两点的目标函数值之差为充分小时终止迭代，即

$$\| f(\boldsymbol{x}_{k+1}) - f(\boldsymbol{x}_k) \| \leqslant \varepsilon_2 \tag{1-9}$$

或

$$\frac{\| f(\boldsymbol{x}_{k+1}) - f(\boldsymbol{x}_k) \|}{\| f(\boldsymbol{x}_k) \|} \leqslant \varepsilon_3 \tag{1-10}$$

(3) 梯度准则。用目标函数在迭代点处的梯度作为终止迭代的判据，当迭代点逼近极值点时，目标函数在该点的梯度将变得充分小，即

$$\| \nabla f(\boldsymbol{x}_k) \| \leqslant \varepsilon_4 \tag{1-11}$$

以上各式中 $\varepsilon_i(i=1,2,3,4)$为收敛精度值，应根据实际情况和所用迭代方法确定。这 3 种准则分别从不同角度反映了方案点逼近极值点的程度，但都有其局限性。在实际的优化过程中，以上准则可单独使用，也可综合使用。譬如，当目标函数值变化剧烈时，虽满足 $\| \boldsymbol{x}_{k+1} - \boldsymbol{x}_k \| \leqslant \varepsilon_1$，但 $f(\boldsymbol{x}_{k+1})$和 $f(\boldsymbol{x}_k)$相差太大；或目标函数值变化平缓，但 $\boldsymbol{x}_{k+1}$和 $\boldsymbol{x}_k$ 相差甚远，因此需要同时采用点距准则和函数值下降量准则进行判断。

习题

1-1 对边长为 a 的正方形铁板，在 4 个角处剪去相等的正方形以制成方形无盖水槽。如何剪能使水槽的容积最大？列出目标函数、约束条件并求解。

1-2 设计一体积为 5m^3，长度不小于 4m 的无盖铁皮箱子。若铁皮的单位面积密度是常数，试确定其长、宽、高的尺寸使其质量最小。

1-3 一矩形截面悬臂梁如图 1-6 所示，其体积质量密度为 m。要求在自重条件下自由端挠度不超过 δ_0 的条件下，按最轻重量确定其最佳截面尺寸，试建立其优化数学模型。设材料的弹性模量 E 已知，长度 l 一定，梁的截面弯曲惯性矩 $I=\frac{bh^3}{12}$。

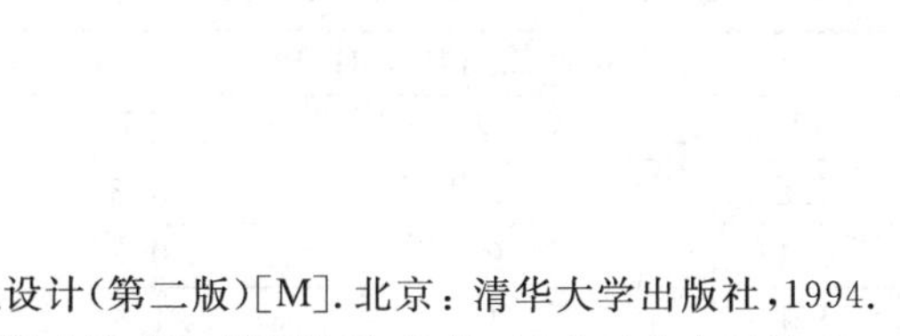

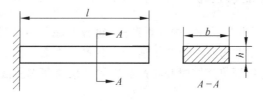

图 1-6 题 1-3 图

参考文献

1. 刘惟信. 机械最优化设计(第二版)[M]. 北京：清华大学出版社，1994.
2. 陈立周. 机械优化设计方法(第三版)[M]. 北京：冶金工业出版社，2005.
3. 陈秀宁. 机械优化设计[M]. 杭州：浙江大学出版社，1991.
4. 唐焕文，等. 实用最优化方法[M]. 大连：大连理工大学出版社，2002.
5. 陈宝林. 最优化理论与算法[M]. 北京：清华大学出版社，1998.
6. 袁亚湘，孙文瑜. 最优化理论与方法[M]. 北京：科学出版社，1999.

2 线性规划

在生产管理和经营活动中，经常会遇到两类问题：一类是在资源有限的情况下，如何合理地使用现有的劳动力、设备、资金等资源，以得到最大的效益；另一类是在目标一定的前提下，如何组织生产，或合理安排工艺流程，或调整产品的成分等，以使所消耗的资源（人力、设备台时、资金、原材料等）为最少。这些问题常常可以化成或近似地化成线性规划问题。线性规划（linear programming，LP）是数学规划中发展最早的分支之一，自其诞生以来，已被应用到工业、农业、商业、交通运输、军事行动和科学研究的各个领域。随着计算机技术的发展，线性规划为社会创造的财富越来越多。

本章首先通过实例引出线性规划问题，然后介绍线性规划的数学模型、可行解、基本可行解等概念，最后给出求解线性规划问题的基本理论和方法。

2.1 线性规划数学模型

2.1.1 线性规划问题实例

例 2-1 某电器厂生产甲、乙、丙 3 种产品，每种产品的生产都要经过零件加工、表面处理和装配 3 个工艺过程。表 2-1 所示为各产品在各工艺过程所消耗的工时、该厂在各工艺过程的每周可用工时和各产品所能带来的利润。试建立使总利润最大的数学模型。

表 2-1 电器厂甲、乙、丙 3 种产品的生产情况

工艺过程	单位产品所耗工时/h			每周可用工时/h
	甲	乙	丙	
零件加工	4.2	6.1	5.3	8300
表面处理	0.4	0.7	0.3	3700
装配	1.1	1.9	1.4	4100
单位产品利润/元	7	9	8	

解：设甲、乙、丙 3 种产品的每周计划产量分别为 x_1，x_2 和 x_3 件，它们不能任意取值，因为产量不能为负，因此必有 $x_j \geqslant 0, j=1,2,3$；此外，各工艺过程的消耗工时都不能超过各自每周的可用量。生产者总是希望在以上条件下使产量 x_1，x_2 和 x_3

带来的总利润最大。

设可获总利润为 f 元，则 $f(\boldsymbol{x})=7x_1+9x_2+8x_3$，故求解该问题的数学模型为

$$\max f(\boldsymbol{x}) = 7x_1 + 9x_2 + 8x_3$$
$$\text{s.t.} \quad 4.2x_1 + 6.1x_2 + 5.3x_3 \leqslant 8300$$
$$0.4x_1 + 0.7x_2 + 0.3x_3 \leqslant 3700$$
$$1.1x_1 + 1.9x_2 + 1.4x_3 \leqslant 4100$$
$$x_j \geqslant 0, \quad j = 1,2,3$$

解毕。

例 2-2 某养殖场每日要为鱼类购买饲料以使其获取甲、乙、丙、丁 4 种营养成分。目前市场上可选择的鱼饲料有 A，B 两种，每种饲料的养分含量以及各种养分的每日需求量如表 2-2 所示。试建立在满足鱼类营养需要的前提下，购买 A，B 饲料各多少千克以使开支最少的数学模型。

表 2-2 每种饲料的养分含量以及各种养分的每日需求量

饲料	单价/元	每千克所含营养成分			
		甲	乙	丙	丁
A	13	0.3	0.1	0.2	0.6
B	9	0.1	0.4	0.3	0.5
鱼类每日的养分需求量/kg		3000	4500	4000	7500

解：设应分别购买 A，B 饲料 x_1，x_2 千克，则所购两种饲料所含的各种营养成分之和都不得低于鱼类每日的各种养分需求量。

设购买饲料开支为 f 元，则 $f(\boldsymbol{x})=13x_1+9x_2$，故求解该问题的数学模型为

$$\min f(\boldsymbol{x}) = 13x_1 + 9x_2$$
$$\text{s.t.} \quad 0.3x_1 + 0.1x_2 \geqslant 3000$$
$$0.1x_1 + 0.4x_2 \geqslant 4500$$
$$0.2x_1 + 0.3x_2 \geqslant 4000$$
$$0.6x_1 + 0.5x_2 \geqslant 7500$$
$$x_j \geqslant 0, \quad j = 1,2$$

解毕。

以上例子归结出的数学模型属于同一类问题，即在一组线性等式或不等式的约束之下，求一个线性目标函数的最大值或最小值问题，这类问题称为线性规划问题。

2.1.2 线性规划的数学模型

由于具体问题的不同，线性规划问题可能有不同的形式，如求目标函数最大或最小值、有无等式或不等式约束、设计变量有无符号要求等。

1. 线性规划问题的一般形式

线性规划问题的一般形式为

$$
\begin{aligned}
\min f(\boldsymbol{x}) &= c_1x_1+c_2x_2+\cdots+c_nx_n \\
\text{s.t.}\quad & a_{i1}x_1+a_{i2}x_2+\cdots+a_{in}x_n=b_i,\quad i=1,2,\cdots,p \\
& a_{i1}x_1+a_{i2}x_2+\cdots+a_{in}x_n\geqslant b_i,\quad i=p+1,\cdots,m \\
& x_j\geqslant 0,\quad j=1,2,\cdots,q \\
& x_j\gtreqless 0,\quad j=q+1,\cdots,n
\end{aligned}
\tag{2-1}
$$

或写成

$$
\begin{aligned}
\min f(\boldsymbol{x}) &= \sum_{j=1}^{n}c_jx_j \\
\text{s.t.}\quad & \sum_{j=1}^{n}a_{ij}x_j=b_i,\quad i=1,2,\cdots,p \\
& \sum_{j=1}^{n}a_{ij}x_j\geqslant b_i,\quad i=p+1,\cdots,m \\
& x_j\geqslant 0,\quad j=1,2,\cdots,q \\
& x_j\gtreqless 0,\quad j=q+1,\cdots,n
\end{aligned}
\tag{2-2}
$$

式中，$f(\boldsymbol{x})=\sum\limits_{j=1}^{n}c_jx_j$ 为目标函数；$x_j(j=1,2,\cdots,n)$ 为待定的设计变量；c_j，b_i 和 a_{ij} 是给定的常数；$\sum\limits_{j=1}^{n}a_{ij}x_j=b_i(i=1,2,\cdots,p)$ 为 p 个等式约束；$\sum\limits_{j=1}^{n}a_{ij}x_j\geqslant b_i(i=p+1,\cdots,m)$ 为 $m-p$ 个不等式约束；$x_j\geqslant 0$ 称为非负变量约束；条件 $x_j\gtreqless 0$ 表示变量 x_j 可取正值、负值或零，这样的变量称为符号无限制变量或自由变量。

2. 线性规划问题的标准形式

为了便于问题的讨论，规定线性规划问题的标准形式为

$$
\begin{aligned}
\min f(\boldsymbol{x}) &= \sum_{j=1}^{n}c_jx_j \\
\text{s.t.}\quad & \sum_{j=1}^{n}a_{ij}x_j=b_i,\quad i=1,2,\cdots,m \\
& x_j\geqslant 0,\quad j=1,2,\cdots,n
\end{aligned}
\tag{2-3}
$$

式中，n 为设计变量的个数，m 为等式约束方程的个数。

本章将主要讨论标准形式的线性规划问题，对于非标准形式的线性规划问题，可以通过以下方法将其转化成标准形式。

3. 线性规划问题的标准化

由于优化目标和约束条件因实际情况而有所不同，可以将非标准形式的线性规划问题转化为标准形式。

1）不等式约束转化为等式约束

（1）若约束条件由不等式

$$\sum_{j=1}^{n} a_{ij}x_j \leqslant b_i, \quad i=1,2,\cdots,m$$

组成，则可以引进松弛变量将其变成如下等式形式：

$$\begin{cases} \sum_{j=1}^{n} a_{ij}x_j + x_{n+i} = b_i, & i=1,2,\cdots,m \\ x_{n+i} \geqslant 0, & i=1,2,\cdots,m \end{cases}$$

需要指出的是，将不等式约束转化成等式约束的代价为：变量的个数将有所增加，从而优化过程的工作量也就相应地有所增加。

（2）若约束条件由不等式

$$\sum_{j=1}^{n} a_{ij}x_j \geqslant b_i, \quad i=1,2,\cdots,m$$

组成，则可以引进剩余变量将其变成如下等式形式：

$$\begin{cases} \sum_{j=1}^{n} a_{ij}x_j - x_{n+i} = b_i, & i=1,2,\cdots,m \\ x_{n+i} \geqslant 0, & i=1,2,\cdots,m \end{cases}$$

2）求目标函数最大值转化为求目标函数最小值

若实际问题是求最大化问题，即 $\max z = \sum_{j=1}^{n} c_j x_j$，则可以给 z 加上负号并令 $f(\boldsymbol{x}) = -z$ 将其转化为等价的最小化问题，即

$$\min f(\boldsymbol{x}) = -\sum_{j=1}^{n} c_j x_j$$

3）自由变量转化为非负变量

若变量 x_j 为自由变量，则可以引入两个非负变量 x'_j 和 x''_j，将其表示成

$$\begin{cases} x_j = x'_j - x''_j \\ x'_j \geqslant 0 \\ x''_j \geqslant 0 \end{cases}$$

事实上，当 $x'_j \geqslant x''_j$ 时，$x_j \geqslant 0$；当 $x'_j \leqslant x''_j$ 时，$x_j \leqslant 0$。

例 2-3 将例 2-1 的模型化为标准形式。

解：（1）对于含有“$\leqslant$”的 3 个不等式约束，需要将它们转化成等式约束，因此必须分别加入松弛变量 x_4，x_5 和 x_6。

（2）例 2-1 是求目标函数最大值，需要转化成求目标函数最小值的形式，即令 $f_1(\boldsymbol{x}) = -f(\boldsymbol{x}) = -(7x_1 + 9x_2 + 8x_3)$，于是可得标准形式如下：

$$
\begin{aligned}
\min f_1(\boldsymbol{x}) &= -(7x_1 + 9x_2 + 8x_3) \\
\text{s. t.}\quad 4.2x_1 + 6.1x_2 + 5.3x_3 + x_4 &= 8300 \\
0.4x_1 + 0.7x_2 + 0.3x_3 + x_5 &= 3700 \\
1.1x_1 + 1.9x_2 + 1.4x_3 + x_6 &= 4100 \\
x_j \geqslant 0,\quad j &= 1,2,3,4,5,6
\end{aligned}
$$

解毕。

例 2-4 将以下线性规划问题

$$
\begin{aligned}
\min f(\boldsymbol{x}) &= 4x_1 + 3x_2 + 2x_3 \\
\text{s. t.}\quad 6x_1 + 2x_2 - x_3 &\leqslant 9 \\
2x_1 - 7x_2 + 5x_3 &\geqslant 4 \\
3x_2 + 8x_3 &= 5 \\
x_1, x_2 &\geqslant 0 \\
x_3 &\gtreqless 0
\end{aligned}
$$

化为标准形式。

解：(1) 在 $6x_1+2x_2-x_3\leqslant 9$ 中引入松弛变量 x_6，$2x_1-7x_2+5x_3\geqslant 4$ 中引入剩余变量 x_7。

(2) 由于 x_3 为自由变量，令 $x_3=x_4-x_5$，$x_4,x_5\geqslant 0$，可得其标准形式为

$$
\begin{aligned}
\min f(\boldsymbol{x}) &= 4x_1 + 3x_2 + 2(x_4 - x_5) \\
\text{s. t.}\quad 6x_1 + 2x_2 - (x_4 - x_5) + x_6 &= 9 \\
2x_1 - 7x_2 + 5(x_4 - x_5) - x_7 &= 4 \\
3x_2 + 8(x_4 - x_5) &= 5 \\
x_1, x_2, \cdots, x_7 &\geqslant 0
\end{aligned}
$$

解毕。

注意：这里通过变量代换 $x_3=x_4-x_5$，将 x_3 转化为两个新引进的非负变量的差的形式，这并不改变 x_3 的本质。

4. 线性规划问题的矩阵形式

为了书写和叙述方便，有时也会将式(2-3)写成如下的矩阵形式：

$$
\begin{aligned}
\min f(\boldsymbol{x}) &= \boldsymbol{c}^{\mathrm{T}}\boldsymbol{x} \\
\text{s. t.}\quad \boldsymbol{A}\boldsymbol{x} &= \boldsymbol{b} \\
\boldsymbol{x} &\geqslant \boldsymbol{0}
\end{aligned}
\tag{2-4}
$$

式中，$\boldsymbol{x}=(x_1,x_2,\cdots,x_n)^{\mathrm{T}}$ 为设计向量，由 n 个设计变量组成；$\boldsymbol{A}$ 为由系数 a_{ij} 组成的矩阵

$$
\boldsymbol{A} = \begin{bmatrix} a_{11} & a_{12} & \cdots & a_{1n} \\ a_{21} & a_{22} & \cdots & a_{2n} \\ \vdots & \vdots & \ddots & \vdots \\ a_{m1} & a_{m2} & \cdots & a_{mn} \end{bmatrix}
$$

称为约束矩阵，$\boldsymbol{A}$ 的列向量记为 $\boldsymbol{a}_j(j=1,2,\cdots,n)$；向量 $\boldsymbol{c}$ 和向量 $\boldsymbol{b}$ 分别是目标函数的系数向量和约束的右端向量。$\boldsymbol{x}\geqslant\boldsymbol{0}$ 表示 $\boldsymbol{x}$ 的所有分量都大于或等于零，这里的 $\boldsymbol{0}$ 是一个 n 维向量。

为便于进行后续讨论，对标准形式的线性规划问题还有如下规定：

(1) $\boldsymbol{A}$ 的秩 $R(\boldsymbol{A})=m$，且 $m<n$。也就是说，约束方程组中包含的 m 个方程式都是彼此独立的，没有多余方程，且方程个数小于未知量个数。若 $R(\boldsymbol{A})<m$，则应先去掉多余方程，然后进行求解。

(2) $\boldsymbol{b}\geqslant\boldsymbol{0}$，即 $b_i\geqslant 0(i=1,2,\cdots,m)$。若有某个 $b_i<0$，则可将该方程两边乘以 -1。

2.2　线性规划求解基本原理

2.2.1　可行解与可行域

如果向量 $\boldsymbol{x}$ 满足式(2-4)中所有的约束条件，则称其为该优化问题的可行解或可行点。将线性规划的每一个可行解 $\boldsymbol{x}$ 代入目标函数 $f(\boldsymbol{x})$ 的表达式中，就可以得到 f 的一个相应的值。一般说来，不同的 $\boldsymbol{x}$ 对应于不同的 f。所有的可行解组成的集合称为优化问题的可行域，记为 D。

一个给定的线性规划问题必然属于下列 3 种情况之一：

(1) 可行域为空集($D=\varnothing$)，则该问题无解或不可行；

(2) 可行域不空($D\neq\varnothing$)，但目标函数在 D 上无界，此时称该问题无界；

(3) 可行域不空($D\neq\varnothing$)，且目标函数在 D 上有界，此时称该问题有最优解。

求解线性规划问题首先要对该问题进行分析，当目标函数有界时，再采用一定的方法求出使目标函数达到最优值的点，也就是最优解(记为 $\boldsymbol{x}^*$)，以及目标函数的最优值。

因为在一般线性规划问题中，约束条件的个数 m 总是小于变量的个数 n，故可行域 D 及其边界都是无穷点集，相应的，目标函数 $f(\boldsymbol{x})$ 也就有无穷多个值。优化的目的就是要从这无穷多个值中找出一个最大的或最小的。所以求解线性规划的根本任务就是要在全部的可行解中找出使目标函数取得最优值的那个(或那些)可行解，即最优解。

图解法可以形象地表达出求解线性规划问题的具体思路。

2.2.2　图解法

对于只含有两个设计变量的线性规划问题，可用图解法求解。该方法简便、直观，所给问题无须化成标准形式。图解法有助于了解线性规划问题求解的基本原理。该方法的基本思想是首先将约束条件加以图解，在二维坐标平面内画出其可行域，然后就可以方便地利用目标函数与可行区域的关系求得最优解。

例 2-5 用图解法求解以下线性规划问题：

$$\max f(\boldsymbol{x}) = x_1 + x_2$$
$$\text{s.t.} \quad 3x_1 + 2x_2 \leqslant 12$$
$$x_1 + 2x_2 \leqslant 8$$
$$x_1 \geqslant 0$$
$$x_2 \geqslant 0$$

解：所有约束条件形成的区域是图 2-1 中的阴影部分 $OABC$，顶点 O,A,B 和 C 的坐标值分别为(0,0)，(0,4)，(2,3)和(4,0)。因此，凸多边形 $OABC$ 为此问题的可行域，在该区域的内部及边界上的每一个点都是可行解。

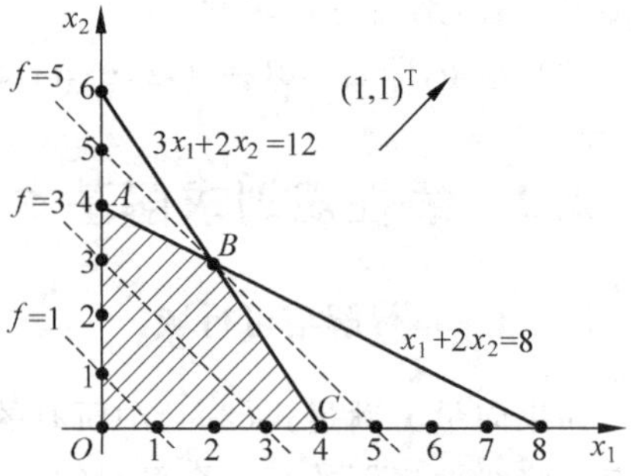

图 2-1 例 2-5 的图形描述

目标函数 $f(\boldsymbol{x})=x_1+x_2$ 在坐标平面上可以表示为以 f 为参数的一族斜率为 -1 的平行线，它们在 x_2 轴上的截距为 f。位于同一条直线上的点，具有相同的目标函数值，因而称为等值线。从图 2-1 中可以很容易看出，当等值线通过顶点 B 时，其在 x_2 轴上的截距最大，即目标函数值 $f(\boldsymbol{x})$最大，故顶点 B 为最优解，最优值为 $f(\boldsymbol{x})=5$。

也可以这样分析：将目标函数的等值线束 $f(\boldsymbol{x})=x_1+x_2$ 沿着它的法线方向 $(1,1)^{\mathrm{T}}$ 移动(即沿函数值增加最快的方向移动)，当移动到顶点 B 时，若再继续移动就与区域 $OABC$ 不相交了，于是 B 点就是最优解。

解毕。

例 2-6 如果将例 2-5 中的目标函数改为求 $f(\boldsymbol{x})=3x_1+2x_2$ 的最大值，可行域不变，用图解法求解该问题。

解：求解的过程如图 2-2 所示，平行等值线束 $f(\boldsymbol{x})=3x_1+2x_2$ 沿着它的法线方向 $(3,2)^{\mathrm{T}}$ 移动，当移动到与凸多边形 $OABC$ 的一条边 BC 重合(此时 $f=12$)时，若继续移动就不与可行域相交了。故线段 BC 上的每一个点均使目标函数 $f(\boldsymbol{x})=3x_1+2x_2$ 达到最大值 12，线段 BC 上的每一个点都为该问题的最优解。特别地，线段 BC 的两个端点，即可行域的两个顶点 B 和 C 均为该问题的最优解。

解毕。

例 2-7 用图解法求解以下线性规划问题：

$$\max f(\boldsymbol{x}) = x_1 + x_2$$
$$\text{s.t.} \quad -2x_1 + x_2 \leqslant 4$$
$$x_1 - x_2 \leqslant 2$$
$$x_1 \geqslant 0$$
$$x_2 \geqslant 0$$

解：该线性规划问题的可行域如图 2-3 所示，该可行域无界。等值线束 $f(\boldsymbol{x})=$

x_1+x_2 沿其法线方向$(1,1)^{\mathrm{T}}$移动，可以无限制地移动下去，并一直保持与可行域相交。故该线性规划问题无界，最大值是正无穷，无最优解。实际中出现这种情形很可能是数学模型有问题。

解毕。

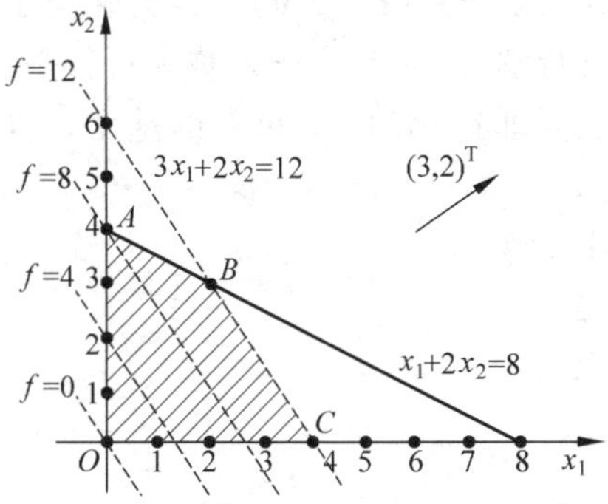

图 2-2 例 2-6 的图形描述

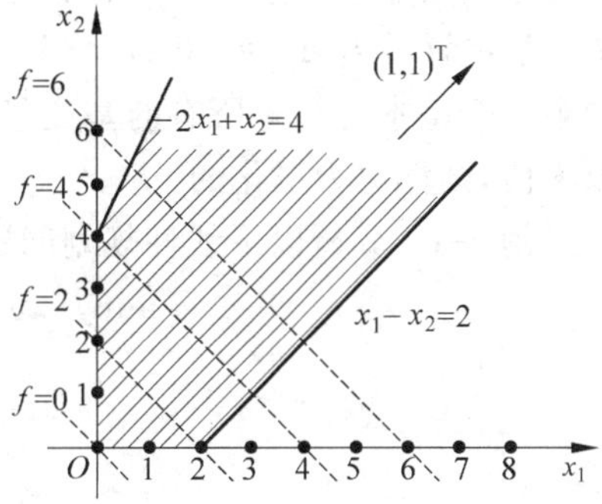

图 2-3 例 2-7 的图形描述

从以上例子可以看出，对于只有两个设计变量的线性规划问题，其可行域是由各约束所确定的多个半平面的交集所构成的一个有界或无界的凸多边形。如果一个线性规划问题存在有限的最优解，则该最优解一定在可行域的顶点上；若在两个顶点上同时得到最优解，那么这两个顶点连线上的点都是最优解。

为了将以上结论推广到具有多个设计变量的线性规划问题，必须将二维平面内的直线推广到多维空间中的超平面，将二维平面内的凸多边形推广为多维空间中的多面凸集，将二维平面内直线的交点推广为多面凸集的顶点，即基本可行解。接下来将证明：若一个线性规划问题存在最优值，则该最优值一定可以在某个基本可行解上达到。

2.2.3 基本可行解

对于标准形式的线性规划问题

$$\begin{aligned} &\min f(\boldsymbol{x}) = \boldsymbol{c}^{\mathrm{T}}\boldsymbol{x} \\ &\text{s. t.} \quad \boldsymbol{A}\boldsymbol{x} = \boldsymbol{b} \\ &\qquad\quad \boldsymbol{x} \geqslant \boldsymbol{0} \end{aligned}$$

由于约束系数矩阵 $\boldsymbol{A}$ 的秩 $R(\boldsymbol{A})=m$，且 $m<n$，故至少可以从 $\boldsymbol{A}$ 中取到一个 $m\times m$ 的非奇异方阵 $\boldsymbol{B}$，把 $\boldsymbol{A}$ 中其余 $n-m$ 列组成的子阵记为 $\boldsymbol{N}$，即有 $\boldsymbol{A}=[\boldsymbol{B},\boldsymbol{N}]$，同时将 $\boldsymbol{x}$ 也相应地分为 $\boldsymbol{x}_{\mathrm{B}}$ 和 $\boldsymbol{x}_{\mathrm{N}}$ 两部分，记为 $\boldsymbol{x}=(\boldsymbol{x}_{\mathrm{B}},\boldsymbol{x}_{\mathrm{N}})^{\mathrm{T}}$，则 $\boldsymbol{A}\boldsymbol{x}=\boldsymbol{b}$ 可写成

$$\boldsymbol{B}\boldsymbol{x}_{\mathrm{B}} + \boldsymbol{N}\boldsymbol{x}_{\mathrm{N}} = \boldsymbol{b} \tag{2-5}$$

由于 $\boldsymbol{B}$ 是非奇异阵，故 $\boldsymbol{B}^{-1}$ 存在。上式两端同左乘 $\boldsymbol{B}^{-1}$，有

$$\boldsymbol{x}_{\mathrm{B}} - \boldsymbol{B}^{-1}\boldsymbol{b} - \boldsymbol{B}^{-1}\boldsymbol{N}\boldsymbol{x}_{\mathrm{N}} \tag{2-6}$$

把 $\boldsymbol{x}_{\mathrm{N}}$ 视为一组自由变量，给它任意一组值，可得对应的 $\boldsymbol{x}_{\mathrm{B}}$ 的一组值，从而获得

约束方程组 $\boldsymbol{Ax}=\boldsymbol{b}$ 的一个解。特别地，当取 $\boldsymbol{x}_N=\boldsymbol{0}$ 时，得到约束方程组的一种特殊形式的解 $\boldsymbol{x}=(\boldsymbol{B}^{-1}\boldsymbol{b},\ \ \boldsymbol{0})^T$。

定义 2.1 约束矩阵 $\boldsymbol{A}$ 中的一个 $m\times m$ 非奇异方阵 $\boldsymbol{B}$ 称为 $\boldsymbol{A}$ 的一个基阵。$\boldsymbol{B}$ 中 m 个线性无关的列向量称为基向量，与之对应的 $\boldsymbol{x}_B$ 中的 m 个分量称为基变量，$\boldsymbol{x}_N$ 中的分量称为非基变量。令所有非基变量为零，得到的解 $\boldsymbol{x}=(\boldsymbol{B}^{-1}\boldsymbol{b},\boldsymbol{0})^T$，称为相应于 $\boldsymbol{B}$ 的基本解。当 $\boldsymbol{B}^{-1}\boldsymbol{b}\geqslant\boldsymbol{0}$ 时，称基本解 $\boldsymbol{x}$ 为基本可行解，对应的基阵 $\boldsymbol{B}$ 称为可行基。如果一个基本可行解所有的基变量都取正值，称它是非退化的；如果有的基变量也取零值，则称它为退化的。

例 2-8 分析以下线性规划问题的基阵及其基本解：

$$
\begin{aligned}
&\min f(\boldsymbol{x}) = x_1+4x_2-2x_3\\
&\text{s. t.}\quad x_1+3x_4-x_5=7\\
&\qquad\quad x_2+2x_4+x_5=8\\
&\qquad\quad x_3+x_4+2x_5=3\\
&\qquad\quad x_i\geqslant 0,\quad i=1,2,3,4,5
\end{aligned}
$$

解：上式所示问题的约束矩阵为

$$
\boldsymbol{A}=\begin{bmatrix}1&0&0&3&-1\\0&1&0&2&1\\0&0&1&1&2\end{bmatrix}
$$

根据定义，

$$
\boldsymbol{B}_1=\begin{bmatrix}1&0&0\\0&1&0\\0&0&1\end{bmatrix}
$$

是一个基阵，它所对应的基本解为 $\boldsymbol{x}_1=(7,8,3,0,0)^T$，显然它是基本可行解。

此外，

$$
\boldsymbol{B}_2=\begin{bmatrix}0&3&-1\\0&2&1\\1&1&2\end{bmatrix}
$$

也是一个基阵，它所对应的基本解为 $\boldsymbol{x}_2=(0,0,-4,3,2)^T$，但基本解 $\boldsymbol{x}_2$ 的第 3 个分量为负值，不满足变量非负的要求，因此 $\boldsymbol{x}_2$ 不是可行解。

类似地还可以求出其他一些基阵及其基本解。然而，对于一个给定的系数矩阵 $\boldsymbol{A}_{m\times n}$ 来说，$\boldsymbol{Ax}=\boldsymbol{b}$ 的基阵最多有 C_n^m 个，从而基本解和基本可行解的个数也是有限的。解毕。

2.2.4 线性规划的基本定理

先介绍以下基本概念。

定义 2.2 设 $S\in R^n$ 是 n 维欧氏空间中的一个点集，若 S 中任意两个不同点 $\boldsymbol{x}_1$，

$\boldsymbol{x}_2$ 连线上的一切点仍属于 S，即对任何 $\boldsymbol{x}_1\in S,\boldsymbol{x}_2\in S,\boldsymbol{x}_1\neq\boldsymbol{x}_2$，与任何 $\lambda\in[0,1]$，必有

$$\lambda\boldsymbol{x}_1+(1-\lambda)\boldsymbol{x}_2\in S$$

则称 S 为凸集。

例如，三角形、矩形、四面体、实心圆、实心球等都是凸集，而圆环、圆周不是凸集。

定义 2.3 设 S 为凸集，$\boldsymbol{x}\in S$。若对于任何 $\boldsymbol{x}_1\in S,\boldsymbol{x}_2\in S,\boldsymbol{x}_1\neq\boldsymbol{x}_2$，以及任何 $\lambda\in(0,1)$，都有

$$\boldsymbol{x}\neq\lambda\boldsymbol{x}_1+(1-\lambda)\boldsymbol{x}_2$$

则称 $\boldsymbol{x}$ 为凸集 S 的一个顶点或极点。

用几何语言说，顶点就是不能成为 S 中任何线段的内点的那种点。例如，长方形的 4 个角点就是长方形区域的全部顶点，而圆周上的点则是圆形区域的顶点。

定理 2.1 线性规划问题的可行域 $D=\{\boldsymbol{x}\mid\boldsymbol{A}\boldsymbol{x}=\boldsymbol{b},\boldsymbol{x}\geqslant\boldsymbol{0}\}$ 为凸集。

证明：设 $\boldsymbol{x}_1,\boldsymbol{x}_2$ 为不同的两个可行解，则有

$$\boldsymbol{A}\boldsymbol{x}_1=\boldsymbol{b},\quad \boldsymbol{x}_1\geqslant\boldsymbol{0}$$
$$\boldsymbol{A}\boldsymbol{x}_2=\boldsymbol{b},\quad \boldsymbol{x}_2\geqslant\boldsymbol{0}$$

对任何 $\lambda\in[0,1]$，可得

$$\boldsymbol{A}[\lambda\boldsymbol{x}_1+(1-\lambda)\boldsymbol{x}_2]=\lambda\boldsymbol{A}\boldsymbol{x}_1+(1-\lambda)\boldsymbol{A}\boldsymbol{x}_2=\lambda\boldsymbol{b}+(1-\lambda)\boldsymbol{b}=\boldsymbol{b}$$

显然 $\lambda\boldsymbol{x}_1+(1-\lambda)\boldsymbol{x}_2\geqslant0$，故对于任意的 $\lambda\in[0,1]$，$\lambda\boldsymbol{x}_1+(1-\lambda)\boldsymbol{x}_2$ 也是可行解。所以线性规划的可行域为凸集。

一般情况下，具有最优解的线性规划问题的可行域是一个凸多面体，它是由 m 个超平面组成并限于 $\boldsymbol{x}\geqslant\boldsymbol{0}$ 的部分。

定理 2.2 线性规划问题的最优值一定在可行域凸集的某个顶点上达到。

证明：设线性规划问题的可行域凸集的顶点为 $\boldsymbol{x}_1,\boldsymbol{x}_2,\cdots,\boldsymbol{x}_k$。假设目标函数的最优值点 $\boldsymbol{x}^*$ 不在上述顶点中。因为 $\boldsymbol{x}^*$ 为可行域凸集内的一个点，则它可以用 $\boldsymbol{x}_1,\boldsymbol{x}_2,\cdots,\boldsymbol{x}_k$ 表示为

$$\boldsymbol{x}^*=\sum_{i=1}^{k}\lambda_i\boldsymbol{x}_i \tag{2-7}$$

式中，$\lambda_i\geqslant0$，$\sum\limits_{i=1}^{k}\lambda_i=1$。用 $\boldsymbol{c}^{\mathrm{T}}$ 左乘上式两端得

$$\boldsymbol{c}^{\mathrm{T}}\boldsymbol{x}^*=\sum_{i=1}^{k}\lambda_i\boldsymbol{c}^{\mathrm{T}}\boldsymbol{x}_i \tag{2-8}$$

设 $\boldsymbol{c}^{\mathrm{T}}\boldsymbol{x}_s=\min\limits_{1\leqslant i\leqslant k}\{\boldsymbol{c}^{\mathrm{T}}\boldsymbol{x}_i\}$，用 $\boldsymbol{c}^{\mathrm{T}}\boldsymbol{x}_s$ 替换式(2-8)中的 $\boldsymbol{c}^{\mathrm{T}}\boldsymbol{x}_i$，得

$$\boldsymbol{c}^{\mathrm{T}}\boldsymbol{x}^*\geqslant\boldsymbol{c}^{\mathrm{T}}\boldsymbol{x}_s\sum_{i=1}^{k}\lambda_i=\boldsymbol{c}^{\mathrm{T}}\boldsymbol{x}_s \tag{2-9}$$

又根据假设，$\boldsymbol{x}^*$ 为最优值点，故

$$\boldsymbol{c}^{\mathrm{T}}\boldsymbol{x}^*<\boldsymbol{c}^{\mathrm{T}}\boldsymbol{x}_i\quad(i=1,2,\cdots,k) \tag{2 10}$$

式(2-9)和式(2-10)互相矛盾，所以假设不成立，故目标函数的最优值点一定为可行

域凸集的某个顶点。

定理 2.3 线性规划问题的基本可行解 $\boldsymbol{x}$ 位于可行域凸集的顶点。

证明：假设基本可行解不是位于可行域的顶点，则存在可行解 $\boldsymbol{x}_1,\boldsymbol{x}_2$ 和 $\lambda\in(0,1)$，使基本可行解 $\boldsymbol{x}$ 可以表示成

$$\boldsymbol{x}=\lambda\boldsymbol{x}_1+(1-\lambda)\boldsymbol{x}_2 \tag{2-11}$$

将 $\boldsymbol{x}$ 写成基变量 $\boldsymbol{x}_B$ 和非基变量 $\boldsymbol{x}_N$ 两部分，由式(2-11)，得

$$\begin{aligned}\boldsymbol{x}_B&=\lambda\boldsymbol{x}_{1B}+(1-\lambda)\boldsymbol{x}_{2B}\\ \boldsymbol{x}_N&=\lambda\boldsymbol{x}_{1N}+(1-\lambda)\boldsymbol{x}_{2N}\end{aligned} \tag{2-12}$$

因为 $\boldsymbol{x}_N=\boldsymbol{0},\lambda>0,1-\lambda>0$；$\boldsymbol{x}_1,\boldsymbol{x}_2$ 均大于或等于 $\boldsymbol{0}$，故

$$\boldsymbol{x}_{1N}=\boldsymbol{x}_{2N}=\boldsymbol{0}$$

因此 $\boldsymbol{x}_1$ 和 $\boldsymbol{x}_2$ 也是基本可行解，从而 $\boldsymbol{x}_{1B},\boldsymbol{x}_{2B}$ 应该满足

$$\boldsymbol{B}\boldsymbol{x}_{1B}=\boldsymbol{b}$$

$$\boldsymbol{B}\boldsymbol{x}_{2B}=\boldsymbol{b}$$

由于 $\boldsymbol{B}$ 为非奇异方阵，方程组 $\boldsymbol{B}\boldsymbol{x}_B=\boldsymbol{b}$ 有唯一解，必然有

$$\boldsymbol{x}_B=\boldsymbol{x}_{1B}=\boldsymbol{x}_{2B}$$

故 $\boldsymbol{x}_1,\boldsymbol{x}_2$ 就是基本可行解 $\boldsymbol{x}$，基本可行解必为可行域凸集的顶点。

以上 3 条定理说明，线性规划问题的求解可以从对可行域内无限个可行解的搜索求解问题转化为对可行域的有限个顶点的搜索求解问题。而可行域的顶点又与基本可行解相对应，所以可以通过比较有限个基本可行解求得最优解。

2.3 单纯形方法

虽然约束方程 $\boldsymbol{A}\boldsymbol{x}=\boldsymbol{b}$ 的基阵和基本解最多有 C_n^m 个，但 C_n^m 这个数增长极快，当 m 和 n 较大时，求出全部基本可行解的工作量很大。因此必须寻找一种新的、更有效的方法，能够在获得一个基本可行解 $\boldsymbol{x}$ 后进行判断，若它不是最优解，则能够很容易获得一个更接近目标函数最优值的、新的基本可行解。这样递推下去，达到最优解，而不必计算出所有的基本可行解。

解线性规划问题著名的单纯形法是由美国数学家 G. B. Dantzig 提出的，该方法的基本出发点就是在可行域(凸集)的顶点中搜索最优点。搜索的过程是一个迭代的过程。首先找一个基本可行解，判别它是否为最优解，如不是，就找一个更好的基本可行解，再进行判别。如此迭代进行，直至找到最优解，或者判定该问题无界。

下面先给出单纯形表的作法，然后介绍如何利用单纯形表判断所找到的基本可行解是否为最优解，如果不是，又怎样从一个顶点转移到另一个顶点。在 2.4 节还要介绍如何获取初始顶点，即初始的基本可行解。

2.3.1 单纯形表的建立

对于标准形式的线性规划问题

$$\begin{aligned} \min f(\boldsymbol{x}) &= \boldsymbol{c}^{\mathrm{T}}\boldsymbol{x} \\ \text{s. t.} \quad \boldsymbol{A}\boldsymbol{x} &= \boldsymbol{b} \\ \boldsymbol{x} &\geqslant \boldsymbol{0} \end{aligned} \tag{2-13}$$

设 $\boldsymbol{B}$ 是约束矩阵 $\boldsymbol{A}$ 的一个基阵，与之相对应的基变量向量为 $\boldsymbol{x}_{\mathrm{B}}$，由式(2-6)，有

$$\boldsymbol{x}_{\mathrm{B}} = \boldsymbol{B}^{-1}\boldsymbol{b} - \boldsymbol{B}^{-1}\boldsymbol{N}\boldsymbol{x}_{\mathrm{N}} \tag{2-14}$$

对目标函数 $\boldsymbol{c}^{\mathrm{T}}\boldsymbol{x}$ 也作相应的变换，有

$$\boldsymbol{c}^{\mathrm{T}}\boldsymbol{x} = \boldsymbol{c}_{\mathrm{B}}^{\mathrm{T}}\boldsymbol{x}_{\mathrm{B}} + \boldsymbol{c}_{\mathrm{N}}^{\mathrm{T}}\boldsymbol{x}_{\mathrm{N}} \tag{2-15}$$

式中，$\boldsymbol{c}_{\mathrm{B}}$ 是由 $f(\boldsymbol{x})$ 中全部基变量的系数组成的列向量，而 $\boldsymbol{c}_{\mathrm{N}}$ 是由 $f(\boldsymbol{x})$ 中全部非基变量的系数组成的列向量。

将式(2-14)和式(2-15)代入线性规划问题(2-13)，并移项，目标函数 $f=f(\boldsymbol{x})$ 可以写成

$$f + (\boldsymbol{c}_{\mathrm{B}}^{\mathrm{T}}\boldsymbol{B}^{-1}\boldsymbol{N} - \boldsymbol{c}_{\mathrm{N}}^{\mathrm{T}})\boldsymbol{x}_{\mathrm{N}} = \boldsymbol{c}_{\mathrm{B}}^{\mathrm{T}}\boldsymbol{B}^{-1}\boldsymbol{b} \tag{2-16}$$

式(2-16)右端的 $\boldsymbol{c}_{\mathrm{B}}^{\mathrm{T}}\boldsymbol{B}^{-1}\boldsymbol{b}$ 就是与此基本解相对应的目标函数值。

同理，线性规划问题(2-13)的等式约束可以写成

$$\boldsymbol{x}_{\mathrm{B}} + \boldsymbol{B}^{-1}\boldsymbol{N}\boldsymbol{x}_{\mathrm{N}} = \boldsymbol{B}^{-1}\boldsymbol{b} \tag{2-17}$$

式(2-17)右端 $\boldsymbol{B}^{-1}\boldsymbol{b}$ 的各分量就是由基阵 $\boldsymbol{B}$ 所确定的基本解中各基变量之值。

由式(2-16)和式(2-17)所表示的 $m+1$ 个方程称为对应于基阵 $\boldsymbol{B}$ 的典则方程组，简称典式。如果取的基阵 $\boldsymbol{B}$ 不同，则对应的典则方程组也不同。

为便于分析，可对式(2-16)和式(2-17)组成的方程组进行改写。容易推出

$$(\boldsymbol{c}_{\mathrm{B}}^{\mathrm{T}}\boldsymbol{B}^{-1}\boldsymbol{A} - \boldsymbol{c}^{\mathrm{T}})\boldsymbol{x} = (\boldsymbol{c}_{\mathrm{B}}^{\mathrm{T}}\boldsymbol{B}^{-1}\boldsymbol{N} - \boldsymbol{c}_{\mathrm{N}}^{\mathrm{T}})\boldsymbol{x}_{\mathrm{N}}$$

则式(2-16)可写成

$$f + (\boldsymbol{c}_{\mathrm{B}}^{\mathrm{T}}\boldsymbol{B}^{-1}\boldsymbol{A} - \boldsymbol{c}^{\mathrm{T}})\boldsymbol{x} = \boldsymbol{c}_{\mathrm{B}}^{\mathrm{T}}\boldsymbol{B}^{-1}\boldsymbol{b} \tag{2-18}$$

而式(2-17)实际则为

$$\boldsymbol{B}^{-1}\boldsymbol{A}\boldsymbol{x} = \boldsymbol{B}^{-1}\boldsymbol{b} \tag{2-19}$$

式(2-18)和式(2-19)是关于 $f, x_1, x_2, \cdots, x_n$ 的线性方程组，该方程组与式(2-16)和式(2-17)组成的方程组等价，但更具一般意义。表 2-3 所示为该线性方程组的增广矩阵的表格形式，这就是矩阵形式的单纯形表。因为 f 只出现在目标函数方程中，系数始终为 1，并且取不同的基阵并不影响 $f(\boldsymbol{x})$ 的系数，故表 2-3 中未将 f 列出。

表 2-3 矩阵形式的单纯形表

$\boldsymbol{x}$	右端
$\boldsymbol{c}_{\mathrm{B}}^{\mathrm{T}}\boldsymbol{B}^{-1}\boldsymbol{A}-\boldsymbol{c}^{\mathrm{T}}$	$\boldsymbol{c}_{\mathrm{B}}^{\mathrm{T}}\boldsymbol{B}^{-1}\boldsymbol{b}$
$\boldsymbol{B}^{-1}\boldsymbol{A}$	$\boldsymbol{B}^{-1}\boldsymbol{b}$

把式(2-18)和式(2-19)各项详细展开，可得

$$f + \gamma_1 x_1 + \gamma_2 x_2 + \cdots + \gamma_n x_n = \bar{f} \tag{2-20}$$

$$\left.\begin{array}{l}\bar{a}_{11}x_1+\bar{a}_{12}x_2+\cdots+\bar{a}_{1n}x_n=\bar{b}_1\\ \bar{a}_{21}x_1+\bar{a}_{22}x_2+\cdots+\bar{a}_{2n}x_n=\bar{b}_2\\ \qquad\vdots\\ \bar{a}_{m1}x_1+\bar{a}_{m2}x_2+\cdots+\bar{a}_{mn}x_n=\bar{b}_m\end{array}\right\}\tag{2-21}$$

式中，$(\gamma_1,\gamma_2,\cdots,\gamma_n)=\boldsymbol{c}_{\mathrm{B}}^{\mathrm{T}}\boldsymbol{B}^{-1}\boldsymbol{A}-\boldsymbol{c}^{\mathrm{T}}$；$\begin{bmatrix}\bar{a}_{11} & \bar{a}_{12} & \cdots & \bar{a}_{1n}\\ \bar{a}_{21} & \bar{a}_{22} & \cdots & \bar{a}_{2n}\\ \vdots & \vdots & \ddots & \vdots\\ \bar{a}_{m1} & \bar{a}_{m2} & \cdots & \bar{a}_{mn}\end{bmatrix}=\boldsymbol{B}^{-1}\boldsymbol{A}$；$\bar{f}=\boldsymbol{c}_{\mathrm{B}}^{\mathrm{T}}\boldsymbol{B}^{-1}\boldsymbol{b}$；$(\bar{b}_1,\bar{b}_2,\cdots,\bar{b}_m)^{\mathrm{T}}=\boldsymbol{B}^{-1}\boldsymbol{b}$。

表 2-3 也可详细表示成表 2-4 的形式，表 2-4 称为基阵 $\boldsymbol{B}$ 所对应的单纯形表。

表 2-4　基阵 *B* 的单纯形表

	x_1	x_2	$\cdots$	x_n	右端
f	γ_1	γ_2	$\cdots$	γ_n	$\bar{f}$
x_{B1}	$\bar{a}_{11}$	$\bar{a}_{12}$	$\cdots$	$\bar{a}_{1n}$	$\bar{b}_1$
x_{B2}	$\bar{a}_{21}$	$\bar{a}_{22}$	$\cdots$	$\bar{a}_{2n}$	$\bar{b}_2$
$\vdots$	$\vdots$	$\vdots$	$\ddots$	$\vdots$	$\vdots$
$x_{\mathrm{B}m}$	$\bar{a}_{m1}$	$\bar{a}_{m2}$	$\cdots$	$\bar{a}_{mn}$	$\bar{b}_m$

单纯形表最左边一列和最上面一行起说明作用。单纯形表最左边一列表示方程组(2-21)中所含的基变量。表中数据分成上、下两部分，上部为目标函数方程的增广矩阵，称为目标函数行，下部为约束方程组的增广矩阵。单纯形表最右边一列为各方程的右端。

特别地，当 $\boldsymbol{x}_{\mathrm{B}}=(x_1,x_2,\cdots,x_m)^{\mathrm{T}}$，$\boldsymbol{x}_{\mathrm{N}}=(x_{m+1},x_{m+2},\cdots,x_n)^{\mathrm{T}}$ 时，由式(2-16)和式(2-17)可知方程组(2-20)和(2-21)可以化成以下形式：

$$\left.\begin{array}{llll}f & & & +\gamma_{m+1}x_{m+1}+\cdots+\gamma_n x_n=\bar{f}\\ & x_1 & & +\bar{a}_{1,m+1}x_{m+1}+\cdots+\bar{a}_{1n}x_n=\bar{b}_1\\ & & x_2 & +\bar{a}_{2,m+1}x_{m+1}+\cdots+\bar{a}_{2n}x_n=\bar{b}_2\\ & & & \qquad\vdots\\ & & & x_m+\bar{a}_{m,m+1}x_{m+1}+\cdots+\bar{a}_{mn}x_n=\bar{b}_m\end{array}\right\}\tag{2-22}$$

与之相应的单纯形表为表 2-5。可以看出，单纯形表右边一列各数为基阵 $\boldsymbol{B}$ 所确定的基本解中基变量的值和与此对应的目标函数值 $\bar{f}$。在单纯形表左边，目标函数行中有 m 个 0 与基变量相对应。当 $\boldsymbol{x}_{\mathrm{B}}=(x_1,x_2,\cdots,x_m)^{\mathrm{T}}$ 时，这 m 个 0 集中在左边；在一般情况下，这 m 个 0 分散在目标函数行的各列中，它们也与基变量相对应。表的下半部分有与基变量相对应的 m 个单位列向量。当 $\boldsymbol{x}_{\mathrm{B}}=(x_1,x_2,\cdots,x_m)^{\mathrm{T}}$ 时，这些列向量位于表左边前 m 列；但在一般情况下，它们分散在表的各列中，也与基变量相对应。

表 2-5 一个特殊的单纯形表

	x_1	$\cdots$	x_r	$\cdots$	x_m	x_{m+1}	$\cdots$	x_k	$\cdots$	x_n	右端
f	0	$\cdots$	0	$\cdots$	0	γ_{m+1}	$\cdots$	γ_k	$\cdots$	γ_n	$\bar{f}$
x_1	1	$\cdots$	0	$\cdots$	0	$\bar{a}_{1,m+1}$	$\cdots$	$\bar{a}_{1k}$	$\cdots$	$\bar{a}_{1n}$	$\bar{b}_1$
$\vdots$	$\vdots$	$\ddots$	$\vdots$	$\ddots$	$\vdots$	$\vdots$	$\ddots$	$\vdots$	$\ddots$	$\vdots$	$\vdots$
x_r	0	$\cdots$	1	$\cdots$	0	$\bar{a}_{r,m+1}$	$\cdots$	$\bar{a}_{rk}$	$\cdots$	$\bar{a}_{rn}$	$\bar{b}_r$
$\vdots$	$\vdots$	$\ddots$	$\vdots$	$\ddots$	$\vdots$	$\vdots$	$\ddots$	$\vdots$	$\ddots$	$\vdots$	$\vdots$
x_m	0	$\cdots$	0	$\cdots$	1	$\bar{a}_{m,m+1}$	$\cdots$	$\bar{a}_{mk}$	$\cdots$	$\bar{a}_{mn}$	$\bar{b}_m$

例 2-9 作出例 2-8 中基阵 $\boldsymbol{B}_1$ 所对应的单纯形表。

解：线性规划问题为

$$\begin{aligned}
&\min f(\boldsymbol{x}) = x_1 + 4x_2 - 2x_3 \\
&\text{s.t.}\quad x_1 + 3x_4 - x_5 = 7 \\
&\qquad\quad x_2 + 2x_4 + x_5 = 8 \\
&\qquad\quad x_3 + x_4 + 2x_5 = 3 \\
&\qquad\quad x_i \geqslant 0,\quad i = 1,2,3,4,5
\end{aligned}$$

由

$$\boldsymbol{B}_1 = \begin{bmatrix} 1 & 0 & 0 \\ 0 & 1 & 0 \\ 0 & 0 & 1 \end{bmatrix}$$

可知约束方程组 $\boldsymbol{Ax}=\boldsymbol{b}$ 已是典式，但目标函数的表达式 $f-x_1-4x_2+2x_3=0$ 还不是典式。可先作出下面的初始表：

	x_1	x_2	x_3	x_4	x_5	右端
f	-1	-4	2	0	0	0
x_1	1	0	0	3	-1	7
x_2	0	1	0	2	1	8
x_3	0	0	1	1	2	3

这张表的目标函数行不符合单纯形表的要求(对应基变量的元素为 0，对应非基变量的元素为检验数)，必须通过初等行变换将其化为标准形式，得到的单纯形表如下：

	x_1	x_2	x_3	x_4	x_5	右端
f	0	0	0	9	-1	33
x_1	1	0	0	3	-1	7
x_2	0	1	0	2	1	8
x_3	0	0	1	1	2	3

也可以由

$$\boldsymbol{A}=\begin{bmatrix}1&0&0&3&-1\\0&1&0&2&1\\0&0&1&1&2\end{bmatrix},\quad \boldsymbol{b}=\begin{pmatrix}7\\8\\3\end{pmatrix},\quad \boldsymbol{c}=\begin{pmatrix}1\\4\\-2\\0\\0\end{pmatrix},\quad \boldsymbol{B}_1=\begin{bmatrix}1&0&0\\0&1&0\\0&0&1\end{bmatrix}$$

求出

$$\boldsymbol{c}_{\mathrm{B}}^{\mathrm{T}}\boldsymbol{B}_1^{-1}\boldsymbol{A}-\boldsymbol{c}^{\mathrm{T}}=(0,0,0,9,-1),\quad \boldsymbol{c}_{\mathrm{B}}^{\mathrm{T}}\boldsymbol{B}_1^{-1}\boldsymbol{b}=33,$$

$$\boldsymbol{B}_1^{-1}\boldsymbol{A}=\begin{bmatrix}1&0&0&3&-1\\0&1&0&2&1\\0&0&1&1&2\end{bmatrix},\quad \boldsymbol{B}_1^{-1}\boldsymbol{b}=\begin{pmatrix}7\\8\\3\end{pmatrix}$$

将以上各项内容填入表 2-3，同样可以获得与基阵 $\boldsymbol{B}_2$ 对应的单纯形表。

解毕。

2.3.2 最优性判别与换基迭代

在求出与基阵 $\boldsymbol{B}$ 的单纯形表对应的基本可行解 $\boldsymbol{x}$ 之后，还必须判断 $\boldsymbol{x}$ 是否为最优解。单纯形表目标函数行中的各数 $\gamma_1,\gamma_2,\cdots,\gamma_n$ 称为**检验数**，因为它们对判别基本可行解是否为最优解起关键作用。

定理 2.4 若单纯形表中所有检验数 $\gamma_j\leqslant 0,(j=1,2,\cdots,n)$，则相应的基本可行解 $\boldsymbol{x}$ 为最优解。

证明：基本可行解 $\boldsymbol{x}$ 对应的目标函数值 $f(\boldsymbol{x})=\bar{f}$，设 $\boldsymbol{x}'=(x_1',x_2',\cdots,x_n')^{\mathrm{T}}$ 是原问题的任一可行解，它对应的目标函数值为 $f(\boldsymbol{x}')$。由式(2-20)，有

$$f(\boldsymbol{x}')+\sum_{j=1}^{n}\gamma_j x'_j=\bar{f}$$

因为 $\gamma_j\leqslant 0, x_j'\geqslant 0(j=1,2,\cdots,n)$，故

$$f(\boldsymbol{x}')\geqslant\bar{f}$$

所以 $\boldsymbol{x}$ 为最优解。

证毕。

定理 2.5 若某个检验数 $\gamma_k>0$，并且它所对应的列向量 $\boldsymbol{B}^{-1}\boldsymbol{a}_k\leqslant\boldsymbol{0}$，则所给线性规划问题无下界，因此无最优解。

证明：因为基变量对应的检验数为 0，所以 γ_k 必为某个非基变量 x_k 的检验数。不妨设前 m 个变量 $x_1,x_2,\cdots,x_m$ 为基变量，根据式(2-22)，可得

$$x_i=\bar{b}_i-\bar{a}_{i,m+1}x_{m+1}-\cdots-\bar{a}_{ik}x_k-\cdots-\bar{a}_{in}x_n,\quad i=1,2,\cdots,m$$

令 $x_k=d$（d 为任意正数），$x_j=0(j=m+1,m+2,\cdots,n$，且 $j\neq k)$。因为 $\bar{b}_i\geqslant 0$，$\bar{a}_{ik}\leqslant 0, d>0$，所以 $x_i=\bar{b}_i-\bar{a}_{ik}d\geqslant 0(i=1,2,\cdots,m)$。故

$$\begin{cases} x_i = \bar{b}_i - \bar{a}_{ik}d, & i = 1,2,\cdots,m \\ x_k = d \\ x_j = 0, & j = m+1,\cdots,n, \quad j \neq k \end{cases}$$

是该线性规划问题的可行解，由式(2-22)，可知目标函数值为

$$f = \bar{f} - \gamma_k d$$

因为 $\gamma_k > 0$，当 d 取为无穷大的正数时，$f \to -\infty$。故目标函数值无下界，该问题无最优解。

证毕。

除了上述两条定理所述的情况外，还有一种情况是每个正检验数所对应的列向量中至少有一个正分量。此时，必须进行基的变换(简称换基)才能获得最优解。换基就是根据检验数从原有基变量中找出一个并转换为非基变量，同时从原有非基变量中选出一个，使之成为基变量。移出去的变量称为离基变量，移进来的变量称为进基变量。新的基阵与原来的基阵有 $m-1$ 个相同的列向量，仅有一个列向量不同。

定理 2.6 若基本可行解 $\boldsymbol{x}$ 对应的检验数 $\gamma_j(j=1,2,\cdots,n)$ 中有正数，且这些检验数所对应的列向量都至少有一个正分量，则通过换基后可得到另一个基本可行解 $\boldsymbol{x}'$，使得 $f(\boldsymbol{x}') \leqslant f(\boldsymbol{x})$。

为简便起见，不妨设基本可行解 $\boldsymbol{x}$ 中的 $\boldsymbol{x}_{\mathrm{B}} = (x_1, x_2, \cdots, x_r, \cdots, x_m)^{\mathrm{T}}$，又设 x_k 为进基变量，$h = \min\left\{\dfrac{\bar{b}_i}{\bar{a}_{ik}} \mid \bar{a}_{ik} > 0, i=1,2,\cdots,m\right\} = \dfrac{\bar{b}_r}{\bar{a}_{rk}}$，则取 x_r 为离基变量，称 $\bar{a}_{rk}$ 为转轴元。从 $\boldsymbol{x}_{\mathrm{B}}$ 中移出 x_r，移进 x_k，得 $\boldsymbol{x}'_{\mathrm{B}} = (x_1, \cdots, x_k, \cdots, x_m)^{\mathrm{T}}$。原基阵 $\boldsymbol{B} = (\boldsymbol{a}_1, \cdots, \boldsymbol{a}_r, \cdots, \boldsymbol{a}_m)$ 与新获得的矩阵 $\boldsymbol{B}' = (\boldsymbol{a}_1, \cdots, \boldsymbol{a}_k, \cdots, \boldsymbol{a}_m)$ 只有第 r 个列向量不同。

可以通过证明下面 3 个命题来使定理 2.6 得证。

(1) $\boldsymbol{B}'$ 为基阵，即列向量组 $\boldsymbol{a}_1, \cdots, \boldsymbol{a}_k, \cdots, \boldsymbol{a}_m$ 线性无关。

证明：从方程组(2-22)和单纯形表 2-5 可以看出，向量 $\boldsymbol{a}_k$ 可由向量组 $\boldsymbol{a}_1, \cdots, \boldsymbol{a}_r, \cdots, \boldsymbol{a}_m$ 线性表示为

$$\boldsymbol{a}_k = \bar{a}_{1k}\boldsymbol{a}_1 + \cdots + \bar{a}_{rk}\boldsymbol{a}_r + \cdots + \bar{a}_{mk}\boldsymbol{a}_m$$

因为 $\boldsymbol{B}$ 是基阵，所以列向量组 $\boldsymbol{a}_1, \cdots, \boldsymbol{a}_r, \cdots, \boldsymbol{a}_m$ 线性无关。又因为 $\bar{a}_{rk} \neq 0$，根据线性代数知识可以证明向量组 $\boldsymbol{a}_1, \cdots, \boldsymbol{a}_k, \cdots, \boldsymbol{a}_m$ 线性无关。

证毕。

(2) $\boldsymbol{B}'$ 是一个可行基，即 $\boldsymbol{B}'$ 所对应的基本解 $\boldsymbol{x}' \geqslant \boldsymbol{0}$。

证明：对原基阵 $\boldsymbol{B}$ 的单纯形表(表 2-5)进行如下初等变换：①使转轴元变为 1，这可以通过让转轴元 $\bar{a}_{rk}$ 所在行的各元素除以 $\bar{a}_{rk}$ 来实现；②把转轴元所在列中的其他元素都变为 0，这可以通过让第 i 行($i-1,2,\cdots,m$，但 $i \neq r$)减去当前转轴元所在行的 $\bar{a}_{ik}$ 倍来实现。这样就获得了新基阵 $\boldsymbol{B}'$ 的单纯形表，其右端列为

$$\left(\bar{f}-\gamma_k\frac{\bar{b}_r}{\bar{a}_{rk}},\bar{b}_1-\bar{a}_{1k}\frac{\bar{b}_r}{\bar{a}_{rk}},\cdots,\frac{\bar{b}_r}{\bar{a}_{rk}},\cdots,\bar{b}_m-\bar{a}_{mk}\frac{\bar{b}_r}{\bar{a}_{rk}}\right)^{\mathrm{T}} \tag{2-23}$$

故

$$\boldsymbol{x}'_{\mathrm{B}}=\left(\bar{b}_1-\bar{a}_{1k}\frac{\bar{b}_r}{\bar{a}_{rk}},\cdots,\frac{\bar{b}_r}{\bar{a}_{rk}},\cdots,\bar{b}_m-\bar{a}_{mk}\frac{\bar{b}_r}{\bar{a}_{rk}}\right)^{\mathrm{T}}$$

因为 $\boldsymbol{x}_{\mathrm{B}}\geqslant\boldsymbol{0}$，故$\bar{b}_i\geqslant0(i=1,2,\cdots,m)$，且$\bar{a}_{rk}>0$，所以$\dfrac{\bar{b}_r}{\bar{a}_{rk}}\geqslant0$。

对于$\bar{b}_i-\bar{a}_{ik}\dfrac{\bar{b}_r}{\bar{a}_{rk}}$，$(1\leqslant i\leqslant m,i\neq r)$，①当$\bar{a}_{ik}\leqslant0$ 时，必有$\bar{b}_i-\bar{a}_{ik}\dfrac{\bar{b}_r}{\bar{a}_{rk}}\geqslant0$；②若$\bar{a}_{ik}>0$，因为$\dfrac{\bar{b}_r}{\bar{a}_{rk}}=\min\left\{\dfrac{\bar{b}_i}{\bar{a}_{ik}}\mid\bar{a}_{ik}>0,i=1,2,\cdots,m\right\}$，故$\bar{b}_i-\bar{a}_{ik}\dfrac{\bar{b}_r}{\bar{a}_{rk}}=\bar{a}_{ik}\left(\dfrac{\bar{b}_i}{\bar{a}_{ik}}-\dfrac{\bar{b}_r}{\bar{a}_{rk}}\right)\geqslant0$。
所以 $\boldsymbol{x}'_{\mathrm{B}}\geqslant\boldsymbol{0}$，$\boldsymbol{x}'$为基本可行解，$\boldsymbol{B}'$是一个可行基。
证毕。

(3) 换基后 $f(\boldsymbol{x}')\leqslant f(\boldsymbol{x})$。

证明：从式(2-23)可以看出，新基阵 $\boldsymbol{B}'$的单纯形表右端列第 1 个元素即为新的目标函数值$\bar{f}'$，即

$$f(\boldsymbol{x}')=\bar{f}'=\bar{f}-\gamma_k\frac{\bar{b}_r}{\bar{a}_{rk}}$$

由于 $\gamma_k>0,\bar{a}_{rk}>0,\bar{b}_r\geqslant0$，故

$$\bar{f}'\leqslant\bar{f}$$

所以 $f(\boldsymbol{x}')\leqslant f(\boldsymbol{x})$，换基后目标函数值不会增大。
证毕。

从以上证明可以看出，在换基工作中之所以要应用最小比值规则来确定离基变量，其目的是保证新的右端$\bar{b}'_i\geqslant0(i=1,2,\cdots,m)$和保证新的目标函数值$\bar{f}'$有所减小(至少不会增大)。

原则上可以选取任何正检验数对应的变量作为进基变量，但通常选取最大的正检验数所对应的变量作为进基变量。

2.3.3 单纯形方法的基本步骤

求解线性规划问题的单纯形方法的基本步骤如下：

(1) 将所给的线性规划问题化为标准形式；

(2) 找出一个初始可行基 $\boldsymbol{B}$，并作出其单纯形表；

(3) 若所有的检验数 $\gamma_j\leqslant0(j=1,2,\cdots,n)$，则相应的基本可行解 $\boldsymbol{x}$ 为最优解，计算终止，否则转至(4)；

(4) 观察那些正检验数，若有某个检验数 $\gamma_d>0$，而其所对应的列向量的全部元素$\bar{a}_{1d},\bar{a}_{2d},\cdots,\bar{a}_{md}\leqslant0$，则该线性规划问题无最优解，计算终止，否则转至(5)；

(5) 求出 $\gamma_k=\max\{\gamma_j \mid j=1,2,\cdots,n\}$,若

$$h=\min\left\{\frac{\bar{b}_i}{\bar{a}_{ik}} \mid \bar{a}_{ik}>0, i=1,2,\cdots,m\right\}=\frac{\bar{b}_r}{\bar{a}_{rk}}$$

则取 $\bar{a}_{rk}$ 为转轴元,x_k 为进基变量,x_r 为离基变量,进行换基;

(6) 对 $\boldsymbol{B}$ 的单纯形表进行单纯形变换,获得 $\boldsymbol{B}'$ 的单纯形表,转至(3)。

在步骤(5)中,可能出现几个比值同为最小的情况,这时任意取一个作为最小比值进行计算。下面通过具体例子来说明用单纯形方法求解线性规划问题的步骤。

例 2-10 求解以下线性规划问题:

$$\min f(\boldsymbol{x})=-5x_1-10x_2$$

$$\text{s.t.}\quad \frac{1}{14}x_1+\frac{1}{7}x_2+x_3=1$$

$$\frac{1}{7}x_1+\frac{1}{12}x_2+x_4=1$$

$$x_1+x_2+x_5=8$$

$$x_j\geqslant 0,\quad j=1,2,3,4,5$$

解:取 $\boldsymbol{B}=(\boldsymbol{a}_3,\boldsymbol{a}_4,\boldsymbol{a}_5)$,这是个单位阵,$\boldsymbol{b}=(1,1,8)^{\mathrm{T}}>\boldsymbol{0}$,故基 $\boldsymbol{B}$ 是可行基,x_3,x_4,x_5 为基变量,x_1,x_2 为非基变量,基 $\boldsymbol{B}$ 对应的基本可行解为 $\boldsymbol{x}=(0,0,1,1,8)^{\mathrm{T}}$,其目标函数值 $f_0=0$。方程组 $\boldsymbol{Ax}=\boldsymbol{b}$ 已是典式,得到第 1 张单纯形表如下:

	x_1	x_2	x_3	x_4	x_5	右端
f	5	10	0	0	0	0
x_3	1/14	1/7	1	0	0	1
x_4	1/7	1/12	0	1	0	1
x_5	1	1	0	0	1	8

检验数 $\gamma_2=10>0$,故当前解不是最优解,$\bar{\boldsymbol{a}}_2$ 列中 3 个元素均为正数,取

$$\min\left\{\frac{\bar{b}_1}{\bar{a}_{12}},\frac{\bar{b}_2}{\bar{a}_{22}},\frac{\bar{b}_3}{\bar{a}_{32}}\right\}=\min\left\{\frac{1}{1/7},\frac{1}{1/12},\frac{8}{1}\right\}=7$$

故转轴元为 $\bar{a}_{12}$,x_2 为进基变量,x_3 为离基变量。进行旋转变换后得下表:

	x_1	x_2	x_3	x_4	x_5	右端
f	0	0	−70	0	0	−70
x_2	1/2	1	7	0	0	7
x_4	17/168	0	−7/12	1	0	5/12
x_5	1/2	0	−7	0	1	1

它对应的基本可行解为 $\boldsymbol{x}=(0,7,0,5/12,1)^{\mathrm{T}}$,其目标函数值为 $f=-70$。此时的检验数向量 $\boldsymbol{\gamma}\leqslant\boldsymbol{0}$,故 $\boldsymbol{x}$ 为最优解。

解毕。

例 2-11 求解以下线性规划问题:

$$\min f(\boldsymbol{x}) = -4x_1 - 3x_2$$
$$\text{s. t.} \quad x_1 + x_2 + x_3 = 50$$
$$x_1 + 2x_2 + x_4 = 80$$
$$3x_1 + 2x_2 + x_5 = 140$$
$$x_j \geqslant 0, \quad j = 1,2,\cdots,5$$

解: 取 $\boldsymbol{B}=(\boldsymbol{a}_3,\boldsymbol{a}_4,\boldsymbol{a}_5)$,$\boldsymbol{b}=(50,80,140)^{\mathrm{T}}>\boldsymbol{0}$,第 1 张单纯形表为

	x_1	x_2	x_3	x_4	x_5	右端
f	4	3	0	0	0	0
x_3	1	1	1	0	0	50
x_4	1	2	0	1	0	80
x_5	3	2	0	0	1	140

根据规则,可得第 2 张单纯形表为

	x_1	x_2	x_3	x_4	x_5	右端
f	0	1/3	0	0	−4/3	−560/3
x_3	0	1/3	1	0	−1/3	10/3
x_4	0	4/3	0	1	−1/3	100/3
x_1	1	2/3	0	0	1/3	140/3

第 3 张单纯形表为

	x_1	x_2	x_3	x_4	x_5	右端
f	0	0	−1	0	−1	−190
x_2	0	1	3	0	−1	10
x_4	0	0	−4	1	1	20
x_1	1	0	−2	0	1	40

此时检验数向量$\boldsymbol{\gamma}\leqslant\boldsymbol{0}$,对应的基本可行解 $\boldsymbol{x}=(40,10,0,20,0)^{\mathrm{T}}$ 为最优解,目标函数值为 $f=-190$。
解毕。

2.4 初始基本可行解的获取

对于标准形式的线性规划问题,如果约束矩阵 $\boldsymbol{A}$ 含有一个 m 阶单位矩阵,则可以很容易地获得一个基本可行解。但实际问题往往不存在现成的可行基,尤其是当变量很多、约束方程很多时,甚至连判定 $\boldsymbol{A}$ 是否满秩(约束中可能有多余方程)或者问题有无可行解(约束中可能有相互矛盾的方程)都困难。因此必须通过其他方法来

获取初始基本可行解。

获取初始基本可行解的方法通常有大 M 法和两阶段法，这两种方法都是引入非负人工变量来求解。我们引入

$$x_{n+1}, x_{n+2}, \cdots, x_{n+m} \geqslant 0$$

使得式(2-3)中的约束变为

$$\begin{cases} \sum_{j=1}^{n} a_{ij}x_j + x_{n+i} = b_i, & i = 1,2,\cdots,m \\ x_j \geqslant 0, & j = 1,2,\cdots,n,n+1,\cdots,n+m \end{cases} \tag{2-24}$$

考虑式(2-24)，显然变量 $x_{n+1}, x_{n+2}, \cdots, x_{n+m}$ 对应的基阵为单位阵，因此可以得到一个基本可行解为

$$x_1 = x_2 = \cdots = x_n = 0; \quad x_{n+1} = b_1, x_{n+2} = b_2, \cdots, x_{n+m} = b_m$$

利用单纯形方法可以在基本可行解的范围内进行迭代，一旦找到不含这些人工变量的基本可行解，迭代就可以回到原问题范围内进行。

2.4.1 大 M 法

大 M 法也称为惩罚法，该方法是在式(2-3)的目标函数中增加含人工变量的项 $Mx_{n+i}(i=1,2,\cdots,m)$ 共 m 项，其中 M 为任意大的正数，取约束为式(2-24)，可获得如下辅助问题：

$$\begin{aligned} \min f'(\boldsymbol{x}) &= \sum_{j=1}^{n} c_j x_j + \sum_{i=1}^{m} M x_{n+i} \\ \text{s. t.} \quad & \sum_{j=1}^{n} a_{ij}x_j + x_{n+i} = b_i, \quad i = 1,2,\cdots,m \\ & x_j \geqslant 0, \quad j = 1,2,\cdots,n+m \end{aligned} \tag{2-25}$$

求解这个辅助问题就是从最小化的角度迫使人工变量取零值，以达到求原问题最优解的目的。此时 $\boldsymbol{B}=(\boldsymbol{a}_{n+1}, \boldsymbol{a}_{n+2}, \cdots, \boldsymbol{a}_{n+m})$ 可作为一个初始可行基，对问题(2-25)可以用单纯形方法求解。

容易理解，若 $(x_1^*, x_2^*, \cdots, x_{n+m}^*)^{\mathrm{T}}$ 为辅助线性规划问题(2-25)的最优解，当 $x_{n+1}^* = x_{n+2}^* = \cdots = x_{n+m}^* = 0$ 时，$(x_1^*, x_2^*, \cdots, x_n^*)^{\mathrm{T}}$ 即为原问题(2-3)的最优解，否则，原问题无可行解。

例 2-12 用大 M 法求解以下线性规划问题：

$$\begin{aligned} \min f(\boldsymbol{x}) &= -3x_1 + x_2 + x_3 \\ \text{s. t.} \quad x_1 - 2x_2 + x_3 + x_4 &= 11 \\ -4x_1 + x_2 + 2x_3 - x_5 &= 3 \\ -2x_1 + x_3 &- 1 \\ x_j \geqslant 0, \quad j &= 1,2,3,4,5 \end{aligned}$$

解：注意到在第1个约束方程中，x_4 可以作为一个初始的基变量，故只需在后两个约束方程中增加人工变量 x_6 和 x_7，得到辅助问题

$$\min f'(\boldsymbol{x}) = -3x_1 + x_2 + x_3 + Mx_6 + Mx_7$$

$$\text{s.t.} \quad x_1 - 2x_2 + x_3 + x_4 = 11$$

$$-4x_1 + x_2 + 2x_3 - x_5 + x_6 = 3$$

$$-2x_1 + x_3 + x_7 = 1$$

$$x_j \geqslant 0, \quad j = 1,2,\cdots,7$$

首先可获得如下初始表格：

	x_1	x_2	x_3	x_4	x_5	x_6	x_7	右端
f'	3	-1	-1	0	0	$-M$	$-M$	0
x_4	1	-2	1	1	0	0	0	11
x_6	-4	1	2	0	-1	1	0	3
x_7	-2	0	1	0	0	0	1	1

由于 x_6，x_7 的检验数不为0，通过初等行变换得单纯形表

	x_1	x_2	x_3	x_4	x_5	x_6	x_7	右端
f'	$3-6M$	$-1+M$	$-1+3M$	0	$-M$	0	0	$4M$
x_4	1	-2	1	1	0	0	0	11
x_6	-4	1	2	0	-1	1	0	3
x_7	-2	0	1	0	0	0	1	1

以 $\bar{a}_{33}$ 为转轴元进行旋转变换，得单纯形表

	x_1	x_2	x_3	x_4	x_5	x_6	x_7	右端
f'	1	$-1+M$	0	0	$-M$	0	$1-3M$	$1+M$
x_4	3	-2	0	1	0	0	-1	10
x_6	0	1	0	0	-1	1	-2	1
x_3	-2	0	1	0	0	0	1	1

接着以 $\bar{a}_{22}$ 为转轴元进行旋转变换，得单纯形表

	x_1	x_2	x_3	x_4	x_5	x_6	x_7	右端
f'	1	0	0	0	-1	$1-M$	$-1-M$	2
x_4	3	0	0	1	-2	2	-5	12
x_2	0	1	0	0	-1	1	-2	1
x_3	-2	0	1	0	0	0	1	1

再以$\bar{a}_{11}$为转轴元进行旋转变换，得单纯形表

	x_1	x_2	x_3	x_4	x_5	x_6	x_7	右端
f'	0	0	0	$-1/3$	$-1/3$	$1/3-M$	$2/3-M$	-2
x_1	1	0	0	$1/3$	$-2/3$	$2/3$	$-5/3$	4
x_2	0	1	0	0	-1	1	-2	1
x_3	0	0	1	$2/3$	$-4/3$	$4/3$	$-7/3$	9

此时检验数向量$\boldsymbol{\gamma}\leqslant\mathbf{0}$，辅助问题的最优解$\boldsymbol{x}=(4,1,9,0,0,0,0)^{\mathrm{T}}$，$x_6=x_7=0$，故原问题的最优解为$(4,1,9,0,0)^{\mathrm{T}}$。

解毕。

2.4.2 两阶段法

由于在大 M 法中引入了一个很大的正数，可能产生较大的舍入误差，故实际问题中常用两阶段法。

所谓两阶段法，就是将线性规划问题的求解过程分成两个阶段。第一个阶段是判断线性规划是否有可行解，如果没有可行解，当然就没有基本可行解，计算停止；如果有可行解，按第一阶段的方法可以求得一个初始的基本可行解，使运算进入第二阶段。第二阶段是从这个初始的基本可行解开始，使用单纯形方法或者判定线性规划问题无界，或者求得一个最优解。

两阶段法与大 M 法的不同之处在于其辅助问题中的目标函数仅为各人工变量之和，即作辅助问题

$$
\begin{aligned}
&\min f'(\boldsymbol{x}) = \sum_{i=1}^{m} x_{n+i} \\
&\text{s.t.} \quad \sum_{j=1}^{n} a_{ij}x_j + x_{n+i} = b_i, \quad i = 1,2,\cdots,m \\
&\qquad\quad x_j \geqslant 0, \quad j = 1,2,\cdots,n+m
\end{aligned}
\tag{2-26}
$$

当辅助线性规划问题(2-26)的最优值$f'=0$时，若$(x_1^*,x_2^*,\cdots,x_{n+m}^*)^{\mathrm{T}}$为其最优解，则当$x_{n+1}^*=x_{n+2}^*=\cdots=x_{n+m}^*=0$时，$(x_1^*,x_2^*,\cdots,x_n^*)^{\mathrm{T}}$必为原问题(2-3)的一个基本可行解；否则，原问题无可行解。

为便于分析和计算，可以在第一阶段求解过程中同时使用关于f'和关于f的两个目标函数行，在第一阶段迭代时，每次的旋转变换两个目标函数行都参加，这样在第一阶段结束时，就不必重新计算第二阶段的初始目标函数行及相应的函数值。求出辅助问题的最优解后，将与人工变量对应的行、列从单纯形表中删除，即可转入第二阶段，用单纯形法求解原问题。

例 2-13　用两阶段法求解以下问题：

$$\min f(\boldsymbol{x}) = 4x_1 + 3x_3$$

$$\text{s.t.}\quad \frac{1}{2}x_1 + x_2 + \frac{1}{2}x_3 - \frac{2}{3}x_4 = 2$$

$$\frac{3}{2}x_1 + \frac{3}{4}x_3 = 3$$

$$3x_1 - 6x_2 + 4x_4 = 0$$

$$x_j \geqslant 0, j = 1,\cdots,4$$

解：增加人工变量 x_5, x_6, x_7，得到辅助问题

$$\min f'(\boldsymbol{x}) = x_5 + x_6 + x_7$$

$$\text{s.t.}\quad \frac{1}{2}x_1 + x_2 + \frac{1}{2}x_3 - \frac{2}{3}x_4 + x_5 = 2$$

$$\frac{3}{2}x_1 + \frac{3}{4}x_3 + x_6 = 3$$

$$3x_1 - 6x_2 + 4x_4 + x_7 = 0$$

$$x_j \geqslant 0, j = 1,2,\cdots,7$$

可得如下形式的初始表：

	x_1	x_2	x_3	x_4	x_5	x_6	x_7	右端
f	−4	0	−3	0	0	0	0	0
f'	0	0	0	0	−1	−1	−1	0
x_5	1/2	1	1/2	−2/3	1	0	0	2
x_6	3/2	0	3/4	0	0	1	0	3
x_7	3	−6	0	4	0	0	1	0

通过初等行变换使 f 的目标函数行中基变量 x_5, x_6, x_7 的检验数为 0，可得辅助问题的第 1 张单纯形表：

	x_1	x_2	x_3	x_4	x_5	x_6	x_7	右端
f	−4	0	−3	0	0	0	0	0
f'	5	−5	5/4	10/3	0	0	0	5
x_5	1/2	1	1/2	−2/3	1	0	0	2
x_6	3/2	0	3/4	0	0	1	0	3
x_7	3	−6	0	4	0	0	1	0

然后按单纯形法迭代，此时两个检验数行都要进行变换，又可得

	x_1	x_2	x_3	x_4	x_5	x_6	x_7	右端
f	0	−8	−3	16/3	0	0	4/3	0
f'	0	5	5/4	−10/3	0	0	−5/3	5
x_5	0	2	1/2	−4/3	1	0	−1/6	2
x_6	0	3	3/4	−2	0	1	−1/2	3
x_1	1	−2	0	4/3	0	0	1/3	0

再可得

	x_1	x_2	x_3	x_4	x_5	x_6	x_7	右端
f	0	0	-1	0	4	0	2/3	8
f'	0	0	0	0	$-5/2$	0	$-5/4$	0
x_2	0	1	1/4	$-2/3$	1/2	0	$-1/12$	1
x_6	0	0	0	0	$-3/2$	1	$-1/4$	0
x_1	1	0	1/2	0	1	0	1/6	2

至此，第一阶段结束，得到辅助问题的一个最优解$(2,1,0,0,0,0,0)^{\mathrm{T}}$，此时虽然人工变量 x_6 还是基变量，但 x_6 为 0，目标函数 f' 也为 0。所以得到了原问题的第 1 个基本可行解 $\boldsymbol{x}_0=(2,1,0,0)^{\mathrm{T}}$，它对应的典式也在这张单纯形表中。去掉人工变量对应的行、列，得

	x_1	x_2	x_3	x_4	右端
f	0	0	-1	0	8
x_2	0	1	1/4	$-2/3$	1
x_1	1	0	1/2	0	2

恰好此时的检验数向量$\boldsymbol{\gamma}\leqslant\boldsymbol{0}$，故原问题的最优解即为$(2,1,0,0)^{\mathrm{T}}$，其最优值为 8。解毕。

习题

2-1 假设某银行有 5000 万美元的资金来源，这些资金可用作贷款(x_1)和二级储备即短期债券(x_2)，贷款收益率为 12%，短期证券收益率为 8%，存款成本忽略不计。再假设银行管理短期资产的流动性标准为投资资产的 25%，即短期证券与总贷款的比例至少为 25%。求解银行的最佳资产组合问题的数学模型，并将其化为标准形式的线性规划问题。

2-2 某物流公司要把若干单位的西瓜从 3 个仓库发送到 5 个超市。第 i 个仓库能供应西瓜的数量为 w_i，$i=1,2,3$；第 j 个超市所需西瓜的数量为 s_j，$j=1,2,3,4,5$。假设能供应的总量等于需要的总量，即 $\sum\limits_{i=1}^{3} w_i = \sum\limits_{j=1}^{5} s_j$，且已知从第 i 个仓库运一个单位的西瓜到第 j 个超市的运价为 p_{ij}。问应如何组织运输才能使总的运输费用最小？

2-3 某饲养场所用混合饲料由 n 种配料组成，要求这种混合饲料必须含有 m 种不同的营养成分，并且每一份混合饲料中第 i 种营养成分的含量不能低于 b_i。已知每单位的第 j 种配料中所含第 i 种营养成分的量为 a_{ij}，每单位的第 j 种配料的价格为 c_j。在保证营养的条件下，应如何配方才能使混合饲料的费用最省。试设立这个营养问题的数学模型，然后将其化为标准形式的线性规划问题。

2-4 将下面的线性规划问题化成标准形：

$$\begin{aligned} \max f(\boldsymbol{x}) &= 4x_1 - 7x_2 + 3x_3 \\ \text{s.t.}\quad & 2x_1 - 3x_2 + 8x_3 \leqslant 12 \\ & 2x_1 + x_2 - x_3 \geqslant 3 \\ & -5 \leqslant x_2 \leqslant 9 \end{aligned}$$

2-5 试用图解法求解下列线性规划问题：

(1) $\max f(\boldsymbol{x})=2x_1+5x_2$

$$\begin{aligned} \text{s.t.}\quad & x_1+x_2\geqslant 30 \\ & 5\leqslant x_1\leqslant 15 \\ & x_2\geqslant 3 \end{aligned}$$

(2) $\min f(\boldsymbol{x})=2x_1-5x_2$

$$\begin{aligned} \text{s.t.}\quad & -2x_1+3x_2\geqslant 2 \\ & x_1-x_2\geqslant 1 \\ & x_1\geqslant 0, x_2\geqslant 0 \end{aligned}$$

2-6 某线性规划问题的约束条件是

$$\begin{cases} 5x_1 + 2x_2 + 8x_3 = 9 \\ 4x_1 + x_2 + 6x_4 = 2 \\ x_j \geqslant 0, \quad j = 1,2,3,4 \end{cases}$$

问变量 x_2, x_4 所对应的列向量 $\boldsymbol{a}_2, \boldsymbol{a}_4$ 是否构成可行基？若是，写出 $\boldsymbol{B}$ 和 $\boldsymbol{N}$，并求出 $\boldsymbol{B}$ 所对应的基本可行解。

2-7 对于下面的线性规划问题，以 $\boldsymbol{B}=(\boldsymbol{a}_1, \boldsymbol{a}_2, \boldsymbol{a}_3)$ 为基写出对应的典式：

$$\begin{aligned} \min f(\boldsymbol{x}) &= 3x_1 - 5x_2 + 2x_3 \\ \text{s.t.}\quad & 3x_1 - x_2 + 2x_3 + 5x_4 = 4 \\ & -2x_1 + 4x_2 + 3x_5 = 9 \\ & -4x_1 + 3x_2 + 8x_3 + 7x_6 = 17 \\ & x_j \geqslant 0, \quad j = 1,2,\cdots,6 \end{aligned}$$

2-8 用单纯形法求解以下线性规划问题：

$$\begin{aligned} \min f(\boldsymbol{x}) &= 3x_1 + 5x_2 - x_3 \\ \text{s.t.}\quad & x_1 - \frac{1}{2}x_4 + \frac{5}{2}x_5 = \frac{13}{2} \\ & x_2 - \frac{1}{2}x_4 + \frac{3}{2}x_5 = \frac{5}{2} \\ & x_3 - \frac{1}{2}x_4 + \frac{1}{2}x_5 = \frac{1}{2} \\ & x_j \geqslant 0, j = 1,2,\cdots,5 \end{aligned}$$

2-9 用单纯形法求解以下线性规划问题：

$$\begin{aligned} \min f(\boldsymbol{x}) &= -x_2 + 2x_3 \\ \text{s.t.}\quad & x_1 - 2x_2 + x_3 = 2 \\ & x_2 - 3x_3 + x_4 = 1 \\ & x_2 - x_3 + x_5 = 2 \\ & x_j \geqslant 0, j = 1,2,\cdots,5 \end{aligned}$$

2-10 用两阶段法求解下列问题：

$$\begin{aligned} \max f(\boldsymbol{x}) &= 2x_1 - 4x_2 + 5x_3 - 6x_4 \\ \text{s.t.} \quad & x_1 + 4x_2 - 2x_3 + 8x_4 = 2 \\ & -x_1 + 2x_2 + 3x_3 + 4x_4 = 1 \\ & x_j \geqslant 0, \quad j = 1,2,3,4 \end{aligned}$$

参考文献

1. 刁在筠，郑汉鼎，刘家壮，等. 运筹学[M]. 北京：高等教育出版社，2001.
2. 林健良. 运筹学及实验[M]. 广州：华南理工大学出版社，2005.
3. 束金龙，闻人凯[M]. 线性规划理论与模型应用. 北京：科学出版社，2003.
4. 朱求长. 运筹学及其应用[M]. 武汉：武汉大学出版社，2004.
5. 魏朗，余强. 现代最优化设计与规划方法[M]. 北京：人民交通出版社，2005.

3 整数规划

整数规划(integer programming,IP)问题是设计变量必须取整数值的线性或非线性规划问题。整数规划是近 30 多年来发展起来的规划论的一个重要分支。由于整数非线性规划尚无一般解法,因此本章仅讨论整数线性规划问题的解法。

整数线性规划与线性规划有着密切的关系,它的一些基本算法的设计都是以相应的线性规划最优解为出发点的。但是因为变量取整数值的要求从本质上来说是一种非线性约束,因此求解整数线性规划的难度大大超过线性规划,一些著名的难题都是整数线性规划问题。

3.1 整数规划数学模型及穷举法

3.1.1 整数规划问题的模型

例 3-1 某装备制造公司根据客户紧急要求供应甲、乙两种专用设备,甲、乙两种设备都要安装包括 A,B 两种部件在内的多种零部件。由于任务紧急,A,B 两种部件的库存量非常有限,其他零部件则供应充足。每台设备所需 A,B 两种部件数量及所能获得的利润如表 3-1 所示,试建立使总利润最大的生产计划最优化数学模型。

表 3-1 甲、乙两种设备的生产情况

设备名称	A 部件/台	B 部件/台	每台设备利润/千元
甲	1	5	5
乙	1	9	6
可供部件数量/台	6	45	

解:设甲、乙设备计划产量分别为 x_1,x_2 台,显然 x_1,x_2 为非负整数;A,B 两种部件的消耗量都不能超过它们自身的可用量。设可获总利润为 f 千元,则 $f(\boldsymbol{x})=5x_1+6x_2$,故求解该问题的数学模型为

$$\begin{aligned} \max f(\boldsymbol{x}) &= 5x_1 + 6x_2 \\ \text{s.t.}\quad & x_1 + x_2 \leqslant 6 \\ & 5x_1 + 9x_2 \leqslant 45 \\ & x_1, x_2 \geqslant 0 \\ & x_1, x_2 \text{ 为整数} \end{aligned}$$

解毕。

例 3-2 某酒店客房部每天各班次的时间段和所需要的服务员人数以及工资情况如表 3-2 所示。各班次服务员在轮班开始时到前台报到，需连续工作 3 个班次。试建立在满足工作要求的前提下，支付的工资最少的最优化数学模型。

表 3-2 各班次情况一览表

班次	时间段	最少需要的服务员人数	时间段工资/元
1	06:00—09:00	10	70
2	09:00—12:00	12	65
3	12:00—15:00	15	60
4	15:00—18:00	18	58
5	18:00—21:00	14	62
6	21:00—24:00	11	68
7	24:00—03:00	8	75
8	03:00—06:00	6	78

解：设第 j 个班应该报到的服务员数为 $x_j(j=1,2,\cdots,8)$，设每天总共要支付的工资为 f 元。故求解该问题的数学模型为

$$
\begin{aligned}
\min f(\boldsymbol{x}) = & 70(x_7+x_8+x_1)+65(x_8+x_1+x_2)+60(x_1+x_2+x_3) \\
& +58(x_2+x_3+x_4)+62(x_3+x_4+x_5)+68(x_4+x_5+x_6) \\
& +75(x_5+x_6+x_7)+78(x_6+x_7+x_8) \\
\text{s. t.} \quad & x_7+x_8+x_1 \geqslant 10 \\
& x_8+x_1+x_2 \geqslant 12 \\
& x_1+x_2+x_3 \geqslant 15 \\
& x_2+x_3+x_4 \geqslant 18 \\
& x_3+x_4+x_5 \geqslant 14 \\
& x_4+x_5+x_6 \geqslant 11 \\
& x_5+x_6+x_7 \geqslant 8 \\
& x_6+x_7+x_8 \geqslant 6 \\
& x_j \geqslant 0 \text{ 且 } x_j \text{ 为整数}, j=1,2,\cdots,8
\end{aligned}
$$

解毕。

从例 3-1 和例 3-2 可以看出，整数规划问题是下述形式的最优化问题：

$$
\begin{aligned}
& \min f(\boldsymbol{x}) = \boldsymbol{c}^{\mathrm{T}}\boldsymbol{x} \\
& \text{s. t.} \quad \boldsymbol{A}\boldsymbol{x} = \boldsymbol{b} \\
& \qquad \boldsymbol{x} \geqslant \boldsymbol{0} \\
& \qquad x_i \in I, \quad i \in J \subset \{1,2,\cdots,n\}
\end{aligned}
\tag{3-1}
$$

其中，$\boldsymbol{A}$ 为 $m\times n$ 矩阵，$\boldsymbol{c}\in\boldsymbol{R}^n$，$\boldsymbol{b}\in\boldsymbol{R}^m$，$\boldsymbol{x}=(x_1,x_2,\cdots,x_n)^{\mathrm{T}}$，$I=\{0,1,2,\cdots\}$。

若 $I=\{0,1\}$，$J=\{1,2,\cdots,n\}$，则式(3-1)表示 0-1 规划问题；若 J 是$\{1,2,\cdots,n\}$的非空真子集，则式(3-1)表示混合整数规划问题；若 $J=\{1,2,\cdots,n\}$，则式(3-1)

是纯整数规划问题。

例 3-3 假设某投资公司可用于投资的资金总额为 S 万元，有 $k(k\geqslant 2)$个可供投资的项目，规定每个项目最多投资一次。第 j 个项目所需的资金为 m_j 万元，可获得的利润为 p_j 万元。试建立如何选择投资项目才能使总利润最大的数学模型。

解：设投资决策变量为

$$x_j=\begin{cases}1, & \text{决定投资第 } j \text{ 个项目}\\ 0, & \text{决定不投资第 } j \text{ 个项目}\end{cases} \qquad j=1,2,\cdots,k$$

设获得的总利润为 f，则上述问题的数学模型为

$$\max f(\boldsymbol{x})=\sum_{j=1}^{k}p_jx_j$$

$$\text{s.t.}\quad 0<\sum_{j=1}^{k}m_jx_j\leqslant S$$

$$x_j=0 \text{ 或 } 1,\quad j=1,2,\cdots,k$$

这个是一个 0-1 规划问题，设计变量取值为 0 或 1，这个约束可以用一个等价的非线性约束

$$x_j(1-x_j)=0,\quad j=1,2,\cdots,k$$

来代替。因而变量限制为整数本质上是一个非线性约束，它不可能用线性约束来代替。解毕。

式(3-1)中，若放弃 $\boldsymbol{x}$ 为整数向量这个约束，则称线性规划问题

$$\min f(\boldsymbol{x})=\boldsymbol{c}^{\mathrm{T}}\boldsymbol{x}$$

$$\text{s.t.}\quad \boldsymbol{Ax}=\boldsymbol{b}$$

$$\boldsymbol{x}\geqslant \boldsymbol{0}$$

为整数规划问题(3-1)的松弛问题。

3.1.2 穷举法

类似于求解线性规划问题的图解法，对于二维整数规划问题也有相应的几何方法——穷举法。这种方法简单、直观，有利于更好地理解整数规划模型及其最优解的性质，并从中可以得到启发，寻找出求解一般整数规划问题的通用方法。

例 3-4 用穷举法求例 3-1 中整数规划问题的最优解。

解：(1) 先作出该整数规划问题的松弛问题的可行域，如图 3-1 所示，在可行域内标记出所有代表整数可行解的点。

(2) 再作出目标函数的等值线及其法线方向$(5,6)^{\mathrm{T}}$，按线性规划的图解法找出松弛模型的最优点 $A(9/4,15/4)$。

(3) 让目标函数的等值线从 A 点沿着负法线方向朝可行域内平移，首次碰到的整数可行解 $B(3,3)$就是该整数规划问题的最优解，最优值为 33。

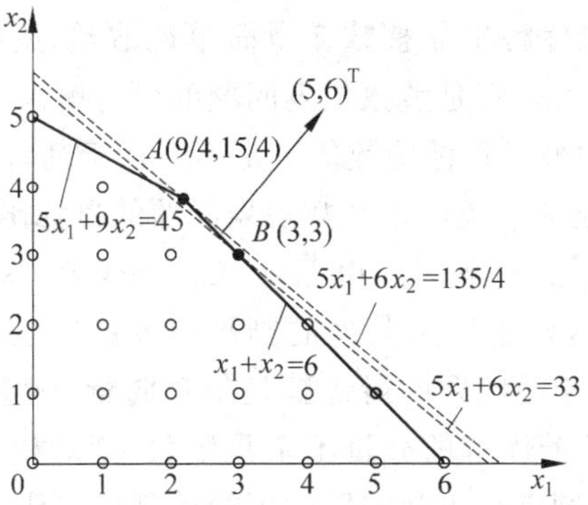

图 3-1 例 3-3 图

解毕。

满足整数规划约束条件的可行解的集合，大多情况下都是有限集合，这为穷举法提供了可能。当问题变量个数很少，且可行域内的整数可行解个数也很少时，穷举法是可行的。但对一般整数规划问题，穷举法是无能为力的。虽然穷举法通常不是最有效的方法，但却是最自然想到和直观的方法，而对某些模型也可能是唯一的、无可奈何的方法。

能否将整数规划问题对应的松弛问题的最优解经过取整或四舍五入得到整数规划问题的最优解呢？在某些情况下，特别是松弛问题的解是一些很大的数时（对舍入误差不敏感），这一策略是可行的。但在一般情况下，要把松弛问题的解舍入到一个可行的整数解往往是很困难的，甚至是不可行的。在例 3-4 中，整数规划问题的最优点为 $B(3,3)$，松弛问题的最优点为 $A(9/4,15/4)$。将 A 点坐标四舍五入得点 $(2,4)$，该点不是可行点，自然更不是最优点；将 A 点坐标取整得点 $(2,3)$，该点虽是可行点，但不是最优点。由此可见，这个方法行不通。

然而，例 3-4 中的最优点 $B(3,3)$ 还是非常靠近松弛问题的最优点 $A(9/4,15/4)$。因此，可以考虑先求出松弛问题的最优解，然后对该点附近的整数可行解进行分析，以期获得整数规划的最优解。下面介绍由解线性规划问题的单纯形法导出的割平面法，以及基于巧妙枚举的分枝定界法，它们是目前解整数规划的两个基本途径。

3.2 割平面法

整数规划问题和对应的松弛问题之间既有联系，又有本质的区别。以下几个事实很容易理解：

(1) 整数规划问题的可行域是其对应的松弛问题的可行域的一个子集。如果松弛问题无可行解，则整数规划问题亦无可行解。

(2) 如果松弛问题的最优解是整数解，则它也是整数规划问题的最优解。一般情况下，松弛问题的最优解不是整数解，因而不是整数规划的可行解，更不是最优解。

(3) 对松弛问题的最优解中非整数变量简单地取整，所得到的解不一定是整数规划问题的最优解，甚至不一定是整数规划问题的可行解。

(4) 整数规划问题的最优目标函数值一定不会优于其对应的松弛问题的最优目标函数值，因此，松弛问题的最优值是整数规划问题的目标函数值的一个下界。

解整数线性规划问题的割平面法由 R. E. Gomory 在 1958 年首次提出，故称为 Gomory 割平面算法，以区别于后来其他的割平面算法。该方法的基本思想是先用单纯形法解松弛问题，若松弛问题的最优解是整数向量，则它即是原问题的最优解，计算结束；若松弛问题的最优解的分量不全是整数，则对松弛问题增加一个线性约束条件(割平面条件)，此约束将松弛问题的可行域割掉一块，且这个非整数最优解恰在被割掉的区域内，而原问题的任何一个可行解都没有被割去。可行域被割掉一块的松弛问题可视为原问题的一个改进的松弛问题。求解改进后的松弛问题，若其最优解是整数向量，则它即是原问题的最优解，计算结束；否则再增加一个割平面条件，形成再次改进的松弛问题并求解。如此切割下去，通过不断求解逐次改进的松弛问题，直到得到的最优解是整数解为止。

割平面法的关键在于如何寻找适当的切割约束条件(即怎样构造一个割平面)，且保证切掉的部分不含有整数解。下面讨论割平面法的原理。

1. 割平面法的原理

对于给定的整数规划问题，首先用单纯形方法求解其松弛问题，得到最优基本可行解 $\boldsymbol{x}^*$。设该最优解对应的基阵 $\boldsymbol{B}=(\boldsymbol{a}_{B1},\boldsymbol{a}_{B2},\cdots,\boldsymbol{a}_{Bm})$，而 $x_{B1},x_{B2},\cdots,x_{Bm}$ 为 $\boldsymbol{x}^*$ 的基变量。设松弛问题的最后一张单纯形表对应的典式为

$$\begin{cases} f+\sum\limits_{j\in J}\gamma_j x_j=\bar{f} \\ x_{Bi}+\sum\limits_{j\in J}\bar{a}_{ij}x_j=\bar{b}_i, \quad i=1,2,\cdots,m \end{cases} \tag{3-2}$$

式中，$J=\{j\mid x_j$ 为最优解 $\boldsymbol{x}^*$ 的非基变量$\}$，即为非基变量的下标集。如果 $\bar{b}_i(i=1,2,\cdots,m)$ 全是整数，则已获得整数规划问题的最优解 $\boldsymbol{x}^*$。否则至少有一个基变量不是整数，不妨设第 k 行的基变量 $x_{Bk}(1\leqslant k\leqslant m)$ 不是整数，则其对应的 $\bar{b}_k$ 亦非整数，它所在的约束方程为

$$x_{Bk}+\sum_{j\in J}\bar{a}_{kj}x_j=\bar{b}_k \tag{3-3}$$

下面把 $\bar{a}_{kj}$ 和 $\bar{b}_k$ 分解成一个整数和一个正的真分数之和。若用符号 $[a]$ 表示不超过实数 a 的最大整数，如 $[3.7]=3$，$[-6.3]=-7$，$[9]=9$ 等，则有

$$\begin{cases} \bar{a}_{kj}=[\bar{a}_{kj}]+d_{kj} \\ \bar{b}_k=[\bar{b}_k]+d_k \end{cases} \tag{3-4}$$

式中，d_{kj} 是 $\bar{a}_{kj}$ 的分数部分，有 $0\leqslant d_{kj}<1, j\in J$；$d_k$ 是 $\bar{b}_k$ 的分数部分，有 $0<d_k<1$。

由于方程(3-3)中的变量是非负的，因此有

$$\sum_{j\in J}[\bar{a}_{kj}]x_j \leqslant \sum_{j\in J}\bar{a}_{kj}x_j \tag{3-5}$$

从而方程(3-3)变为

$$x_{Bk}+\sum_{j\in J}[\bar{a}_{kj}]x_j \leqslant \bar{b}_k \tag{3-6}$$

由于整数规划的可行解 $\boldsymbol{x}$ 必须为整数向量，故式(3-6)左端一定为整数，所以右端用 $\bar{b}_k$ 的整数部分代替后，式(3-6)的不等式关系仍成立，即有

$$x_{Bk}+\sum_{j\in J}[\bar{a}_{kj}]x_j \leqslant [\bar{b}_k] \tag{3-7}$$

用式(3-3)减去式(3-7)得

$$\sum_{j\in J}\{\bar{a}_{kj}-[\bar{a}_{kj}]\}x_j \geqslant \bar{b}_k-[\bar{b}_k] \tag{3-8}$$

注意到式(3-4)，于是得到线性约束

$$\sum_{j\in J}d_{kj}x_j \geqslant d_k \tag{3-9}$$

这就是一个割平面，由于它来源于单纯形表的第 k 行，故称为源于第 k 行的 Gomory 割平面条件。

将割平面条件(3-9)加到原整数规划的松弛问题的约束中，就可以割掉松弛问题的最优基本可行解 $\boldsymbol{x}^*$，却不会割掉任意整数可行解。下面证明这两个性质。

(1) 假设松弛问题的最优基本可行解 $\boldsymbol{x}^*$ 未被切割掉，则它应该满足式(3-9)，即有

$$\sum_{j\in J}d_{kj}x_j \geqslant d_k$$

因为 $x_j=0(j\in J)$，故上式即为

$$0 \geqslant d_k$$

这与 $0<d_k<1$ 相矛盾，故 $\boldsymbol{x}^*$ 不满足式(3-9)，即被式(3-9)切割掉了。

(2) 设 $\boldsymbol{x}=(x_1,x_2,\cdots,x_n)^{\mathrm{T}}$ 为整数规划问题的任意可行解，则它必然满足整数规划问题的约束方程组，当然也满足等价方程组

$$x_{Bi}+\sum_{j\in J}\bar{a}_{ij}x_j=\bar{b}_i,\quad i=1,2,\cdots,m$$

由于式(3-3)是上述方程组中的一个方程，故 $\boldsymbol{x}$ 满足式(3-3)。而 $x_j(j=1,2,\cdots,n)$ 均为整数，必然满足式(3-9)，因为式(3-9)是假定所有变量均为整数而由式(3-3)导出的。

为得到对应新的松弛问题的基本解，用 -1 乘以式(3-9)的两端后再引进一个松弛变量 s，从而式(3-9)变为

$$-\sum_{j\in J}d_{kj}x_j+s=-d_k \tag{3-10}$$

式(3-10)是一个超平面方程，称它为割平面。再将式(3-10)加到前面已得到的原整数规划的松弛问题最后一张单纯形表中进行求解。

2. Gomory 割平面法求解整数规划问题的步骤

(1) 用单纯形法解整数规划问题的松弛问题。若松弛问题没有最优解，整数规划问题也没有最优解，则计算停止。若松弛问题有最优解 $\boldsymbol{x}^*$，如果 $\boldsymbol{x}^*$ 是整数向量，则 $\boldsymbol{x}^*$ 是整数规划问题的最优解，计算停止。否则转第(2)步。

(2) 求割平面方程。任选 $\boldsymbol{x}^*$ 的一个非整数分量 $\bar{b}_k(0\leqslant k\leqslant m)$，按关系式(3-10)得到割平面方程

$$-\sum_{j\in J} d_{kj}x_j + s = -d_k$$

(3) 将割平面方程加入到第(1)步所得最优单纯形表中，用对偶单纯形法求解这个新的松弛问题。若其最优解为整数解，则它是整数规划问题的最优解，计算停止，输出这个最优解；否则将这个最优解重新记为 $\boldsymbol{x}^*$，返回第(2)步。若对偶单纯形算法发现了对偶问题是无界的，此时原整数规划问题则是不可行的，计算停止。

例 3-5 用割平面法解整数规划问题

$$\begin{aligned} &\max f(\boldsymbol{x}) = x_1 + x_2 \\ &\text{s.t.}\quad -x_1 + x_2 \leqslant 1 \\ &\qquad\quad 3x_1 + x_2 \leqslant 4 \\ &\qquad\quad x_1, x_2 \geqslant 0 \\ &\qquad\quad x_1, x_2 \text{ 均为整数} \end{aligned}$$

解：首先增加变量 x_3, x_4，将该整数规划问题的松弛问题化成标准形式：

$$\begin{aligned} &\min f'(\boldsymbol{x}) = -(x_1 + x_2) \\ &\text{s.t.}\quad -x_1 + x_2 + x_3 = 1 \\ &\qquad\quad 3x_1 + x_2 + x_4 = 4 \\ &\qquad\quad x_1, x_2, x_3, x_4 \geqslant 0 \end{aligned}$$

可得松弛问题的第 1 张单纯形表：

	x_1	x_2	x_3	x_4	右端
f'	1	1	0	0	0
x_3	−1	1	1	0	1
x_4	3	1	0	1	4

以 $\bar{a}_{21}$ 为转轴元进行旋转变换得以下单纯形表：

	x_1	x_2	x_3	x_4	右端
f'	0	2/3	0	−1/3	−4/3
x_3	0	4/3	1	1/3	7/3
x_1	1	1/3	0	1/3	4/3

再以$\bar{a}_{12}$为转轴元进行旋转变换得最优单纯形表：

	x_1	x_2	x_3	x_4	右端
f'	0	0	$-1/2$	$-1/2$	$-5/2$
x_2	0	1	3/4	1/4	7/4
x_1	1	0	$-1/4$	1/4	3/4

求得 $\boldsymbol{x}^*=(3/4,7/4)^{\mathrm{T}}$，由于它是非整数解，所以必须构造割平面。

根据上述最优单纯形表构造源于第 1 行的割平面：

$$\frac{3}{4}x_3+\frac{1}{4}x_4\geqslant\frac{3}{4}$$

引入松弛变量 x_5，得

$$-\frac{3}{4}x_3-\frac{1}{4}x_4+x_5=-\frac{3}{4}$$

将该约束添加到上述最优单纯形表的后面，得下表

	x_1	x_2	x_3	x_4	x_5	右端
f'	0	0	$-1/2$	$-1/2$	0	$-5/2$
x_2	0	1	3/4	1/4	0	7/4
x_1	1	0	$-1/4$	1/4	0	3/4
x_5	0	0	$-3/4$	$-1/4$	1	$-3/4$

利用对偶单纯形法解上表中的松弛问题，以$\bar{a}_{33}$为转轴元进行旋转变换得到其最优单纯形表：

	x_1	x_2	x_3	x_4	x_5	右端
f'	0	0	0	$-1/3$	$-2/3$	-2
x_2	0	1	0	0	1	1
x_1	1	0	0	1/3	$-1/3$	1
x_3	0	0	1	1/3	$-4/3$	1

它的最优解为 $\boldsymbol{x}^*=(1,1)^{\mathrm{T}}$，也就是整数规划问题的最优解，此时 $f'=-2$，$f=2$。解毕。

尽管 Gomory 割平面法很巧妙，但在实际求解整数规划问题时很少使用。一方面是由于 Gomory 割平面法的收敛速度往往很慢，需要对可行域进行多次切割，切割次数最多时可能是变量个数的指数倍；另一方面，除了少数小规模的整数规划问题外，求解整数规划问题都需要用计算机，Gomory 法在构造割平面时需要用到分数部分，计算机对分数往往采用近似的小数代替，会有舍入误差，用 Gomory 法编程通常很复杂。因此，Gomory 割平面法通常和其他方法结合使用，才能取得较好的效果。

3.3 分枝定界法

通过逐个比较全体整数可行解来得到最优解的方法，称为完全枚举法(穷举法)。当整数可行解个数很多时，完全枚举法往往是不可行的。仅通过讨论部分整数可行解就得到整数规划问题最优解的方法称为部分枚举法或隐枚举法。分枝定界法就是一种隐枚举法。它是20世纪60年代初由Land和Doig提出并经Dakin修正的一种整数规划求解方法，由于该方法灵活且便于用计算机求解，所以目前已成为解整数规划的重要方法之一。

分枝定界法既可用来解纯整数规划问题，也可用来解混合整数规划问题。分枝定界法是以巧妙地枚举整数规划的可行解的思想为依据设计的，其基本思想是将原整数规划问题的可行域分解为越来越小的子区域，并检查子区域内整数解的情况，直到找到最优整数解或探明整数解不存在。

为叙述方便，用符号 P 表示给定的某个整数规划问题，用符号 P_0 表示该整数规划问题对应的松弛问题。若 P_0 无可行解，则 P 也无可行解。若 P_0 的最优解 $\boldsymbol{x}_0$ 是满足整数要求的向量，则 $\boldsymbol{x}_0$ 也是 P 的最优解。若 $\boldsymbol{x}_0$ 不满足整数要求，则有两种处理方法：一种方法是不断改进松弛问题，以期求得 P 的最优解，割平面法就属于这一类；另一种方法是利用分解技术，将要求解的整数规划问题 P 分解为几个子问题的和，如果对每个子问题的可行域(简称子区域)能实现要么找到了这个子域内的最优解，要么明确原问题 P 的最优解肯定不在这个子域内，这样原问题就容易解决了。

若用 f_0 表示松弛问题 P_0 的最优值，用 f_i 表示已经找到的最好的整数解的目标值，f^* 表示整数规划问题 P 的最优值，$\bar{f}$ 表示最优值的上界，$\underline{f}$ 表示最优值的下界，则这些最优值一定满足以下关系：

$$\underline{f} = f_0 \leqslant f^* \leqslant f_i = \bar{f}$$

分枝定界法能不断降低上界，提高下界，最后使下界充分接近上界或检查过所有分枝，最终搜索到最优整数解。将 P 的可行域分解成多个子区域的过程称为分枝。如果 P 的可行域是有界的，那么这个分枝过程不可能无限地继续下去。分枝过程在某个点上将会由于下述两个原因之一而停止：①相应的松弛问题 P_0 的最优解满足整数要求；②相应的松弛问题 P_0 是不可行的。这样的点称为树叶。通过分枝和寻找更好的整数可行解来不断修改模型的上、下界，这个过程称为定界。分枝定界法求解的步骤如下。

第1步 去掉原整数规划问题 P 的整数约束，得到其松弛问题 P_0。

第2步 求解松弛问题 P_0，可能出现以下几种情况：

(1) P_0 没有可行解，则 P 也没有可行解，停止计算。

(2) P_0 有最优解，且满足问题 P 的整数条件，则 P_0 的最优解就是 P 的最优解，停止计算。

(3) P_0 有最优解，但不满足问题 P 的整数条件，记它的目标函数值为 f_0，这时需要对问题 P(从而对问题 P_0)进行分枝，转下一步。

第 3 步 确定初始上、下界 $\bar{f}$ 与 $\underline{f}$。以 f_0 作为下界 $\underline{f}$。若观察到了问题 P 的一个整数可行解，则将其目标函数值记为上界 $\bar{f}$；若观察不到，则可取 $\bar{f}=+\infty$，转下一步。

第 4 步 将问题 P_0 分枝。

在 P_0 的最优解 $\boldsymbol{x}_0$ 中，任选一个不符合整数条件的变量 x_j，其值为 b_j，用符号 $[b_j]$ 表示不超过实数 b_j 的最大整数，构造两个互斥的约束条件：

$$x_j \leqslant [b_j]$$

$$x_j \geqslant [b_j]+1$$

将这两个约束条件分别加到问题 P_0 的约束条件集中，得到 P_0 的两个分枝：问题 P_1 与 P_2。分枝的过程砍掉了 $[b_j]<x_j<[b_j]+1$ 内的非整数区域，缩小了搜索的范围，并将一个(子)问题分解成两个子问题。

第 5 步 对每个分枝问题进行求解，可能出现以下几种情形：

(1) 分枝无可行解，即该分枝是“树叶”。

(2) 分枝有最优解，且满足 P 的整数条件。将该最优解的目标函数值作为新的上界 $\bar{f}$，该分枝也是“树叶”。

(3) 分枝有最优解，但不满足 P 的整数条件，且其目标函数值不小于当前上界 $\bar{f}$，则该分枝是“枯枝”，需要剪枝。

(4) 分枝有最优解，但不满足 P 的整数条件，且其目标函数值小于当前上界 $\bar{f}$，则该分枝需要继续进行分枝，所有分枝可以形成一个树形图。

若得到的是前 3 种情形之一，则表明该分枝情况已探明，不需要继续分枝。

若求解一对分枝的结果表明这一对分枝都需要继续分枝，则可先对目标函数值小的那个分枝进行分枝计算，且沿着该分枝一直继续进行下去，直到全部探明情况为止，再返回求解目标函数值较大的那个分枝。

第 6 步 修改最优值的上、下界。

(1) 修改上界 $\bar{f}$：每求出一次符合整数条件的可行解时，都要考虑修改上界 $\bar{f}$，选择迄今为止最好的整数可行解所对应的目标函数值作为上界 $\bar{f}$。在分枝定界法的求解过程中，上界 $\bar{f}$ 是不断减小的。

(2) 修改下界 $\underline{f}$：每求解完一对分枝，都要考虑修改下界 $\underline{f}$，挑选下界的值应是迄今为止在所有未被分枝的问题的目标函数值中最小的一个。在分枝定界法的求解过程中，下界 $\underline{f}$ 的值在不断增大。

在每解完一对分枝，修改了上、下界 $\overline{f}$ 和 $\underline{f}$ 后，若有 $\overline{f}=\underline{f}$，则此时所有分枝均已查明，即得到了问题 P 的最优值：

$$f^{*}=\overline{f}=\underline{f}$$

求解结束。

若仍有 $\overline{f}>\underline{f}$，则说明仍有分枝没查明，需要继续分枝，回到第 4 步。

例 3-6 用分枝定界法求解以下整数规划问题：

$$\begin{aligned}&\min f(\boldsymbol{x})=-10x_1-20x_2\\ &\text{s.t.}\quad 5x_1+8x_2\leqslant 60\\ &\qquad\quad x_1\leqslant 8\\ &\qquad\quad x_2\leqslant 4\\ &\qquad\quad x_1,x_2\geqslant 0\text{，且 }x_1,x_2\text{ 取整数}\end{aligned}$$

解：(1) 原问题的可行域 D 如图 3-2(a)所示，用符号 P 表示该整数规划问题，去掉整数约束，得其松弛问题 P_0 为

$$\begin{aligned}&\min f(\boldsymbol{x})=-10x_1-20x_2\\ &\text{s.t.}\quad 5x_1+8x_2\leqslant 60\\ &\qquad\quad x_1\leqslant 8\\ &\qquad\quad x_2\leqslant 4\\ &\qquad\quad x_1,x_2\geqslant 0\end{aligned}$$

(2) 求解该问题 P_0，得其最优解为 $\boldsymbol{x}_0=(5.6,4)^{\mathrm{T}}$，最优值为 $f_0=-136$。$\boldsymbol{x}_0$ 不满足整数约束，不是 P 的最优解。

(3) 问题 P 的最优目标函数值 f^{*} 不会小于 P_0 的最优目标函数值 f_0，即有

$$f_0\leqslant f^{*}$$

令 f_0 作为初始下界 $\underline{f}$，即

$$\underline{f}=-136$$

可以很容易地得到一个明显的可行解 $\boldsymbol{x}=(0,0)^{\mathrm{T}}$，对应的 $f=0$，问题 P 的最优值 f^{*} 决不会比它大，故可令初始上界 $\overline{f}=0$。

(4) 在 P_0 的最优解 $\boldsymbol{x}_0$ 中，由于 $x_1=5.6$，引入两个互斥的约束条件：

$$x_1\leqslant 5$$

$$x_1\geqslant 6$$

将这两个约束分别加到问题 P 的约束条件集中，得到 P 的两个分枝：子问题 P_1 与子问题 P_2。

子问题 P_1：

$\min f(\boldsymbol{x})=-10x_1-20x_2$

s. t. $5x_1+8x_2\leqslant 60$

$x_1\leqslant 8$

$x_2\leqslant 4$

$x_1\leqslant 5$

$x_1,x_2\geqslant 0$，且 x_1,x_2 取整数

子问题 P_2：

$\min f(\boldsymbol{x})=-10x_1-20x_2$

s. t. $5x_1+8x_2\leqslant 60$

$x_1\leqslant 8$

$x_2\leqslant 4$

$x_1\geqslant 6$

$x_1,x_2\geqslant 0$，且 x_1,x_2 取整数

子问题 P_1 与子问题 P_2 的可行域 D_1 与 D_2 如图 3-2(b)所示。

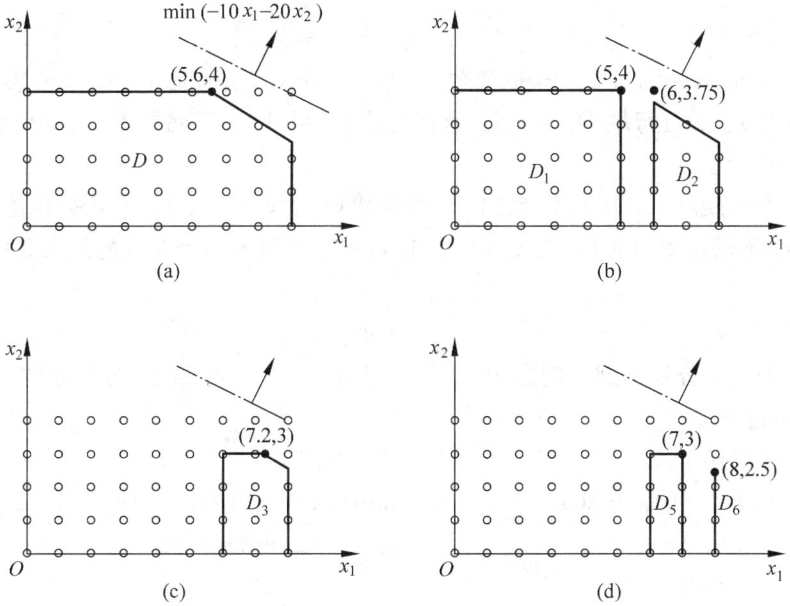

图 3-2 可行域示意图

(a) 原问题的可行域 D；(b) 子问题 P_1 与子问题 P_2 的可行域 D_1 与 D_2；(c) 子问题 P_3 的可行域 D_3；(d) 子问题 P_5 与子问题 P_6 的可行域 D_5 与 D_6

(5) 求解子问题 P_1 对应的松弛问题，得最优解为 $\boldsymbol{x}_1=(5,4)^{\mathrm{T}}$，最优值为 $f_1=-130$。$\boldsymbol{x}_1$ 也是整数规划问题 P 的整数可行解，故 P 的最优解 $f^*\leqslant f_1=-130$，此时可将上界 $\bar{f}$ 修改为

$$\bar{f}=f_1=-130$$

同时子问题 P_1 也被查清，成为“树叶”。

求解子问题 P_2 对应的松弛问题，得其最优解为 $\boldsymbol{x}_2=(6,3.75)^{\mathrm{T}}$，最优值为 $f_2=-135$。$\boldsymbol{x}_2$ 不满足整数条件，在 $\boldsymbol{x}_2$ 中，由于 $x_2=3.75$，引入两个互斥的约束条件：

$$x_2\leqslant 3$$

$$x_2 \geqslant 4$$

将这两个约束分别加到子问题 P_2 的约束条件集中，得到 P_2 的两个分枝：子问题 P_3 与子问题 P_4。

子问题 P_3：

$$\begin{aligned}\min f(\boldsymbol{x}) &= -10x_1 - 20x_2\\ \text{s.t.}\quad & 5x_1 + 8x_2 \leqslant 60\\ & x_1 \leqslant 8\\ & x_2 \leqslant 4\\ & x_1 \geqslant 6\\ & x_2 \leqslant 3\\ & x_1, x_2 \geqslant 0,\text{且 } x_1, x_2 \text{ 取整数}\end{aligned}$$

子问题 P_4：

$$\begin{aligned}\min f(\boldsymbol{x}) &= -10x_1 - 20x_2\\ \text{s.t.}\quad & 5x_1 + 8x_2 \leqslant 60\\ & x_1 \leqslant 8\\ & x_2 \leqslant 4\\ & x_1 \geqslant 6\\ & x_2 \geqslant 4\\ & x_1, x_2 \geqslant 0,\text{且 } x_1, x_2 \text{ 取整数}\end{aligned}$$

子问题 P_4 的可行域 D_4 为空集，该问题已是"树叶"。子问题 P_3 的可行域 D_3 如图 3-2(c)所示。

求解子问题 P_3 对应的松弛问题，得最优解为 $\boldsymbol{x}_3=(7.2,3)^{\mathrm{T}}$，最优值为 $f_3=-132$。$\boldsymbol{x}_3$ 不满足整数条件，在 $\boldsymbol{x}_3$ 中，由于 $x_1=7.2$，引入两个互斥的约束条件：

$$x_1 \leqslant 7$$

$$x_1 \geqslant 8$$

再将这两个约束分别加到子问题 P_3 的约束条件集中，得到 P_3 的两个分枝：子问题 P_5 与子问题 P_6。

子问题 P_5：

$$\begin{aligned}\min f(\boldsymbol{x}) &= -10x_1 - 20x_2\\ \text{s.t.}\quad & 5x_1 + 8x_2 \leqslant 60\\ & x_1 \leqslant 8\\ & x_2 \leqslant 4\\ & x_1 \geqslant 6\\ & x_2 \leqslant 3\\ & x_1 \leqslant 7\\ & x_1, x_2 \geqslant 0,\text{且 } x_1, x_2 \text{ 取整数}\end{aligned}$$

子问题 P_6：

$$\begin{aligned}\min f(\boldsymbol{x}) &= -10x_1 - 20x_2\\ \text{s.t.}\quad & 5x_1 + 8x_2 \leqslant 60\\ & x_1 \leqslant 8\\ & x_2 \leqslant 4\\ & x_1 \geqslant 6\\ & x_2 \leqslant 3\\ & x_1 \geqslant 8\\ & x_1, x_2 \geqslant 0,\text{且 } x_1, x_2 \text{ 取整数}\end{aligned}$$

子问题 P_5 与子问题 P_6 的可行域 D_5 与 D_6 如图 3-2(d)所示。

求解子问题 P_5 对应的松弛问题，得最优解为 $\boldsymbol{x}_5=(7,3)^{\mathrm{T}}$，最优值为 $f_5=-130$。$\boldsymbol{x}_5$ 也是问题 P 的整数可行解，将上界 $\bar{f}$ 修改为 $\bar{f}=f_5=-130$。求解子问题 P_6 对应的松弛问题，得最优解为 $\boldsymbol{x}_6=(8,2.5)^{\mathrm{T}}$，不是整数解，但其目标函数值 $f_6=-130$ 不小于当前上界 $\bar{f}$，所以该分枝是"枯枝"，需要剪枝。而此时所有未被分枝的问题(P_1，P_4，P_5，P_6)的目标函数值中最小值为-130，故修改下界 $\underline{f}=-130$。

(6) 目前所有分枝均已查明(或有整数可行解，或无可行解，或其目标函数值不小于上界)，并且有$\bar{f}=\underline{f}=-130$，所以问题 P 的最优值 $f^*=-130$，最优解为 $\boldsymbol{x}^*=\boldsymbol{x}_1=(5,4)^{\mathrm{T}}$ 或 $\boldsymbol{x}^*=\boldsymbol{x}_5=(7,3)^{\mathrm{T}}$。求解的过程及结果如图 3-3 所示。

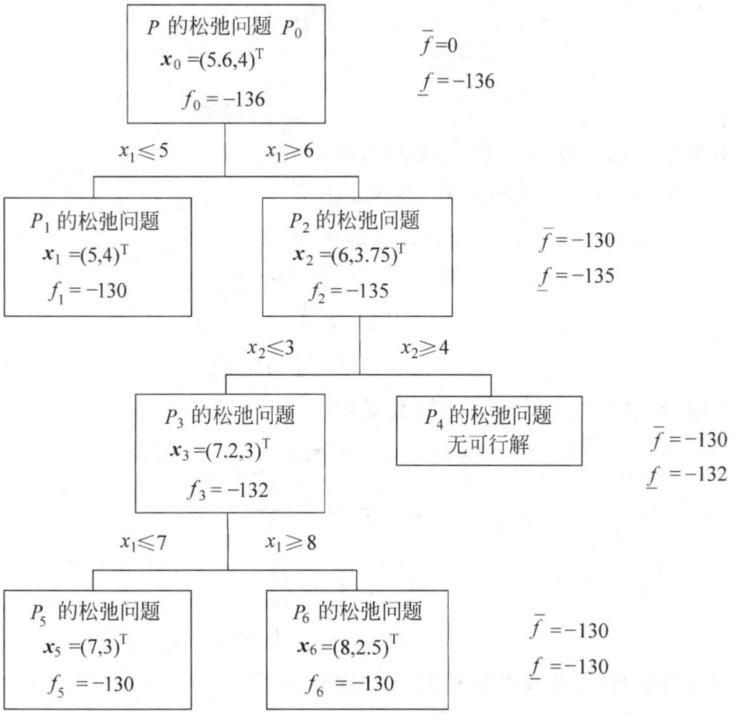

图 3-3 求解的过程及结果

解毕。

习题

3-1 某企业拟用集装箱托运甲、乙两种货物，每箱的体积、重量、可获利润以及托运所受限制见表 3-3。问每集装箱中两种货物各装多少箱可使所获利润最大？

表 3-3 每集装箱中两种货物的情况

货物/箱	体积/m^3	重量/百斤	利润/百元
甲	5	2	20
乙	4	5	10
托运限制/集装箱	24	13	

3-2 指派问题：设有 n 项任务要完成，恰有 n 个人都有能力去完成任何一项任务。第 i 个人完成第 j 项任务需要的时间为 c_{ij}，$i=1,2,\cdots,n$；$j=1,2,\cdots,n$。试写出

一个使总花费时间最少的人员分配工作方案的数学模型。

3-3 用割平面法求解以下整数规划问题：

$$\max f(\boldsymbol{x}) = x_1 + x_2$$
$$\text{s.t.}\quad \begin{aligned} -x_1 + x_2 &\leqslant 1 \\ 3x_1 + x_2 &\leqslant 4 \\ x_1, x_2 &\geqslant 0, \quad \text{且为整数} \end{aligned}$$

3-4 用割平面法求解以下整数规划问题：

$$\max f(\boldsymbol{x}) = 3x_1 + x_2$$
$$\text{s.t.}\quad \begin{aligned} 3x_1 - 2x_2 &\leqslant 3 \\ 5x_1 + 4x_2 &\geqslant 10 \\ 2x_1 + x_2 &\leqslant 5 \\ x_1, x_2 &\geqslant 0, \text{且为整数} \end{aligned}$$

3-5 用分枝定界法求解以下整数规划问题：

$$\max f(\boldsymbol{x}) = x_1 + x_2$$
$$\text{s.t.}\quad \begin{aligned} -2x_1 + x_2 &\leqslant \frac{1}{3} \\ x_1 + \frac{9}{14}x_2 &\leqslant \frac{51}{14} \\ x_1, x_2 &\geqslant 0, \text{且为整数} \end{aligned}$$

3-6 用分枝定界法求解以下整数线性规划问题：

$$\max f(\boldsymbol{x}) = 3x_1 - 2x_2$$
$$\text{s.t.}\quad \begin{aligned} 2x_1 + 3x_2 &\leqslant 14 \\ 2x_1 + x_2 &\leqslant 9 \\ x_1, x_2 &\geqslant 0, \text{且为整数} \end{aligned}$$

3-7 某单位拟购进甲、乙两类机床生产新产品，已知甲、乙机床的进价分别为3万元和5万元，各单一甲、乙机床安装和工作所需占地面积分别为4m^2和3m^2，投产后的收益分别为300元/日和200元/日。公司现有资金24万元，工作面积29m^2。问为使收益最大，甲、乙机床各应购买几台？

参考文献

1. 刁在筠，郑汉鼎，刘家壮，等. 运筹学[M]. 北京：高等教育出版社，2001.
2. 朱求长. 运筹学及其应用[M]. 武汉：武汉大学出版社，2004.
3. 束金龙，闻人凯. 线性规划理论与模型应用[M]. 北京：科学出版社，2003.
4. 林健良. 运筹学及实验[M]. 广州：华南理工大学出版社，2005.
5. 魏朗，余强. 现代最优化设计与规划方法[M]. 北京：人民交通出版社，2005.

2

第 2 篇

非线性规划

4 非线性规划数学基础

优化问题的目标函数和约束条件中至少有一个是非线性时，该优化问题即为非线性规划问题。非线性规划是计算数学和运筹学交叉的学科，在工程、国防、经济等许多重要领域有着广泛的应用。非线性规划问题可分为无约束和有约束两种类型。

不管是无约束优化问题还是有约束优化问题，实质上都是求极值的数学问题，但是优化计算的求优方法不同于数学中的微分学求极值方法。优化计算的求优方法要按照一定的逻辑结构进行反复的数值计算，寻求目标函数值不断下降的设计点，直到获得足够的精度为止。为了便于学习具体的优化方法，有必要先介绍无约束和有约束优化问题的极值条件等内容。

4.1 多元函数的泰勒展开式

实际优化问题的目标函数往往很复杂，为了使问题简化，常将目标函数在某点附近展开成泰勒(Taylor)多项式来逼近原函数。

一元函数 $f(x)$在点 x_k 处的泰勒展开式为

$$f(x) = f(x_k) + f'(x_k)(x - x_k) + \frac{1}{2}f''(x_k)(x - x_k)^2 + \cdots \tag{4-1}$$

式中，$f'(x)=\dfrac{\mathrm{d}f(x)}{\mathrm{d}x}$；$f''(x)=\dfrac{\mathrm{d}^2 f(x)}{\mathrm{d}x^2}$。

二元函数 $f(x,y)$在点(x_k,y_k)处的泰勒展开式为

$$\begin{aligned} f(x,y) = & f(x_k,y_k) + f_x(x_k,y_k)(x-x_k) + f_y(x_k,y_k)(y-y_k) \\ & + \frac{1}{2}[f_{xx}(x_k,y_k)(x-x_k)^2 + 2f_{xy}(x_k,y_k)(x-x_k)(y-y_k) \\ & + f_{yy}(x_k,y_k)(y-y_k)^2] + \cdots \end{aligned} \tag{4-2}$$

式中，$f_x=\dfrac{\partial f}{\partial x}$；$f_{xy}=\dfrac{\partial^2 f}{\partial x \partial y}$；余类推。

多元函数 $f(\boldsymbol{x})$在点 $\boldsymbol{x}_k=[x_{k1},x_{k2},\cdots,x_{kn}]^{\mathrm{T}}$ 处的泰勒展开式为

$$f(\boldsymbol{x}) = f(\boldsymbol{x}_k) + \sum_{i=1}^{n} f_{x_i}(\boldsymbol{x}_k)(x_i - x_{ki}) + \frac{1}{2}\sum_{i,j=1}^{n} f_{x_i x_j}(\boldsymbol{x}_k)(x_i - x_{ki})(x_j - x_{kj}) + \cdots \tag{4-3}$$

将上式写成矩阵形式，有

$$f(\boldsymbol{x})=f(\boldsymbol{x}_k)+[f_{x_1}(\boldsymbol{x}_k),f_{x_2}(\boldsymbol{x}_k),\cdots,f_{x_n}(\boldsymbol{x}_k)]\begin{bmatrix}x_1-x_{k1}\\x_2-x_{k2}\\\vdots\\x_n-x_{kn}\end{bmatrix}$$

$$+\frac{1}{2}[x_1-x_{k1},x_2-x_{k2},\cdots,x_n-x_{kn}]$$

$$\times\begin{bmatrix}f_{x_1x_1}(\boldsymbol{x}_k) & f_{x_1x_2}(\boldsymbol{x}_k) & \cdots & f_{x_1x_n}(\boldsymbol{x}_k)\\f_{x_2x_1}(\boldsymbol{x}_k) & f_{x_2x_2}(\boldsymbol{x}_k) & \cdots & f_{x_2x_n}(\boldsymbol{x}_k)\\\vdots & \vdots & \ddots & \vdots\\f_{x_nx_1}(\boldsymbol{x}_k) & f_{x_nx_2}(\boldsymbol{x}_k) & \cdots & f_{x_nx_n}(\boldsymbol{x}_k)\end{bmatrix}\begin{bmatrix}x_1-x_{k1}\\x_2-x_{k2}\\\vdots\\x_n-x_{kn}\end{bmatrix}+\cdots$$

$$=f(\boldsymbol{x}_k)+[\nabla f(\boldsymbol{x}_k)]^{\mathrm{T}}[\boldsymbol{x}-\boldsymbol{x}_k]+\frac{1}{2}[\boldsymbol{x}-\boldsymbol{x}_k]^{\mathrm{T}}\,\nabla^2 f(\boldsymbol{x}_k)[\boldsymbol{x}-\boldsymbol{x}_k]+\cdots \tag{4-4}$$

式中，

$$\boldsymbol{x}=[x_1,x_2,\cdots,x_n]^{\mathrm{T}}$$

$$\nabla f(\boldsymbol{x}_k)=[f_{x_1}(\boldsymbol{x}_k),f_{x_2}(\boldsymbol{x}_k),\cdots,f_{x_n}(\boldsymbol{x}_k)]^{\mathrm{T}}$$

$$\nabla^2 f(\boldsymbol{x}_k)=\begin{bmatrix}f_{x_1x_1}(\boldsymbol{x}_k) & f_{x_1x_2}(\boldsymbol{x}_k) & \cdots & f_{x_1x_n}(\boldsymbol{x}_k)\\f_{x_2x_1}(\boldsymbol{x}_k) & f_{x_2x_2}(\boldsymbol{x}_k) & \cdots & f_{x_2x_n}(\boldsymbol{x}_k)\\\vdots & \vdots & \ddots & \vdots\\f_{x_nx_1}(\boldsymbol{x}_k) & f_{x_nx_2}(\boldsymbol{x}_k) & \cdots & f_{x_nx_n}(\boldsymbol{x}_k)\end{bmatrix}$$

$\nabla f(\boldsymbol{x}_k)$称为函数 $f(\boldsymbol{x})$在 $\boldsymbol{x}_k$ 处的梯度向量，是 $f(\boldsymbol{x})$在该点的一阶偏导数组成的列向量。$\nabla^2 f(\boldsymbol{x}_k)$是由 $f(\boldsymbol{x})$在 $\boldsymbol{x}_k$ 处的二阶偏导数组成的 n 阶实对称矩阵，称为函数 $f(\boldsymbol{x})$在 $\boldsymbol{x}_k$ 处的海赛(Hessian)矩阵，简记为 $\boldsymbol{H}(\boldsymbol{x}_k)$。

在式(4-4)中，若只取到一次项，则得到函数 $f(\boldsymbol{x})$在 $\boldsymbol{x}_k$ 处的一阶泰勒近似展开式：

$$f(\boldsymbol{x})\approx f(\boldsymbol{x}_k)+[\nabla f(\boldsymbol{x}_k)]^{\mathrm{T}}[\boldsymbol{x}-\boldsymbol{x}_k] \tag{4-5}$$

式(4-5)也称为线性展开式或函数的线性化。

若取到二次项，则得到函数 $f(\boldsymbol{x})$在 $\boldsymbol{x}_k$ 处的二阶泰勒近似展开式：

$$f(\boldsymbol{x})\approx f(\boldsymbol{x}_k)+[\nabla f(\boldsymbol{x}_k)]^{\mathrm{T}}[\boldsymbol{x}-\boldsymbol{x}_k]+\frac{1}{2}[\boldsymbol{x}-\boldsymbol{x}_k]^{\mathrm{T}}\,\nabla^2 f(\boldsymbol{x}_k)[\boldsymbol{x}-\boldsymbol{x}_k] \tag{4-6}$$

在优化设计中，经常根据式(4-6)把目标函数近似地表示成二次函数，以使问题得到简化。

例 4-1 求函数 $f(\boldsymbol{x})=x_1^2+x_2^2-6x_1-8x_2+25$ 在点 $\boldsymbol{x}_k=[x_{k1},x_{k2}]^{\mathrm{T}}=[3,4]^{\mathrm{T}}$ 处的二阶泰勒近似展开式。

解：求得$\nabla f(\boldsymbol{x})=\begin{bmatrix}2x_1-6\\2x_2-8\end{bmatrix}$，$\nabla^2 f(\boldsymbol{x})=\begin{bmatrix}2&0\\0&2\end{bmatrix}$，将点 $\boldsymbol{x}_k=[3,4]^{\mathrm{T}}$ 代入 $f(\boldsymbol{x})$和$\nabla f(\boldsymbol{x})$得

$$f(\boldsymbol{x}_k)=3^2+4^2-6\times 3-8\times 4+25=0$$

$$\nabla f(\boldsymbol{x}_k)=\begin{bmatrix}2\times 3-6\\2\times 4-8\end{bmatrix}=\begin{bmatrix}0\\0\end{bmatrix}$$

根据式(4-6)，可得

$$\begin{aligned}f(\boldsymbol{x})&\approx 0+[0,0]\begin{bmatrix}x_1-3\\x_2-4\end{bmatrix}+\frac{1}{2}[x_1-3,x_2-4]\begin{bmatrix}2&0\\0&2\end{bmatrix}\begin{bmatrix}x_1-3\\x_2-4\end{bmatrix}\\&=(x_1-3)^2+(x_2-4)^2\end{aligned}$$

解毕。

4.2 函数的方向导数与最速下降方向

4.2.1 函数的方向导数

前面介绍过目标函数的等值线，它从几何角度定性地描述了目标函数值的变化趋势，但未能给出迅速找到极值点的方法。因此必须定量地分析函数在各点的变化性态，使其沿着最速下降的方向逼近极值点。

由高等数学知识可知，若二元函数 $f(\boldsymbol{x})=f(x_1,x_2)$在点 $\boldsymbol{x}_k=[x_{k1},x_{k2}]^{\mathrm{T}}$ 处连续可微，其在该点处对 x_1 和 x_2 的偏导数定义为

$$\left.\frac{\partial f(\boldsymbol{x})}{\partial x_1}\right|_{\boldsymbol{x}_k}=\lim_{\Delta x_1\to 0}\frac{f(x_{k1}+\Delta x_1,x_{k2})-f(x_{k1},x_{k2})}{\Delta x_1}\tag{4-7}$$

$$\left.\frac{\partial f(\boldsymbol{x})}{\partial x_2}\right|_{\boldsymbol{x}_k}=\lim_{\Delta x_2\to 0}\frac{f(x_{k1},x_{k2}+\Delta x_2)-f(x_{k1},x_{k2})}{\Delta x_2}\tag{4-8}$$

式(4-7)和式(4-8)分别表示 $f(\boldsymbol{x})$在点 $\boldsymbol{x}_k$ 处沿 x_1 轴、x_2 轴方向的变化率。

对于n 元函数$f(\boldsymbol{x})$，$\boldsymbol{x}=[x_1,x_2,\cdots,x_n]^{\mathrm{T}}$，它在点 $\boldsymbol{x}_k=[x_{k1},x_{k2},\cdots,x_{kn}]^{\mathrm{T}}$ 处对 x_i $(i=1,2,\cdots,n)$的偏导数定义为

$$\left.\frac{\partial f(\boldsymbol{x})}{\partial x_i}\right|_{\boldsymbol{x}_k}=\lim_{\Delta x_i\to 0}\frac{f(x_{k1},x_{k2},\cdots,x_{ki}+\Delta x_i,\cdots,x_{kn})-f(x_{k1},x_{k2},\cdots,x_{kn})}{\Delta x_i}\tag{4-9}$$

它表示 $f(\boldsymbol{x})$在点 $\boldsymbol{x}_k$ 处沿坐标轴 $x_i(i=1,2,\cdots,n)$方向的变化率，这 n 个偏导数所组成的列向量即为梯度向量。

要分析函数在点 $\boldsymbol{x}_k$ 处沿任意给定方向 $\boldsymbol{s}$ 的变化率，则要采用方向导数来描述。参照偏导数的定义，可对方向导数进行定义。

设方向 $\boldsymbol{s}$ 上的一个增量

$$\Delta\boldsymbol{s}=[\Delta x_1,\quad \Delta x_2,\quad \cdots,\quad \Delta x_n]^{\mathrm{T}}\tag{4-10}$$

该增量的模

$$\|\Delta \boldsymbol{s}\| = \sqrt{(\Delta x_1)^2 + (\Delta x_2)^2 + \cdots + (\Delta x_n)^2} \tag{4-11}$$

定义在点 $\boldsymbol{x}_k$ 处沿方向 $\boldsymbol{s}$ 的方向导数为

$$\left.\frac{\partial f(\boldsymbol{x})}{\partial \boldsymbol{s}}\right|_{\boldsymbol{x}_k} = \lim_{\|\Delta \boldsymbol{s}\| \to 0} \frac{f(\boldsymbol{x}_k + \Delta \boldsymbol{s}) - f(\boldsymbol{x}_k)}{\|\Delta \boldsymbol{s}\|} \tag{4-12}$$

当 $\Delta \boldsymbol{s} \to 0$，即 $\Delta x_i \to 0 (i=1,2,\cdots,n)$ 时，$f(\boldsymbol{x})$ 在点 $\boldsymbol{x}_k$ 处的增量可以表示成全微分形式：

$$f(\boldsymbol{x}_k + \Delta \boldsymbol{s}) - f(\boldsymbol{x}_k) = \left.\frac{\partial f}{\partial x_1}\right|_{\boldsymbol{x}_k} \Delta x_1 + \left.\frac{\partial f}{\partial x_2}\right|_{\boldsymbol{x}_k} \Delta x_2 + \cdots + \left.\frac{\partial f}{\partial x_n}\right|_{\boldsymbol{x}_k} \Delta x_n \tag{4-13}$$

将式(4-13)代入式(4-12)，得

$$\begin{aligned}\left.\frac{\partial f(\boldsymbol{x})}{\partial \boldsymbol{s}}\right|_{\boldsymbol{x}_k} &= \lim_{\|\Delta \boldsymbol{s}\| \to 0} \left(\left.\frac{\partial f}{\partial x_1}\right|_{\boldsymbol{x}_k} \frac{\Delta x_1}{\|\Delta \boldsymbol{s}\|} + \left.\frac{\partial f}{\partial x_2}\right|_{\boldsymbol{x}_k} \frac{\Delta x_2}{\|\Delta \boldsymbol{s}\|} + \cdots + \left.\frac{\partial f}{\partial x_n}\right|_{\boldsymbol{x}_k} \frac{\Delta x_n}{\|\Delta \boldsymbol{s}\|} \right) \\ &= \left.\frac{\partial f}{\partial x_1}\right|_{\boldsymbol{x}_k} \cos\alpha_1 + \left.\frac{\partial f}{\partial x_2}\right|_{\boldsymbol{x}_k} \cos\alpha_2 + \cdots + \left.\frac{\partial f}{\partial x_n}\right|_{\boldsymbol{x}_k} \cos\alpha_n \end{aligned} \tag{4-14}$$

式中，$\cos\alpha_i = \lim\limits_{\|\Delta \boldsymbol{s}\| \to 0} \dfrac{\Delta x_i}{\|\Delta \boldsymbol{s}\|} (i=1,2,\cdots,n)$，表示方向 $\boldsymbol{s}$ 与坐标轴 x_i 正向之间夹角的余弦。若式(4-14)为正，则表示函数 $f(\boldsymbol{x})$ 的值在点 $\boldsymbol{x}_k$ 处沿方向 $\boldsymbol{s}$ 是增加的；若式(4-14)为负，则表示函数 $f(\boldsymbol{x})$ 的值在点 $\boldsymbol{x}_k$ 处沿方向 $\boldsymbol{s}$ 是减小的。

4.2.2 最速下降方向

式(4-14)的可用梯度向量写成

$$\left.\frac{\partial f(\boldsymbol{x})}{\partial \boldsymbol{s}}\right|_{\boldsymbol{x}_k} = \left[\left.\frac{\partial f}{\partial x_1}\right|_{\boldsymbol{x}_k}, \left.\frac{\partial f}{\partial x_2}\right|_{\boldsymbol{x}_k}, \cdots, \left.\frac{\partial f}{\partial x_n}\right|_{\boldsymbol{x}_k} \right] \begin{bmatrix} \cos\alpha_1 \\ \cos\alpha_2 \\ \vdots \\ \cos\alpha_n \end{bmatrix} = [\nabla f(\boldsymbol{x}_k)]^{\mathrm{T}} \boldsymbol{d} \tag{4-15}$$

式中，$\boldsymbol{d} = \begin{bmatrix} \cos\alpha_1 \\ \cos\alpha_2 \\ \vdots \\ \cos\alpha_n \end{bmatrix}$，$\|\boldsymbol{d}\| = \sqrt{\cos^2\alpha_1 + \cos^2\alpha_2 + \cdots + \cos^2\alpha_n} = 1$，所以 $\boldsymbol{d}$ 为 $\boldsymbol{s}$ 方向上的单位向量。故式(4-15)可写成

$$\begin{aligned}\left.\frac{\partial f(\boldsymbol{x})}{\partial \boldsymbol{s}}\right|_{\boldsymbol{x}_k} &= [\nabla f(\boldsymbol{x}_k)]^{\mathrm{T}} \boldsymbol{d} = \|\nabla f(\boldsymbol{x}_k)\| \cdot \|\boldsymbol{d}\| \cos[\nabla f(\boldsymbol{x}_k), \boldsymbol{d}] \\ &= \|\nabla f(\boldsymbol{x}_k)\| \cos[\nabla f(\boldsymbol{x}_k), \boldsymbol{d}] \end{aligned} \tag{4-16}$$

式中，$\cos[\nabla f(\boldsymbol{x}_k), \boldsymbol{d}]$ 是梯度向量 $\nabla f(\boldsymbol{x}_k)$ 与向量 $\boldsymbol{d}$ 的夹角的余弦。

在点 $\boldsymbol{x}_k$ 处，$\|\nabla f(\boldsymbol{x}_k)\|$ 的值是确定的。从式(4-16)可以看出，方向导数随 $\cos[\nabla f(\boldsymbol{x}_k), \boldsymbol{d}]$ 而变化，也就是说 $f(\boldsymbol{x})$ 在点 $\boldsymbol{x}_k$ 处的方向导数随方向 $\boldsymbol{s}$ 的变化而变化。当方向 $\boldsymbol{s}$ 与点 $\boldsymbol{x}_k$ 处的梯度向量方向相同时，$\cos[\nabla f(\boldsymbol{x}_k), \boldsymbol{d}] = 1$，方向导数为最大。因此，梯度方向是函数值上升最快的方向，函数增长率的最大值为 $\|\nabla f(\boldsymbol{x}_k)\|$。

当方向 $\boldsymbol{s}$ 与点 $\boldsymbol{x}_k$ 处的梯度向量方向相反时，$\cos[\nabla f(\boldsymbol{x}_k),\boldsymbol{d}]=-1$，方向导数为最小。这说明函数值沿负梯度方向下降最快，此时的变化率为 $-\|\nabla f(\boldsymbol{x}_k)\|$。

当 $\cos[\nabla f(\boldsymbol{x}_k),\boldsymbol{d}]=0$ 时，函数变化率为 0，这说明 $\boldsymbol{s}$ 方向为函数等值线(面)在点 $\boldsymbol{x}_k$ 处的切线方向。此时 $\boldsymbol{s}$ 方向与梯度方向垂直，梯度方向即为函数等值线(面)在点 $\boldsymbol{x}_k$ 处的法线方向。

需要说明的是，函数值的最快上升方向和最速下降方向是对 $\boldsymbol{x}_k$ 点附近而言的，因为 $\boldsymbol{x}_k$ 点的方向导数仅反映函数在 $\boldsymbol{x}_k$ 点附近的性态，是函数的一种局部性质。

例 4-2 求二元函数 $f(\boldsymbol{x})=2x_1^2+5x_2^2+7x_1x_2-3x_1-2x_2+33$ 在点 $\boldsymbol{x}_k=[5,6]^{\mathrm{T}}$ 处沿 $\boldsymbol{s}_1$ 与 $\boldsymbol{s}_2$ 两个方向的方向导数。向量 $\boldsymbol{s}_1$ 的方向 $\alpha_1=\alpha_2=\dfrac{\pi}{4}$，向量 $\boldsymbol{s}_2$ 的方向 $\alpha_1=\dfrac{\pi}{6}$，$\alpha_2=\dfrac{\pi}{3}$。

解：

$$\nabla f(\boldsymbol{x})=\begin{bmatrix}4x_1+7x_2-3\\10x_2+7x_1-2\end{bmatrix}$$

将 $\boldsymbol{x}_k=[5,6]^{\mathrm{T}}$ 代入得

$$\nabla f(\boldsymbol{x}_k)=\begin{bmatrix}4\times5+7\times6-3\\10\times6+7\times5-2\end{bmatrix}=\begin{bmatrix}59\\93\end{bmatrix}$$

于是，$f(\boldsymbol{x})$在点 $\boldsymbol{x}_k$ 处沿 $\boldsymbol{s}_1$ 与 $\boldsymbol{s}_2$ 两个方向的方向导数分别为

$$\left.\frac{\partial f(\boldsymbol{x})}{\partial \boldsymbol{s}_1}\right|_{\boldsymbol{x}_k}=\left.\frac{\partial f}{\partial x_1}\right|_{\boldsymbol{x}_k}\cos\alpha_1+\left.\frac{\partial f}{\partial x_2}\right|_{\boldsymbol{x}_k}\cos\alpha_2=59\cos\frac{\pi}{4}+93\cos\frac{\pi}{4}=107.48$$

$$\left.\frac{\partial f(\boldsymbol{x})}{\partial \boldsymbol{s}_2}\right|_{\boldsymbol{x}_k}=\left.\frac{\partial f}{\partial x_1}\right|_{\boldsymbol{x}_k}\cos\alpha_1+\left.\frac{\partial f}{\partial x_2}\right|_{\boldsymbol{x}_k}\cos\alpha_2=59\cos\frac{\pi}{6}+93\cos\frac{\pi}{3}=97.60$$

解毕。

4.3 函数的二次型与正定矩阵

4.3.1 函数二次型的概念

任何一个复杂的多元函数都可采用泰勒二次近似展开式来进行局部逼近，使复杂函数简化为二次函数。因此，必须研究用向量矩阵表示二次函数的方法、二次型及矩阵正定的判别方法。

我们知道，二元二次函数 $f(\boldsymbol{x})=ax_1^2+bx_1x_2+cx_2^2+dx_1+ex_2+f$ 可以用向量矩阵表示为

$$f(\boldsymbol{x})=\boldsymbol{x}^{\mathrm{T}}\boldsymbol{A}\boldsymbol{x}+\boldsymbol{B}^{\mathrm{T}}\boldsymbol{x}+C \tag{4-17}$$

式中，

$$\boldsymbol{x}=\begin{pmatrix}x_1\\x_2\end{pmatrix},\quad \boldsymbol{A}=\begin{bmatrix}a&b/2\\b/2&c\end{bmatrix},\quad \boldsymbol{B}=\begin{bmatrix}d\\e\end{bmatrix},\quad C=f$$

对于 n 元二次函数 $f(\boldsymbol{x})$，则可按下式将一般形式化为向量矩阵形式：

$$f(\boldsymbol{x}) = f(x_1, x_2, \cdots, x_n) = \sum_{i,j=1}^{n} a_{ij} x_i x_j + \sum_{k=1}^{n} b_k x_k + c$$
$$= \boldsymbol{x}^{\mathrm{T}} \boldsymbol{A} \boldsymbol{x} + \boldsymbol{B}^{\mathrm{T}} \boldsymbol{x} + C \tag{4-18}$$

式中，

$$\boldsymbol{x} = \begin{bmatrix} x_1 \\ x_2 \\ \vdots \\ x_n \end{bmatrix}, \quad \boldsymbol{A} = \begin{bmatrix} a_{11} & a_{12} & \cdots & a_{1n} \\ a_{21} & a_{22} & \cdots & a_{2n} \\ \vdots & \vdots & \ddots & \vdots \\ a_{n1} & a_{n2} & \cdots & a_{nn} \end{bmatrix}, \quad \boldsymbol{B} = \begin{bmatrix} b_1 \\ b_2 \\ \vdots \\ b_n \end{bmatrix}, \quad C = c$$

$\boldsymbol{A}$ 主对角线上的元素 $a_{ii}(i=1,2,\cdots,n)$ 是 x_i^2 的系数，其他元素 $a_{ij}(i,j=1,2,\cdots,n$，且 $i \neq j)$ 为 $x_i x_j$ 的系数的一半，因 $a_{ij} = a_{ji}$，故 $\boldsymbol{A}$ 为实对称矩阵。

如果 n 元二次函数 $f(\boldsymbol{x})$ 中只含有变量的二次项，则称 $f(\boldsymbol{x})$ 为二次齐次函数，或二次型，记为

$$f(\boldsymbol{x}) = \sum_{i,j=1}^{n} a_{ij} x_i x_j = \boldsymbol{x}^{\mathrm{T}} \boldsymbol{A} \boldsymbol{x} \tag{4-19}$$

通常二次函数 $f(\boldsymbol{x}) = \boldsymbol{x}^{\mathrm{T}} \boldsymbol{A} \boldsymbol{x} + \boldsymbol{B}^{\mathrm{T}} \boldsymbol{x} + C$ 总可以通过变量的线性变换转换成二次型 $f(\boldsymbol{y}) = \boldsymbol{y}^{\mathrm{T}} \boldsymbol{A}' \boldsymbol{y}$ 的形式。

根据用向量矩阵表示二次函数的方法，可以求得几种常用特殊类型函数的梯度公式，如表 4-1 所示。

表 4-1 几种常用特殊类型函数的梯度公式

常用特殊类型函数	梯度公式
$f(\boldsymbol{x}) = \boldsymbol{B}^{\mathrm{T}} \boldsymbol{x}$	$\nabla f(\boldsymbol{x}) = \boldsymbol{B}$
$f(\boldsymbol{x}) = \boldsymbol{x}^{\mathrm{T}} \boldsymbol{A} \boldsymbol{x}$	$\nabla f(\boldsymbol{x}) = 2\boldsymbol{A}\boldsymbol{x}$
$f(\boldsymbol{x}) = \boldsymbol{x}^{\mathrm{T}} \boldsymbol{x}$	$\nabla f(\boldsymbol{x}) = 2\boldsymbol{x}$
$f(\boldsymbol{x}) = \frac{1}{2} \boldsymbol{x}^{\mathrm{T}} \boldsymbol{A} \boldsymbol{x} + \boldsymbol{B}^{\mathrm{T}} \boldsymbol{x} + C$	$\nabla f(\boldsymbol{x}) = \boldsymbol{A}\boldsymbol{x} + \boldsymbol{B}$

4.3.2 正定矩阵及其判别方法

如果对所有非零向量 $\boldsymbol{x}$，恒有 $f(\boldsymbol{x}) = \boldsymbol{x}^{\mathrm{T}} \boldsymbol{A} \boldsymbol{x} > 0$，则称对称矩阵 $\boldsymbol{A}$ 为正定矩阵，并称此二次型为正定二次型。如果有 $f(\boldsymbol{x}) = \boldsymbol{x}^{\mathrm{T}} \boldsymbol{A} \boldsymbol{x} \geqslant 0$，则称矩阵 $\boldsymbol{A}$ 为半正定矩阵。

类似地，如果对所有非零向量 $\boldsymbol{x}$，恒有 $f(\boldsymbol{x}) = \boldsymbol{x}^{\mathrm{T}} \boldsymbol{A} \boldsymbol{x} < 0$，则称对称矩阵 $\boldsymbol{A}$ 为负定矩阵。如果有 $f(\boldsymbol{x}) = \boldsymbol{x}^{\mathrm{T}} \boldsymbol{A} \boldsymbol{x} \leqslant 0$，则称矩阵 $\boldsymbol{A}$ 为半负定矩阵。如果有些 $\boldsymbol{x}$ 使 $\boldsymbol{x}^{\mathrm{T}} \boldsymbol{A} \boldsymbol{x} > 0$，有些 $\boldsymbol{x}$ 使 $\boldsymbol{x}^{\mathrm{T}} \boldsymbol{A} \boldsymbol{x} < 0$，则称矩阵 $\boldsymbol{A}$ 为不定矩阵。

矩阵 $\boldsymbol{A}$ 正定与否可以通过以下方法判别。

如果矩阵 $\boldsymbol{A}$ 的行列式 $|\boldsymbol{A}|$ 的各阶顺序主子式都大于零，即

$$a_{11}>0,\quad \begin{vmatrix} a_{11} & a_{12} \\ a_{21} & a_{22} \end{vmatrix}>0,\quad \cdots,\quad \begin{vmatrix} a_{11} & a_{12} & \cdots & a_{1n} \\ a_{21} & a_{22} & \cdots & a_{2n} \\ \vdots & \vdots & \ddots & \vdots \\ a_{n1} & a_{n2} & \cdots & a_{nn} \end{vmatrix}>0$$

则矩阵 $\boldsymbol{A}$ 为正定矩阵。

如果矩阵 $\boldsymbol{A}$ 的行列式 $|\boldsymbol{A}|$ 的各阶顺序主子式的符号负、正相间，即所有奇数阶主子式都为负，所有偶数阶主子式都为正，则矩阵 $\boldsymbol{A}$ 为负定矩阵。如果矩阵 $\boldsymbol{A}$ 的行列式 $|\boldsymbol{A}|$ 的各阶顺序主子式的符号变化不符合以上两种规律，则矩阵 $\boldsymbol{A}$ 为不定矩阵。

例 4-3 试判别矩阵 $\boldsymbol{A}=\begin{bmatrix} 10 & 2 & 1 \\ 2 & 5 & 3 \\ 1 & 3 & 4 \end{bmatrix}$，$\boldsymbol{B}=\begin{bmatrix} -2 & 1 & 2 \\ -10 & 1 & 3 \\ 1 & 3 & 2 \end{bmatrix}$ 和 $\boldsymbol{C}=\begin{bmatrix} 9 & 2 & 3 \\ 2 & -1 & 4 \\ 3 & 4 & -2 \end{bmatrix}$ 是否正定。

解：(1) 对矩阵 $\boldsymbol{A}$，因为有

$$10>0,\quad \begin{vmatrix} 10 & 2 \\ 2 & 5 \end{vmatrix}=46>0,\quad \begin{vmatrix} 10 & 2 & 1 \\ 2 & 5 & 3 \\ 1 & 3 & 4 \end{vmatrix}=101>0$$

所以 $\boldsymbol{A}$ 为正定矩阵。

(2) 对矩阵 $\boldsymbol{B}$，因为有

$$-2<0,\quad \begin{vmatrix} -2 & 1 \\ -10 & 1 \end{vmatrix}=8>0,\quad \begin{vmatrix} -2 & 1 & 2 \\ -10 & 1 & 3 \\ 1 & 3 & 2 \end{vmatrix}=-25<0$$

所以 $\boldsymbol{B}$ 为负定矩阵。

(3) 对矩阵 $\boldsymbol{C}$，因为有

$$9>0,\quad \begin{vmatrix} 9 & 2 \\ 2 & -1 \end{vmatrix}=-13<0,\quad \begin{vmatrix} 9 & 2 & 3 \\ 2 & -1 & 4 \\ 3 & 4 & -2 \end{vmatrix}=-61<0$$

所以 $\boldsymbol{C}$ 为不定矩阵。

解毕。

4.4 无约束优化的极值条件

由高等数学可知，任一单值、连续、可微的无约束一元函数 $f(x)$ 在 x_k 点取得极值的必要条件是

$$f'(x_k)=0$$

即 x_k 点要为驻点。但驻点不一定是极值点，还必须通过二阶导数来判断。若

$f''(x_k)>0$,则 x_k 点为极小值点；若 $f''(x_k)<0$,则 x_k 点为极大值点；若 $f''(x_k)=0$,则还需逐次检验其更高阶导数(若开始不为零的导数阶次为偶数次,则 x_k 点为极值点；若为奇数次,则为拐点)。

二元函数 $f(x,y)$在点(x_k,y_k)处取得极值的充分必要条件是

$$\begin{cases} f_x(x_k,y_k)=0 \\ f_y(x_k,y_k)=0 \\ \begin{vmatrix} f_{xx}(x_k,y_k) & f_{xy}(x_k,y_k) \\ f_{yx}(x_k,y_k) & f_{yy}(x_k,y_k) \end{vmatrix} > 0 \end{cases}$$

当 $f_{xx}(x_k,y_k)<0$ 时,该点为极大值点；当 $f_{xx}(x_k,y_k)>0$ 时,该点为极小值点。

对于 n 元函数 $f(\boldsymbol{x})$,在点 $\boldsymbol{x}_k$ 处取得极值的必要条件是

$$\left.\frac{\partial f(\boldsymbol{x})}{\partial x_i}\right|_{\boldsymbol{x}_k}=0,\quad i=1,2,\cdots,n$$

即梯度向量

$$\nabla f(\boldsymbol{x}_k)=\boldsymbol{0} \tag{4-20}$$

由式(4-6),有

$$f(\boldsymbol{x})-f(\boldsymbol{x}_k)\approx[\nabla f(\boldsymbol{x}_k)]^{\mathrm{T}}[\boldsymbol{x}-\boldsymbol{x}_k]+\frac{1}{2}[\boldsymbol{x}-\boldsymbol{x}_k]^{\mathrm{T}}\boldsymbol{H}(\boldsymbol{x}_k)[\boldsymbol{x}-\boldsymbol{x}_k] \tag{4-21}$$

令 $\Delta\boldsymbol{x}=\boldsymbol{x}-\boldsymbol{x}_k$,将式(4-20)代入式(4-21),有

$$f(\boldsymbol{x})-f(\boldsymbol{x}_k)\approx\frac{1}{2}\Delta\boldsymbol{x}^{\mathrm{T}}\boldsymbol{H}(\boldsymbol{x}_k)\Delta\boldsymbol{x} \tag{4-22}$$

如果点 $\boldsymbol{x}_k$ 为 $f(\boldsymbol{x})$的极小值点,则对在 $\boldsymbol{x}_k$ 邻域内的一切 $\boldsymbol{x}$,恒有 $f(\boldsymbol{x}_k)<f(\boldsymbol{x})$,即要求 $\Delta\boldsymbol{x}^{\mathrm{T}}\boldsymbol{H}(\boldsymbol{x}_k)\Delta\boldsymbol{x}>0$,所以矩阵 $\boldsymbol{H}(\boldsymbol{x}_k)$必须为正定矩阵。

类似地,若点 $\boldsymbol{x}_k$ 为 $f(\boldsymbol{x})$的极大值点,则对在 $\boldsymbol{x}_k$ 邻域内的一切 $\boldsymbol{x}$,恒有 $f(\boldsymbol{x}_k)>f(\boldsymbol{x})$,即要求 $\Delta\boldsymbol{x}^{\mathrm{T}}\boldsymbol{H}(\boldsymbol{x}_k)\Delta\boldsymbol{x}<0$,所以矩阵 $\boldsymbol{H}(\boldsymbol{x}_k)$必须为负定矩阵。

例 4-4 求 $f(\boldsymbol{x})=x_1^2+x_2^2-6x_1-4x_2+9$ 的极值。

解：首先求出

$$\nabla f(\boldsymbol{x})=\begin{bmatrix}2x_1-6\\2x_2-4\end{bmatrix},\quad \boldsymbol{H}(\boldsymbol{x})=\begin{bmatrix}2&0\\0&2\end{bmatrix}$$

根据极值的必要条件求驻点。由$\nabla f(\boldsymbol{x})=\boldsymbol{0}$,求得驻点为(3,2)。可以很容易判别$\boldsymbol{H}(\boldsymbol{x})$为正定矩阵,所以点(3,2)为极小值点,相应的极值为 $f(\boldsymbol{x})=-4$。

解毕。

4.5 凸函数与凸规划

对于非线性规划问题

$$\min f(\boldsymbol{x}), \quad \boldsymbol{x} \in D \subset R^n$$
$$\text{s.t.} \quad h_l(\boldsymbol{x}) = 0, \quad l = 1,2,\cdots,L \tag{4-23}$$
$$g_m(\boldsymbol{x}) \leqslant 0, \quad m = 1,2,\cdots,M$$

若存在 $\boldsymbol{x}^* \in D$,对于可行域 D 内的任一点 $\boldsymbol{x}$,都有

$$f(\boldsymbol{x}^*) \leqslant f(\boldsymbol{x}) \tag{4-24}$$

则称 $\boldsymbol{x}^*$ 为全局最优解,或全局最优点。若式(4-24)只是在 $\boldsymbol{x}^*$ 的某个邻域内成立,则称 $\boldsymbol{x}^*$ 为局部最优解。求解优化问题就是要求全局最优解。局部最优解不一定是全局最优解,只有函数具备某种性质时,两者才相同。要判断求得的点是否为全局最优解,需要引入函数的凸性等概念。

第 2 章中的定义 2.2 介绍了凸集的定义,下面来看凸函数的定义。

定义 4.1　设 $f(\boldsymbol{x})$是定义在凸集 D 上的函数,如果对任何实数 $\lambda(0\leqslant\lambda\leqslant1)$和任意两点 $\boldsymbol{x}_1,\boldsymbol{x}_2\in D$,恒有

$$f[\lambda\boldsymbol{x}_1 + (1-\lambda)\boldsymbol{x}_2] \leqslant \lambda f(\boldsymbol{x}_1) + (1-\lambda)f(\boldsymbol{x}_2)$$

则称 $f(\boldsymbol{x})$是凸集 D 上的凸函数。

若对于任何实数 $\lambda(0<\lambda<1)$和任意两点 $\boldsymbol{x}_1,\boldsymbol{x}_2\in D,\boldsymbol{x}_1\neq\boldsymbol{x}_2$,恒有

$$f[\lambda\boldsymbol{x}_1 + (1-\lambda)\boldsymbol{x}_2] < \lambda f(\boldsymbol{x}_1) + (1-\lambda)f(\boldsymbol{x}_2)$$

则称 $f(\boldsymbol{x})$是凸集 D 上的严格凸函数。

一元凸函数的图像如图 4-1 所示,此时函数曲线上任意两点间的曲线段总在弦线的下方。

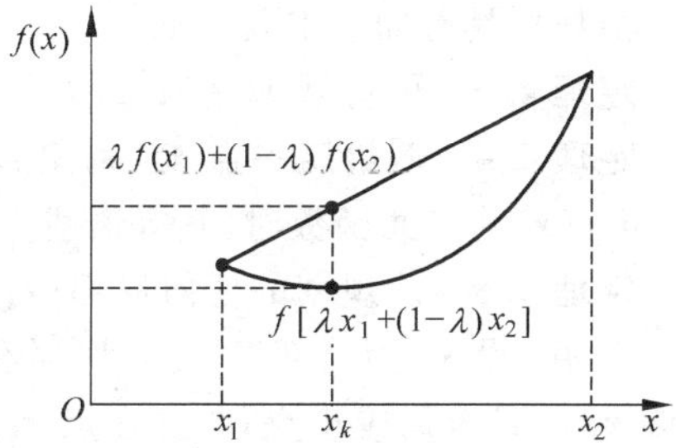

图 4-1　一元凸函数图像

显然,线性函数是凸函数的特例。容易证明凸函数具有以下性质:

(1) 若 $f(\boldsymbol{x})$是定义在凸集 D 上的一个凸函数,且 k 是正数($k>0$),则 $kf(\boldsymbol{x})$也必然是定义在 D 上的凸函数。

(2) 若 $f_1(\boldsymbol{x}),f_2(\boldsymbol{x})$是定义在凸集 D 上的两个凸函数,则 $f(\boldsymbol{x})=f_1(\boldsymbol{x})+f_2(\boldsymbol{x})$也是该凸集的一个凸函数。

(3) 若 $f_1(\boldsymbol{x}),f_2(\boldsymbol{x})$为定义在凸集 D 上的两个凸函数,α 和 β 为两个任意正实数,则函数 $f(\boldsymbol{x})=\alpha f_1(\boldsymbol{x})+\beta f_2(\boldsymbol{x})$也是 D 上的一个凸函数。

要判断一个函数 $f(\boldsymbol{x})$是否为凸函数,除了用定义之外,还可以通过一阶导数或二阶导数来判断。

定理 4.1　若 $f(\boldsymbol{x})$定义在凸集 D 上,且具有一阶连续导数,则 $f(\boldsymbol{x})$是 D 上的凸函数的充分必要条件为对任意两点 $\boldsymbol{x}_1,\boldsymbol{x}_2\in D$,下面的不等式恒成立:

$$f(\boldsymbol{x}_2) \geqslant f(\boldsymbol{x}_1) + \nabla f(\boldsymbol{x}_1)^{\mathrm{T}}(\boldsymbol{x}_2 - \boldsymbol{x}_1)$$

定理 4.2　若 $f(\boldsymbol{x})$定义在凸集 D 上,且具有二阶连续导数,则 $f(\boldsymbol{x})$是 D 上的凸函数的充分必要条件为对一切 $\boldsymbol{x}\in D$,其二阶偏导数矩阵 $\boldsymbol{H}(\boldsymbol{x})$是半正定矩阵。如果

$\boldsymbol{H}(\boldsymbol{x})$在凸集 D 上处处都是正定的，则 $f(\boldsymbol{x})$是 D 上的严格凸函数。

例 4-5 判断函数

$$f(\boldsymbol{x}) = 4x_1^2 + 8x_2^2 + 5x_3^2 - 2x_2 - 3x_1x_2 + 25$$

是否为凸集 $D=\{x_1,x_2,x_3 \mid -\infty<x_i<+\infty, i=1,2,3)$上的凸函数。

解：因为

$$\boldsymbol{H}(\boldsymbol{x}) = \begin{bmatrix} 8 & -3 & 0 \\ -3 & 16 & 0 \\ 0 & 0 & 10 \end{bmatrix}$$

又因为 $\boldsymbol{H}(\boldsymbol{x})$的行列式的各阶顺序主子式分别为

$$8>0, \quad \begin{vmatrix} 8 & -3 \\ -3 & 16 \end{vmatrix} = 119 > 0, \quad \begin{vmatrix} 8 & -3 & 0 \\ -3 & 16 & 0 \\ 0 & 0 & 10 \end{vmatrix} = 1190 > 0$$

所以矩阵 $\boldsymbol{H}(\boldsymbol{x})$为正定矩阵。因此 $\boldsymbol{f}(\boldsymbol{x})$是凸集 D 上的凸函数，而且是严格凸函数。
解毕。

定义 4.2 对于约束优化问题

$$\begin{aligned} &\min f(\boldsymbol{x}), && \boldsymbol{x} \in D \subset R^n \\ &\text{s.t.} \quad g_m(\boldsymbol{x}) \leqslant 0, && m = 1,2,\cdots,M \end{aligned}$$

若 $f(\boldsymbol{x})$和 $g_m(\boldsymbol{x})(m=1,2,\cdots,M)$均为凸函数，则称此问题为凸规划。

凸规划具有如下重要性质：

定理 4.3 可行域 $D=\{\boldsymbol{x} \mid g_m(\boldsymbol{x}) \leqslant 0, m=1,2,\cdots,M\}$为凸集。

定理 4.4 若给定一点 $\boldsymbol{x}_k$，则集合 $S=\{\boldsymbol{x} \mid \boldsymbol{x}\in D, f(\boldsymbol{x}) \leqslant f(\boldsymbol{x}_k)\}$为凸集。这表明，当 $f(\boldsymbol{x})$为二元函数时，其等值线呈现外凸的大圈套小圈的形式。

定理 4.5 凸规划的任何局部最优解就是全局最优解。

证明：设 $\boldsymbol{x}^*$ 为局部极小点，则对在点 $\boldsymbol{x}^*$ 的某邻域 r 内的点 $\boldsymbol{x}$，有 $f(\boldsymbol{x}^*) \leqslant f(\boldsymbol{x})$。假设 $\boldsymbol{x}^*$ 不是全局极小点，并存在点 $\boldsymbol{x}_k$，使得 $f(\boldsymbol{x}_k) < f(\boldsymbol{x}^*)$，由于 $f(\boldsymbol{x})$为凸函数，根据定义，对任意 $\lambda(0 \leqslant \lambda \leqslant 1)$，有

$$f[\lambda \boldsymbol{x}_k + (1-\lambda)\boldsymbol{x}^*] \leqslant \lambda f(\boldsymbol{x}_k) + (1-\lambda) f(\boldsymbol{x}^*) < \lambda f(\boldsymbol{x}^*) + (1-\lambda) f(\boldsymbol{x}^*) = f(\boldsymbol{x}^*)$$

而当 $\lambda \to 0$ 时，点 $\lambda \boldsymbol{x}_k + (1-\lambda)\boldsymbol{x}^*$ 将进入 $\boldsymbol{x}^*$ 的邻域 r 内，则将有

$$f(\boldsymbol{x}^*) \leqslant f(\lambda \boldsymbol{x}_k + (1-\lambda)\boldsymbol{x}^*)$$

这显然互相矛盾，故假设不成立，即不存在 $\boldsymbol{x}_k$ 使 $f(\boldsymbol{x}_k) < f(\boldsymbol{x}^*)$。所以 $\boldsymbol{x}^*$ 是全局极小点。
证毕。

4.6 约束优化的极值条件

有约束条件的优化问题比没有约束条件的优化问题更为复杂。因为约束最优点不仅与目标函数的性质有关，而且与约束函数的性质有关。一般约束优化问题的最

优点 $\boldsymbol{x}^*$ 在其可行域中所处的位置有以下两种情况：

(1) 最优点 $\boldsymbol{x}^*$ 落在可行域内部，即目标函数的无约束最优点就是其约束最优点，前面介绍的无约束极值理论在此适用。图 4-2(a)所示为目标函数与约束函数都是凸函数的极值问题，这是一个有 4 个不等式约束的二维优化问题，约束函数围成的可行域为凸集，由于自然极值点 $\boldsymbol{x}^*$ 处在可行域内，故函数的自然极值点就是约束最优点。

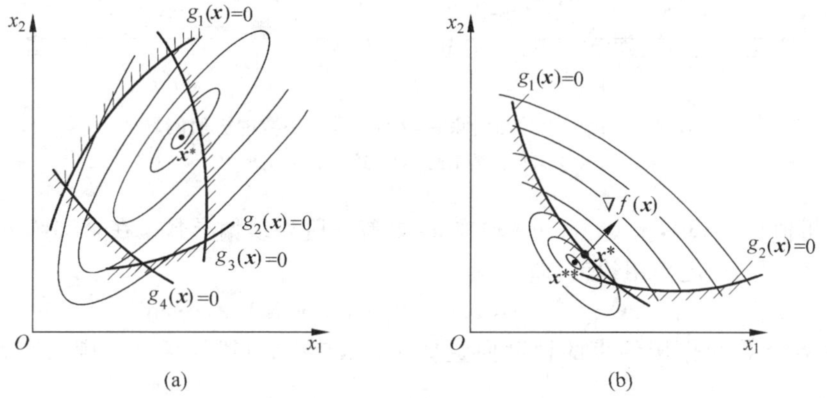

图 4-2　目标函数与约束函数都是凸函数的极值问题

(a) 极值在可行域内；(b) 极值在可行域外

(2) 最优点 $\boldsymbol{x}^*$ 落在约束边界上，这种情况比较复杂。图 4-2(b)中目标函数与约束函数都是凸函数，约束边界 $g_1(\boldsymbol{x})$与目标函数的等值线在 $\boldsymbol{x}^*$ 相切，$\boldsymbol{x}^*$ 为约束最优点，而目标函数的无约束最优点 $\boldsymbol{x}^{**}$ 在可行域之外。图 4-3 所示为目标函数与约束函数不全是凸函数的极值问题。图 4-3(a)中，目标函数不是凸函数，约束函数为凸函数，图中点 $\boldsymbol{P}$ 和 $\boldsymbol{P}'$ 都是局部极小值点。图 4-3(b)所示为目标函数是凸函数、约束函数不是凸函数的情况，图中点 $\boldsymbol{P}$ 和 $\boldsymbol{P}'$ 也都是局部极小值点。可见，在目标函数与约束函数不全是凸函数的情况下，可行域内部可能出现两个或更多个局部极小值点，但它们只有一个是全局约束最优点。

对于约束优化问题，不仅需要判断约束极值点存在的条件，还要判别所找到的极值点是可行域内的全局最优点还是局部最优点。显然，后一问题更复杂，而且至今仍没有统一并有效的判别方法。

在实际优化计算中，常用库恩-塔克(Kuhn-Tucker)条件(简称 K-T 条件)来分析、检查、判别迭代点 $\boldsymbol{x}_k$ 是否为约束极值点。K-T 条件表述如下。

设 $\boldsymbol{x}_k$ 是非线性规划问题

$$\begin{aligned} &\min f(\boldsymbol{x}), && \boldsymbol{x} \in D \subset R^n \\ &\text{s.t.} \quad h_l(\boldsymbol{x}) = 0, && l = 1,2,\cdots,L \\ &\qquad g_m(\boldsymbol{x}) \leqslant 0, && m = 1,2,\cdots,M \end{aligned}$$

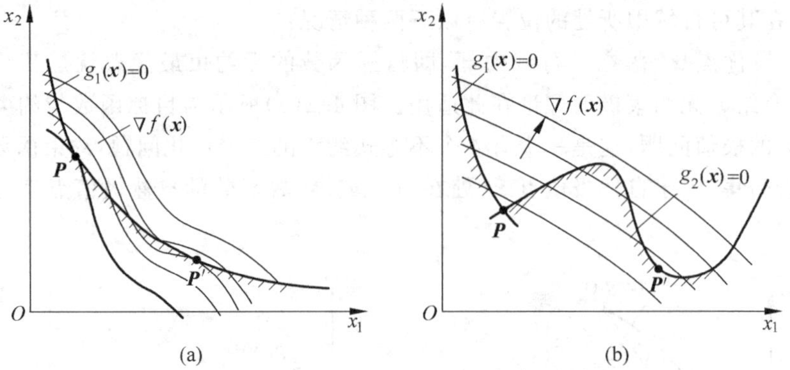

图 4-3　目标函数与约束函数不全是凸函数的极值问题

(a) 目标函数不凸；(b) 约束函数不凸

的约束极值点，$f(\boldsymbol{x})$，$g_m(\boldsymbol{x})$和 $h_l(\boldsymbol{x})$在 $\boldsymbol{x}_k$ 处有一阶连续偏导数。在全部约束中，有 $W(W\leqslant L+M)$个起作用约束，即

$$g_i(\boldsymbol{x}_k)=0,\quad h_j(\boldsymbol{x}_k)=0,\quad i+j=1,2,\cdots,W$$

并且在 $\boldsymbol{x}_k$ 处各起作用约束的梯度向量$\nabla g(\boldsymbol{x}_k)$，$\nabla h(\boldsymbol{x}_k)$线性无关。则必存在向量 $\boldsymbol{\lambda}$，使

$$\nabla f(\boldsymbol{x}_k)+\sum_{i+j=1}^{W}\{\lambda_i\nabla g_i(\boldsymbol{x}_k)+\lambda_j\nabla h_j(\boldsymbol{x}_k)\}=\boldsymbol{0}\qquad(4\text{-}25)$$

成立。式中，λ_i，λ_j 为非零、非负乘子(拉格朗日乘子)，向量$\boldsymbol{\lambda}=[\lambda_1,\lambda_2,\cdots,\lambda_W]^{\mathrm{T}}$。

使用 K-T 条件时，需要注意以下两点：

(1) 满足 K-T 条件的点是约束极值点，不一定是全局最优点。但是对凸规划问题来说，K-T 条件不仅是确定约束极值点的必要条件，也是确定全局最优点的充分条件，并且凸规划问题的 K-T 点是唯一的。

(2) 拉格朗日乘子向量$\boldsymbol{\lambda}$ 不一定唯一。

K-T 条件的几何意义在于，如果 $\boldsymbol{x}_k$ 是一个约束极值点，则该点的目标函数的负梯度$-\nabla f(\boldsymbol{x}_k)$应位于在该点的所有起作用约束$\nabla g_i(\boldsymbol{x}_k)$和$\nabla h_j(\boldsymbol{x}_k)$($i+j=1,2,\cdots,W$)在设计空间所组成的锥角范围内。

图 4-4 所示为二维优化问题只有一个起作用约束的情况。图 4-4(a)中，$-\nabla f(\boldsymbol{x}_k)$和$\nabla g(\boldsymbol{x}_k)$的方向不重合，在 $\boldsymbol{x}_k$ 的邻域内存在目标函数值比 $f(\boldsymbol{x}_k)$更小的可行设计点，$\boldsymbol{x}_k$ 不是约束极值点。图 4-4(b)中，$-\nabla f(\boldsymbol{x}_k)$和$\nabla g(\boldsymbol{x}_k)$的方向重合，在 $\boldsymbol{x}_k$ 的邻域内目标函数值比 $f(\boldsymbol{x}_k)$更小的点都在可行域之外，$\boldsymbol{x}_k$ 是约束极值点。

图 4-5 所示为二维优化问题具有两个起作用约束的情况。图 4-5(a)中，$-\nabla f(\boldsymbol{x}_k)$位于$\nabla g_1(\boldsymbol{x}_k)$和$\nabla g_2(\boldsymbol{x}_k)$的夹角之外，在 $\boldsymbol{x}_k$ 的邻域内存在目标函数值比 $f(\boldsymbol{x}_k)$更小的可行设计点，$\boldsymbol{x}_k$ 不是约束极值点。图 4-5(b)中，$-\nabla f(\boldsymbol{x}_k)$位于$\nabla g_1(\boldsymbol{x}_k)$和$\nabla g_2(\boldsymbol{x}_k)$的夹角范围之内，在 $\boldsymbol{x}_k$ 的邻域内目标函数值比 $f(\boldsymbol{x}_k)$更小的点都在可行域之外，$\boldsymbol{x}_k$ 是约束极值点，此时$-\nabla f(\boldsymbol{x}_k)$可用$\nabla g_1(\boldsymbol{x}_k)$和$\nabla g_2(\boldsymbol{x}_k)$线性表示。

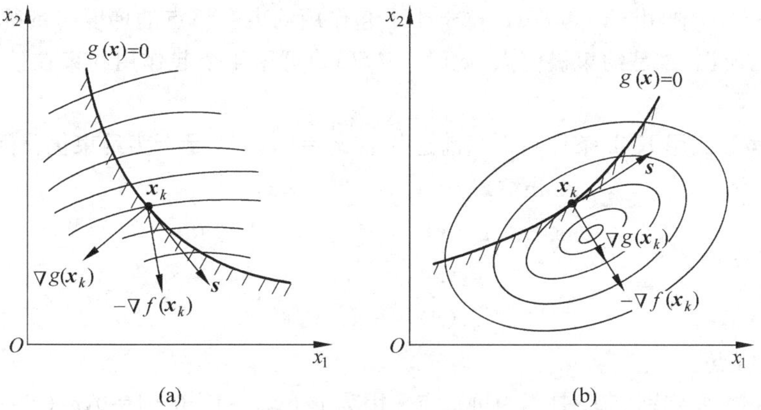

图 4-4 二维优化问题只有一个起作用约束的极值情况

(a) $\boldsymbol{x}_k$ 不是约束极值点；(b) $\boldsymbol{x}_k$ 是约束极值点

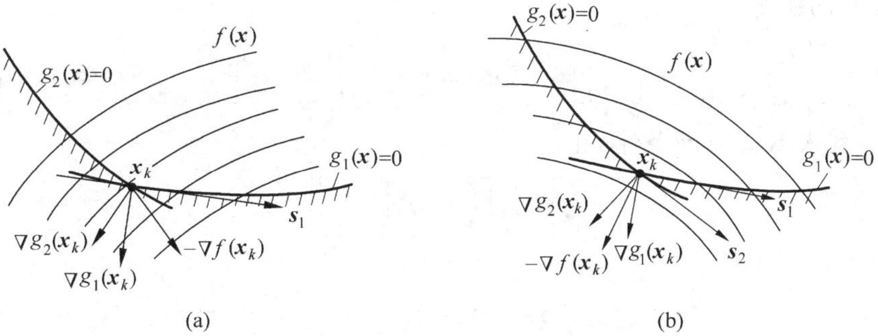

图 4-5 二维优化问题有两个起作用约束的极值情况

(a) $\boldsymbol{x}_k$ 不是约束极值点；(b) $\boldsymbol{x}_k$ 是约束极值点

图 4-6 所示为具有 4 个起作用约束的多维优化问题。图 4-6(a)中，由于$-\nabla f(\boldsymbol{x}_k)$位于 4 个起作用约束在该点的梯度向量所组成的锥角范围外，因此 $\boldsymbol{x}_k$ 不是约束极值

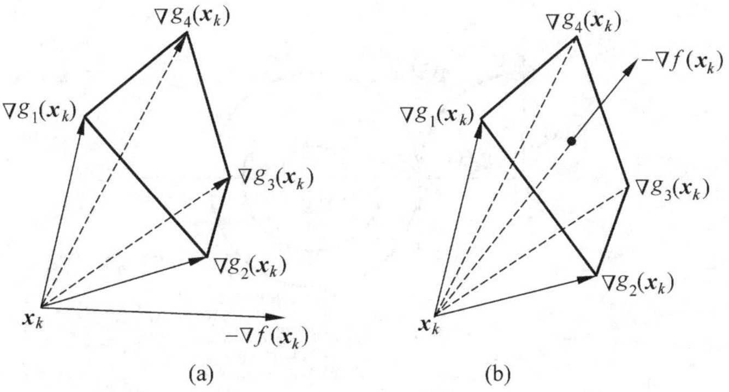

图 4-6 多维优化问题有约束的极值情况

(a) 可行方向不在约束锥内；(b) 可行方向在约束锥内

点。图 4-6(b)中，由于$-\nabla f(\boldsymbol{x}_k)$位于 4 个起作用约束在该点的梯度向量所组成的锥角范围内，所以 $\boldsymbol{x}_k$ 是约束极值点，此时$-\nabla f(\boldsymbol{x}_k)$可用 4 个起作用约束在该点的梯度向量线性表示。

例 4-6 试用 K-T 条件判别当前迭代点 $\boldsymbol{x}_k=[1,0]^{\mathrm{T}}$ 是否为约束优化问题

$$\min f(\boldsymbol{x}) = (x_1-2)^2+x_2^2$$
$$\text{s.t.} \quad g_1(\boldsymbol{x}) = x_1^2+x_2-1 \leqslant 0$$
$$g_2(\boldsymbol{x}) = -x_1 \leqslant 0$$
$$g_3(\boldsymbol{x}) = -x_2 \leqslant 0$$

的约束极值点。

解：(1) 先判别点 $\boldsymbol{x}_k$ 是否为可行点。因为 $g_1(\boldsymbol{x}_k)=1+0-1=0$，$g_2(\boldsymbol{x}_k)=-1<0$，$g_3(\boldsymbol{x}_k)=0$，所以 $\boldsymbol{x}_k$ 为可行点。

(2) 在点 $\boldsymbol{x}_k$ 处起作用的约束为 $g_1(\boldsymbol{x})$和 $g_3(\boldsymbol{x})$，求目标函数和起作用约束函数在点 $\boldsymbol{x}_k$ 处的梯度。

$$\nabla f(\boldsymbol{x}_k) = \begin{bmatrix} 2x_1-4 \\ 2x_2 \end{bmatrix}_{\boldsymbol{x}_k} = \begin{bmatrix} -2 \\ 0 \end{bmatrix}, \quad \nabla g_1(\boldsymbol{x}_k) = \begin{bmatrix} 2x_1 \\ 1 \end{bmatrix}_{\boldsymbol{x}_k} = \begin{bmatrix} 2 \\ 1 \end{bmatrix}, \quad \nabla g_3(\boldsymbol{x}_k) = \begin{bmatrix} 0 \\ -1 \end{bmatrix}$$

(3) 代入 K-T 判断条件，由

$$\begin{bmatrix} -2 \\ 0 \end{bmatrix} + \lambda_1 \begin{bmatrix} 2 \\ 1 \end{bmatrix} + \lambda_2 \begin{bmatrix} 0 \\ -1 \end{bmatrix} = 0$$

求得

$$\lambda_1 = 1, \quad \lambda_2 = 1$$

即存在非负、非零向量$\boldsymbol{\lambda}=[1,1]^{\mathrm{T}}$ 使上式成立，故 $\boldsymbol{x}_k=[1,0]^{\mathrm{T}}$ 为该问题的约束极值点。

从图 4-7 也可以看出，$\boldsymbol{x}_k=[1,0]^{\mathrm{T}}$ 确实是该约束优化问题的约束极值点。由于该问题的目标函数为凸函数，可行域为凸集，所以 $\boldsymbol{x}_k$ 点也是该问题的全局最优点。

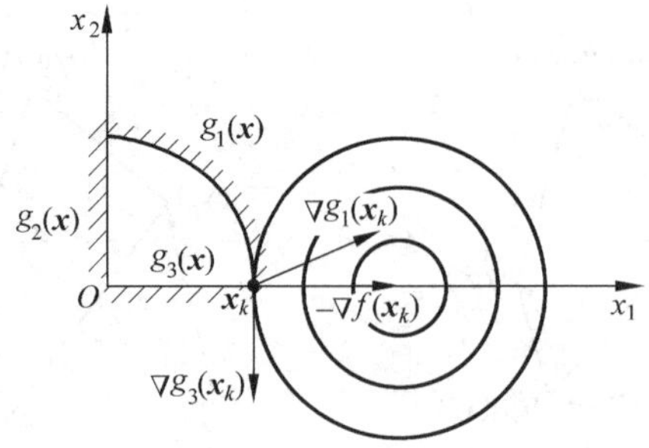

图 4-7 例 4-6 图

解毕。

习题

4-1 试分析函数 $f(\boldsymbol{x})=5x_1^2+6x_2^2+7x_1x_2$ 的驻点的性质。

4-2 求 $f(\boldsymbol{x})=x_1^4-2x_1^2x_2+x_1^2+x_2^2-4x_1+5$ 在点(2,4)处的极值特性。

4-3 求函数 $f(\boldsymbol{x})=2x_1^2+5x_2^2+x_3^2+2x_1x_3+2x_2x_3-6x_2+3$ 的极值并判断其性质。

4-4 判断函数 $f(\boldsymbol{x})=3x_1^2+x_2^2-x_1x_2-10x_1-4x_2+9, D=\{x_1,x_2 \mid -\infty<x_i<+\infty\}$的凸性。

4-5 试确定函数 $f(\boldsymbol{x})=x_1^2+x_2^2-x_1x_2-10x_1-4x_2$ 在无限大平面内的凸性。

4-6 试分析约束最优化问题

$$\begin{aligned}\min f(\boldsymbol{x}) &= 2x_1^2+x_2^2+3x_1x_2+1\\ \text{s.t.}\quad h(\boldsymbol{x}) &= x_1-x_2=0\\ g_1(\boldsymbol{x}) &= x_1^2+x_2^2-4\leqslant 0\\ g_2(\boldsymbol{x}) &= x_1^2+x_2^2-1\geqslant 0\end{aligned}$$

是否是凸规划,并说明什么是凸规划。

4-7 确定目标函数和约束条件为

$$\begin{aligned}f(\boldsymbol{x}) &= (x_1-3)^2+x_2^2\\ \text{s.t.}\quad g_1(\boldsymbol{x}) &= x_1^2+x_2-4\leqslant 0\\ g_2(\boldsymbol{x}) &= -x_2\leqslant 0\end{aligned}$$

时,$\boldsymbol{x}=[2,0]^{\mathrm{T}}$ 点是否为约束极值点。

4-8 试分析约束优化问题

$$\begin{aligned}\min f(\boldsymbol{x}) &= -x_1\\ \text{s.t.}\quad g_1(\boldsymbol{x}) &= -(1-x_1)^3+x_2\leqslant 0\\ g_2(\boldsymbol{x}) &= -x_1\leqslant 0\\ g_3(\boldsymbol{x}) &= -x_2\leqslant 0\end{aligned}$$

的约束最优解。

4-9 利用 K-T 条件判断点$[2,1]^{\mathrm{T}}$ 和点$[0,0]^{\mathrm{T}}$ 是否为下面约束问题的极值点:

$$\begin{aligned}\min f(\boldsymbol{x}) &= (x_1-3)^2+(x_2-2)^2\\ \text{s.t.}\quad g_1(\boldsymbol{x}) &= x_1^2+x_2^2\leqslant 5\\ g_2(\boldsymbol{x}) &= x_1+2x_2\leqslant 4\\ g_3(\boldsymbol{x}) &= -x_1\leqslant 0\\ g_4(\boldsymbol{x}) &= -x_2\leqslant 0\end{aligned}$$

4-10 利用 K-T 条件判断点$[2,0]^{\mathrm{T}}$ 是否为下面约束问题的极值点:

$$\min f(\boldsymbol{x}) = x_1^2 + x_2^2 - 6x_1 + 9$$
$$\text{s.t.} \quad g_1(\boldsymbol{x}) = (x_1 + 2)(x_1 - 2) + x_2 \leqslant 0$$
$$g_2(\boldsymbol{x}) = -x_1 \leqslant 0$$
$$g_3(\boldsymbol{x}) = -x_2 \leqslant 0$$

参考文献

1. 刘惟信.机械最优化设计(第二版)[M].北京：清华大学出版社，1994.
2. 陈立周.机械优化设计方法(第三版)[M].北京：冶金工业出版社，2005.
3. 陈秀宁.机械优化设计[M].杭州：浙江大学出版社，1991.
4. 唐焕文，秦学志.实用最优化方法[M].大连：大连理工大学出版社，2002.
5. 陈宝林.最优化理论与算法[M].北京：清华大学出版社，1998.
6. 袁亚湘，孙文瑜.最优化理论与方法[M].北京：科学出版社，1999.

5 一维最优化方法

求一元函数 $f(x)$的最优点 x^* 及其最优值 $f(x^*)$就是一维求优，或一维搜索。一维优化方法是最简单、最基础的方法，它不仅用来求解一维目标函数的求优问题，更常用于多维优化问题在既定搜索方向 $\boldsymbol{s}_k$ 上寻求最优步长 α_k 的一维搜索。

由第 1 章可知，优化算法的基本迭代公式中点 $\boldsymbol{x}_k$ 已由前一步迭代计算得到，搜索方向 $\boldsymbol{s}_k$ 由某种优化方法规定。因此本次迭代点 $\boldsymbol{x}_{k+1}$ 由步长 α_k 确定，不同步长得到的新点的函数值不同，必须找到最优步长 α_k，使点 $\boldsymbol{x}_{k+1}$ 处的目标函数值最小。即求解一维优化问题

$$\min f(\boldsymbol{x}_{k+1}) = f(\boldsymbol{x}_k + \alpha \boldsymbol{s}_k)$$

求出最优解 $\alpha=\alpha_k$。这种在给定方向上确定最优步长的过程在多维优化问题求解过程中是反复进行的，可见一维搜索是多维搜索的基础。

求解一维优化问题首先要确定初始的搜索区间，然后再求极小值点。一维优化方法可以分为两类：一类是直接法，即按某种规律取若干点计算其目标函数值，并通过直接比较目标函数值来确定最优解，如黄金分割法、格点法等；另一类是间接法，即解析法，需要利用导数，如插值法、切线法等。

5.1 搜索区间的确定

在应用一维优化方法搜索目标函数的极小值点时，首先要确定搜索区间$[a,b]$，这个搜索区间应当包含目标函数的极小值点，而且应当是单峰区间，即在该区间内目标函数只有一个极小值点。

根据下凸单峰函数的性质，在极小值点左边，函数值应严格下降。在极小值点右边，函数值应严格上升。设目标函数 $f(\alpha)$在单峰区间$[a,b]$的极小值点为 α^*，则当 $\alpha\in[a,\alpha^*)$时，有

$$f(\alpha) > f(\alpha^*), \quad f'(\alpha) < 0$$

而当 $\alpha\in(\alpha^*,b]$时，有

$$f(\alpha) > f(\alpha^*), \quad f'(\alpha) > 0$$

即在单峰区间内，函数值具有“高－低－高”的特点。根据这一特点，可以采用进退法来寻找搜索区间。

进退法一般分两步：一是初始探察确定进退，二是前进或后退寻查。其步骤如下：

(1) 选择一个初始点 α_1 和一个初始步长 h。

(2) 如图 5-1(a)所示，计算点 α_1 和点(α_1+h)对应的函数值 $f(\alpha_1)$和 $f(\alpha_1+h)$，令

$$f_1=f(\alpha_1),\quad f_2=f(\alpha_1+h)$$

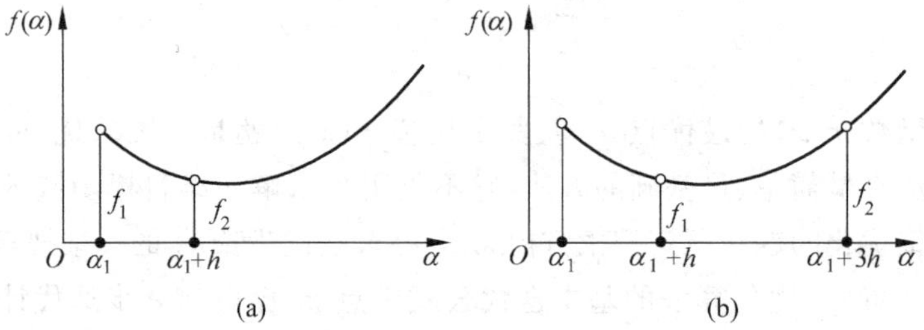

图 5-1 前进运算

(a) 向前一步；(b) 向前两步

(3) 比较 f_1 和 f_2，若 $f_1>f_2$，则执行前进运算，将步长加大 k 倍(如加大 2 倍)，取新点(α_1+3h)，如图 5-1(b)所示，计算其函数值，并令

$$f_1=f(\alpha_1+h),\quad f_2=f(\alpha_1+3h)$$

若 $f_1<f_2$，则初始搜索区间端点为

$$a=\alpha_1,\quad b=\alpha_1+3h$$

若 $f_1=f_2$，则初始搜索区间端点为

$$a=\alpha_1+h,\quad b=\alpha_1+3h$$

若 $f_1>f_2$，则应继续做前进运算，且步长再加大 2 倍，取第 4 个点(α_1+7h)，再比较第 3 和第 4 个点处的函数值……如此反复循环，直到在连续的 3 个点的函数值出现“两头大、中间小”的情况为止。

(4) 如果在步骤(3)中出现 $f_1<f_2$ 的情况，如图 5-2(a)所示，则执行后退运算。将步长变为负值，取新点(α_1-h)，计算函数值，令

$$f_1=f(\alpha_1-h),\quad f_2=f(\alpha_1)$$

若 $f_1>f_2$，则初始搜索区间端点为

$$a=\alpha_1-h,\quad b=\alpha_1+h$$

若 $f_1=f_2$，则初始搜索区间端点为

$$a=\alpha_1-h,\quad b=\alpha_1$$

若 $f_1<f_2$，如图 5-2(b)所示，则应继续做后退运算。步长再加大 2 倍，如图 5-2(c)所示，取第 4 个点(α_1-3h)，再比较第 3 和第 4 个点处的函数值……如此反复循环，直到相继的 3 个点的函数值出现“两头大，中间小”的情况为止。

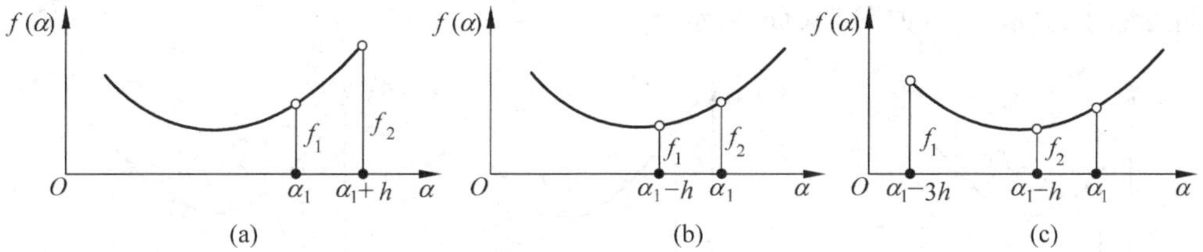

图 5-2　后退运算

(a) 向前一步；(b) 向后一步；(c) 向后两步

例 5-1　试用进退法确定目标函数 $f(\alpha)=\alpha^2-5\alpha+8$ 的一维优化初始搜索区间 $[a,b]$。设初始点 $\alpha_1=0$，初始步长 $h=1$。

解：由初始点 $\alpha_1=0$，初始步长 $h=1$，得

$$f_1=f(\alpha_1)=8,\quad f_2=f(\alpha_1+h)=4$$

因为 $f_1>f_2$，所以执行前进运算，将步长加大 2 倍，取新点 $(\alpha_1+3h)=3$，令

$$f_1=f(\alpha_1+h)=4,\quad f_2=f(\alpha_1+3h)=2$$

因为 $f_1>f_2$，应继续做前进运算，且步长再加大 2 倍，取第 4 个点 $(\alpha_1+7h)=7$，令

$$f_1=f(\alpha_1+3h)=2,\quad f_2=f(\alpha_1+7h)=22$$

此时 $f_1<f_2$，在连续的 3 个点 (α_1+h)，(α_1+3h)，(α_1+7h) 的函数值出现了“两头大、中间小”的情况，则初始搜索区间端点为

$$a=\alpha_1+h=1,\quad b=\alpha_1+7h=7$$

即初始搜索区间 $[a,b]=[1,7]$。

解毕。

5.2　黄金分割法

5.2.1　区间消去的原理

黄金分割法是利用区间消去法的原理，通过不断缩小单峰区间长度，即每次迭代都消去一部分不含极小值点的区间，使搜索区间不断缩小，从而逐渐逼近目标函数极小值点的一种优化方法。黄金分割法是直接寻优法，通过直接比较区间上点的函数值的大小来判断区间的取舍。这种方法具有计算简单、收敛速度快等优点。

如图 5-3 所示，在已确定的单峰区间 $[a,b]$ 内任取 α_1，α_2 两点，计算并比较两点处的函数值 $f(\alpha_1)$ 和 $f(\alpha_2)$，可能出现 3 种情况：

(1) $f(\alpha_1)<f(\alpha_2)$，因为函数是单峰的，所以极小值点必定位于点 α_2 的左侧，即 $\alpha^*\in[a,\alpha_2]$，搜索区间可以缩小为 $[a,\alpha_2]$，如图 5-3(a)所示；

(2) $f(\alpha_1)>f(\alpha_2)$，极小值点必定位于点 α_1 的右侧，即 $\alpha^*\in[\alpha_1,b]$，搜索区间可以缩小为 $[\alpha_1,b]$，如图 5-3(b)所示；

(3) $f(\alpha_1)=f(\alpha_2)$，极小值点必定位于点 α_1 和 α_2 之间，即 $\alpha^*\in[\alpha_1,\alpha_2]$，搜索区

间可缩小为$[\alpha_1,\alpha_2]$，如图5-3(c)所示。

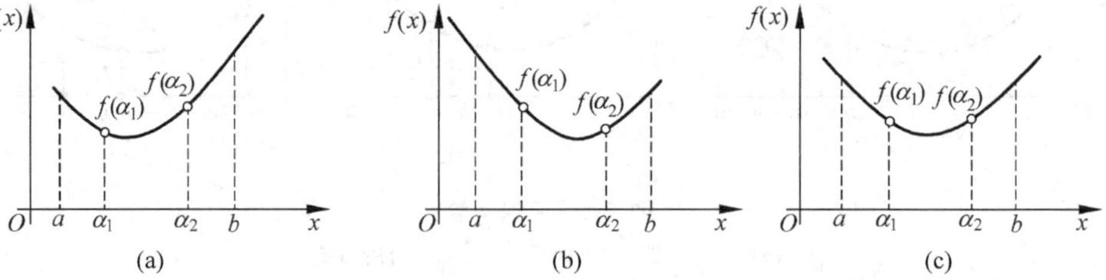

图5-3 搜索区间缩小的示意图

(a) $f(\alpha_1)<f(\alpha_2)$；(b) $f(\alpha_1)>f(\alpha_2)$；(c) $f(\alpha_1)=f(\alpha_2)$

根据上述方法，可在新搜索区间里再取两个新点比较函数值来继续缩小区间，但这样做效率较低，应该考虑利用已经计算过的区间内剩下的那个点。对于以上的(1)，(2)两种情况，可以在新搜索区间内取一点α_3和该区间内剩下的那个点（第(1)种情况的α_1点或第(2)种情况的α_2点）进行函数值的比较来继续缩短搜索区间。而第(3)种情况则要取两个新点进行比较，为统一起见，将前面3种情况综合为以下两种情况：

(1) 若$f(\alpha_1)<f(\alpha_2)$，则将搜索区间缩小为$[a,\alpha_2]$；

(2) 若$f(\alpha_1)\geqslant f(\alpha_2)$，则将搜索区间缩小为$[\alpha_1,b]$。

5.2.2 黄金分割法

黄金分割法就是基于上述原理来选择区间内计算点的位置的，它有以下要求：

(1) 点α_1和α_2相对区间$[a,b]$的边界要对称布置，即区间$[a,\alpha_1)$的大小与区间$(\alpha_2,b]$的大小相等；

(2) 每次计算一个新点，要求保留的区间长度l与原区间长度L之比等于被消去的区间长度$(L-l)$与保留区间长度l之比，即要求下式成立：

$$\frac{l}{L}=\frac{L-l}{l} \tag{5-1}$$

令

$$\lambda=\frac{l}{L}$$

将上式代入式(5-1)，有

$$\lambda^2+\lambda-1=0 \tag{5-2}$$

求解式(5-2)，得

$$\lambda=\frac{\sqrt{5}-1}{2}\approx 0.618$$

该方法保证每次迭代都以同一比率缩小区间，缩短率为0.618，故黄金分割法又称为 0.618 法。保留的区间长度为整个区间长度的 0.618 倍，消去的区间长度为整个区间长度的 0.382 倍。

黄金分割法的计算步骤如下：

(1) 在$[a,b]$内取两点 α_1,α_2，如图 5-4(a)所示，使

$$\alpha_1 = a + 0.382(b-a), \quad \alpha_2 = a + 0.618(b-a)$$

令 $f_1=f(\alpha_1)$，$f_2=f(\alpha_2)$。

(2) 比较 f_1 和 f_2。当 $f_1<f_2$ 时，消去区间$(\alpha_2,b]$。做置换 $b=\alpha_2$，$\alpha_2=\alpha_1$，$f_2=f_1$，并另取新点 $\alpha_1=a+0.382(b-a)$，如图 5-4(b)所示，令 $f_1=f(\alpha_1)$。当 $f_1\geqslant f_2$ 时，消去区间$[a,\alpha_1)$。做置换 $a=\alpha_1$，$\alpha_1=\alpha_2$，$f_1=f_2$，并另取新点 $\alpha_2=a+0.618(b-a)$，如图 5-4(c)所示，令 $f_2=f(\alpha_2)$。

(3) 检查终止条件。若 $b-a\leqslant\varepsilon$，则输出最优解 $\alpha^*=\frac{1}{2}(a+b)$ 和最优值 $f(\alpha^*)$；否则转第(2)步。

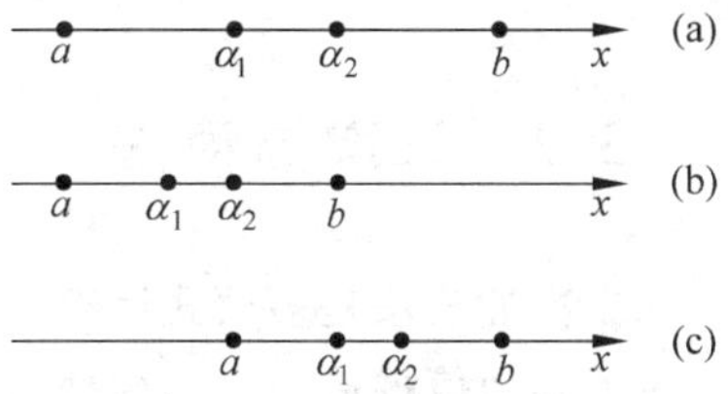

图 5-4 黄金分割法原理

(a) 内取两点 α_1,α_2；

(b) 取新点 $\alpha_1=a+0.382(b-a)$；

(c) 取新点 $\alpha_2=a+0.618(b-a)$

例 5-2 试用黄金分割法求目标函数 $f(\alpha)=\alpha^2-5\alpha+8$ 的极小值，初始搜索区间$[a,b]=[1,7]$，取迭代精度 $\varepsilon=0.1$。

解：要达到迭代精度要求，区间缩短次数 k 必须满足$0.618^k(b-a)\leqslant\varepsilon=0.1$，求得

$$k\geqslant\frac{\ln[\varepsilon/(b-a)]}{\ln 0.618}=8.51$$

取 $k=9$，则计算点数应为 $n=k+1=10$。各次循环迭代的计算结果如表 5-1 所示。

表 5-1 例 5-2 表

区间缩短次数	a 坐标	0.382 点		0.618 点		b 坐标	$b-a$
		节点坐标	函数值	节点坐标	函数值		
初始区间	1.000	3.292	2.3773	4.708	6.6253	7.000	6.000
1	1.000	2.416	1.7570	3.292	2.3773	4.708	3.708
2	1.000	1.875	2.1402	2.416	1.7570	3.292	2.292
3	1.875	2.416	1.7570	2.751	1.8128	3.292	1.417
4	1.875	2.210	1.8343	2.416	1.7570	2.751	0.876
5	2.210	2.416	1.7570	2.544	1.7519	2.751	0.541
6	2.416	2.544	1.7519	2.623	1.7651	2.751	0.335
7	2.416	2.495	1.7500	2.544	1.7519	2.623	0.207
8	2.416	2.465	1.7512	2.495	1.7500	2.544	0.128
9	2.465	2.495	1.7500	2.514	1.7502	2.544	0.079

从表 5-1 可以看出，经过 9 次迭代运算之后，$b-a=0.079<\varepsilon=0.1$，所以极小值点 $\alpha^*=\frac{1}{2}(a+b)=\frac{1}{2}(2.465+2.544)=2.505$，极小值 $f(\alpha^*)=1.7500$。

解毕。

5.3 二次插值法

二次插值法是多项式逼近法的一种。它在目标函数 $f(\alpha)$ 的搜索区间内，利用 3 个点的函数值构造一个二次插值多项式 $\varphi(\alpha)=d_1+d_2\alpha+d_3\alpha^2$，来近似代替一维寻优的复杂目标函数，然后用该插值函数的最优解近似代替目标函数的最优解，并结合区间消去的原理，按照一定规律缩短区间，并在新区间内重新构造 3 点二次插值多项式，再求其极值，如此反复，直到满足一定精度要求时停止迭代计算。

如图 5-5 所示，在函数 $f(\alpha)$ 的搜索区间 $[a,b]$ 内取 3 个点 $\alpha_1=a$，$\alpha_1<\alpha_2<\alpha_3$ 和 $\alpha_3=b$，令 $f_1=f(\alpha_1)$，$f_2=f(\alpha_2)$，$f_3=f(\alpha_3)$，设经过 (α_1,f_1)，(α_2,f_2) 和 (α_3,f_3) 这 3 个点的二次插值多项式为 $\varphi(\alpha)=d_1+d_2\alpha+d_3\alpha^2$，则其中的待定系数可由以下方程组确定：

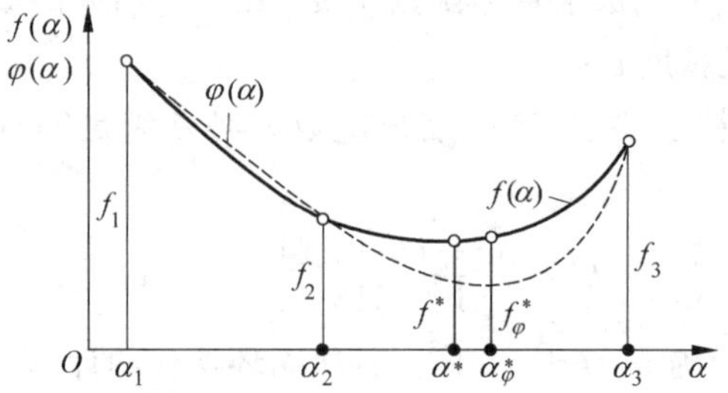

图 5-5 二次插值法原理

$$\left.\begin{aligned}\varphi(\alpha_1)&=d_1+d_2\alpha_1+d_3\alpha_1^2=f_1\\ \varphi(\alpha_2)&=d_1+d_2\alpha_2+d_3\alpha_2^2=f_2\\ \varphi(\alpha_3)&=d_1+d_2\alpha_3+d_3\alpha_3^2=f_3\end{aligned}\right\} \tag{5-3}$$

解上述方程组，可得

$$d_1=\frac{\begin{vmatrix}f_1&\alpha_1&\alpha_1^2\\ f_2&\alpha_2&\alpha_2^2\\ f_3&\alpha_3&\alpha_3^2\end{vmatrix}}{\begin{vmatrix}1&\alpha_1&\alpha_1^2\\ 1&\alpha_2&\alpha_2^2\\ 1&\alpha_3&\alpha_3^2\end{vmatrix}},\quad d_2=\frac{\begin{vmatrix}1&f_1&\alpha_1^2\\ 1&f_2&\alpha_2^2\\ 1&f_3&\alpha_3^2\end{vmatrix}}{\begin{vmatrix}1&\alpha_1&\alpha_1^2\\ 1&\alpha_2&\alpha_2^2\\ 1&\alpha_3&\alpha_3^2\end{vmatrix}},\quad d_3=\frac{\begin{vmatrix}1&\alpha_1&f_1\\ 1&\alpha_2&f_2\\ 1&\alpha_3&f_3\end{vmatrix}}{\begin{vmatrix}1&\alpha_1&\alpha_1^2\\ 1&\alpha_2&\alpha_2^2\\ 1&\alpha_3&\alpha_3^2\end{vmatrix}}$$

对 $\varphi(\alpha)$ 求导，并令其等于零，可求出 $\varphi(\alpha)$ 的极小值点 α_φ^*，即令

$$\frac{\mathrm{d}\varphi(\alpha)}{\mathrm{d}\alpha}=d_2+2d_3\alpha=0$$

求得其极小值点为

$$\alpha_\varphi^*=-\frac{d_2}{2d_3} \tag{5-4}$$

在极小值点处还必须满足

$$\frac{\mathrm{d}^2\varphi(\alpha)}{\mathrm{d}\alpha^2}>0$$

令 $f_\varphi^*=f(\alpha_\varphi^*)$，接下来要根据区间消去的原理缩短搜索区间。比较 f_φ^* 与 f_2，取其中较小者所对应的点作为新的 α_2，再以此点的左、右两邻点作为新的 α_1 和 α_3。这样在保证函数值"两头大、中间小"的前提下，从 α_1，α_2，α_3 和 α_φ^* 4 个点中取 3 个点构成新的区间，并进行参数置换，具体会出现以下 4 种情况：

(1) 若 $\alpha_\varphi^*>\alpha_2$，且 $f_\varphi^*>f_2$，如图 5-6(a)所示，则消去区间$(\alpha_\varphi^*,\alpha_3]$。做置换 $\alpha_3=\alpha_\varphi^*$，$f_3=f_\varphi^*$；

(2) 若 $\alpha_\varphi^*>\alpha_2$，且 $f_\varphi^*<f_2$，如图 5-6(b)所示，则消去区间$[\alpha_1,\alpha_2)$。做置换 $\alpha_1=\alpha_2$，$f_1=f_2$，$\alpha_2=\alpha_\varphi^*$，$f_2=f_\varphi^*$；

(3) 若 $\alpha_\varphi^*<\alpha_2$，且 $f_\varphi^*>f_2$，如图 5-6(c)所示，则消去区间$[\alpha_1,\alpha_\varphi^*)$。做置换 $\alpha_1=\alpha_\varphi^*$，$f_1=f_\varphi^*$；

(4) 若 $\alpha_\varphi^*<\alpha_2$，且 $f_\varphi^*<f_2$，如图 5-6(d)所示，则消去区间$(\alpha_2,\alpha_3]$。做置换 $\alpha_3=\alpha_2$，$f_3=f_2$，$\alpha_2=\alpha_\varphi^*$，$f_2=f_\varphi^*$。

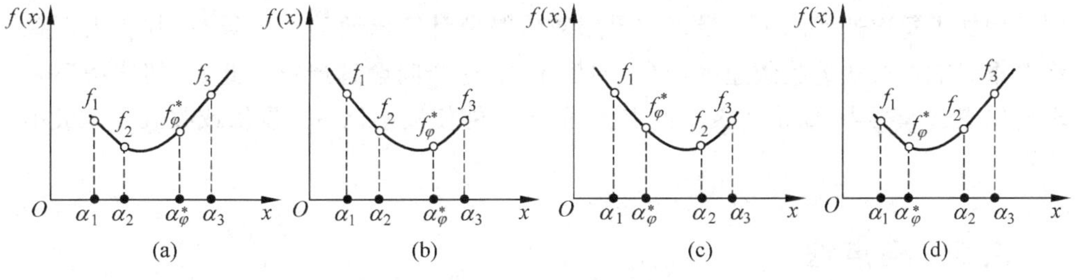

图 5-6 二次插值法的区间缩短示意图

(a) $\alpha_\varphi^*>\alpha_2$，且 $f_\varphi^*>f_2$；(b) $\alpha_\varphi^*>\alpha_2$，且 $f_\varphi^*<f_2$；

(c) $\alpha_\varphi^*<\alpha_2$，且 $f_\varphi^*>f_2$；(d) $\alpha_\varphi^*<\alpha_2$，且 $f_\varphi^*<f_2$

通过以上的区间消去与置换，得到新的被缩短的区间$[\alpha_1,\alpha_3]$以及 3 个插值点(α_1,f_1)，(α_2,f_2)和(α_3,f_3)，再重新构造二次插值多项式并重复上述过程。当$|\alpha_2-\alpha_\varphi^*|\leqslant\varepsilon$时，则停止迭代计算，获得 $f(\alpha)$的极小值点 $\alpha^*=\alpha_\varphi^*$，极小值 $f(\alpha^*)=f(\alpha_\varphi^*)$。

5.4 切线法

切线法属于间接法，是牛顿法在一维优化中的应用，它用切线代替弧线来逐渐逼近函数根值。其基本思路是：当目标函数 $f(\alpha)$有一阶连续导数且二阶导数大于零时，在曲线 $f'(\alpha)$上作一系列切线，使之与 α 轴的交点 $\alpha_1, \alpha_2, \cdots\cdots$ 逐渐逼近 $f'(\alpha)=0$ 的根 α^*。

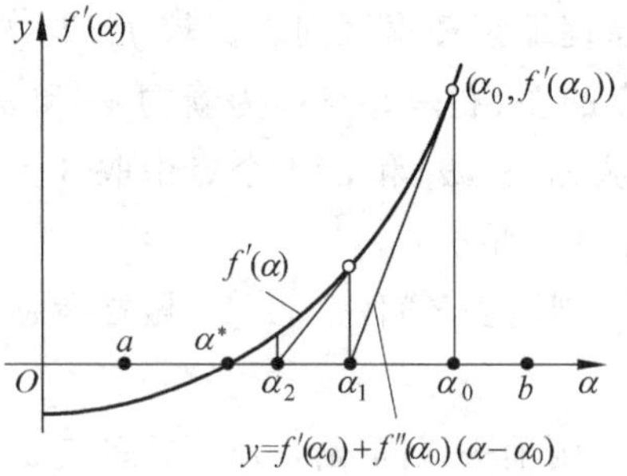

图 5-7 切线法原理

如图 5-7 所示，首先在搜索区间$[a,b]$内取初始点 α_0，过点$(\alpha_0, f'(\alpha_0))$作曲线 $f'(\alpha)$的切线，切线方程为

$$y = f'(\alpha_0) + f''(\alpha_0)(\alpha - \alpha_0) \tag{5-5}$$

设该切线与 α 轴的交点为 α_1，由式(5-5)可得

$$\alpha_1 = \alpha_0 - \frac{f'(\alpha_0)}{f''(\alpha_0)} \tag{5-6}$$

将上式写成迭代公式可得

$$\alpha_k = \alpha_{k-1} - \frac{f'(\alpha_{k-1})}{f''(\alpha_{k-1})} \tag{5-7}$$

当 k 足够大时，总能使$|\alpha_k - \alpha_{k-1}| \leqslant \varepsilon$ 成立。这时可用 α_k 近似代替 $f'(\alpha)=0$ 的根 α^*。

切线法的最大优点是收敛速度快。与其他方法相比，切线法要求目标函数 $f(\alpha)$在搜索区间内能用数学表达式写出一、二阶导数，由于要计算目标函数的二阶导数，因而增加了每次迭代的工作量。如果用数值微分计算函数的二阶导数，其舍入误差将严重影响切线法的收敛速度，$f(\alpha)$的值越小，这个问题越严重。此外，切线法还要求初始点选择得当，如果离极小值点太远，很可能使极小化序列发散或收敛到非极小值点。

5.5 格点法

格点法是一种思路极为简单的一维优化方法，其基本步骤如下：

首先利用 m 个等分点 $\alpha_1, \alpha_2, \cdots, \alpha_m$ 将目标函数 $f(\alpha)$的初始单峰搜索区间$[a,b]$分成 $m+1$ 个大小相等的子区间，如图 5-8 所示，计算目标函数 $f(\alpha)$在这 m 个等分点的函数值，并比较找出其中的最小值 $f(\alpha_k)$，即

$$f(\alpha_k) = \min[f(\alpha_1), f(\alpha_2), \cdots, f(\alpha_m)]$$

那么在连续 3 个点 α_{k-1}, α_k 和 α_{k+1} 处目标函数值呈现“两头大、中间小”的情况，因此极小值点 α^* 必然位于区间$[\alpha_{k-1}, \alpha_{k+1}]$内。做置换

$$a = \alpha_{k-1}, \quad b = \alpha_{k+1}$$

若$|\alpha_{k+1}-\alpha_{k-1}|\leqslant\varepsilon$，则将$\alpha_k$作为$\alpha^*$的近似解。否则，将新区间等分，并重复上述步骤，直至区间长度缩至足够小为止。

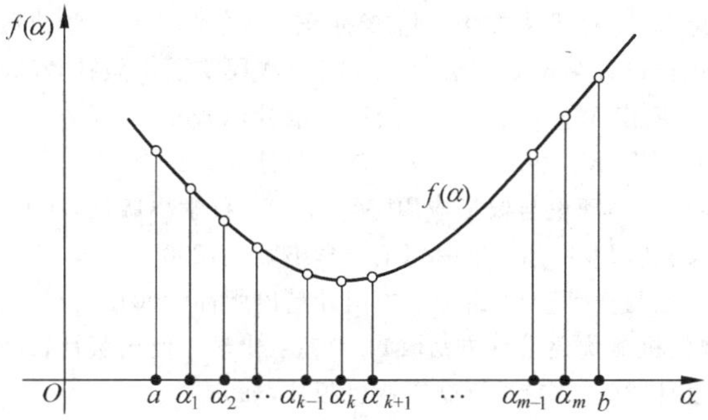

图 5-8 格点法原理

习题

5-1 试用进退法确定目标函数$f(\alpha)=\alpha^2-7\alpha+10$的一维优化初始搜索区间$[a,b]$。设初始点$\alpha_1=0$，初始步长$h=1$。

5-2 试用进退法确定目标函数$f(\alpha)=\alpha^2-6\alpha+9$的一维优化初始搜索区间$[a,b]$。设初始点$\alpha_1=1$，初始步长$h=0.5$。

5-3 试用黄金分割法求目标函数$f(\alpha)=\alpha^2-7\alpha+10$的极小值。初始搜索区间$[a,b]=[1,7]$，取迭代精度$\varepsilon=0.2$。

5-4 试用黄金分割法求目标函数$f(\alpha)=\alpha^2-6\alpha+9$的极小值。初始搜索区间$[a,b]=[1,7]$，取迭代精度$\varepsilon=0.3$。

5-5 试用黄金分割法求目标函数$f(\alpha)=\alpha^2-\alpha+1/2$的极小值，写出前4步迭代过程。计算区间为$[a,b]=[0,1.2]$。

5-6 试用二次插值法求目标函数$f(\alpha)=\alpha^2-6\alpha+9$的极小值。初始搜索区间$[a,b]=[1,7]$，取迭代精度$\varepsilon=0.01$。

5-7 试用格点法求目标函数$f(\alpha)=\alpha^2-10\alpha+36$的极小值。初始搜索区间$[a,b]=[4,6]$，取迭代精度$\varepsilon=0.01$。

参考文献

1. 刘惟信. 机械最优化设计(第二版)[M]. 北京：清华大学出版社，1994.
2. 陈立周. 机械优化设计方法(第三版)[M]. 北京：冶金工业出版社，2005.
3. 陈秀宁. 机械优化设计[M]. 杭州：浙江大学出版社，1991.
4. 唐焕文，秦学志. 实用最优化方法[M]. 大连：大连理工大学出版社，2002.

5. 陈宝林.最优化理论与算法[M].北京：清华大学出版社，1998.
6. 袁亚湘，孙文瑜.最优化理论与方法[M].北京：科学出版社，1999.
7. 刁在筠，郑汉鼎，刘家壮，等.运筹学[M].北京：高等教育出版社，2001.
8. 陈卫东，蔡荫林，于诗源.工程优化方法[M].哈尔滨：哈尔滨工程大学出版社，2006.
9. 魏朗，余强.现代最优化设计与规划方法[M].北京：人民交通出版社，2005.
10. 孙国正.优化设计及应用[M].北京：人民交通出版社，2000.
11. 朱求长.运筹学及其应用[M].武汉：武汉大学出版社，2004.
12. 束金龙，闻人凯.线性规划理论与模型应用[M].北京：科学出版社，2003.
13. 林健良.运筹学及实验[M].广州：华南理工大学出版社，2005.
14. 叶元列.机械优化理论与设计[M].北京：中国计量出版社，2001.
15. 梁尚明，殷国富.现代机械优化设计方法[M].北京：化学工业出版社，2005.
16. 徐锦康.机械优化设计[M].北京：机械工业出版社，1996.

6 无约束多维非线性规划方法

在工程实际中常遇到的是约束多维最优化问题,但是无约束最优化问题是求解约束最优化问题的基础。因此本章将介绍无约束多维问题的最优化方法。无约束多维问题的最优化方法有两大类: ①间接方法,它需要对函数求导,可以解析求得极值; ②直接方法,有消去法、爬山法等。在无约束多维最优化问题中,要解决的主要问题是如何确定搜索方向。本章将对直接方法中如何确定最优搜索方向进行重点介绍。

无约束最优化问题的一般表达式为: 求 n 维优化变量 $\boldsymbol{x}=[x_1,x_2,\cdots,x_n]^{\mathrm{T}}$,使得

$$\min_{\boldsymbol{x}\in \boldsymbol{E}^n} f(\boldsymbol{x}) = f(x_1,x_2,\cdots,x_N) \tag{6-1}$$

式中,对 $\boldsymbol{x}$ 无约束限制。

在本章中,若目标函数连续、可导,并有二次导数,则可设

$$\nabla f(\boldsymbol{x}) = \left(\frac{\partial f}{\partial x_1},\frac{\partial f}{\partial x_2},\cdots,\frac{\partial f}{\partial x_n}\right)^{\mathrm{T}} \tag{6-2}$$

$$\boldsymbol{H} = \begin{bmatrix} \dfrac{\partial^2 f}{\partial x_1^2} & \dfrac{\partial^2 f}{\partial x_1 \partial x_2} & \cdots & \dfrac{\partial^2 f}{\partial x_1 \partial x_n} \\ \dfrac{\partial^2 f}{\partial x_2 \partial x_1} & \dfrac{\partial^2 f}{\partial x_2^2} & \cdots & \dfrac{\partial^2 f}{\partial x_2 \partial x_n} \\ \cdots & \cdots & \ddots & \cdots \\ \dfrac{\partial^2 f}{\partial x_n \partial x_1} & \dfrac{\partial^2 f}{\partial x_n \partial x_2} & \cdots & \dfrac{\partial^2 f}{\partial x_n^2} \end{bmatrix} \tag{6-3}$$

6.1 坐标轮换法

坐标轮换法是最简单的多维最优化方法,它是对一个 n 维优化问题依次轮换选取坐标轴方向作为搜索的方向,如图 6-1 所示。

若设第 k 轮的当前点为 $\boldsymbol{x}_k$,则下一轮的坐标点按下式求得:

$$\boldsymbol{x}_{k+1} = \boldsymbol{x}_k + \sum_{i=1}^{n} \alpha_i \boldsymbol{s}_{ik} \tag{6-4}$$

式中,α_i 为步长,可用到第 5 章中介绍的区间搜索和序列消去法求其值; $\boldsymbol{s}_{ik}$ 是搜索方向,它依次取各坐标轴的方向。对第 k 轮的第 i 次搜索,方向取

$$\boldsymbol{s}_{ik} = \boldsymbol{e}_i = [0,0,\cdots,0,1,0,\cdots,0], \quad i = 1,2,\cdots,n \tag{6-5}$$

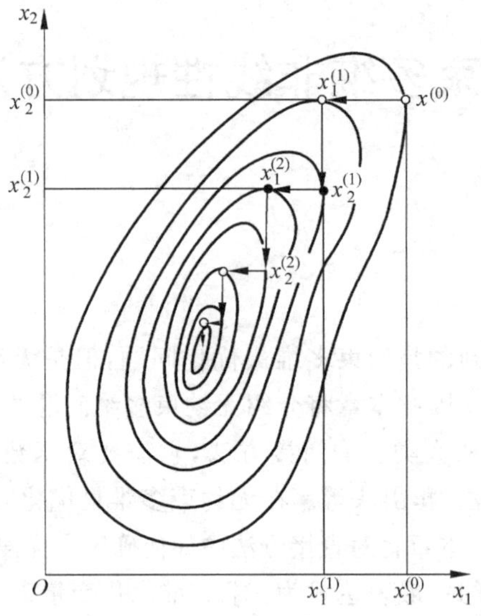

图 6-1 坐标轮换法

坐标轮换法虽然十分简单,但是它的适用性较差。对如图 6-2(a)所示的等值线为正椭圆的目标函数,效果较好;若是对图 6-2(b)所示的等值线为斜椭圆的目标函数,搜索次数将会大大增加;而对图 6-2(c)所示的存在有脊线的目标函数,甚至会无法执行后面的搜索。

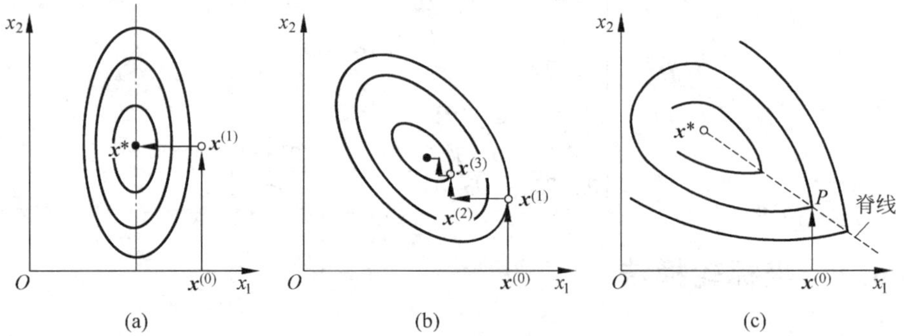

图 6-2 坐标轮换法的局限性

(a) 效果较好;(b) 效果较差;(c) 搜索无法执行

6.2 最速下降法

从第 4 章所述的函数的性能分析可知,沿函数的负梯度方向,函数值下降最多。因此,对存在导数的连续目标函数,可采用该方向作为寻优方向。为了方便,可以将

目标函数的负梯度量纲一化后作为寻优方向，即

$$s_k = -\frac{\nabla f(\boldsymbol{x}_k)}{\| \nabla f(\boldsymbol{x}_k) \|} \tag{6-6}$$

因此当前点为 $\boldsymbol{x}_k$ 时，下一点的表达式为

$$\boldsymbol{x}_{k+1} = \boldsymbol{x}_k + \alpha_k \boldsymbol{s}_k = \boldsymbol{x}_k - \alpha_k \frac{\nabla f(\boldsymbol{x}_k)}{\| \nabla f(\boldsymbol{x}_k) \|} \tag{6-7}$$

对于每轮得到的一个新的负梯度方向，再利用第 4 章介绍的一维方法求 α_k 的值。

最速下降法的迭代步骤如下：

(1) 选取初始点 $\boldsymbol{x}_0$ 及判别收敛的正数 ε；

(2) 令 $k := 0$；

(3) 计算 $-\nabla f(\boldsymbol{x}_k)$；

(4) 按式(6-6)计算 $\boldsymbol{s}_k$，若 $\| \boldsymbol{s}_k \| < \varepsilon$，则迭代停止，$\boldsymbol{x}_k$ 即为所求优化点，否则进行下一步；

(5) 进行一维搜索，求 α_k，使

$$f(\boldsymbol{x}_k + \alpha_k \boldsymbol{s}_k) = \min_{\alpha \geqslant 0} f(\boldsymbol{x}_k + \alpha \boldsymbol{s}_k) \tag{6-8}$$

(6) 令 $\boldsymbol{x}_{k+1} = \boldsymbol{x}_k + \alpha_k \boldsymbol{s}_k$，并令 $k := k+1$，返回步骤(3)。

最速下降法对一般函数而言，在远离极值点时函数值下降得很快。如图 6-3 所示，最速下降法对椭圆类函数十分有效，可以很快搜索到接近极值点。但是当距极值点较近时，特别是存在脊线的目标函数，收敛过程可能会变得十分缓慢。在图 6-4 所示的情况中就存在与坐标轮换法类似的问题。另外，使用梯度法要求目标函数必须具有导数。

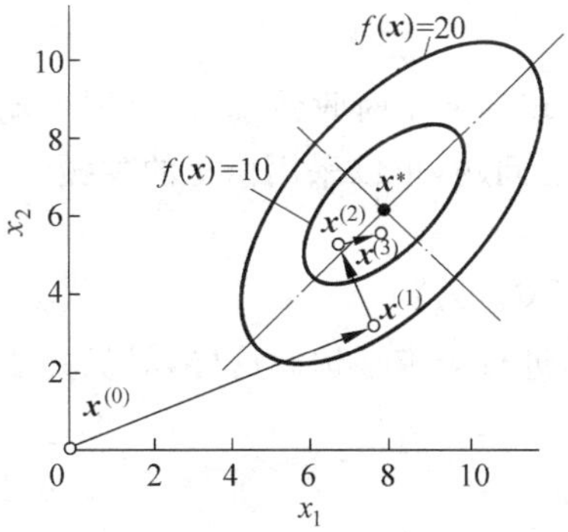

图 6-3 椭圆类目标函数

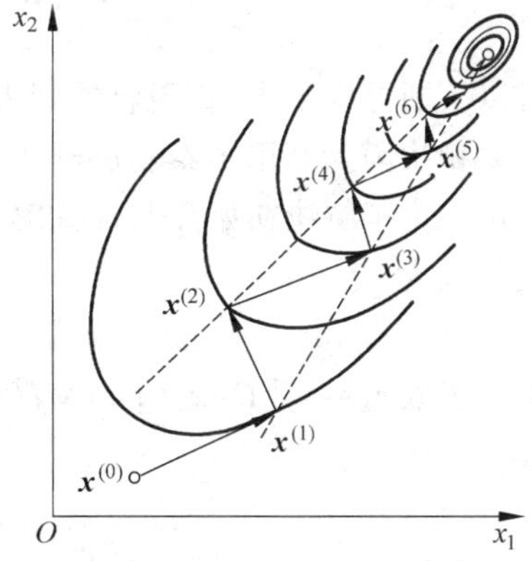

图 6-4 存在脊线的目标函数

6.3 牛顿法

牛顿法是利用日标函数的梯度和海赛矩阵所构成的二次函数寻求极值，在极值点附近构造新的二次函数进行寻优，如图 6-5 所示。

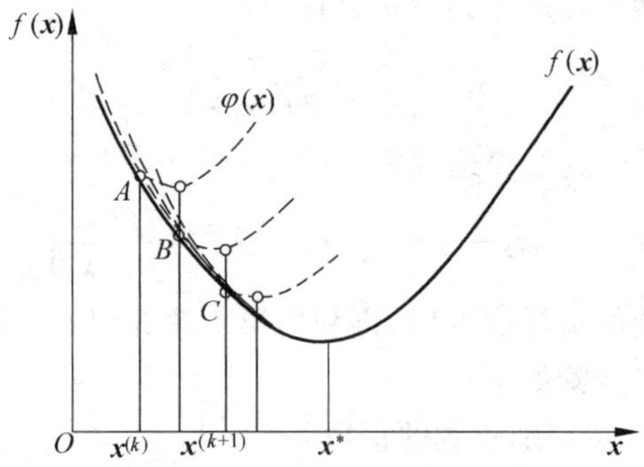

图 6-5 牛顿法

第 4 章中曾介绍过，通过泰勒公式在 $\boldsymbol{x}_k$ 点展开函数 $f(\boldsymbol{x})$，保留前 3 项，$f(\boldsymbol{x})$的近似的新二次函数 $\varphi(\boldsymbol{x})$有如下形式：

$$f(\boldsymbol{x}) \approx \varphi(\boldsymbol{x}) = f(\boldsymbol{x}_k) + [\nabla f(\boldsymbol{x}_k)]^{\mathrm{T}}[\boldsymbol{x} - \boldsymbol{x}_k] + \frac{1}{2}[\boldsymbol{x} - \boldsymbol{x}_k]^{\mathrm{T}}\boldsymbol{H}(\boldsymbol{x}_k)[\boldsymbol{x} - \boldsymbol{x}_k] \tag{6-9}$$

这一新二次函数 $\varphi(\boldsymbol{x})$的梯度为

$$\nabla\varphi(\boldsymbol{x}) = [\nabla f(\boldsymbol{x}_k)] + \boldsymbol{H}(\boldsymbol{x}_k)[\boldsymbol{x} - \boldsymbol{x}_k] \tag{6-10}$$

令该梯度为零，可求得该函数的极值为

$$\boldsymbol{x} = \boldsymbol{x}_k - [\boldsymbol{H}(\boldsymbol{x}_k)]^{-1}[\nabla f(\boldsymbol{x}_k)] \tag{6-11}$$

将式(6-11)写成迭代形式，有

$$\boldsymbol{x}_{k+1} = \boldsymbol{x}_k - [\boldsymbol{H}(\boldsymbol{x}_k)]^{-1}[\nabla f(\boldsymbol{x}_k)] \tag{6-12}$$

就可以不断寻优下去，直至收敛到最优点为止。

牛顿法因为利用了泰勒展开式，所以当 $\| \boldsymbol{x}_0 - \boldsymbol{x}^* \| < 1$ 时收敛很快，否则不能保证收敛。为了解决初始点与最优解可能相差较远的问题，可以采用修正的牛顿法，其迭代公式为

$$\boldsymbol{x}_{k+1} = \boldsymbol{x}_k - \alpha_k[\boldsymbol{H}(\boldsymbol{x}_k)]^{-1}[\nabla f(\boldsymbol{x}_k)] \tag{6-13}$$

即第 k 步取 $\boldsymbol{s}_k = -[\boldsymbol{H}(\boldsymbol{x}_k)]^{-1}[\nabla f(\boldsymbol{x}_k)]$作为方向，进行一维寻优。这样，寻优方法可写成

$$\boldsymbol{x}_{k+1} = \boldsymbol{x}_k + \alpha_k \boldsymbol{s}_k \tag{6-14}$$

牛顿法的迭代步骤如下：

(1) 选取初始点 $\boldsymbol{x}_0$ 及判别收敛的正数 ε；

(2) 令 $k := 0$；

(3) 计算 $-[\boldsymbol{H}(\boldsymbol{x}_k)]^{-1}[\nabla f(\boldsymbol{x}_k)]$；

(4) 令

$$\boldsymbol{s}_k = -[\boldsymbol{H}(\boldsymbol{x}_k)]^{-1}\nabla f(\boldsymbol{x}_k) \tag{6-15}$$

若 $\| \nabla f(x_k) \| \leqslant \varepsilon$，则迭代停止，$\boldsymbol{x}_k$ 即为所求最优点，否则进行下一步；

(5) 进行一维寻优，求 α_k 使

$$f(\boldsymbol{x}_k+\alpha_k\boldsymbol{s}_k)=\min_{\alpha\geqslant 0} f(\boldsymbol{x}_k+\alpha\boldsymbol{s}_k) \tag{6-16}$$

(6) 令 $\boldsymbol{x}_{k+1}=\boldsymbol{x}_k+\alpha_k\boldsymbol{s}_k$，并令 $k:=k+1$，返回步骤(3)。

牛顿法和修正的牛顿法虽然可以很快地收敛于最优解，但其最大的缺点是要计算二阶偏导数矩阵 $\boldsymbol{H}$，此外还要计算其逆矩阵$[\boldsymbol{H}(\boldsymbol{x}_k)]^{-1}$，工作量很大。为了避免此困难，产生了收敛速度介于最速下降法与牛顿法之间的共轭梯度法。

6.4 变尺度法

在 6.3 节介绍了牛顿法，其搜索方向是按下式选取的：

$$\boldsymbol{s}_k=-[\boldsymbol{H}(\boldsymbol{x}_k)]^{-1}[\nabla f(\boldsymbol{x}_k)] \tag{6-17}$$

但是一般来说，海赛矩阵 $\boldsymbol{H}$ 的计算复杂，常需要人工推导算式，而且求逆的计算工作量很大。因此人们采取了利用对称正定矩阵 $\boldsymbol{A}_k$ 逐渐逼近来代替计算 $\boldsymbol{H}$ 和 $\boldsymbol{H}^{-1}$ 的方法，这种方法称为变尺度法，又称为拟牛顿法。当选取 $\boldsymbol{A}_0=\boldsymbol{I}$($\boldsymbol{I}$ 为单位矩阵)时，这一方法就是 6.2 节中介绍的最速下降法(梯度法)，其迭代公式为

$$\boldsymbol{x}_{k+1}=\boldsymbol{x}_k+\alpha_k\boldsymbol{A}_k[\nabla f(\boldsymbol{x}_k)]=\boldsymbol{x}_k+\alpha_k\boldsymbol{s}_k \tag{6-18}$$

变尺度法的 DFP 公式* 推导如下。首先用泰勒公式展开 $f(\boldsymbol{x})$：

$$f(\boldsymbol{x})\approx f(\boldsymbol{x}_k)+[\nabla f(\boldsymbol{x}_k)]^{\mathrm{T}}[\boldsymbol{x}-\boldsymbol{x}_k]+\frac{1}{2}[\boldsymbol{x}-\boldsymbol{x}_k]^{\mathrm{T}}\boldsymbol{H}_k[\boldsymbol{x}-\boldsymbol{x}_k]$$

令

$$\boldsymbol{g}(\boldsymbol{x})=\nabla f(\boldsymbol{x})=\nabla f(\boldsymbol{x}_k)+\boldsymbol{H}_k[\boldsymbol{x}-\boldsymbol{x}_k]=\boldsymbol{g}(\boldsymbol{x}_k)+\boldsymbol{H}_k[\boldsymbol{x}-\boldsymbol{x}_k] \tag{6-19}$$

可得

$$\boldsymbol{g}(\boldsymbol{x})-\boldsymbol{g}(\boldsymbol{x}_k)=\boldsymbol{H}_k[\boldsymbol{x}-\boldsymbol{x}_k]$$

再令 $\Delta\boldsymbol{x}_k=\boldsymbol{x}-\boldsymbol{x}_k$，$\Delta\boldsymbol{g}_k=\boldsymbol{g}-\boldsymbol{g}_k$，有

$$\Delta\boldsymbol{g}_k=\boldsymbol{H}_k\Delta\boldsymbol{x}_k$$

或

$$\Delta\boldsymbol{x}_k=[\boldsymbol{H}_k]^{-1}\Delta\boldsymbol{g}_k$$

因为 $\boldsymbol{A}_k=[\boldsymbol{H}_k]^{-1}$，所以有

$$\Delta\boldsymbol{x}_k=\boldsymbol{A}_k\Delta\boldsymbol{g}_k$$

若取下一轮的矩阵 $\boldsymbol{A}_{k+1}$ 为前一矩阵 $\boldsymbol{A}_k$ 的修正形式，则有

$$\boldsymbol{A}_{k+1}=\boldsymbol{A}_k+\boldsymbol{E}_k \tag{6-20}$$

式(6-20)中的修正矩阵 $\boldsymbol{E}_k$ 可以按下式计算：

$$\boldsymbol{E}_k=\frac{\Delta\boldsymbol{x}[\Delta\boldsymbol{x}]^{\mathrm{T}}}{[\Delta\boldsymbol{x}]^{\mathrm{T}}\Delta\boldsymbol{g}_k}-\frac{\boldsymbol{A}_k[\Delta\boldsymbol{g}_k]^{\mathrm{T}}\boldsymbol{A}_k^{\mathrm{T}}}{[\Delta\boldsymbol{g}_k]^{\mathrm{T}}\boldsymbol{A}_k\Delta\boldsymbol{g}_k} \tag{6-21}$$

---

* 此法先由 Davidon W C 提出，后经 Fletcher R 和 Powell M J D 改进而来，故称 DFP 法。

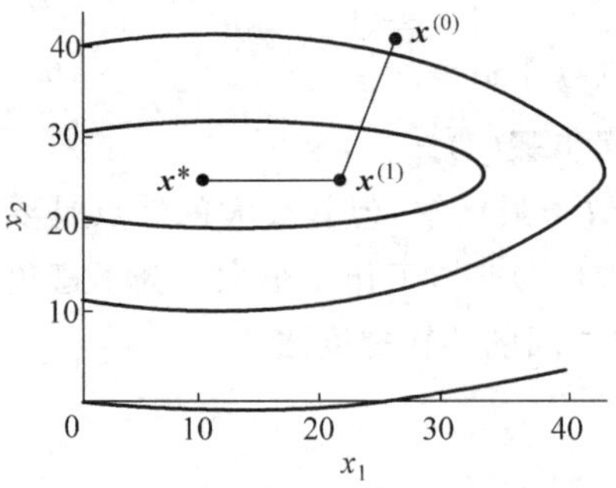

图 6-6 变尺度法的几何解释

式(6-21)称为 DFP 公式。又因为 $\boldsymbol{A}_k$ 对称正定，所以该公式可以写成

$$\boldsymbol{E}_k=\frac{\Delta\boldsymbol{x}_k[\Delta\boldsymbol{x}_k]^{\mathrm{T}}}{[\Delta\boldsymbol{x}_k]^{\mathrm{T}}\Delta\boldsymbol{g}_k}-\frac{\boldsymbol{A}_k[\Delta\boldsymbol{g}_k]^{\mathrm{T}}\boldsymbol{A}_k}{[\Delta\boldsymbol{g}_k]^{\mathrm{T}}\boldsymbol{A}_k\Delta\boldsymbol{g}_k} \tag{6-22}$$

我们知道，共轭方向法实际上是把斜椭圆型的目标函数转换成正圆型的目标函数。而变尺度法实际上是将不同尺度的坐标变换成相近的坐标尺度，如图 6-6 所示。这就是变尺度法得名的原因。

为了改善变尺度法中 DFP 公式的稳定性，人们又进一步提出了变尺度法的 BFGS 公式：

$$\begin{aligned}\boldsymbol{E}_k=\frac{1}{[\Delta\boldsymbol{x}_k]^{\mathrm{T}}\Delta\boldsymbol{g}_k}\Big\{&\Delta\boldsymbol{x}_k[\Delta\boldsymbol{x}_k]^{\mathrm{T}}+\frac{\Delta\boldsymbol{x}_k[\Delta\boldsymbol{x}_k]^{\mathrm{T}}[\Delta\boldsymbol{g}_k]^{\mathrm{T}}\boldsymbol{A}_k\Delta\boldsymbol{g}_k}{[\Delta\boldsymbol{x}_k]^{\mathrm{T}}[\Delta\boldsymbol{g}_k]}\\&-\boldsymbol{A}_k\Delta\boldsymbol{g}_k[\Delta\boldsymbol{x}_k]^{\mathrm{T}}-[\Delta\boldsymbol{x}_k]^{\mathrm{T}}[\Delta\boldsymbol{g}_k]\boldsymbol{A}_k\Big\}\end{aligned} \tag{6-23}$$

1. 当目标函数是二次正定函数时，变尺度法的迭代步骤

(1) 选取初始点 $\boldsymbol{x}_1$ 及判别收敛的正数 ε，若 $\|\nabla f(\boldsymbol{x}_1)\|\leqslant\varepsilon$，则迭代停止，否则进行下一步；

(2) 令 $k:=1,\boldsymbol{g}_1=\nabla f(\boldsymbol{x}_1),\boldsymbol{A}_1=\boldsymbol{I}$；

(3) 令 $\boldsymbol{s}_k=-\boldsymbol{A}_k\boldsymbol{g}_k$；

(4) 算出

$$\alpha_k=-\frac{\boldsymbol{g}_k^{\mathrm{T}}\boldsymbol{s}_k}{[\boldsymbol{s}_k]^{\mathrm{T}}\boldsymbol{A}\boldsymbol{s}_k}$$

(5) 令 $\boldsymbol{x}_{k+1}=\boldsymbol{x}_k+\alpha_k\boldsymbol{s}_k$；

(6) 若 $\|\nabla f(\boldsymbol{x}_{k+1})\|\leqslant\varepsilon$，则迭代停止，否则令

$$\begin{aligned}\boldsymbol{g}_{k+1}&=\nabla f(\boldsymbol{x}_{k+1})\\\Delta\boldsymbol{x}_k&=\boldsymbol{x}_{k+1}-\boldsymbol{x}_k\\\Delta\boldsymbol{g}_k&=\boldsymbol{g}_{k+1}-\boldsymbol{g}_k\end{aligned}$$

算出

$$\boldsymbol{A}_{k+1}=\boldsymbol{A}_k+\frac{\Delta\boldsymbol{x}_k(\Delta\boldsymbol{x}_k)^{\mathrm{T}}}{(\Delta\boldsymbol{x}_k)^{\mathrm{T}}\Delta\boldsymbol{g}_k}-\frac{\boldsymbol{A}_k\Delta\boldsymbol{g}_k[(\Delta\boldsymbol{g}_k)^{\mathrm{T}}\boldsymbol{A}_k^{\mathrm{T}}]}{(\Delta\boldsymbol{g}_k)^{\mathrm{T}}\boldsymbol{A}_k\Delta\boldsymbol{g}_k}$$

再进行下一步；

(7) 令 $k:=k+1$，返回步骤(3)。

变尺度法对二次函数只要有限步就可以到达最优点。

2. 当目标函数是一般函数时，变尺度法的迭代步骤

(1) 选取初始点 $\boldsymbol{x}_1$ 及判别收敛的正数 ε，若 $\|\nabla f(\boldsymbol{x}_{k+1})\|\leqslant\varepsilon$，则迭代停止，否则

进行下一步；

(2) 令 $k:=1$，$\boldsymbol{g}_1=\nabla f(\boldsymbol{x}_1)$，$\boldsymbol{A}_1=\boldsymbol{I}$；

(3) 令 $\boldsymbol{s}_k=-\boldsymbol{A}_k\boldsymbol{g}_k$；

(4) 进行一维优化，求 α_k，使 $f(\boldsymbol{x}_k+\alpha_k\boldsymbol{s}_k)=\min\limits_{\alpha\geqslant 0} f(\boldsymbol{x}_k+\alpha\boldsymbol{s}_k)$；

(5) 令 $\boldsymbol{x}_{k+1}=\boldsymbol{x}_k+\alpha_k\boldsymbol{s}_k$；

(6) 若 $\|\nabla f(\boldsymbol{x}_{k+1})\|\leqslant\varepsilon$，则迭代停止；否则，若 $k=n$，则 $\boldsymbol{x}_1:=\boldsymbol{x}_{n+1}$，返回步骤(1)，若 $k<n$，则算出

$$\begin{aligned}\boldsymbol{g}_{k+1}&=\nabla f(\boldsymbol{x}_{k+1})\\ \Delta\boldsymbol{x}_k&=\boldsymbol{x}_{k+1}-\boldsymbol{x}_k\\ \Delta\boldsymbol{g}_k&=\boldsymbol{g}_{k+1}-\boldsymbol{g}_k\end{aligned}$$

算出

$$\boldsymbol{A}_{k+1}=\boldsymbol{A}_k+\frac{\Delta\boldsymbol{x}_k(\Delta\boldsymbol{x}_k)^{\mathrm{T}}}{(\Delta\boldsymbol{x}_k)^{\mathrm{T}}\Delta\boldsymbol{g}_k}-\frac{\boldsymbol{H}_k\Delta\boldsymbol{g}_k[(\Delta\boldsymbol{g}_k)^{\mathrm{T}}\boldsymbol{A}_k^{\mathrm{T}}]}{(\Delta\boldsymbol{g}_k)^{\mathrm{T}}\boldsymbol{A}_k\Delta\boldsymbol{g}_k}$$

(7) 令 $k:=k+1$，返回步骤(3)。

同样，对一般(非二次)函数，变尺度法不一定能有限步到达最优解。因为变尺度法是共轭梯度法的改进，因此它的收敛速度较快。在两种变尺度法的公式中，DFP 公式对多维问题收敛快，效果好，而 BFGS 公式则稳定性好。

6.5 共轭方向法

6.5.1 向量的共轭性与共轭方向

同心椭圆族曲线的两平行切线有这样的特性：通过两平行线与椭圆的切点作连线，该直线通过该椭圆族的中心，如图 6-7 所示。因为该连线的方向与两平行线是共轭方向，所以利用这一特性寻优称为共轭方向法。

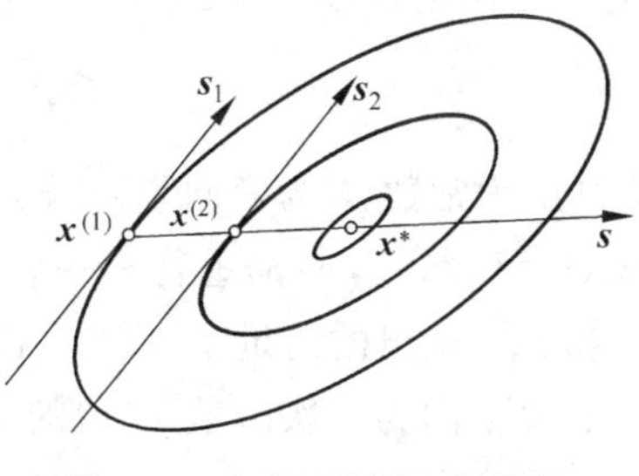

图 6-7 两平行的同心椭圆族的切点连线过其中心

1. 向量的共轭

设 $\boldsymbol{A}$ 为 $n\times n$ 阶实对称正定矩阵，$\boldsymbol{s}_1$ 和 $\boldsymbol{s}_2$ 为 $\boldsymbol{E}^n$ 中的两个非零向量，如果它们满足

$$\boldsymbol{s}_1^{\mathrm{T}}\boldsymbol{A}\boldsymbol{s}_2=0 \tag{6-24}$$

则称向量 $\boldsymbol{s}_1$ 与 $\boldsymbol{s}_2$ 关于实对称正定矩阵 $\boldsymbol{A}$ 是共轭的。

如果有一组 n 个非零向量组 $\boldsymbol{s}_1,\boldsymbol{s}_2,\cdots,\boldsymbol{s}_n\in\boldsymbol{E}^n$，且这个向量组中的任意两个向量关于 n 阶实对称正定矩阵 $\boldsymbol{A}$ 是共轭的，即满足式

$$\boldsymbol{s}_i^{\mathrm{T}}\boldsymbol{A}\boldsymbol{s}_j=0,\quad i,j=1,2,\cdots,n \text{ 且 } i\neq j \tag{6-25}$$

则称向量组 $\boldsymbol{s}_1,\boldsymbol{s}_2,\cdots,\boldsymbol{s}_n$ 关于 $\boldsymbol{A}$ 共轭。

当矩阵 $\boldsymbol{A}$ 为单位矩阵时，向量的共轭相当于向量的正交。

2. 共轭方向

满足共轭的两个向量称为具有实对称正定矩阵 $\boldsymbol{A}$ 的共轭方向。即对

$$\boldsymbol{s}_1^{\mathrm{T}}\boldsymbol{A}\boldsymbol{s}_2=0 \tag{6-26}$$

称 $\boldsymbol{s}_1$ 和 $\boldsymbol{s}_2$ 为具有实对称正定矩阵 $\boldsymbol{A}$ 的共轭方向。

3. 共轭方向向量组的主要性质

性质1 设 $\boldsymbol{A}$ 为 $n\times n$ 阶实对称正定矩阵，$\boldsymbol{s}_1,\boldsymbol{s}_2,\cdots,\boldsymbol{s}_n$ 为 $\boldsymbol{A}$ 的共轭的 n 个非零向量，则这一组向量线性无关。

证明：利用反证法。设这组向量线性相关，即有 n 个全都不为 0 的系数 $b_i\neq 0(i=1,2,\cdots,n)$，使得

$$b_1\boldsymbol{s}_1+b_2\boldsymbol{s}_2+\cdots+b_n\boldsymbol{s}_n=\boldsymbol{0}$$

将上式左乘 $\boldsymbol{s}_i^{\mathrm{T}}\boldsymbol{A}$，因为与各向量共轭，结果得 $b_i\boldsymbol{s}_i^{\mathrm{T}}\boldsymbol{A}\boldsymbol{s}_i=0$。但是，因为 b_i 不为 0，$\boldsymbol{s}_i$ 不为 $\boldsymbol{0}$，且 $\boldsymbol{A}$ 是正定的，从线性代数理论可知 $b_i\boldsymbol{s}_i^{\mathrm{T}}\boldsymbol{A}\boldsymbol{s}_i\neq 0$。这两个结果是矛盾的。所以可以推出现行相关的假设 $b_1\boldsymbol{s}_1+b_2\boldsymbol{s}_2+\cdots+b_n\boldsymbol{s}_n=\boldsymbol{0}$ 不成立，即向量组 $\boldsymbol{s}_1,\boldsymbol{s}_2,\cdots,\boldsymbol{s}_n$ 线性无关。

证毕。

性质2 设向量 $\boldsymbol{s}_1^{(1)},\boldsymbol{s}_2^{(1)},\cdots,\boldsymbol{s}_n^{(1)}$ 是一线性无关的非零向量组，可以由它们构造出 n 个非零共轭的向量组 $\boldsymbol{s}_1^{(2)},\boldsymbol{s}_2^{(2)},\cdots,\boldsymbol{s}_n^{(2)}$，满足

$$(\boldsymbol{s}_i^{(2)})^{\mathrm{T}}\boldsymbol{A}(\boldsymbol{s}_j^{(2)})=0,\quad i,j=1,2,\cdots,n\text{ 且 }i\neq j \tag{6-27}$$

式中，$\boldsymbol{A}$ 为 $n\times n$ 阶实对称正定矩阵。

根据这一性质，可以利用 n 维坐标轴来构造一组 n 个相互共轭的向量组。

性质3 设 $\boldsymbol{A}$ 为 $n\times n$ 阶实对称正定矩阵，$\boldsymbol{s}_1,\boldsymbol{s}_2,\cdots,\boldsymbol{s}_n$ 是一关于 $\boldsymbol{A}$ 的 n 个相互共轭的非零向量组，对二次型目标函数

$$f(\boldsymbol{x})=c+\boldsymbol{b}^{\mathrm{T}}\boldsymbol{x}+\frac{1}{2}\boldsymbol{x}^{\mathrm{T}}\boldsymbol{A}\boldsymbol{x} \tag{6-28}$$

（式中，c 为常数，$\boldsymbol{b}$ 为常向量），若分别从两个初始点 $\boldsymbol{x}_1^{(0)}$ 和 $\boldsymbol{x}_2^{(0)}$ 出发，沿这组向量方向 $\boldsymbol{s}_i(i=1,2,\cdots,n)$ 都进行了一轮一维最优搜索后，得到了两点 $\boldsymbol{x}_1^{(1)}$ 和 $\boldsymbol{x}_2^{(1)}$，则连接 $\boldsymbol{x}_1^{(1)}$ 和 $\boldsymbol{x}_2^{(1)}$ 做出的向量 $\boldsymbol{s}=\boldsymbol{x}_2^{(1)}-\boldsymbol{x}_1^{(1)}$ 与这一组的每一向量 $\boldsymbol{s}_i$ 关于 $\boldsymbol{A}$ 共轭。

证明：因为二次函数 $f(\boldsymbol{x})$ 的梯度 $\nabla f(\boldsymbol{x})=\boldsymbol{b}+\boldsymbol{A}\boldsymbol{x}$，所以有

$$\nabla f(\boldsymbol{x}_1^{(1)})=\boldsymbol{b}+\boldsymbol{A}\boldsymbol{x}_1^{(1)}$$
$$\nabla f(\boldsymbol{x}_2^{(1)})=\boldsymbol{b}+\boldsymbol{A}\boldsymbol{x}_2^{(1)}$$

将以上两式相减得

$$\nabla f(\boldsymbol{x}_2^{(1)})-\nabla f(\boldsymbol{x}_1^{(1)})=\boldsymbol{A}(\boldsymbol{x}_2^{(1)}-\boldsymbol{x}_1^{(1)})=\boldsymbol{A}\boldsymbol{s}$$

又因为沿 $\boldsymbol{s}_i$ 方向寻优得到的是这一方向上的极值点，因此方向 $\boldsymbol{s}_i$ 与该点梯度垂直，即

$$\boldsymbol{s}_i^{\mathrm{T}}\,\nabla f(\boldsymbol{x}_1^{(1)})=0$$

同理，有

$$\boldsymbol{s}_i^{\mathrm{T}} \nabla f(\boldsymbol{x}_2^{(1)}) = 0$$

两式相减，有

$$\boldsymbol{s}_i^{\mathrm{T}}(\nabla f(\boldsymbol{x}_2^{(1)}) - \nabla f(\boldsymbol{x}_1^{(1)})) = \boldsymbol{s}_i^{\mathrm{T}}\boldsymbol{A}\boldsymbol{s} = 0$$

从而得 $\boldsymbol{s}_i^{\mathrm{T}}\boldsymbol{A}\boldsymbol{s}=0$。

证毕。

性质 4 共轭方向法具有二次收敛性。

设 $\boldsymbol{A}$ 为 $n\times n$ 阶实对称正定矩阵，$\boldsymbol{s}_1,\boldsymbol{s}_2,\cdots,\boldsymbol{s}_n$ 是关于 $\boldsymbol{A}$ 的 n 个互相共轭的非零向量，则对二次型目标函数

$$f(\boldsymbol{x}) = c + \boldsymbol{b}^{\mathrm{T}}\boldsymbol{x} + \frac{1}{2}\boldsymbol{x}^{\mathrm{T}}\boldsymbol{A}\boldsymbol{x}$$

从任一初始点 $\boldsymbol{x}^{(0)}$ 出发，依次沿 $\boldsymbol{s}_1,\boldsymbol{s}_2,\cdots,\boldsymbol{s}_n$ 方向进行一维最优化搜索。经有限步($\leqslant n$)一维搜索，即可收敛到极小点 $\boldsymbol{x}^*$。

证明：因为$\nabla f(\boldsymbol{x})=\boldsymbol{b}+\boldsymbol{A}\boldsymbol{x}$，设通过 n 个方向的一维搜索得到的解分别为 $\boldsymbol{x}_1$，$\boldsymbol{x}_2,\cdots,\boldsymbol{x}_n$，则有

$$\nabla f(\boldsymbol{x}_k) = \boldsymbol{b} + \boldsymbol{A}\boldsymbol{x}_k$$

而

$$\begin{aligned}\nabla f(\boldsymbol{x}_{k+1}) &= \boldsymbol{b} + \boldsymbol{A}\boldsymbol{x}_{k+1} = \boldsymbol{b} + \boldsymbol{A}(\boldsymbol{x}_k + \alpha_k\boldsymbol{s}_k)\\ &= \boldsymbol{b} + \boldsymbol{A}\boldsymbol{x}_k + \alpha_k\boldsymbol{A}\boldsymbol{s}_k\\ &= \nabla f(\boldsymbol{x}_k) + \alpha_k\boldsymbol{A}\boldsymbol{s}_k\end{aligned}$$

若$\nabla f(\boldsymbol{x}_k)=\boldsymbol{0}$，则 $\boldsymbol{x}_k$ 即为要求的最优点，证明结束。设$\nabla f(\boldsymbol{x}_k)\neq\boldsymbol{0}$，则经过后面多次的一维搜索，得到 $\boldsymbol{x}_{n+1}$后，在该点处的梯度为

$$\nabla f(\boldsymbol{x}_{n+1}) = \nabla f(\boldsymbol{x}_k) + \sum_{j=k}^{n}\alpha_j\boldsymbol{A}\boldsymbol{s}_j,\quad 1\leqslant j\leqslant n$$

将上式左乘 $\boldsymbol{s}_{k-1}^{\mathrm{T}}$，并利用性质 3，可知

$$\begin{aligned}\boldsymbol{s}_{k-1}^{\mathrm{T}} \nabla f(\boldsymbol{x}_{n+1}) &= \boldsymbol{s}_{k-1}^{\mathrm{T}} \nabla f(\boldsymbol{x}_k) + \alpha_k\boldsymbol{s}_{k-1}^{\mathrm{T}} \nabla f(\boldsymbol{x}_k) + \cdots + \alpha_n\boldsymbol{s}_{k-1}^{\mathrm{T}}\boldsymbol{A}\boldsymbol{x}_n\\ &= 0 + 0 + \cdots + 0 = 0\end{aligned}$$

由于 k 是任意选取，所以对 $k=1,2,\cdots,n$ 上式均成立。

又因为 $\boldsymbol{s}_1,\boldsymbol{s}_2,\cdots,\boldsymbol{s}_n$ 是相互共轭的非零向量，即 $\boldsymbol{s}_i\neq\boldsymbol{0}$，所以有向量$\nabla f(\boldsymbol{x}_{n+1})=\boldsymbol{0}$，根据数学分析中的极值必要条件和二次函数的性质可知 $\boldsymbol{x}_{n+1}$点为极值点。因此，共轭方向法是具有二次收敛性的算法，通过有限次寻优可以求出二次函数的极值。

证毕。

4. 共轭方向的几何意义

共轭方向相当于将原来的非正椭圆函数通过矩阵 $\boldsymbol{A}$ 变换为正圆函数，而共轭方向 $\boldsymbol{s}_1$ 和 $\boldsymbol{s}_2$ 则是变换后的垂直方向 $\boldsymbol{p}_1$ 和 $\boldsymbol{p}_2$，如图 6-8 所示。

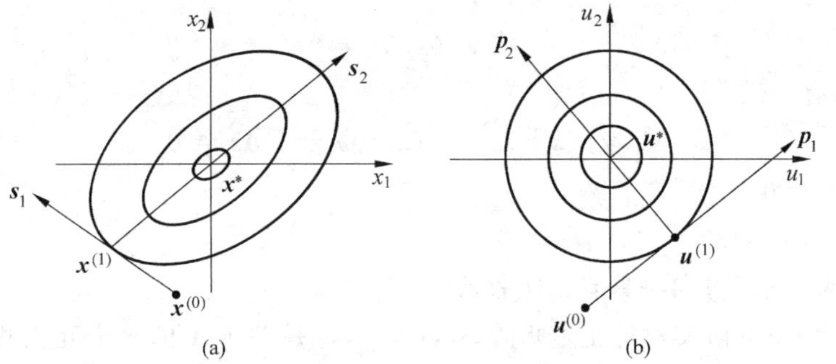

图 6-8 共轭与正交对比

(a) 共轭方向 $\boldsymbol{s}_1$ 和 $\boldsymbol{s}_2$；(b) 垂直方向 $\boldsymbol{p}_1$ 和 $\boldsymbol{p}_2$

6.5.2 共轭梯度法

通过函数的梯度来构造共轭方向的方法称为共轭梯度法。

1. 共轭梯度法的方向构造

在极值点 $\boldsymbol{x}^*$ 附近，目标函数可以近似为二次型函数，即

$$f(\boldsymbol{x}) \approx c + \boldsymbol{b}^{\mathrm{T}}\boldsymbol{x} + \frac{1}{2}\boldsymbol{x}^{\mathrm{T}}\boldsymbol{A}\boldsymbol{x}$$

(1) 从 $\boldsymbol{x}_k$ 点出发沿负梯度 $\boldsymbol{s}_k = -\nabla f(\boldsymbol{x}_k)$ 方向寻优，得到新优化点 $\boldsymbol{x}_{k+1}$。再按下式构造与 $\boldsymbol{s}_k$ 共轭的方向 $\boldsymbol{s}_{k+1}$：

$$\boldsymbol{s}_{k+1} = -\nabla f(\boldsymbol{x}_{k+1}) + \beta_k \boldsymbol{s}_k \tag{6-29}$$

在式(6-29)中，β_k 按下式计算时，可满足共轭条件 $\boldsymbol{s}_{k+1}^{\mathrm{T}}\boldsymbol{A}\boldsymbol{s}_k = 0$：

$$\beta_k = \frac{\| \nabla f(\boldsymbol{x}_{k+1}) \|^2}{\| \nabla f(\boldsymbol{x}_k) \|^2}$$

证明：记

$$\boldsymbol{g}_k = \nabla f(\boldsymbol{x}_k) = \boldsymbol{b} + \boldsymbol{A}\boldsymbol{x}_k$$

有

$$\begin{aligned} \boldsymbol{g}_{k+1} - \boldsymbol{g}_k &= \boldsymbol{A}(\boldsymbol{x}_{k+1} - \boldsymbol{x}_k) \\ &= \boldsymbol{A}(\boldsymbol{x}_k + \alpha_k \boldsymbol{s}_k - \boldsymbol{x}_k) \\ &= \alpha_k \boldsymbol{A}\boldsymbol{s}_k \end{aligned}$$

$$\boldsymbol{s}_{k+1} = -\boldsymbol{g}_{k+1} - \beta_k \boldsymbol{g}_k$$

令

$$\boldsymbol{s}_{k+1}^{\mathrm{T}}\boldsymbol{A}\boldsymbol{s}_k = 0$$

有

$$[-\boldsymbol{g}_{k+1} - \beta_k \boldsymbol{g}_k]^{\mathrm{T}}[\boldsymbol{g}_{k+1} - \boldsymbol{g}_k] = 0$$

因为 $\boldsymbol{g}_k$ 垂直于 $\boldsymbol{g}_{k+1}$，所以

$$\beta_k = \frac{\| \boldsymbol{g}_{k+1} \|^2}{\| \boldsymbol{g}_k \|^2} \tag{6-30}$$

证毕。

同理,按上述方法构造出的向量组 $\boldsymbol{s}_{k+1}(k=0,1,2,\cdots,n-1)$是关于 $\boldsymbol{A}$ 共轭的向量,如图 6-9 所示。

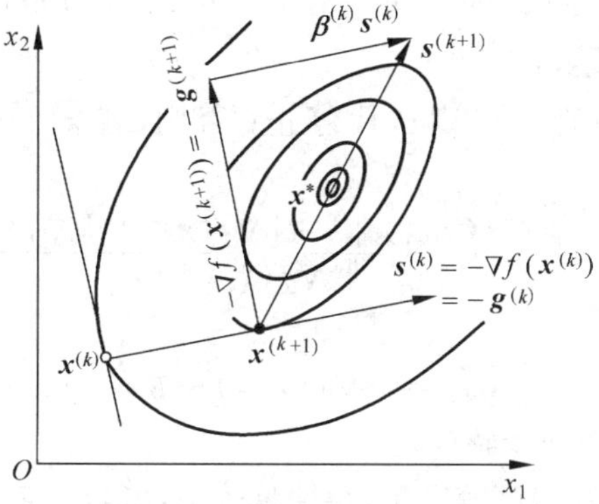

图 6-9 共轭梯度方向的构造

(2) 沿着 $\boldsymbol{s}_{k+1}$ 方向继续寻优,直至求出极值 $\boldsymbol{x}^*$。

上面只是对目标函数为二次型函数的情况求得了构成共轭方向的系数 β_k。对一般的目标函数,有

$$\beta_k = \frac{\| \nabla f(\boldsymbol{x}_{k+1}) \|^2 - [\nabla f(\boldsymbol{x}_{k+1})]^{\mathrm{T}} \nabla f(\boldsymbol{x}_k)}{\| \nabla f(\boldsymbol{x}_k) \|^2} \tag{6-31}$$

从而类似式(6-29),有

$$\boldsymbol{s}_{k+1} = -\nabla f(\boldsymbol{x}_{k+1}) + \beta_k \boldsymbol{s}_k$$

2. 共轭梯度法的迭代步骤

1) 当目标函数是二次型函数时,共轭梯度法的迭代步骤

(1) 选取初始点 $\boldsymbol{x}_1$ 及判别收敛的正数 ε,若 $\| \nabla f(\boldsymbol{x}_1) \| \leqslant \varepsilon$,则迭代停止,否则进行下一步;

(2) 令 $k := 1, \boldsymbol{s}_1 = -\nabla f(\boldsymbol{x}_1)$;

(3) 算出

$$\alpha_k = -\frac{[\nabla f(\boldsymbol{x}_k)]^{\mathrm{T}} \boldsymbol{s}_k}{2\boldsymbol{s}_k^{\mathrm{T}} \boldsymbol{A} \boldsymbol{s}_k}$$

(4) 令 $\boldsymbol{x}_{k+1} = \boldsymbol{x}_k + \alpha_k \boldsymbol{s}_k$;

(5) 若 $\| \nabla f(\boldsymbol{x}_{k+1}) \| \leqslant \varepsilon$,则迭代停止;否则令

$$\boldsymbol{s}_{k+1} = -\nabla f(\boldsymbol{x}_{k+1}) + \frac{\| \nabla f(\boldsymbol{x}_{k+1}) \|^2}{\| \nabla f(\boldsymbol{x}_k) \|^2} \boldsymbol{s}_k$$

(6) 令 $k := k+1$,返回步骤(3)。

共轭梯度法对二次型函数只要有限步就可以到达最优点。

2）当目标函数是一般函数时，共轭梯度法的迭代步骤

(1) 选取初始点 $\boldsymbol{x}_1$ 及判别收敛的正数 ε，若 $\|\nabla f(\boldsymbol{x}_1)\| \leqslant \varepsilon$，则迭代停止，否则进行下一步；

(2) 令 $k:=1, \boldsymbol{s}_1=-\nabla f(\boldsymbol{x}_1)$；

(3) 进行一维搜索，求 α_k，使 $f(\boldsymbol{x}_k+\alpha_k \boldsymbol{s}_k)=\min\limits_{\alpha \geqslant 0} f(\boldsymbol{x}_k+\alpha \boldsymbol{s}_k)$；

(4) 令 $\boldsymbol{x}_{k+1}=\boldsymbol{x}_k+\alpha_k \boldsymbol{s}_k$；

(5) 若 $\|\nabla f(\boldsymbol{x}_{k+1})\| \leqslant \varepsilon$，则迭代停止；否则，若 $k=n$，则 $\boldsymbol{x}_1=\boldsymbol{x}_{k+1}$，返回步骤(1)，若 $k<n$ 则算出

$$\beta_k=\frac{\|\nabla f(\boldsymbol{x}_{k+1})\|^2-[\nabla f(\boldsymbol{x}_{k+1})]^{\mathrm{T}} \nabla f(\boldsymbol{x}_k)}{\|\nabla f(\boldsymbol{x}_k)\|^2}$$

令

$$\boldsymbol{s}_{k+1}=-\nabla f(\boldsymbol{x}_{k+1})+\beta_k \boldsymbol{s}_k$$

(6) 令 $k:=k+1$，返回步骤(3)。

利用共轭梯度法编写程序较简单，存储量较小，但当 $\|\nabla f(\boldsymbol{x}_k)\|$ 较小时，因为它在分母处，所以计算 β_k 可能引起因舍入误差较大而导致的不稳定情况，需要引起特别注意。另外，对一般(非二次)函数，共轭梯度法不一定经过有限步就能求得优化问题的最优解。

6.5.3　简单共轭方向法

上面介绍的共轭梯度法中，虽然也利用了共轭方向的概念，而且除第1次外的每次搜索也是沿着共轭方向进行的，但在构造每次的搜索方向(第1次为负梯度方向，以后各次为共轭方向)时，总是离不开计算函数的梯度，即必须计算一阶导数，而下面介绍的共轭方向法以及对共轭方向法改进的 Powell 法，则无需对函数作求导计算，只计算它的函数值即可直接求出用于搜索的共轭方向。共轭方向的概念是共轭方向法及其改进方法 Powell 法的基础。

1. 共轭方向的构造

在共轭梯度法中，利用两个平行方向上的极值点的连线构造共轭方向，基于这一原理，并利用6.5.1节中给出的共轭方向的性质3，可以逐次构造共轭方向向量，且以此方向为搜索方向，形成的算法就是共轭方向法，如图6-10所示。

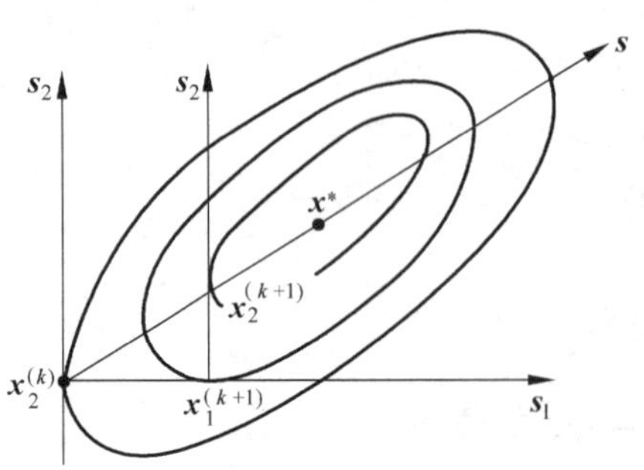

图6-10　共轭方向的构造

对于二维目标函数来说，共轭方向法的搜索路线如图6-11所示。在一般情况下，对于 n 维目标函数来说，其搜索路线类似于图6-11。在第1轮搜索中首先是从初始点 $\boldsymbol{x}_0^{(1)}=\boldsymbol{x}^{(0)}$ 出发，依次沿 n 个坐标轴方向共作 n

次一维搜索，最终将找到沿第 n 个坐标轴的搜索点，如图 6-11 中的 $\boldsymbol{x}_2^{(1)}$。再将此点与本轮搜索中的初始点相连，连线则作为一个新的搜索方向，见图 6-11 中的 $\boldsymbol{s}^{(1)}$。沿此方向作第 $n+1$ 次一维搜索，找出这一轮搜索的最后一点作为下一轮的初始点(见图 6-11 中的 $\boldsymbol{x}_0^{(2)}$)。

下一轮搜索的第 1 个搜索方向则平行于上一轮的第 2 个搜索方向(即去掉上一轮的第 1 个搜索方向，从第 2 个搜索方向开始下一轮的依次搜索)。而下一轮的连线方向(图 6-11 中的 $\boldsymbol{s}^{(2)}$)前的那个搜索方向(即第 $n+1$ 次搜索的方向)则平行于上一轮的连线方向(图 6-11 中的 $\boldsymbol{s}^{(1)}$)。

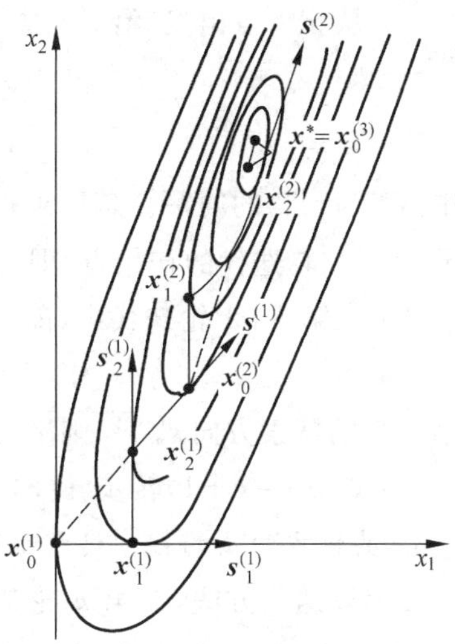

图 6-11 共轭方向法

按此法搜索，直至找到函数的极小点为止。在各轮中的连线方向，即第 $n+1$ 次搜索的方向，如图 6-11 中的 $\boldsymbol{s}^{(1)}$，$\boldsymbol{s}^{(2)}$…从理论上可以证明，对于一个二次目标函数中的 $n\times n$ 矩阵 $\boldsymbol{A}$ 是共轭的，因此，本方法称为共轭方向法。

2. 共轭方向法的迭代步骤

(1) 给定初始点 $\boldsymbol{x}^{(0)}$，允许误差 $\varepsilon>0$，输入维数 n。在第 1 轮搜索中($k=1$ 时)，取线性无关的坐标方向为搜索方向，即

$$\boldsymbol{s}_i=\boldsymbol{e}_i,\quad i=1,2,\cdots,n$$

而第 i 个坐标的单位坐标向量为

$$\boldsymbol{e}_i=[0,\cdots,0,1,0,\cdots,0]^{\mathrm{T}}$$

其中，除第 i 个分量的模为 1 外，其余分量的模均为零。

(2) 令 $k=1$，从 $\boldsymbol{x}_0^{(1)}=\boldsymbol{x}^{(0)}$ 点出发，依次沿 $\boldsymbol{s}_1,\boldsymbol{s}_2,\cdots,\boldsymbol{s}_n$ 方向进行一维最优化搜索，求最优步长 α_i，即

$$f(\boldsymbol{x}_{i-1}^{(1)}+\alpha_i\boldsymbol{s}_i^{(1)})=\min_{\alpha} f(\boldsymbol{x}_{i-1}^{(1)}+\alpha\boldsymbol{s}_i^{(1)})$$

计算 $\boldsymbol{x}_i^{(1)}=\boldsymbol{x}_{i-1}^{(1)}+\alpha_i\boldsymbol{s}_i^{(1)}(i=1,2,\cdots,n)$。对于第 k 轮则有

$$f(\boldsymbol{x}_{i-1}^{(k)}+\alpha_i\boldsymbol{s}_i^{(k)})=\min_{\alpha} f(\boldsymbol{x}_{i-1}^{(k)}+\alpha\boldsymbol{s}_i^{(k)})$$

$$\boldsymbol{x}_i^{(k)}=\boldsymbol{x}_{i-1}^{(k)}+\alpha_i\boldsymbol{s}_i^{(k)},\quad i=1,2,\cdots,n$$

最后求得 $\boldsymbol{x}_n^{(k)}$。

(3) 取共轭方向

$$\boldsymbol{s}_{n+1}^{(k)}=\boldsymbol{x}_n^{(k)}-\boldsymbol{x}_0^{(k)}$$

显然，$\boldsymbol{s}_{n+1}^{(k)}$ 与 $\boldsymbol{s}_n^{(k)}$ 是关于对称正定矩阵 $\boldsymbol{A}$ 共轭的，因此把 $\boldsymbol{s}_{n+1}^{(k)}$ 方向作为本轮迭代的第 $n+1$ 次搜索方向。

(4) 从 $\boldsymbol{x}_n^{(k)}$ 点出发，沿 $\boldsymbol{s}_{n+1}^{(k)}$ 方向作一维最优化搜索，求 $\alpha^{(k)}$：

$$f(\boldsymbol{x}_n^{(k)} + \alpha^{(k)}\boldsymbol{s}^{(k)}) = \min_{\alpha} f(\boldsymbol{x}_n + \alpha\boldsymbol{s}^{(k)})$$

$$\boldsymbol{x}^* = \boldsymbol{x}_n^{(k)} + \alpha^{(k)}\boldsymbol{s}^{(k)}$$

式中，$\boldsymbol{s}^{(k)}$ 为 $\boldsymbol{s}_{n+1}^{(k)}$ 的简写。若所求得的 $\boldsymbol{x}^*$ 已满足精度要求，则停止迭代计算，否则将 $\boldsymbol{x}^*$ 作为下一轮迭代的初始点，即令 $\boldsymbol{x}_0^{(k+1)} = \boldsymbol{x}^*$，转向下一步，开始下一个循环。

(5) 在第 $k+1$ 轮迭代中，前 $n-1$ 次的搜索方向取为

$$\boldsymbol{s}_i^{(k+1)} = \boldsymbol{s}_{i+1}^{(k)}, \quad i = 1,2,\cdots,n$$

而第 n 次的搜索方向 $\boldsymbol{s}_n^{(k+1)}$ 则平行于上一轮的连线方向，即取 $\boldsymbol{s}_n^{(k+1)} = \boldsymbol{s}_{n+1}^{(k)}$。

(6) 取 $k := k+1$，转步骤(3)。

3. 共轭方向法的搜索过程说明

按上述迭代方法，在第 k 轮迭代中的第 $n+1$ 次搜索的方向 $\boldsymbol{s}_{n+1}^{(k)} = \boldsymbol{s}^{(k)}$ $(k=1, 2,\cdots)$ 均作为下一轮迭代(即第 $k+1$ 轮迭代)的第 n 次搜索的方向 $\boldsymbol{s}_n^{(k+1)}$，即取

$$\boldsymbol{s}_n^{(k+1)} = \boldsymbol{s}_{n+1}^{(k)}$$

依此有

$$\boldsymbol{s}_n^{(k)} = \boldsymbol{s}_{n+1}^{(k-1)}$$
$$\vdots$$

而

$$[\boldsymbol{s}_{n+1}^{(k)}]^{\mathrm{T}}\boldsymbol{A}\boldsymbol{s}_n^{(k)} = 0$$

故有

$$[\boldsymbol{s}_{n+1}^{(k)}]^{\mathrm{T}}\boldsymbol{A}\boldsymbol{s}_{n+1}^{(k-1)} = 0$$

或

$$[\boldsymbol{s}^{(k)}]^{\mathrm{T}}\boldsymbol{A}\boldsymbol{s}^{(k-1)} = 0$$

在图 6-11 上的 $\boldsymbol{s}^{(1)}, \boldsymbol{s}^{(2)}, \cdots$ 各向量间有

$$[\boldsymbol{s}^{(2)}]^{\mathrm{T}}\boldsymbol{A}\boldsymbol{s}^{(1)} = 0$$
$$\vdots$$
$$[\boldsymbol{s}^{(k+1)}]^{\mathrm{T}}\boldsymbol{A}\boldsymbol{s}^{(k)} = 0$$

这样就证明了对 n 维目标函数来说，在各轮迭代中的第 $n+1$ 次搜索的方向 $\boldsymbol{s}^{(1)}$，$\boldsymbol{s}^{(2)}, \cdots, \boldsymbol{s}^{(k)} \cdots$ 构成一组关于矩阵 $\boldsymbol{A}$ 的共轭方向组。如图 6-11 所示，共轭方向法的几何解释是十分清楚的，它如同是沿着 $\boldsymbol{s}^{(1)}, \boldsymbol{s}^{(2)}, \cdots, \boldsymbol{s}^{(k)} \cdots$ 这些共轭方向进行搜索而最后达到 $f(\boldsymbol{x})$ 的极小值点 $\boldsymbol{x}^*$。

6.5.4　Powell 法

Powell 法也是一种共轭方向法，是对前述简单共轭方向法的改进。这一方法也不需要对目标函数作求导计算。用于变量 $n=10\sim20$，或目标函数的一阶导数不连

续的最优化问题，也能得到很好的计算结果。因此，Powell 法是一种求解无约束最优化问题较为有效的方法。

在前述共轭方向法中，正如已介绍过的那样，共轭方向组的形成过程是这样的，即第 1 轮迭代由初始点 $\boldsymbol{x}^{(0)}$ 出发，依次沿着 n 维目标函数的线性无关的 n 个坐标轴方向 $\boldsymbol{s}_i(i=1,2,\cdots,n)$ 进行一维最优化搜索，并且以第 n 次搜索的最小点与初始点的连线作为该轮搜索的第 $n+1$ 次搜索方向，又记作 $\boldsymbol{s}_{n+1}^{(1)}$。在第 2 轮搜索中则去掉第 1 轮的第 1 个方向 $\boldsymbol{s}_1^{(1)}$，剩下的 $n-1$ 个方向 $\boldsymbol{s}_i(i=2,3,\cdots,n)$ 加上 $\boldsymbol{s}_{n+1}^{(1)}$ 共 n 个共轭向量，把 $\boldsymbol{s}_i(i=2,3,\cdots,n)$ 的每个下标前移一位，且令 $\boldsymbol{s}_n^{(2)}=\boldsymbol{s}_{n+1}^{(1)}$，组成一组新的 n 个向量的方向组 $\boldsymbol{s}_i^{(2)}(i=1,2,\cdots,n)$。

根据 6.5.1 节中介绍的共轭方向的性质 1 可知，形成的新共轭方向与原方向一起组成的新一组 n 个方向仍是线性无关的。如此进行下去，第 k 轮的迭代则是从由第 $k-1$ 轮的第 $n+1$ 次搜索所得到的最小点出发，并去掉当前的第 1 个坐标轴方向，依次进行一维最优化搜索，并以 $\boldsymbol{s}_{n+1}^{(1)},\boldsymbol{s}_{n+1}^{(2)},\cdots,\boldsymbol{s}_{n+1}^{(k)}$ 作为新增的搜索方向。每次在第 n 次搜索所得到的最小点与该轮搜索的初始点的连线方向则作为第 $n+1$ 次搜索的搜索方向 $\boldsymbol{s}_{n+1}^{(k)}$。这样的迭代进行 n 轮以后，方向组将完全由新产生的方向组所组成，这 n 个方向之间应是关于 $\boldsymbol{A}$ 相互共轭的。

但是实际上在新产生的 n 个方向中，有可能出现线性相关或近似于线性相关的情况，例如，当搜索的初始点已是函数沿第 1 个搜索方向的最小点时($\alpha_1^{(k)}=0$)。在出现线性相关的情况下，以后各步搜索将在维数下降了的空间内进行，致使计算不能收敛。为避免这种情况，一个办法是在第 $k+1$ 轮搜索中，形成新的方向组时，不应一律地去掉前一轮的第 1 个方向 $\boldsymbol{s}_1^{(k)}$，而应有选择地去掉某一方向 $\boldsymbol{s}_m^{(k)}(1\leqslant m\leqslant n)$，以避免线性相关的出现。

于是 Powell 对前述共轭方向法作了改进，形成了一种新的方法——Powell 法。其要点是在完成每轮迭代并产生了新的方向组 $\boldsymbol{s}_i^{(k)}(i=1,2,\cdots,n)$之后，以向量 $\boldsymbol{s}_i^{(k+1)}$ 为列做出矩阵 $n\times n$ 的 $\boldsymbol{S}$，即 $\boldsymbol{S}=[\boldsymbol{s}_1,\boldsymbol{s}_2,\cdots,\boldsymbol{s}_n]$，然后用行列式 $|\boldsymbol{S}|$ 的模值来判断 $\boldsymbol{s}_1^{(k+1)}(i=1,2,\cdots,n)$是否为关于 $\boldsymbol{A}$ 共轭的共轭方向组(或为线性无关向量组)，以确定代替原方向组的哪一个方向。以此原则重置方向 $\boldsymbol{s}_i^{(k+1)}$，即可避免各方向的线性相关性，从而使算法的收敛性得到保证。

根据 Powell 的研究结果，上面论述可以归结如下：

设 $\boldsymbol{A}$ 是一个实的 $n\times n$ 对称正定矩阵，而 $\boldsymbol{s}_1,\boldsymbol{s}_2,\cdots,\boldsymbol{s}_n$ 是 n 个向量，它们按下式意义是规范化的，即

$$[\boldsymbol{s}_i]^{\mathrm{T}}\boldsymbol{A}\boldsymbol{s}_i=0$$

设 $\boldsymbol{S}$ 为以向量 $\boldsymbol{s}_i$ 为列做出的矩阵，则当且仅当向量 $\boldsymbol{s}_i$ 关于 $\boldsymbol{A}$ 为相互共轭时，行列式 $|\boldsymbol{S}|$ 的值达到最大值。

这个原理构成了 Powell 修改前述共轭方向法的基础。这就是说，在第 $k+1$ 轮搜索中，用新构造的共轭方向 $\boldsymbol{s}_{n+1}^{(k)}$ 去替换其中某一个方向 $\boldsymbol{s}_m^{(k)}$ 是在 $\|\boldsymbol{S}^{(k+1)}\|>\|\boldsymbol{S}^{(k)}\|$

的条件下进行的；当 $\|S^{(k+1)}\| \leqslant \|S^{(k)}\|$ 时则不进行这种替换，而应使第 $k+1$ 轮搜索仍取用第 k 轮搜索的那组方向。

在计算中为了避免计算向量矩阵行列式值，Powell 提出了用下面的方法判别是否替换原有方向的原则。在第 k 轮搜索中，计算

$$\begin{aligned} f_1 &= f(\boldsymbol{x}_0^{(k)}) \\ f_2 &= f(\boldsymbol{x}_n^{(k)}) \\ f_3 &= f(\boldsymbol{x}_{n+1}^{(k)}) \\ \Delta f_m^{(k)} &= \max_{i=1,2,\cdots,n} \left| f(\boldsymbol{x}_{i-1}^{(k)}) - f(\boldsymbol{x}_i^{(k)}) \right| \end{aligned} \tag{6-32}$$

式中，$\boldsymbol{x}_0^{(k)}$ 为第 k 轮搜索的初始点；$\boldsymbol{x}_n^{(k)}$ 为第 k 轮、第 n 次搜索的最小点；$\boldsymbol{x}_{n+1}^{(k)} = 2\boldsymbol{x}_n^{(k)} - \boldsymbol{x}_0^{(k)}$ 是关于 $\boldsymbol{x}_n^{(k)}$ 点的反向映射点。若满足条件

$$\left.\begin{aligned} & f_3 < f_1 \\ & (f_1 + f_3 - 2f_2)(f_1 - f_2 - \Delta f_m^{(k)})^2 < 0.5\Delta f_m^{(k)}(f_1 - f_3)^2 \end{aligned}\right\} \tag{6-33}$$

则选用新方向 $\boldsymbol{s}_{n+1}^{(k)}$，并在第 $k+1$ 轮搜索中用它替换其函数值有最大下降 $\Delta f_m^{(k)}$ 的相应方向 $\boldsymbol{s}_m^{(k)}$。否则仍用原方向组进行第 $k+1$ 轮搜索。

Powell 修改后的算法，虽然不再具有二次收敛性，但其计算效率通常都会令人十分满意。

6.6 单纯形法

单纯形法的特点是理论性不强，但依然有效。因为它只需要计算函数的数值，无须求导数，所以编程工作量较小。它的基本操作内容为反射、扩张或压缩，如图 6-12 所示。

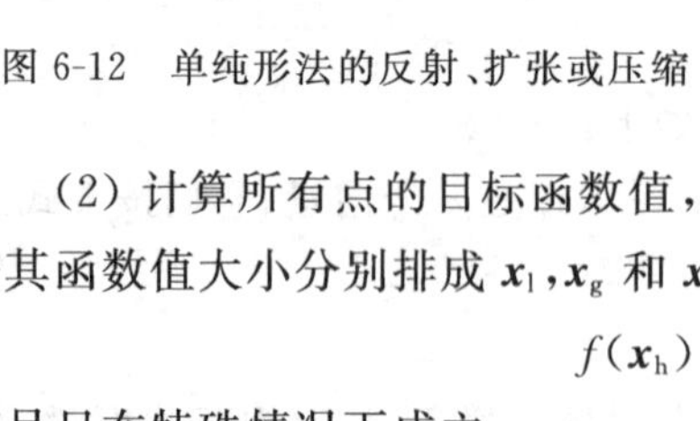

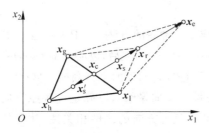

图 6-12 单纯形法的反射、扩张或压缩

具体步骤如下：

(1) 在求解域中选取 $n+1$ 个点，使其成为所构成的多锥体的 $n+1$ 个顶点。为构成完整的 n 维多锥体，要求以任一顶点为起始点与其他 n 个顶点构成的 n 个向量是线性无关的，并称该 $n+1$ 个点线性无关。

(2) 计算所有点的目标函数值，并按大小排列。以二维问题为例，取 3 个顶点，按其函数值大小分别排成 $\boldsymbol{x}_l$，$\boldsymbol{x}_g$ 和 $\boldsymbol{x}_h$，使得

$$f(\boldsymbol{x}_h) \geqslant f(\boldsymbol{x}_g) \geqslant f(\boldsymbol{x}_l)$$

等号只在特殊情况下成立。

(3) 求出除函数值最大点外的其余顶点的形心，即

$$\boldsymbol{x}_c = \frac{1}{n}\sum_i \boldsymbol{x}_i, \quad \boldsymbol{x}_i \neq \boldsymbol{x}_h \tag{6-34}$$

以二维问题为例，有

$$\boldsymbol{x}_c = \frac{1}{2}(\boldsymbol{x}_g + \boldsymbol{x}_l)$$

(4) 将 $\boldsymbol{x}_c$ 和 $\boldsymbol{x}_h$ 连线，并在其延长线上取点 $\boldsymbol{x}_r$ 作为反射点，则

$$\boldsymbol{x}_r = \boldsymbol{x}_c + \alpha(\boldsymbol{x}_c - \boldsymbol{x}_h) \tag{6-35}$$

式中，α 称为反射系数，通常可取 1。

(5) 判断

① 当反射点 $\boldsymbol{x}_r$ 的函数值小于最好点，即 $f(\boldsymbol{x}_r)<f(\boldsymbol{x}_l)$时，继续扩展，取系数 $\gamma=1.2\sim2.0$，计算

$$\boldsymbol{x}_e = \boldsymbol{x}_c + \gamma(\boldsymbol{x}_c - \boldsymbol{x}_h) \tag{6-36}$$

若 $f(\boldsymbol{x}_e)<f(\boldsymbol{x}_l)$，则取$\{\boldsymbol{x}_g,\boldsymbol{x}_l,\boldsymbol{x}_e\}$构成新的单纯形；若 $f(\boldsymbol{x}_e)\geqslant f(\boldsymbol{x}_l)$，则取$\{\boldsymbol{x}_g,\boldsymbol{x}_l,\boldsymbol{x}_r\}$构成新的单纯形。

② 当反射点 $\boldsymbol{x}_r$ 的函数值大于最好点、小于次好点，即 $f(\boldsymbol{x}_l)<f(\boldsymbol{x}_r)<f(\boldsymbol{x}_g)$时，取$\{\boldsymbol{x}_g,\boldsymbol{x}_l,\boldsymbol{x}_r\}$构成新的单纯形。

③ 当反射点的函数值大于次好点、小于最差点，即 $f(\boldsymbol{x}_g)<f(\boldsymbol{x}_r)<f(\boldsymbol{x}_h)$时，进行压缩计算。一般取压缩系数 $\beta=0.5$，并计算

$$\boldsymbol{x}_s = \boldsymbol{x}_c + \beta(\boldsymbol{x}_c - \boldsymbol{x}_h) \tag{6-37}$$

若 $f(\boldsymbol{x}_h)>f(\boldsymbol{x}_s)$，则取$\{\boldsymbol{x}_g,\boldsymbol{x}_l,\boldsymbol{x}_s\}$构成新的单纯形；否则转至⑤。

④ 当反射点 $\boldsymbol{x}_r$ 的函数值大于最差点的函数值，即 $f(\boldsymbol{x}_r)>f(\boldsymbol{x}_h)$时，进行反压缩：

$$\boldsymbol{x}'_s = \boldsymbol{x}_c - \beta(\boldsymbol{x}_c - \boldsymbol{x}_h) \tag{6-38}$$

然后，再分别按①，②和③的条件处理判断 $f(\boldsymbol{x}'_s)$得到的结果。

⑤ 如果在 $\boldsymbol{x}_h\boldsymbol{x}_c$ 的连线方向上始终有 $f(\boldsymbol{x})>f(\boldsymbol{x}_h)$，则保持最好点不变，其余顶点移近原距离一半，构成新的、更小的单纯形$\{\boldsymbol{x}'_h,\boldsymbol{x}'_g,\boldsymbol{x}_l\}$，见图 6-13，即

$$\boldsymbol{x}'_j = \boldsymbol{x}_l + 0.5(\boldsymbol{x}_j - \boldsymbol{x}_l),\quad \boldsymbol{x}_j \neq \boldsymbol{x}_l \tag{6-39}$$

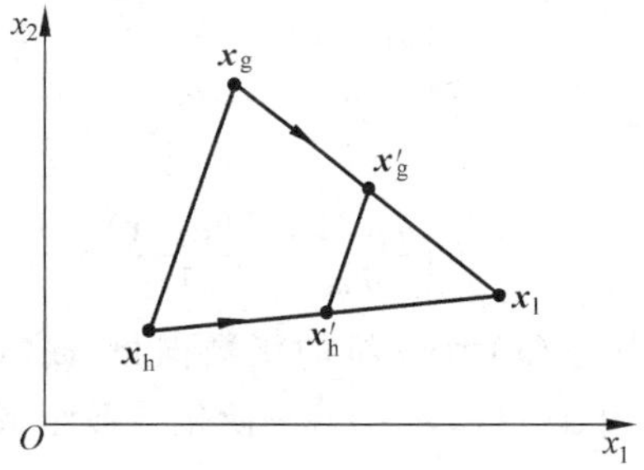

图 6-13　构成新的、更小的单纯形

⑥ 当构成的单纯形足够小时，计算结束，可以以当前单纯形的最小函数值点作为最优点输出，即

$$\left\{\frac{1}{n+1}\sum_{i=1}^{n+1}\left[f(\boldsymbol{x}_i) - f(\boldsymbol{x}_{n+2})\right]^2\right\}^{1/2} \leqslant \varepsilon \tag{6-40}$$

式中，$\boldsymbol{x}_{n+2}$为当前 $n+1$ 个顶点的单纯形的形心。

注意：在单纯形的每步计算时，一定要保证 $n+1$ 个顶点是线性无关的，以保证搜索过程是在整个解空间，而不是在某个子空间上进行的。

6.7　最小二乘法

6.7.1　高斯-牛顿最小二乘法

在数据处理中，最常见的一种函数形式是

$$f(\boldsymbol{x})=\sum_{i=1}^{m}\varphi_i^2(\boldsymbol{x}),\quad \boldsymbol{x}\in E^n(m\geqslant n) \tag{6-41}$$

如果 $f(\boldsymbol{x})$ 的极小点 $\boldsymbol{x}^*$ 满足 $|f(\boldsymbol{x}^*)|<\varepsilon$（$\varepsilon$ 是预先给定的精度），那么可以认为 $\boldsymbol{x}^*$ 是方程组

$$\varphi_i(x_1,x_2,\cdots,x_n)=0,\quad i=1,2,\cdots,m(m\geqslant n)$$

的解，所以也可用最小二乘法来求非线性方程组的解。

对式(6-41)，可以用一阶导数运算来代替牛顿法中的二阶导数矩阵的求逆运算。因为

$$\nabla f(\boldsymbol{x})=2\begin{bmatrix}\sum_{i=1}^{m}\dfrac{\partial\varphi_i(\boldsymbol{x})}{\partial x_1}\varphi_i(\boldsymbol{x})\\ \sum_{i=1}^{m}\dfrac{\partial\varphi_i(\boldsymbol{x})}{\partial x_2}\varphi_i(\boldsymbol{x})\\ \vdots\\ \sum_{i=1}^{m}\dfrac{\partial\varphi_i(\boldsymbol{x})}{\partial x_n}\varphi_i(\boldsymbol{x})\end{bmatrix}$$

$$=2\begin{bmatrix}\dfrac{\partial\varphi_1(\boldsymbol{x})}{\partial x_1} & \dfrac{\partial\varphi_2(\boldsymbol{x})}{\partial x_1} & \cdots & \dfrac{\partial\varphi_m(\boldsymbol{x})}{\partial x_1}\\ \dfrac{\partial\varphi_1(\boldsymbol{x})}{\partial x_2} & \dfrac{\partial\varphi_2(\boldsymbol{x})}{\partial x_2} & \cdots & \dfrac{\partial\varphi_m(\boldsymbol{x})}{\partial x_2}\\ \vdots & \vdots & & \vdots\\ \dfrac{\partial\varphi_1(\boldsymbol{x})}{\partial x_n} & \dfrac{\partial\varphi_2(\boldsymbol{x})}{\partial x_n} & \cdots & \dfrac{\partial\varphi_m(\boldsymbol{x})}{\partial x_n}\end{bmatrix}\begin{bmatrix}\varphi_1(\boldsymbol{x})\\ \varphi_2(\boldsymbol{x})\\ \vdots\\ \varphi_m(\boldsymbol{x})\end{bmatrix}=2[\boldsymbol{J}(\boldsymbol{x})]^{\mathrm{T}}\boldsymbol{\varphi}(\boldsymbol{x}) \tag{6-42}$$

式中，$\boldsymbol{\varphi}(\boldsymbol{x})$ 为 m 维的函数向量，$\boldsymbol{\varphi}(\boldsymbol{x})=[\varphi_1(\boldsymbol{x}),\varphi_2(\boldsymbol{x}),\cdots,\varphi_m(\boldsymbol{x})]^{\mathrm{T}}$；$\boldsymbol{J}(\boldsymbol{x})$ 为函数 $\varphi_i(\boldsymbol{x})(i=1,2,\cdots,m)$ 一阶偏导数组成的矩阵，即

$$\boldsymbol{J}(\boldsymbol{x})=\begin{bmatrix}\dfrac{\partial\varphi_1(\boldsymbol{x})}{\partial x_1} & \dfrac{\partial\varphi_2(\boldsymbol{x})}{\partial x_1} & \cdots & \dfrac{\partial\varphi_m(\boldsymbol{x})}{\partial x_1}\\ \dfrac{\partial\varphi_1(\boldsymbol{x})}{\partial x_2} & \dfrac{\partial\varphi_2(\boldsymbol{x})}{\partial x_2} & \cdots & \dfrac{\partial\varphi_m(\boldsymbol{x})}{\partial x_2}\\ \vdots & \vdots & & \vdots\\ \dfrac{\partial\varphi_1(\boldsymbol{x})}{\partial x_n} & \dfrac{\partial\varphi_2(\boldsymbol{x})}{\partial x_n} & \cdots & \dfrac{\partial\varphi_m(\boldsymbol{x})}{\partial x_n}\end{bmatrix} \tag{6-43}$$

特别当 $\varphi_i(\boldsymbol{x})$ 是 $\boldsymbol{x}$ 的线性函数时，式(6-42)中的 $\boldsymbol{J}(\boldsymbol{x})$ 是常系数矩阵。这时式(6-41)

的海赛矩阵可以写成

$$\boldsymbol{H} = \boldsymbol{J}^{\mathrm{T}}\boldsymbol{J} \tag{6-44}$$

这样，关于 $\varphi_i(\boldsymbol{x})$是 $\boldsymbol{x}$ 的线性函数时的最小二乘法的迭代公式可以写为

$$\boldsymbol{x}_{k+1} = \boldsymbol{x}_k - [\boldsymbol{H}(\boldsymbol{x}_k)]^{-1}[\boldsymbol{J}(\boldsymbol{x}_k)]^{\mathrm{T}}\boldsymbol{\varphi}(\boldsymbol{x}_k) \tag{6-45}$$

当 $\varphi_i(\boldsymbol{x})$不是 $\boldsymbol{x}$ 的线性函数时，也可以近似将式(6-44)视为函数 $f(\boldsymbol{x})$的海赛矩阵，即

$$\boldsymbol{H} \approx [\boldsymbol{J}(\boldsymbol{x})]^{\mathrm{T}}\boldsymbol{J}(\boldsymbol{x}) \tag{6-46}$$

所以，关于 $\varphi_i(\boldsymbol{x})$不是 $\boldsymbol{x}$ 的线性函数时的最小二乘法的迭代公式可以近似写成

$$\boldsymbol{x}_{k+1} = \boldsymbol{x}_k - \alpha_k[\boldsymbol{H}(\boldsymbol{x}_k)]^{-1}[\boldsymbol{J}(\boldsymbol{x}_k)]^{\mathrm{T}}\boldsymbol{\varphi}(\boldsymbol{x}_k) \tag{6-47}$$

最小二乘法的迭代步骤如下：

(1) 选择一初始点 $\boldsymbol{x}_0 = (x_{1,0}, x_{2,0}, \cdots, x_{n,0})^{\mathrm{T}}$。

(2) 算出

$$\Delta\boldsymbol{x}_0 = -\boldsymbol{H}_0^{-1}\boldsymbol{J}_0^{\mathrm{T}}\boldsymbol{\varphi}(\boldsymbol{x}_0) \tag{6-48}$$

式中，$\boldsymbol{H}_0 = [\boldsymbol{J}(\boldsymbol{x}_0)]^{\mathrm{T}}\boldsymbol{J}(\boldsymbol{x}_0)$；$\boldsymbol{J}(\boldsymbol{x}_0)$为式(6-43)中的矩阵；$\Delta\boldsymbol{x}_0$ 为用当前变量 $\boldsymbol{x}$ 对初始变量 $\boldsymbol{x}_0$ 的校正量，即 $\Delta\boldsymbol{x}_0 = \boldsymbol{x} - \boldsymbol{x}_0 = (\Delta x_{1,0}, \Delta x_{2,0}, \cdots, \Delta x_{n,0}) = (x_1 - x_{1,0}, x_2 - x_{2,0}, \cdots, x_n - x_{n,0})$。假设矩阵 $\boldsymbol{J}_0$ 的各列矢量是线性无关的，则式(6-48)中的逆矩阵$(\boldsymbol{J}_0^{\mathrm{T}}\boldsymbol{J}_0)^{-1} = \boldsymbol{H}^{-1}$存在。

(3) 令 $\boldsymbol{x}_1$ 为函数 $f(\boldsymbol{x})$的极小点的第 1 次近似，则有

$$\boldsymbol{x}_1 = \boldsymbol{x}_0 + \Delta\boldsymbol{x} \tag{6-49}$$

(4) 以 $\boldsymbol{x}_1$ 代替前面的 $\boldsymbol{x}_0$，$\Delta\boldsymbol{x}_1$ 代替 $\Delta\boldsymbol{x}_0$，重复上述计算过程，直到

$$\|\Delta\boldsymbol{x}_k\| < \varepsilon' \tag{6-50}$$

或

$$\|\nabla f(\boldsymbol{x}_k)\| < \varepsilon'' \tag{6-51}$$

时为止。在此，ε'和ε''为预先指定的表示对精确度要求的两个正数。

6.7.2 改进的高斯-牛顿最小二乘法

上述高斯-牛顿最小二乘法利用了目标函数在极小值处近似为自变量各分量的平方和的特点，用 $\boldsymbol{J}^{\mathrm{T}}\boldsymbol{J}$ 近似代替牛顿法中 $f(\boldsymbol{x})$的二阶导数矩阵，大大节省了计算量。但是它对初始点 $\boldsymbol{x}_0$ 的要求比较严格，如果初始点 $\boldsymbol{x}_0$ 与极小点 $\boldsymbol{x}^*$ 相距很远，这个算法往往失败。原因有两个：一是上述算法基于线性逼近，但在 $\boldsymbol{x}_0$ 远离极小点时，这种线性逼近无效；二是 $\boldsymbol{J}_0^{\mathrm{T}}\boldsymbol{J}_0$ 的最大特征值与最小特征值的比很大，致使解 $\Delta\boldsymbol{x}_0$ 变得无意义。

为此采取下述改进的办法。在求出 $\boldsymbol{x}_k$ 的校正量 $\Delta\boldsymbol{x}_k$ 后，不把 $\boldsymbol{x}_k + \Delta\boldsymbol{x}_k$ 作为第 $k+1$ 次近似点，而是将 $\Delta\boldsymbol{x}_k$ 作为下一步的一维方向搜索。求 α_k，使

$$f(\boldsymbol{x}_k + \alpha_k\boldsymbol{s}_k) = \min_{\alpha \geqslant 0} f(\boldsymbol{x}_k + \alpha\boldsymbol{s}_k)$$

然后令

$$\boldsymbol{x}_{k+1} = \boldsymbol{x}_k + \alpha_k \Delta \boldsymbol{x}_k$$

以 $\boldsymbol{x}_{k+1}$ 代替 $\boldsymbol{x}_k$ 重复上述过程，直到

$$\| \Delta \boldsymbol{x}_k \| < \varepsilon'$$

或

$$\| \nabla f(\boldsymbol{x}_k) \| < \varepsilon''$$

时为止，这时极小点和极小值分别为

$$\boldsymbol{x}^* = \boldsymbol{x}_{k+1}, f^* = f(\boldsymbol{x}^*)$$

称 α_k 为第 k 步的最优步长因子。

习题

6-1　试用坐标轮换法求目标函数 $f(\boldsymbol{x})=x_1^4-2x_1^2x_2-2x_1x_2+x_1^2+2x_2^2+4.5x_1-4x_2+4$ 的最优解。设初始点为 $\boldsymbol{x}^{(0)}=[-2.5,4.25]^{\mathrm{T}}$，$\varepsilon=0.01$。

6-2　试用坐标轮换法求目标函数 $f(\boldsymbol{x})=2x_1^2+x_2^2-4x_1-4x_2+6$ 的最优解。设初始点 $\boldsymbol{x}^{(0)}=[0,0]^{\mathrm{T}}$，$\varepsilon=0.03$。

6-3　试用最速下降法求 $f(\boldsymbol{x})=x_1^2+25x_2^2$ 的最优解。设 $\boldsymbol{x}^{(0)}=[2,2]^{\mathrm{T}}$，$\| \nabla f(\boldsymbol{x})^{(k)} \|=0.01$。

6-4　试用最速下降法求 $f(\boldsymbol{x})=8x_1^2+4x_1x_2+5x_2^2$ 的最优解。设 $\boldsymbol{x}^{(0)}=[10,10]^{\mathrm{T}}$，$\| \nabla f(\boldsymbol{x})^{(k)} \|=0.01$。

6-5　试用牛顿法求 $f(\boldsymbol{x})=4(x_1+1)^2+2(x_2-1)^2+x_1+x_2+10$ 的最优解。设 $\boldsymbol{x}^{(0)}=[0,0]^{\mathrm{T}}$。

6-6　设用牛顿法求 $f(\boldsymbol{x})=8x_1^2+4x_1x_2+5x_2^2$ 的最优解。设 $\boldsymbol{x}^{(0)}=[10,10]^{\mathrm{T}}$。

6-7　试用修正的牛顿法求 Rosenbrock 函数 $f(\boldsymbol{x})=100(x_2-x_1^2)^2+(1-x_1)^2$ 的极小点及极小值。设 $\boldsymbol{x}^{(0)}=[0,0]^{\mathrm{T}}$，$\| \nabla f(\boldsymbol{x})^{(k)} \| \leqslant \varepsilon=0.01$。

6-8　证明向量 $\boldsymbol{s}_1=[1,0]^{\mathrm{T}}$ 与 $\boldsymbol{s}_2=[1,-2]^{\mathrm{T}}$ 是关于 $\boldsymbol{A}=\begin{bmatrix}2 & 1\\1 & 2\end{bmatrix}$ 共轭的，但不是正交的，而 $\boldsymbol{s}_1=[1,0]^{\mathrm{T}}$ 及 $\boldsymbol{s}_3=[0,1]^{\mathrm{T}}$ 是正交的，但不是 $\boldsymbol{A}=\begin{bmatrix}2 & 1\\1 & 2\end{bmatrix}$ 共轭的。

6-9　试用共轭梯度法求解 $\min f(\boldsymbol{x})=x_1^2+25x_2^2$。设 $\boldsymbol{x}^{(0)}=[2,2]^{\mathrm{T}}$，$\varepsilon=0.005$。

6-10　试用共轭梯度法求解 $\min f(\boldsymbol{x})=4x_1^2+3x_2^2-4x_1x_2+x_1$。设 $\boldsymbol{x}^{(0)}=[0,0]^{\mathrm{T}}$，$\varepsilon=0.01$。

6-11　试用 Powell 法求解 $\min f(\boldsymbol{x})=x_1^2+2x_2^2-2x_1x_2-4x_1$。设 $\boldsymbol{x}^{(0)}=[1,1]^{\mathrm{T}}$，$\varepsilon=0.01$。

6-12　试用 Powell 法求解 $\min f(\boldsymbol{x})=2x_1^3+4x_1 2x_2^3-10x_1x_2+x_2^2$。设 $\boldsymbol{x}^{(0)}=[5,1.19]^{\mathrm{T}}$，$\varepsilon=0.01$。

6-13　试用变尺度法求解 $f(\boldsymbol{x})=x_1^2+2x_2^2-2x_1x_2-4x_1$。设 $\boldsymbol{x}^{(0)}=[1,1]^{\mathrm{T}}$，$\varepsilon=$

0.01。

6-14 用 DFP 变尺度法求解 $\min f(\boldsymbol{x})=x_1^2+4x_2^2$。设 $\boldsymbol{x}^{(0)}=[1,1]^{\mathrm{T}}$，$\varepsilon=0.01$。

6-15 试用单纯形法求解 $\min f(\boldsymbol{x})=x_1^2+2x_2^2-2x_1x_2-4x_1$。设 $\boldsymbol{x}^{(0)}=[1,1]^{\mathrm{T}}$，$\varepsilon=0.1$。

6-16 试用单纯形法求解 $\min f(\boldsymbol{x})=3x_1^2+x_2^2-12x_1-6x_2+21$。设 $\boldsymbol{x}^{(0)}=[3,4]^{\mathrm{T}}$，$\varepsilon=0.1$。

6-17 试用最小二乘法求解 $\min f(\boldsymbol{x})=2x_1^2+x_2^2-2x_1x_2-x_1-x_2$。设 $\boldsymbol{x}^{(0)}=[0,0]^{\mathrm{T}}$，$\varepsilon=0.1$。

6-18 试用最小二乘法求解 $\min f(\boldsymbol{x})=x_1^4-2x_1^2x_2+x_1^2+x_2^2-2x_1+1$。设 $\boldsymbol{x}^{(0)}=[2,2]^{\mathrm{T}}$，$\varepsilon=0.1$。

参考文献

1. 刘惟信. 机械最优化设计(第二版)[M]. 北京：清华大学出版社，1994.
2. 陈立周. 机械优化设计方法(第三版)[M]. 北京：冶金工业出版社，2005.
3. 陈秀宁. 机械优化设计[M]. 杭州：浙江大学出版社，1991.
4. 唐焕文，等. 实用最优化方法[M]. 大连：大连理工大学出版社，2002.
5. 陈宝林. 最优化理论与算法[M]. 北京：清华大学出版社，1998.
6. 袁亚湘，孙文瑜. 最优化理论与方法[M]. 北京：科学出版社，1999.

7 约束问题的非线性规划方法

约束问题的主要特点是：(1)要求最小值必须满足约束条件，优化点必须在可行域内；(2)取得的最优解可能是局部的，并且与初始点有关，特别是当目标函数或约束函数为非凸时。这也是约束问题与无约束问题的主要差别。所以，求解约束优化问题时最好选择不同初始点进行计算，如图 7-1 所示。

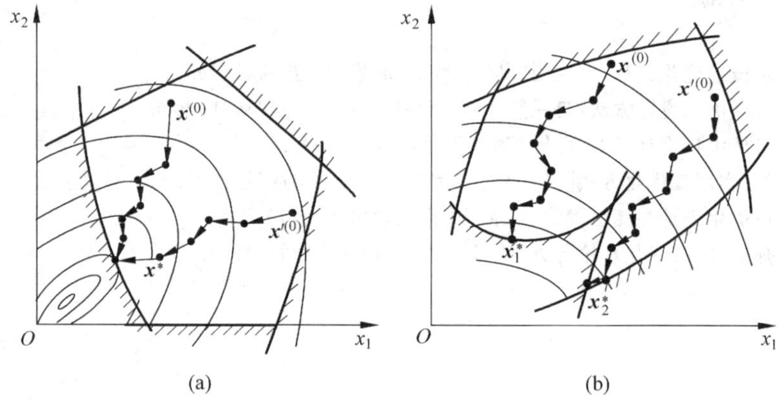

图 7-1 约束问题中最优解与初始点的关系

(a) 最优解与初始点无关；(b) 最优解与初始点有关

约束最优化问题的一般表述法是：寻找一组优化变量 $\boldsymbol{x}=\{x_1,x_2,\cdots,x_n\}$，满足下述约束方程，并使得目标函数 $f(\boldsymbol{x})$最小，即

$$\begin{aligned}&\min f(\boldsymbol{x}), \quad \boldsymbol{x}\in D\subset E^n\\&\text{s.t.}\quad h_l(\boldsymbol{x})=0, \quad l=1,2,\cdots,L\\&g_m(\boldsymbol{x})\leqslant 0, \quad m=1,2,\cdots,M\end{aligned} \tag{7-1}$$

约束最优化问题的求解方法有以下两大类：

(1) 间接解法。将约束问题转换成为无约束问题进行最优化求解，包括消元法、拉格朗日乘子法、惩罚函数法、增广拉格朗日乘子法等。

(2) 直接解法。在可行域内选取各点的目标函数作比较，找到最小点，包括随机试验法、随机方向法、复合形法、可行方向法、线性逼近法等。

本章先介绍约束最优化问题的间接解法中的一些方法，然后再给出直接解法中的主要方法。

7.1 约束最优化问题的间接解法

7.1.1 消元法

对等式约束优化问题，最直接的方法就是利用等式约束方程将部分自变量表示为其他自变量的函数，然后代入目标函数中，消去这部分自变量，从而达到既降低求解维数，也除去了约束的目的。消元法可以直接代入消元，也可以形式上消元。

1. 直接消元法

对等式约束最优化问题，当能够求得某些变量的表达式时，可以采用直接消元法。对下面的等式约束问题：

$$\begin{aligned} &\min f(\boldsymbol{x}), \quad \boldsymbol{x} \in D \subset E^n \\ &\text{s.t.} \quad h_l(\boldsymbol{x}) = 0, \quad l = 1,2,\cdots,L \end{aligned} \tag{7-2}$$

可以利用 L 个等式：$h_l(\boldsymbol{x})=0$；$l=1,2,\cdots,L$ 求解出或形式上求解出前 L 个自变量，有

$$\left.\begin{aligned} x_1 &= f_1(x_{L+1},x_{L+2},\cdots,x_n) \\ x_2 &= f_2(x_{L+1},x_{L+2},\cdots,x_n) \\ &\vdots \\ x_L &= f_L(x_{L+1},x_{L+2},\cdots,x_n) \end{aligned}\right\} \tag{7-3}$$

将 $x_1,x_2,\cdots,x_L$ 代入目标函数 $f(\boldsymbol{x})$，原问题转化为新目标函数为 f' 的 $n-L$ 维的无约束最优化问题，即变成求解下面的问题：

$$\min f'(x_{L+1},x_{L+2},\cdots,x_n) = f(f_1,f_2,\cdots,f_L,x_{L+1},x_{L+2},\cdots,x_n), \quad \boldsymbol{x} \in D \subset E^n \tag{7-4}$$

需要指出，这种解法只限于少数的约束较简单的场合。

2. 简约梯度法

实际上，在数值优化计算中并不需要从等式约束中真正解出部分非独立的自变量，只需要得到数值计算的表达式，便可以求出它们的数值或导数等。

当非线性规划问题中的约束条件是一组线性代数方程时，可以通过求解线性代数方程组，将部分自变量解出，经消元处理将有约束优化问题形式上转变为无约束优化问题。当求解时需要用到梯度时，可以利用消元矩阵是常数这一性质很容易地求出目标函数的梯度，从而为梯度寻优过程提供便利，这就是简约梯度法。

对于下面的线性约束最优化问题：

$$\begin{aligned} &\min f(\boldsymbol{x}), \quad \boldsymbol{x} \in D \subset E^n \\ &\text{s.t.} \quad \boldsymbol{A}\boldsymbol{x} = \boldsymbol{b} \\ &\boldsymbol{x} \geqslant 0 \end{aligned} \tag{7-5}$$

式中，

$$A=\begin{bmatrix}a_{11}&a_{12}&\cdots&a_{1n}\\a_{21}&a_{22}&\cdots&a_{2n}\\\vdots&\vdots&&\vdots\\a_{m1}&a_{m2}&\cdots&a_{mn}\end{bmatrix}=[\boldsymbol{B}\quad\boldsymbol{C}],\quad \boldsymbol{B}=\begin{bmatrix}b_{11}&b_{12}&\cdots&b_{1m}\\b_{21}&b_{22}&\cdots&b_{2m}\\\vdots&\vdots&&\vdots\\b_{m1}&b_{m2}&\cdots&b_{mm}\end{bmatrix},$$

$$\boldsymbol{C}=\begin{bmatrix}c_{1m+1}&c_{1m+2}&\cdots&c_{1n}\\c_{2m+1}&c_{2m+2}&\cdots&c_{2n}\\\vdots&\vdots&&\vdots\\c_{mm+1}&c_{mm+2}&\cdots&c_{mn}\end{bmatrix},\quad \boldsymbol{x}=\begin{bmatrix}x_1\\\vdots\\x_m\\x_{m+1}\\\vdots\\x_n\end{bmatrix}=\begin{bmatrix}\boldsymbol{x}_B\\\boldsymbol{x}_C\end{bmatrix},\quad \boldsymbol{b}=\begin{bmatrix}b_1\\\vdots\\b_m\end{bmatrix}$$

设 $\|\boldsymbol{B}\|\neq0$（如果当前的 $\|\boldsymbol{B}\|=0$，总可以通过调换 $\boldsymbol{A}$ 的自变量位置实现 $\|\boldsymbol{B}\|\neq0$），可按下式计算出对应 $\boldsymbol{B}$ 矩阵的 m 个变量 $\boldsymbol{x}_B$：

$$\boldsymbol{x}_B=\boldsymbol{B}^{-1}\boldsymbol{b}-\boldsymbol{B}^{-1}\boldsymbol{C}\boldsymbol{x}_C$$

从而新的目标函数可写为

$$f(\boldsymbol{x})=f(\boldsymbol{x}_B,\boldsymbol{x}_C)=f[\boldsymbol{x}_B(\boldsymbol{x}_C),\boldsymbol{x}_C]=f'(\boldsymbol{x}_C)$$

这样原来的最优化问题转换为

$$\begin{aligned}&\min f'(\boldsymbol{x}_C)\\&\text{s.t.}\quad \boldsymbol{x}_B\geqslant\boldsymbol{0}\\&\qquad\quad \boldsymbol{x}_C\geqslant\boldsymbol{0}\end{aligned}\tag{7-6}$$

如果需要计算 $f'(\boldsymbol{x}_C)$ 的梯度（简约梯度）$\boldsymbol{r}(\boldsymbol{x}_C)=\nabla f'(\boldsymbol{x}_C)$，有

$$\begin{aligned}\boldsymbol{r}(\boldsymbol{x}_C)&=\frac{\mathrm{d}f'(\boldsymbol{x}_C)}{\mathrm{d}\boldsymbol{x}_C}=\frac{\partial f}{\partial\boldsymbol{x}_C}\frac{\partial\boldsymbol{x}_C}{\partial\boldsymbol{x}_C}+\frac{\partial f}{\partial\boldsymbol{x}_B}\frac{\partial\boldsymbol{x}_B}{\partial\boldsymbol{x}_C}=\frac{\partial f}{\partial\boldsymbol{x}_C}+\frac{\partial f}{\partial\boldsymbol{x}_B}\frac{\partial\boldsymbol{x}_B}{\partial\boldsymbol{x}_C}\\&=\nabla_{x_C}f(\boldsymbol{x})+[\nabla_{x_B}f(\boldsymbol{x})]^{\mathrm{T}}(-B^{-1}C)\end{aligned}\tag{7-7}$$

如果利用第 6 章介绍的最速下降法对问题(7-6)求解，沿式(7-7)的梯度负方向寻优即可。

注意：因为约束条件 $\boldsymbol{x}\geqslant\boldsymbol{0}$，所以当 $\boldsymbol{x}_C$ 的某一分量为 0，且该梯度分量 $r_j>0$ 时，其负方向 $-r_j$ 为不可行方向。所以实际搜索方向应去除该分量，即

$$s_{C,j}=\begin{cases}0, & x_{C,j}=0,\dfrac{\mathrm{d}f'(\boldsymbol{x}_C)}{\mathrm{d}\boldsymbol{x}_C}>0\\-r_j(\boldsymbol{x}_C), & 其他\end{cases}\tag{7-8}$$

式中，$s_{C,j}$ 是简约后的新自变量 $x_{C,j}$ 分量上的梯度方向数。

一维优化后下一轮的简约自变量为

$$\boldsymbol{x}_{C,k+1}=\boldsymbol{x}_{C,k}+\alpha_k\boldsymbol{s}_{C,k}\tag{7-9}$$

式中，k 和 $k+1$ 是当前一轮和下一轮搜索的下标。

为了使 $\boldsymbol{x}_B\geqslant\boldsymbol{0}$，有

$$\begin{aligned}\boldsymbol{x}_{B,k+1} &= B^{-1}\boldsymbol{b} - B^{-1}\boldsymbol{C}\boldsymbol{x}_{C,k+1} = \boldsymbol{x}_{B,k} - \alpha_k \boldsymbol{B}^{-1}\boldsymbol{C}\boldsymbol{s}_{C,k} \\ &= \boldsymbol{x}_{B,k} + \alpha_k \boldsymbol{s}_{B,k}\end{aligned} \tag{7-10}$$

式中，$\boldsymbol{s}_{B,k} = -\boldsymbol{B}^{-1}\boldsymbol{s}_{C,k}$。

因此原问题的总自变量为

$$\boldsymbol{x}_{k+1} = \boldsymbol{x}_k + \alpha_k \boldsymbol{s}_k \tag{7-11}$$

式中，$\boldsymbol{s}_k = \begin{bmatrix}\boldsymbol{s}_{B,k} \\ \boldsymbol{s}_{C,k}\end{bmatrix}$。

3. 广义简约梯度法

对一般约束的非线性规划问题，其最优化问题可表达如下：

$$\begin{aligned}&\min f(\boldsymbol{x}), && \boldsymbol{x} \in D \subset E^n \\ &\text{s.t.} \quad \boldsymbol{h}(\boldsymbol{x}) = [h_1(\boldsymbol{x}), \cdots, h_L(\boldsymbol{x})] = \boldsymbol{0} \\ &\qquad \boldsymbol{L} \leqslant \boldsymbol{x} \leqslant \boldsymbol{U}, && \boldsymbol{L}, \boldsymbol{U} \in E^n\end{aligned} \tag{7-12}$$

首先从 $\boldsymbol{h}(\boldsymbol{x})$ 中解出 L 个 x_i 的分量代入 $f(\boldsymbol{x})$ 中，使其成为简约问题，再用上面的方法求解。设

$$x_{B,i} = g_i(\boldsymbol{x}_C), \quad i = 1,2,\cdots,L \tag{7-13}$$

简约梯度为

$$r(\boldsymbol{x}_C) = \frac{\partial f(\boldsymbol{x})}{\partial \boldsymbol{x}_{C,j}} + \left[\frac{\partial g_1(\boldsymbol{x}_C)}{\partial \boldsymbol{x}_j}, \cdots, \frac{\partial g_L(\boldsymbol{x}_C)}{\partial \boldsymbol{x}_j}\right] \begin{bmatrix}\dfrac{\partial f(\boldsymbol{x})}{\partial \boldsymbol{x}_{B,j}} \\ \vdots \\ \dfrac{\partial f(\boldsymbol{x})}{\partial \boldsymbol{x}_{B,L}}\end{bmatrix} \tag{7-14}$$

由于 $\boldsymbol{h}=\boldsymbol{0}$，所以有

$$\frac{\partial h_i(\boldsymbol{x})}{\partial \boldsymbol{x}_{C,j}} + \sum_{l=1}^{L} \frac{\partial h_i(\boldsymbol{x})}{\partial \boldsymbol{x}_{B,l}} \frac{\partial \boldsymbol{x}_{B,l}}{\partial \boldsymbol{x}_{C,j}} = 0, \quad i = 1,2,\cdots,L;\ j = 1,\cdots,n-L \tag{7-15}$$

从而有

$$\nabla \boldsymbol{g}(\boldsymbol{x}_{C,k}) = -\nabla_{x_C} \boldsymbol{h}(\boldsymbol{x}_k)[\nabla_{x_B} \boldsymbol{h}(\boldsymbol{x}_k)]^{-1} \tag{7-16}$$

所以

$$r(\boldsymbol{x}_{C,k}) = \nabla_{x_C} f(\boldsymbol{x}_k) + \nabla_{x_C} \boldsymbol{h}(\boldsymbol{x}_k)[\nabla_{x_B} \boldsymbol{h}(\boldsymbol{x}_k)]^{-1} \nabla_{x_B} f(\boldsymbol{x}_k) \tag{7-17}$$

下面的解法与线性规划问题相同，即判断 $\boldsymbol{L}_B \leqslant \boldsymbol{x}_{B,k+1} \leqslant \boldsymbol{U}_B$，若满足则取为新点，若不满足则缩短步长继续寻优。

7.1.2 拉格朗日乘子法

拉格朗日(Lagrange)乘子法基于以下原理，即将约束函数乘上拉格朗日乘子后并入原目标函数，得到的新目标函数的无约束极值解与原来约束优化问题的解一致，通过引入拉格朗日函数将条件极值问题的求解转化为无约束极值问题的求解。

1. 等式约束拉格朗日乘子法

对等式约束问题：

$$\begin{aligned}&\min f(\boldsymbol{x}), && \boldsymbol{x}\in D\subset E^n\\ &\text{s. t.}\quad h_l(\boldsymbol{x})=0, && l=1,2,\cdots,L\end{aligned}\tag{7-18}$$

构造拉格朗日函数：

$$L(\boldsymbol{x},\boldsymbol{\lambda})=f(\boldsymbol{x})-\sum_{l=1}^{L}\lambda_l h_l(\boldsymbol{x})\tag{7-19}$$

求解式(7-18)的极值问题与求解式(7-19)的拉格朗日函数 L 的极值问题是等价的，因为

$$\begin{aligned}&\frac{\partial L}{\partial x_i}=0\Rightarrow\frac{\partial f}{\partial x_i}-\sum_{l=1}^{L}\lambda_l\frac{\partial h_l}{\partial x_i}=0\\ &\frac{\partial L}{\partial \lambda_l}=0\Rightarrow h_l=0\end{aligned}\tag{7-20}$$

从而，等式约束的最优化问题就转化为求解下面的无约束最优化问题：

$$\min L(\boldsymbol{x},\boldsymbol{\lambda}),\quad \boldsymbol{x}\in D\subset E^n,\boldsymbol{\lambda}\in R^L\tag{7-21}$$

这是一个含$(n+L)$个自变量的无约束最优化问题，自变量分别包含 n 个原始变量$\{x_1,x_2,\cdots,x_n\}$和 L 个拉格朗日乘子$\{\lambda_1,\lambda_2,\cdots,\lambda_L\}$。需要注意：在式(7-19)中，$\lambda_l$ 是 f 和 h_l 的关系参数，因为仅仅$\partial f/\partial x_i=0$ 并不一定会满足约束条件，因此，不一定就是整个约束问题的极值点。

2. 带松弛因子的拉格朗日乘子法

对如下的不等式约束最优化问题：

$$\begin{aligned}&\min f(\boldsymbol{x}), && \boldsymbol{x}\in D\subset E^n\\ &\text{s. t.}\quad g_m(\boldsymbol{x})\leqslant 0, && m=1,2,\cdots,M\end{aligned}\tag{7-22}$$

需要对不等式约束引入松弛因子 w_m，从而约束函数变为

$$g_m(\boldsymbol{x})+w_m^2=0,\quad m=1,2,\cdots,M\tag{7-23}$$

引入松弛函数后，将约束不等式化为等式：

$$\varphi_m=g_m+w_m^2=0,\quad m=1,2,\cdots,M\tag{7-24}$$

这样，与等式约束的情形一样，引进新的目标函数

$$L(\boldsymbol{x},\boldsymbol{\lambda},\boldsymbol{w})=f(\boldsymbol{x})-\sum_{m=1}^{M}\lambda_m\varphi_m(\boldsymbol{x})=f(\boldsymbol{x})-\sum_{m=1}^{M}\lambda_m[g_m(\boldsymbol{x})+w_m^2]\tag{7-25}$$

将不等式约束最优化问题转化为

$$\min L(\boldsymbol{x},\boldsymbol{\lambda},\boldsymbol{w}),\quad \boldsymbol{x}\in D\subset E^n;\ \boldsymbol{\lambda}\in R^M;\ \boldsymbol{w}\in R^M$$

这是一个含$(n+2M)$个自变量的无约束最优化问题，自变量分别是 n 个原始变量$\{x_1,x_2,\cdots,x_n\}$、M 个拉格朗日乘子$\{\lambda_1,\lambda_2,\cdots,\lambda_M\}$和 M 个松弛因子$\{w_1,w_2,\cdots,w_M\}$。

3. 混合拉格朗日乘子法

对同时含有等式和不等式约束的最优化问题，即

$$\begin{aligned}&\min f(\boldsymbol{x}), \quad && \boldsymbol{x}\in D\subset E^n\\ &\text{s.t.}\quad h_l(\boldsymbol{x})=0, && l=1,2,\cdots,L\\ &\qquad g_m(\boldsymbol{x})\leqslant 0, && m=1,2,\cdots,M\end{aligned} \tag{7-26}$$

利用前面对等式和不等式约束问题同样的处理方法，构造拉格朗日函数如下：

$$L(\boldsymbol{x},\boldsymbol{\lambda})=f(\boldsymbol{x})-\sum_{l=1}^{L}\lambda_l h_l(\boldsymbol{x})-\sum_{m=1}^{M}\lambda_{L+m}[g_m(\boldsymbol{x})+w_m^2] \tag{7-27}$$

从极值存在的必要条件可知

$$\begin{aligned}&\frac{\partial L}{\partial x_i}=0,\quad i=1,2,\cdots,n\\ &\frac{\partial L}{\partial \lambda_l}=0,\quad l=1,2,\cdots,L+M\\ &\frac{\partial L}{\partial w_m}=0,\quad m=1,2,\cdots,M\end{aligned} \tag{7-28}$$

式(7-28)中的第2和第3组方程分别对应着 L 个等式约束条件 $h_l(\boldsymbol{x})=0$ 和 M 个不等式约束条件 $g_m(\boldsymbol{x})\leqslant 0$。从而，将问题转化为下面的无约束问题：

$$\min L(\boldsymbol{x},\boldsymbol{\lambda},\boldsymbol{w}),\quad \boldsymbol{x}\in D\subset E^n;\ \boldsymbol{\lambda}\in R^{L+M};\ \boldsymbol{w}\in R^M \tag{7-29}$$

式中，$L(\boldsymbol{x},\boldsymbol{\lambda})=f(\boldsymbol{x})-\sum_{l=1}^{L}\lambda_l h_l(\boldsymbol{x})-\sum_{m=1}^{M}\lambda_{L+m}[g_m(\boldsymbol{x})+w_m^2]$。

这是一个含$(n+L+2M)$个自变量的无约束最优化问题，自变量分别是 n 个原始变量$\{x_1,x_2,\cdots,x_n\}$、$L+M$ 个拉格朗日乘子$\{\lambda_1,\lambda_2,\cdots,\lambda_L,\lambda_{L+1},\lambda_{L+2},\cdots,\lambda_{L+M}\}$和 M 个松弛因子$\{w_1,w_2,\cdots,w_M\}$。

7.1.3 惩罚函数法

惩罚函数法是将约束最优化问题转化为无约束最优化问题的常用方法之一，分为内点惩罚函数法和外点惩罚函数法两种。它们在寻找目标函数最小值时，首先将约束函数乘以一个正数 r 或 M，与原目标函数一起构成一个新的目标函数 $F(\boldsymbol{x},r)$或 $F(\boldsymbol{x},M)$，称为惩罚函数，其中的正数 r 或 M 起“惩罚”作用，称为惩罚因子。

选用大小不变的惩罚因子通常很难。若取值不当，要么起不到惩罚作用，要么可能导致较大的误差。所以，人们常采用序列无约束最小化方法，开始时，先取一个惩罚因子，随着优化进程的发展不断加大惩罚因子的力度，直至得到满意的最优解 $\boldsymbol{x}_k^*$ 为止。

1. 内点惩罚函数法

内点惩罚函数的形式如下：

$$F(\boldsymbol{x},r_k)=f(\boldsymbol{x})-r_k\sum_{m=1}^{M}\frac{1}{g_m(\boldsymbol{x})} \tag{7-30}$$

或

$$\varphi(\boldsymbol{x},r_k)=f(\boldsymbol{x})-r_k\sum_{m=1}^{M}\ln|g_m(\boldsymbol{x})| \tag{7-31}$$

式中,k 为寻优的轮次; r_k 是内点惩罚因子,当 $k\to\infty$ 时,$r_k\to 0$。可取 $r_k=10^{-k}$ 或 $r_{k+1}=r_k/2$ 等。

内点惩罚函数法要求搜索点总是在可行域内,不能跨出可行域。由于在边界上有约束函数起惩罚作用,因此当搜索点趋于边界点时,内点惩罚函数 $F\to\infty$,所以一般内点惩罚函数法不能在求解等式约束的最优化问题中使用。

例 7-1 试用内点惩罚函数法求解

$$\min f(\boldsymbol{x})=x$$
$$\text{s.t. } g(\boldsymbol{x})=1-x\leqslant 0$$

绘出示意图,显示惩罚因子 r_k 改变时最小值 $\boldsymbol{x}^*(r_k)$ 是沿怎样一条轨迹趋于 $f(\boldsymbol{x})$ 的约束最优点的。并写出该轨迹的表达式。

解:内点惩罚函数为

$$F(\boldsymbol{x},r_k)=x-r_k\frac{1}{1-x}$$

结果如下:

k	1	2	3	4	5	6	7	…	∞
r_k	1	0.1	0.01	0.001	0.0001	0.000 01	0.000 001	…	0
x	2	1.3162	1.1	1.031 62	1.01	1.003 162	1.001	…	1

轨迹曲线公式为 $f(\boldsymbol{x})=2x-1$,结果见图 7-2(本例结果为图中 $b=1$ 的情况)。

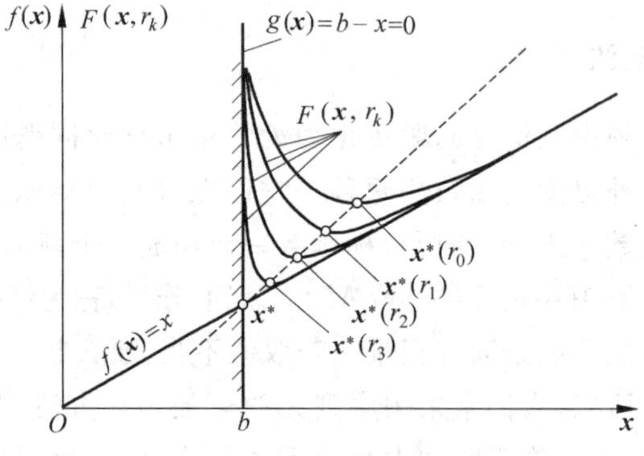

图 7-2 内点惩罚函数求解算例

解毕。

2. 外点惩罚函数法

外点惩罚函数的形式为

$$F(\boldsymbol{x},M_k)=f(\boldsymbol{x})+M_k\sum_{m=1}^{M}\{\max[g_m(\boldsymbol{x}),0]\}^{\alpha} \tag{7-32}$$

式中，α 的选择可改变约束面的性质，一般取 $\alpha=2$。

外点惩罚函数法可以用在等式和不等式约束的最优化问题中，并可以在可行域内、外搜索，因此用途较广泛。

例 7-2 试用外点惩罚函数法求解

$$\begin{aligned} &\min f(\boldsymbol{x}) = x_1 + x_2 \\ \text{s.t.}\quad &g_1(\boldsymbol{x}) = x_1^2 - x_2 \leqslant 0 \\ &g_2(\boldsymbol{x}) = -x_1 \leqslant 0 \end{aligned}$$

给出惩罚因子值分别为 5，10，50，100 的计算结果。

解：构造外点惩罚函数

$$F = x_1 + x_2 + M_k\{\max[(x_1^2 - x_2),0]\}^2 + M_k\{\max[-x_1,0]\}^2$$

当 $\boldsymbol{x}$ 在可行域外时，有 $x_1^2-x_2>0$，$-x_1>0$，则惩罚函数为

$$F = x_1 + x_2 + M_k(x_1^2 - x_2)^2 + M_k(-x_1)^2$$

因为

$$\frac{\partial F}{\partial x_1} = 1 + 4M_k x_1(x_1^2 - x_2) + 2M_k x_1$$

$$\frac{\partial F}{\partial x_2} = 1 - 2M_k(x_1^2 - x_2)$$

令 $\dfrac{\partial F}{\partial x_1}=\dfrac{\partial F}{\partial x_2}=0$，得 M_k 时的极值点为

$$\boldsymbol{x}_k^* = \begin{bmatrix} -\dfrac{1}{2(1+M_k)} \\ \dfrac{1}{4(1+M_k)^2} - \dfrac{1}{2M_k} \end{bmatrix}$$

结果如下：

k	M_k	x_{1k}	x_{2k}	F_k
1	5	−0.083 33	−0.093 06	−0.091 67
2	10	−0.045 45	−0.047 93	−0.047 73
3	50	−0.009 80	−0.009 90	−0.009 90
4	100	−0.004 95	−0.004 98	−0.004 98

解毕。

3. 混合惩罚函数法

将内点和外点惩罚函数同时使用就得到了混合惩罚函数：

$$F(\boldsymbol{x},r_k,M_k) = f(\boldsymbol{x}) - r_k \sum_{m=1}^{M} \frac{1}{g_m(\boldsymbol{x})} + M_k \sum_{l=1}^{L} [h_l(\boldsymbol{x})]^2 \tag{7-33}$$

可取，$M_k=\dfrac{1}{\sqrt{r_k}}$。

混合惩罚函数法中的内点法项不适用于等式约束，因此对等式约束仅保留外点罚函数项。构造新目标函数如下：

$$F(\boldsymbol{x},\boldsymbol{M}_k)=f(\boldsymbol{x})+\sum_{l=1}^{L}M_{k,l}[h_l(\boldsymbol{x})]^2 \tag{7-34}$$

其中，$M_{k,l}$是惩罚因子。

$$\lim_{k\to\infty}M_{k,l}=\infty$$

例如，可选 $M_{k,l}=2^k$。

7.1.4 增广拉格朗日乘子法

将拉格朗日乘子法和惩罚函数组合可以构造增广拉格朗日函数，即

$$F(\boldsymbol{x},\boldsymbol{\lambda},M_k)=f(\boldsymbol{x})-\sum_{l=1}^{L}\lambda_l h_l(\boldsymbol{x})+M_k\sum_{l=1}^{L}[h_l(\boldsymbol{x})]^2 \tag{7-35}$$

当 $\lambda_l=0$ 时，式(7-35)成为惩罚函数；当 $M_k=0$ 时，式(7-35)成为拉格朗日函数。从而，把约束最优化问题变成无约束最优化问题。

7.2 约束最优化问题的直接解法

7.2.1 随机试验法

随机试验法的主要步骤如下：

(1) 从可行域中 $D_i=\{\boldsymbol{x}|a_i\leqslant x_i\leqslant b_i,(i=1,2,\cdots,n)\}$中分批抽样，包含若干个可行的方案，对每个可行方案都进行检验，看其是否满足约束条件。满足约束条件则计算其函数值，不满足约束条件则重新抽样。按函数值大小排列设计点的顺序。

(2) 取出前几个最好点保留，去除其他点再做下一批抽样，做法与(1)相同。

(3) 当每批抽样的前几个目标函数值不再明显变化时，则认为它已经按概率收敛于某一个最优方案。

由于此方法是按均匀的概率密度分布随机抽样的，并在可行域内向最优点集中，故所求的解很可能是全域最优解。

随机试验法的具体步骤如下：

(1) 选定优化变量上下限$[a_i,b_i]$，$i=1,2,\cdots,n$。

(2) 产生[0,1]区间服从均匀分布的伪随机数序列$\{r_i\}$。

(3) 形成随机试验点 $x_{ki}=a_i+r_{ik}(b_i-a_i)$，$i=1,2,\cdots,n$；$k=1,2,\cdots,N$。

(4) 检验约束条件，若满足约束，则执行下一步；若不满足约束，则返回步骤(2)。

(5) 计算目标函数值。

(6) 将 N 个试验点按函数值大小排列，找出最好点及其函数值。

(7) 确定前 m 个最好点均值$\bar{x}$和均方根差 δ。当小于给定的一个小数时，过程结束。否则，转向下一步。

(8) 构造新的试验区间$[\bar{x}_i-3\delta,\bar{x}_i+3\delta]$，并返回步骤(3)。

7.2.2 随机方向法

在当前点随机选取方向，判断是否满足约束，并不断搜索至最优点，如图 7-3 所示。

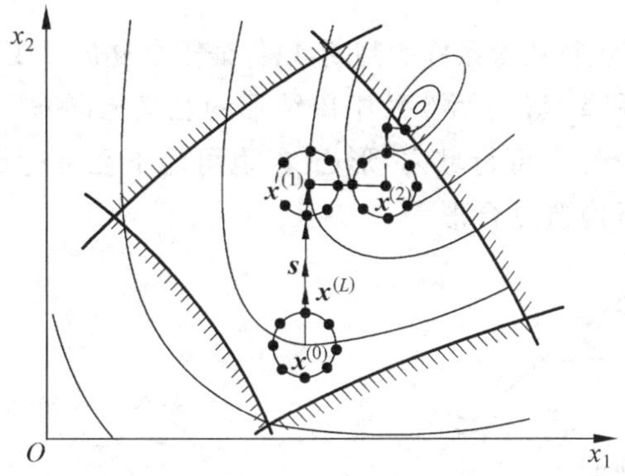

图 7-3 随机方向搜索法

随机方向法的具体步骤如下：

(1) 在可行域内选择初始点 $\boldsymbol{x}_0$ 并检验约束条件，若满足约束条件就进行下一步，否则重新选取。

(2) 产生 N 个随机单位向量 $\boldsymbol{e}_j(j=1,2,\cdots,N)$，在以 $\boldsymbol{x}_0$ 为中心，以 r 为半径的球面上产生随机点：

$$\boldsymbol{x}_j=\boldsymbol{x}_0+r\boldsymbol{e}_j,\quad j=1,2,\cdots,N$$

计算各点的函数值，选出最小点 $\boldsymbol{x}_l$，判断 $\boldsymbol{x}_l$ 是否满足约束，并小于 $f(\boldsymbol{x}_0)$；否则将步长缩短为 $0.7r$ 重新计算。若满足约束，则在搜索方向 $\boldsymbol{s}=\boldsymbol{x}_l-\boldsymbol{x}_0$ 将步长加大到 $1.3r$ 进行搜索。

(3) 新点若满足约束，且函数值下降，则继续加大步长；否则将步长缩短至$0.7r$，直至目标函数不再下降为止。所得点作为下一轮的初始点。

(4) 满足

$$\left|\frac{f(\boldsymbol{x})-f(\boldsymbol{x}_0)}{f(\boldsymbol{x}_0)}\right|\leqslant\varepsilon_1 \tag{7-36}$$

或

$$\|\boldsymbol{x}-\boldsymbol{x}_0\|\leqslant\varepsilon_2 \tag{7-37}$$

时结束搜索，否则返回步骤(2)。

注意：就某一次利用随机方向法计算的结果而言，所获得的最优解可能是局部最优解，因此可以多选几个初始点，并在最优解中选取最好的作为最终的最优解。

7.2.3 复合形法

复合形法与第6章中无约束最优化方法中介绍的单纯形法相似。其步骤也基本相同，因此可参考该内容。不同之处主要有：

(1) 选取的顶点数一般比单纯形法要多一些，构成复合形的顶点数 N 一般取 $n+1 \leqslant N \leqslant 2n$；

(2) 每次计算前要进行约束条件的判断，以保证整个复合形在可行域内，见图7-4(a)(图中的 $\boldsymbol{x}_h$、$\boldsymbol{x}_g$、$\boldsymbol{x}_l$、$\boldsymbol{x}_r$ 和 $\boldsymbol{x}_c$ 等与第6章中单纯形的意义相同)；

(3) 即使整个复合形在可行域内，形心 $\boldsymbol{x}_c$ 也可能不在可行域内，见图7-4(b)，这时则要以 $\boldsymbol{x}_l$ 和 $\boldsymbol{x}_h$ 重新构造复合形。

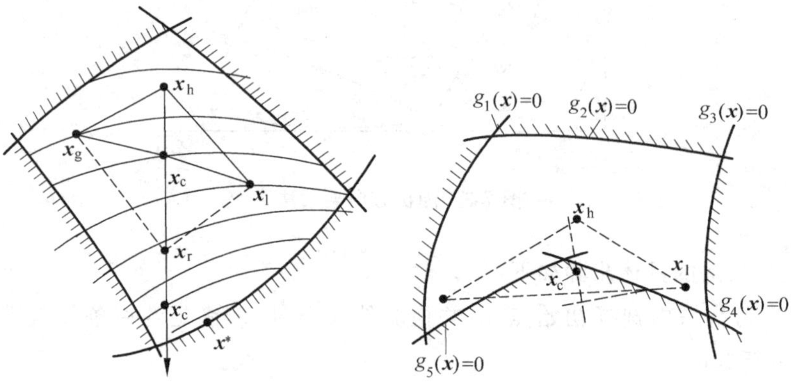

(a)　　　　(b)

图7-4 复合形形心不在可行域内的情况

(a) 复合形在可行域内；(b) 复合形在可行域外

初始复合形的产生方法如下：

先给定一个初始顶点 $\boldsymbol{x}_1$，使其满足约束条件，然后按下面的公式构造其他顶点：

$$\{x_i\}_j = \{a_i\}_j + \{\gamma_i\}_j(\{b_i\}_j - \{a_i\}_j), \quad i = 1,2,\cdots,n \tag{7-38}$$

式中，a_i，b_i 分别为优化变量上、下界；j 是顶点的标号，$j=1,2,\cdots,N$；γ_i 是伪随机数。

若其中有 N_1 个顶点满足全部约束，则求这些满足约束顶点的形心：

$$\{\bar{x}_i\}_c = \frac{1}{N_1}\sum_{j=1}^{N_1}\{x_i\}_j, \quad i = 1,2,\cdots,n \tag{7-39}$$

然后将不满足约束的点向形心方向压缩，得新点 $\{x_i'\}$ 为

$$\left.\begin{aligned}
\{x_i'\}_{N_1+1} &= \{x_i\}_{N_1+1} + \beta(\{x_i\}_{N_1+1} - \{\bar{x}_i\}_c) \\
\{x_i'\}_{N_1+2} &= \{x_i\}_{N_1+2} + \beta(\{x_i\}_{N_1+2} - \{\bar{x}_i\}_c) \\
&\vdots \\
\{x_i'\}_N &= \{x_i\}_N + \beta(\{x_i\}_N - \{\bar{x}_i\}_c)
\end{aligned}\right\} \tag{7-40}$$

式中，β为压缩系数，可选$\beta=0.5$。

压缩过程直至全部满足约束条件为止。

复合形的迭代步骤与单纯形法相同，不再重述。

7.2.4 可行方向法

可行方向法是用梯度求解约束非线性最优化问题的一种直接搜索方法。

1. 用可行方向法寻优的基本要求

(1) 搜索可行方向 $\boldsymbol{s}_k$：

$$\boldsymbol{x}_k+\alpha_k\boldsymbol{s}_k\in D \tag{7-41}$$

当点同时处于 M_1 个约束面的交点处时，要求与这 M_1 个约束面的梯度方向$\nabla g_m(\boldsymbol{x}_k)(1\leqslant m\leqslant M_1)$成直角或钝角，即

$$[\nabla g_m(\boldsymbol{x}_k)]^{\mathrm{T}}\boldsymbol{s}_k\leqslant 0,\quad m=1,2,\cdots,M_1,M_1<M \tag{7-42}$$

式中，下标 k 为搜索轮次；M_1 为起作用的约束个数。

(2) 沿着这一可行方向搜索，使目标函数值下降，即与函数的梯度成钝角：

$$[\nabla f(\boldsymbol{x}_k)]^{\mathrm{T}}\boldsymbol{s}_k<0 \tag{7-43}$$

(3) 进行一维优化搜索，求得最优步长 α_k，确保下一步的优化点 $\boldsymbol{x}_{k+1}$在可行域内。

2. 可行方向法的搜索路线

可行方向法一般总是从可行域内某一初始点 $\boldsymbol{x}_0$ 开始，沿$-\nabla f(\boldsymbol{x}_0)$移动到某一个或某几个起作用约束面上的点 $\boldsymbol{x}_k$。而后有 3 种情况：

(1) 由约束面上的 $\boldsymbol{x}_k$ 点出发，沿可行下降方向作一维最优化搜索。若新点 $\boldsymbol{x}_{k+1}$在可行域内，则再沿$-\nabla f(\boldsymbol{x}_{k+1})$进行一维搜索；若新点 $\boldsymbol{x}_{k+1}$在可行域外，则移至约束面上，重复上面的步骤。当$\|\nabla f(\boldsymbol{x}_{k+1})\|\leqslant\varepsilon$时，停止迭代。

(2) 由 $\boldsymbol{x}_k$ 点出发，沿可行下降方向以最大步长从一个约束面到另一个约束面，直至满足 Kuhn-Tucker 条件，如图 7-5 所示的 3 种情况。

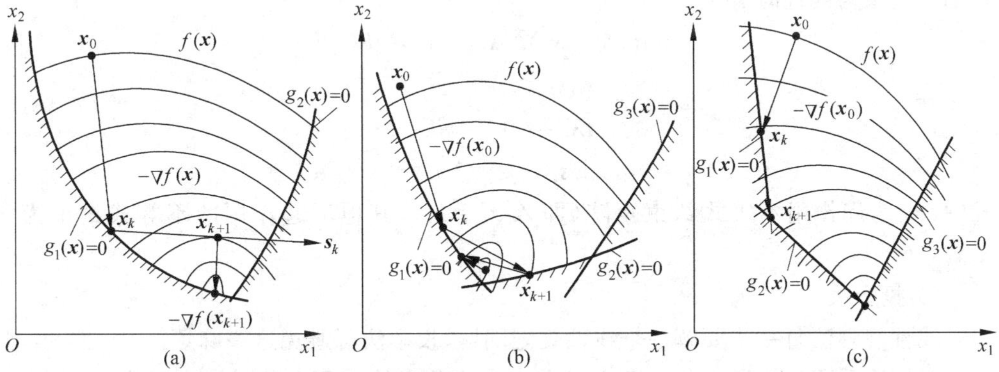

图 7-5 利用 Kuhn-Tucker 条件判断极值点

(a) 不在约束间移动；(b) 多次在不同约束间移动；(c) 沿作用约束移动

(3) 沿约束面进行搜索,并允许进入非可行域,所限定的不满足约束的极限量称为约束面容差,如图 7-6 所示。

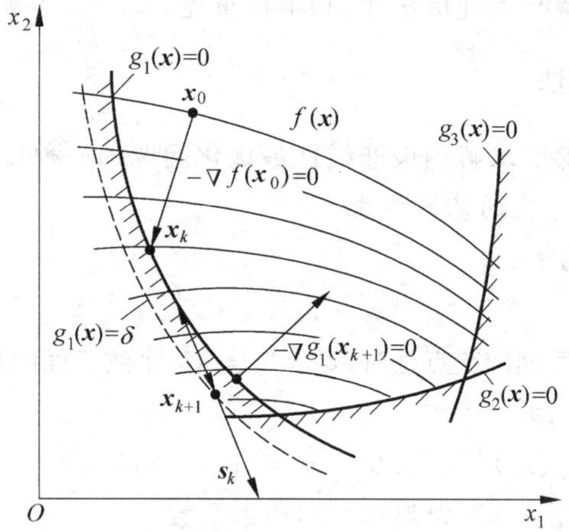

图 7-6　给出一定约束面容差

3. 可行下降方向的产生方法

1) 随机法

同随机试验法或随机方向法。

2) 线性规划法

在 $\boldsymbol{x}_k$ 点展开目标函数和约束函数(仅对起作用的约束),求线性规划问题:

$$\min[\nabla f(\boldsymbol{x}_k)]^{\mathrm{T}}\boldsymbol{s}_k, \quad \boldsymbol{s}_k \in E^n \tag{7-44}$$

且满足

$$\begin{aligned} &[\nabla g_m(\boldsymbol{x}_k)]^{\mathrm{T}}\boldsymbol{s}_k \leqslant 0, \quad m = 1,2,\cdots,M_1, M_1 < M \\ &[\nabla f(\boldsymbol{x}_k)]^{\mathrm{T}}\boldsymbol{s}_k < 0 \end{aligned} \tag{7-45}$$

特别在约束为线性时有

$$\begin{aligned} &\min[\nabla f(\boldsymbol{x}_k)]^{\mathrm{T}}\boldsymbol{s}_k, \quad \boldsymbol{s}_k \in E^n \\ &\text{s.t.} \quad \boldsymbol{A}_1\boldsymbol{s}_k \leqslant 0 \\ &\qquad \boldsymbol{E}\boldsymbol{s}_k = 0 \\ &\qquad \|\boldsymbol{s}_k\| \leqslant 1 \end{aligned} \tag{7-46}$$

式中,$\boldsymbol{A}_1$ 为起作用不等式约束矩阵(即 $\boldsymbol{A}_1\boldsymbol{x}_k = \boldsymbol{b}_1$),其他不起作用的不等式约束为 $\boldsymbol{A}_2\boldsymbol{x}_k < \boldsymbol{b}_2$。

3) 投影法

线性规划法每一步要解一个线性规划问题,投影法可避免这一麻烦。

投影法采用目标函数负梯度方向在一个或几个约束面上的投影来确定 $\boldsymbol{x}_k$ 点的可行方向,如图 7-7 所示。

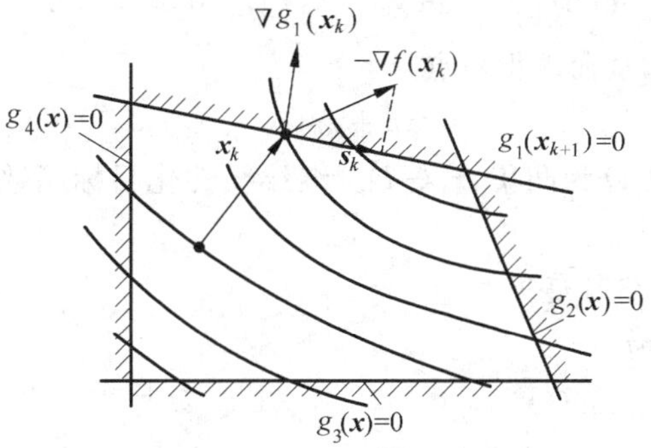

图 7-7　利用投影法确定可行方向

当某一点处于 M_1 个起作用约束面的交集上时，可选择下面的可行方向：

$$s_k = \frac{-P\nabla f(x_k)}{\| P\nabla f(x_k)\|} \tag{7-47}$$

式中，P 为 $n\times n$ 矩阵，$P=I-[\nabla g_{M_1}(x_k)]\{[\nabla g_{M_1}(x_k)]^T[\nabla g_{M_1}(x_k)]\}^{-1}[\nabla g_{M_1}(x_k)]^T$；$I$ 为 $n\times n$ 单位矩阵；$\nabla g_{M_1}(x_k)$为 $n\times M_1$ 阶起作用约束梯度矩阵。

证明：将式(7-47)与$\nabla g_{M_1}(x_k)$做乘积，有

$$[\nabla g_{M_1}(x_k)]^T s_k = \{[\nabla g_{M_1}(x_k)]^T - I[\nabla g_{M_1}(x_k)]^T\}\frac{\nabla f(x_k)}{\| P\nabla f(x_k)\|} = 0$$

证毕。

同理可加入等式约束。

4) 步长的确定与调整

在可行区间内，按一维方法处理。

7.2.5　线性逼近法

线性逼近法是将非线性规划问题用线性问题逼近，求一系列的线性问题解。

1. 线性约束的线性逼近法

优化问题的表达式为

$$\begin{aligned} &\min f(x), \quad x\in D\subset E^n \\ &\text{s.t.}\quad Ax\leqslant b \\ &\qquad\ \ Ex = e \end{aligned} \tag{7-48}$$

线性化目标函数 $f(x)=f(x_0)+\nabla f(x_0)^T(x-x_0)$，有

$$\begin{aligned} &\min[\nabla f(x_0)]^T x, \quad x\in D\subset E^n \\ &\text{s.t.}\quad Ax\leqslant b \\ &\qquad\ \ Ex = e \end{aligned} \tag{7-49}$$

求以上问题的最优解 $x=y_0$。若 $y_0=x_0$，则寻优结束，x_0 为最优解；若 $y_0\neq x_0$，则当$\nabla f(x_0)^T(y_0-x_0)<0$ 时，说明 y_0 方向为函数下降方向，因此求

$$\min_{\alpha} f[\boldsymbol{x}_0 + \alpha(\boldsymbol{y}_0 - \boldsymbol{x}_0)], \quad 0 \leqslant \alpha \leqslant 1 \tag{7-50}$$

通过一维搜索得到 α_0，从而求得新点

$$\boldsymbol{x}_1 = \boldsymbol{x}_0 + \alpha_0(\boldsymbol{y}_0 - \boldsymbol{x}_0) \tag{7-51}$$

因为是线性约束，所以 D 为凸集，$\boldsymbol{x}_1 \in D$。继续线性化目标函数搜索，直至满足终止条件。

2. 非线性约束的线性逼近

约束问题可表述为

$$\begin{aligned} &\min f(\boldsymbol{x}), && \boldsymbol{x} \in D \subset E^n \\ &\text{s.t.} \quad h_l(\boldsymbol{x}) = 0, && l = 1,2,\cdots,L \\ &\qquad g_m(\boldsymbol{x}) \leqslant 0, && m = 1,2,\cdots,M \\ &\qquad L_i \leqslant x_i \leqslant U_i, && i = 1,2,\cdots,n \end{aligned} \tag{7-52}$$

线性化目标函数和约束函数，有

$$\begin{aligned} &\min\{f(\boldsymbol{x}_k) + [\nabla f(\boldsymbol{x}_k)]^{\mathrm{T}}[\boldsymbol{x} - \boldsymbol{x}_k]\}, \quad \boldsymbol{x} \in D \subset E^n \\ &\text{s.t.} \quad h_l(\boldsymbol{x}_k) + [\nabla h_l(\boldsymbol{x}_k)]^{\mathrm{T}}[\boldsymbol{x} - \boldsymbol{x}_k] = 0, \quad l = 1,2,\cdots,L \\ &\qquad g_m(\boldsymbol{x}_k) + [\nabla g_m(\boldsymbol{x}_k)]^{\mathrm{T}}[\boldsymbol{x} - \boldsymbol{x}_k] \leqslant 0, \quad m = 1,2,\cdots,M \\ &\qquad L_i \leqslant x_i \leqslant U_i, \quad i = 1,2,\cdots,n \end{aligned} \tag{7-53}$$

求得上面的极小点 $\boldsymbol{x}_{k+1}$ 后，若不满足收敛条件 $\| \boldsymbol{x}_{k+1} - \boldsymbol{x}_k \| \leqslant \varepsilon$，则继续求解；若满足，则结束运算。

习题

7-1　试用消元法求解以下约束最优化问题：

$$\begin{aligned} &\min f(\boldsymbol{x}) = x_1^2 + x_2^2 - x_1 x_2 - 10x_1 - 4x_2 + 60 \\ &\text{s.t.} \quad h(\boldsymbol{x}) = x_1 - 6 = 0 \end{aligned}$$

7-2　试用消元法求解以下约束最优化问题：

$$\begin{aligned} &\min f(\boldsymbol{x}) = 2x_1^2 + 2x_2^2 - 2x_1 x_2 - 4x_1 - 6x_2 \\ &\text{s.t.} \quad h_1(\boldsymbol{x}) = x_1 + x_2 + x_1 - 2 = 0 \\ &\qquad h_2(\boldsymbol{x}) = x_1 + 5x_2 + x_4 - 5 = 0 \end{aligned}$$

设 $\boldsymbol{x}_0 = [0 \quad 0 \quad 2 \quad 5]^{\mathrm{T}}$。

7-3　试用简约梯度法求解以下约束最优化问题：

$$\begin{aligned} &\min f(\boldsymbol{x}) = x_1^2 + x_2^2 \\ &\text{s.t.} \quad h(\boldsymbol{x}) = 2x_1 + x_2 - 2 = 0 \\ &\qquad -x_i \leqslant 0, \quad i = 1,2 \end{aligned}$$

设 $\boldsymbol{x}_0 = [0.5 \quad 0]^{\mathrm{T}}$。

7-4 试用广义简约梯度法求解以下约束最优化问题：

$$\min f(\boldsymbol{x}) = 4x_1 - x_2^2 - 12$$
$$\text{s.t.}\quad h_1(\boldsymbol{x}) = x_1^2 + x_2^2 - 25 = 0$$
$$g_1(\boldsymbol{x}) = x_1^2 + x_2^2 - 10x_1 - 10x_2 - 34 \leqslant 0$$
$$g_2(\boldsymbol{x}) = -x_1 \leqslant 0$$
$$g_3(\boldsymbol{x}) = -x_2 \leqslant 0$$

设 $\boldsymbol{x}_0 = [\sqrt{0.99} \quad 4.9]^{\mathrm{T}}$，求 $\boldsymbol{x}_2$。

7-5 试用广义简约梯度法求解以下约束最优化问题：

$$\min f(\boldsymbol{x}) = -x_2^2 + x_3^2 + 4x_1 - 12$$
$$\text{s.t.}\quad h_1(\boldsymbol{x}) = x_1^2 + x_2^2 - 20 = 0$$
$$h_2(\boldsymbol{x}) = x_1 + x_3 - 7 = 0$$
$$-x_i \leqslant 0, \quad i = 1,2$$

设 $\boldsymbol{x}_0 = [2 \quad 4 \quad 5]^{\mathrm{T}}$。

7-6 试用拉格朗日乘子法求解以下约束最优化问题：

$$\min f(\boldsymbol{x}) = x_1^2 + x_2^2 - x_1x_2 - 10x_1 - 4x_2 + 60$$
$$\text{s.t.}\quad h(\boldsymbol{x}) = x_1 - 6 = 0$$

7-7 搪瓷厂要生产一种容积为 785cm^3 的圆柱形茶杯。试用拉格朗日乘子法设计茶杯的尺寸，使所用的原材料最省。

7-8 试用惩罚函数内点法求解以下约束最优化问题：

$$\min f(\boldsymbol{x}) = 10x_1$$
$$\text{s.t.}\quad g(\boldsymbol{x}) = 5 - x_1 \leqslant 0$$

随着 r_k 的改变，惩罚函数的最小值 $\boldsymbol{x}^*(r_k)$ 沿着怎样一条轨迹趋向于 $f(\boldsymbol{x})$ 的约束最优点？写出该轨迹的表达式，并绘图表示。

7-9 试用外点惩罚函数法求解以下约束最优化问题：

$$\min f(\boldsymbol{x}) = x_1^2 + 2x_2^2$$
$$\text{s.t.}\quad g(\boldsymbol{x}) = -x_1 - x_2 + 1 \leqslant 0$$

并将其对于不同的惩罚因子 M_k 值时的极值点的轨迹表示在设计空间中。

7-10 试用增广拉格朗日乘子法求解以下约束最优化问题：

$$\min f(\boldsymbol{x}) = x_1^2 + x_2^2 - x_1x_2 - 10x_1 - 4x_2 + 60$$
$$\text{s.t.}\quad h(\boldsymbol{x}) = x_1 - 6 = 0$$

7-11 试用增广拉格朗日乘子法求解以下约束最优化问题：

$$\min f(\boldsymbol{x}) = x_1^2 + 4x_2^2$$
$$\text{s.t.}\quad g_1(\boldsymbol{x}) = -x_1 - 2x_2 + 1 \leqslant 0$$
$$g_2(\boldsymbol{x}) = -x_1 + x_2 \leqslant 0$$
$$g_3(\boldsymbol{x}) = -x_1 \leqslant 0$$

7-12 试用复合形法求解以下约束最优化问题：

$$\min f(\boldsymbol{x}) = x_1^2 + 2x_2^2 - 2x_1^2x_2^2$$
$$\text{s.t.}\quad x_1^2 + x_2^2 + x_1x_2 - 2 \leqslant 0$$
$$-x_1 \leqslant 0$$
$$-x_2 \leqslant 0$$

令，$\boldsymbol{x}_{0,1}=[0.25\quad 0.5]^{\mathrm{T}}$，$\boldsymbol{x}_{0,2}=[0\quad 1]^{\mathrm{T}}$，$\boldsymbol{x}_{0,3}=[1\quad 0]^{\mathrm{T}}$，$\boldsymbol{x}_{0,4}=[0.48\quad 0.55]^{\mathrm{T}}$，求迭代二次后的复合形顶点。

7-13 试用复合形法求解以下约束最优化问题：

$$\min f(\boldsymbol{x}) = x_1^2 + x_2^2 - x_1x_2 - 10x_1 - 4x_2 + 60$$
$$\text{s.t.}\quad x_1 + x_2 - 11 \leqslant 0$$
$$0 \leqslant x_1 \leqslant 6$$
$$0 \leqslant x_2 \leqslant 8$$

令，$\boldsymbol{x}_{0,1}=[1\quad 5.5]^{\mathrm{T}}$，$\boldsymbol{x}_{0,2}=[1\quad 4]^{\mathrm{T}}$，$\boldsymbol{x}_{0,3}=[2\quad 6.4]^{\mathrm{T}}$，$\boldsymbol{x}_{0,4}=[3\quad 3.5]^{\mathrm{T}}$。

7-14 试用可行方向法求解以下约束最优化问题：

$$\min f(\boldsymbol{x}) = x_1^2 + x_2^2 - x_1x_2 - 10x_1 - 4x_2 + 60$$
$$\text{s.t.}\quad g_1(\boldsymbol{x}) = -x_1 \leqslant 0$$
$$g_2(\boldsymbol{x}) = -x_2 \leqslant 0$$
$$g_3(\boldsymbol{x}) = x_1 - 6 \leqslant 0$$
$$g_4(\boldsymbol{x}) = x_2 - 8 \leqslant 0$$
$$g_5(\boldsymbol{x}) = x_1 + x_2 - 11 \leqslant 0$$

已知 $\boldsymbol{x}_0=[2\quad 2]^{\mathrm{T}}$。

7-15 试用可行方向法求解以下约束最优化问题：

$$\min f(\boldsymbol{x}) = x_1^2 + 4x_2^2$$
$$\text{s.t.}\quad g_1(\boldsymbol{x}) = -x_1 - 2x_2 + 1 \leqslant 0$$
$$g_2(\boldsymbol{x}) = -x_1 + x_2 \leqslant 0$$
$$g_3(\boldsymbol{x}) = -x_1 \leqslant 0$$

设 $\boldsymbol{x}_0=[8\quad 8]^{\mathrm{T}}$。

7-16 试用线性逼近法求解以下非线性约束最优化问题：

$$\min f(\boldsymbol{x}) = 2x_1 + x_2$$
$$\text{s.t.}\quad g_1(\boldsymbol{x}) = x_1^2 - 6x_1 + x_2 \leqslant 0$$
$$g_2(\boldsymbol{x}) = x_1^2 + x_2^2 - 80 \leqslant 0$$
$$g_3(\boldsymbol{x}) = 3 - x_1 \leqslant 0$$
$$g_4(\boldsymbol{x}) = -x_2 \leqslant 0$$

设取 $\boldsymbol{x}_0=[5\quad 8]^{\mathrm{T}}$。

参考文献

1. 刘惟信.机械最优化设计(第二版)[M].北京：清华大学出版社,1994.
2. 陈立周.机械优化设计方法(第三版)[M].北京：冶金工业出版社,2005.
3. 陈秀宁.机械优化设计[M].杭州：浙江大学出版社,1991.
4. 唐焕文,等.实用最优化方法[M].大连：大连理工大学出版社,2002.
5. 陈宝林.最优化理论与算法[M].北京：清华大学出版社,1998.
6. 袁亚湘,孙文瑜.最优化理论与方法[M].北京：科学出版社,1999.

8 非线性规划中的一些其他方法

8.1 多目标优化

前面主要讨论了单目标函数的最优化问题。在实际工程问题中常希望有多个指标达到最优值，即多目标函数的最优化问题，其最优化数学模型为

求 $\boldsymbol{x}=\{x_1,x_2,\cdots,x_n\}\in D\subset E^n$，使

$$
\begin{aligned}
&\min \boldsymbol{F}(\boldsymbol{x}) = \{f_1(\boldsymbol{x}),f_2(\boldsymbol{x}),\cdots,f_N(\boldsymbol{x})\}\\
&\text{s.t.}\quad h_l(\boldsymbol{x})=0,\quad l=1,2,\cdots,L\\
&\qquad\quad g_m(\boldsymbol{x})\leqslant 0,\quad m=1,2,\cdots,M
\end{aligned}
\tag{8-1}
$$

式中，n 为自变量 $\boldsymbol{x}$ 的维数；N 为函数 $\boldsymbol{F}(\boldsymbol{x})$ 的维数；L 为等式约束的数目；M 为不等式约束的数目。

多目标最优化问题要比单目标最优化问题复杂得多，实际上很少能找出同时使 N 个目标函数达到最优的真正最优解(绝对最优解)，一般只能找出相对最优解。下面先介绍多目标优化问题的解的特性，然后给出几种求解多目标最优化问题的常用方法。

8.1.1 多目标最优解的基本特点

1. 向量的比较

由于多目标最优化问题的目标函数 $\boldsymbol{F}(\boldsymbol{x})$ 是向量，为比较向量的大小，需要引入向量比较方法，称为向量的序。设 $\boldsymbol{a}=\{a_1,a_2,\cdots,a_n\}$ 和 $\boldsymbol{b}=\{b_1,b_2,\cdots,b_n\}$ 是两个 n 维向量，

(1) 如果 $a_i=b_i,i=1,2,\cdots,n$，则称 $\boldsymbol{a}$ 等于 $\boldsymbol{b}$，记为 $\boldsymbol{a}=\boldsymbol{b}$；

(2) 如果 $a_i\leqslant b_i,i=1,2,\cdots,n$，则称 $\boldsymbol{a}$ 小于等于 $\boldsymbol{b}$，记为 $\boldsymbol{a}\leqslant\boldsymbol{b}$ 或 $\boldsymbol{b}\geqslant\boldsymbol{a}$；

(3) 如果 $a_i\leqslant b_i,i=1,2,\cdots,n$，且至少有一个 $a_i\neq b_i$，则称 $\boldsymbol{a}$ 小于 $\boldsymbol{b}$，记为 $\boldsymbol{a}\leqslant\boldsymbol{b}$ 或 $\boldsymbol{b}\geqslant\boldsymbol{a}$；

(4) 如果 $a_i<b_i,i=1,2,\cdots,n$，则称 $\boldsymbol{a}$ 严格小于 $\boldsymbol{b}$，记为 $\boldsymbol{a}<\boldsymbol{b}$ 或 $\boldsymbol{b}>\boldsymbol{a}$。

2. 绝对最优解和有效解

1) 绝对最优解

设一个 N 目标最优化问题的可行域为 D，$\boldsymbol{x}^*\in D$，如果对所有的 $\boldsymbol{x}\in D$，都有

$\boldsymbol{F}(\boldsymbol{x}^*)\leqslant\boldsymbol{F}(\boldsymbol{x})$，则称 $\boldsymbol{x}^*$ 为这一多目标最优化问题的绝对最优解，并称绝对最优解的全体为绝对最优解集，记为 D_{ab}。

绝对最优解对每一个目标函数而言都是最优的，也即绝对最优解同时使所有的目标函数达到最优，因此绝对最优解一定是该问题的最好解。但是最优解不一定是唯一的(如图 8-1(a)所示)，也不一定必然存在(如图 8-1(b)所示)。

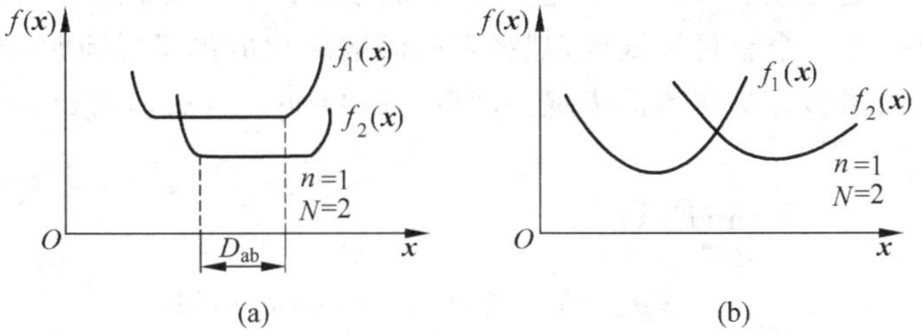

图 8-1 绝对最优解的存在情况

(a) 绝对最优解不唯一；(b) 无绝对最优解

2) 有效解集

设多目标最优化问题的可行域为 D，$\boldsymbol{x}^*\in D$，如果不存在 $\boldsymbol{x}\in D$，使得 $\boldsymbol{F}(\boldsymbol{x})\leqslant\boldsymbol{F}(\boldsymbol{x}^*)$，则称 $\boldsymbol{x}^*$ 为该多目标最优化问题的有效解，也叫 Pareto 最优解。称有效解的全体为有效解集，记为 D_{pa}。

3) 弱有效解集

设多目标最优化问题的可行域为 D，$\boldsymbol{x}^*\in D$，如果不存在 $\boldsymbol{x}\in D$，使得 $\boldsymbol{F}(\boldsymbol{x})<\boldsymbol{F}(\boldsymbol{x}^*)$，则称 $\boldsymbol{x}^*$ 为该多目标最优化问题的弱有效解，也叫弱 Pareto 最优解。称弱有效解的全体为弱有效解集，记为 D_{wp}。

有效解集和弱有效解集的关系如图 8-2 所示。

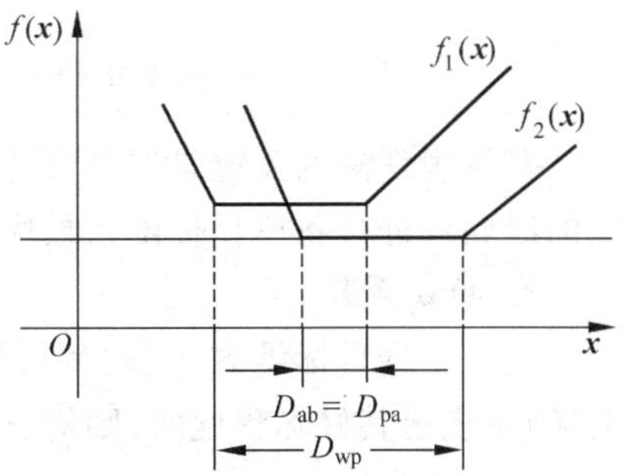

图 8-2 有效解集和弱有效解集的关系

对多目标最优化问题解集有以下结论：

(1) 对于多目标最优化问题总有 $D_{ab}\subseteq D_{pa}$，即绝对最优解必是有效解。且当 $D_{ab}\neq\varnothing$ 时 $D_{ab}=D_{pa}$。

(2) 对于多目标最优化问题总有 $D_{pa}\subseteq D_{wp}$，即有效解必是弱有效解。

(3) 如果目标函数的各分量 $f_i(\boldsymbol{x})$ 的最优解集为 D_i，则有 $D_{ab}=\bigcap\limits_{i=1}^{N}D_i$。

(4) 如果记目标函数的各分量 $f_i(\boldsymbol{x})$ 的最优解集为 D_i，有 $D_i\subseteq D_{wp}$，并且当 $D_{ab}\neq\varnothing$ 时 $D_{wp}=\bigcup\limits_{i=1}^{n}D_i$。

综合上述结果,各类解集之间的关系为

$$\bigcap_{i=1}^{N} D_i = D_{\mathrm{ab}} \subseteq D_{\mathrm{pa}} \subseteq D_{\mathrm{wp}} = \bigcup_{i=1}^{N} D_i \tag{8-2}$$

8.1.2 统一目标法

统一目标法是处理多目标最优化问题最常用也是较有效的一种方法,它是将多个目标函数统一为一个总目标函数,把多目标问题转化成单目标问题,再利用前面介绍的求单目标问题的方法获得最优解。即取 $F(\boldsymbol{x})=F\{f_1(\boldsymbol{x}),f_2(\boldsymbol{x}),\cdots,f_N(\boldsymbol{x})\}$,求 $\boldsymbol{x}^*$,使其满足

$$\begin{aligned}&\min_{x\in E^n} F(\boldsymbol{x})\\ &\text{s.t.}\quad g_m(\boldsymbol{x})\leqslant 0,\quad m=1,2,\cdots,M\end{aligned}$$

统一目标法的目标函数构建有多种形式,具体做法如下。

1. 加权组合法

加权组合法是将各分目标函数 $f_i(\boldsymbol{x})$ 按重要性分配权系数 w_i,然后求和构成总的统一目标函数 $F(\boldsymbol{x})$,即

$$F(\boldsymbol{x}) = \sum_{i=1}^{N} w_i f_i(\boldsymbol{x}) \tag{8-3}$$

式中,w_i 为对应 $f_i(\boldsymbol{x})$ 的加权因子,其值取决于该分目标函数的相对重要程度,且 $\sum_{i=1}^{N} w_i = 1$。

2. 目标规划法

目标规划法是先单独求出各分目标函数的理想最优值 f_i^*(可进行适当调整),然后按下式归一化并求和,从而建立统一的目标函数:

$$F(\boldsymbol{x}) = \sum_{i=1}^{N}\left[\frac{f_i(\boldsymbol{x})-f_i^*}{f_i^*}\right]^2 \tag{8-4}$$

目标规划法的关键是选择合适的各分目标函数的理想最优值 f_i^*,通常要根据一定的经验或进行各单目标函数最优化求解后得到的结果来建立统一目标函数。

3. 功效系数法

当每个分目标函数 $f_i(\boldsymbol{x})$ 都可以用一个功效系数 η_i($0\leqslant\eta_i\leqslant 1$,$\eta_i=1$ 最好,$\eta_i=0$ 最坏)来表示其好坏程度时,则构建的统一目标函数为

$$F(\boldsymbol{x}) = \sqrt[N]{\eta_1\eta_2\cdots\eta_N} \tag{8-5}$$

注意,利用功效系数法进行优化时是求目标函数 $F(\boldsymbol{x})$ 的最大值。

4. 乘除法

在多目标优化问题中,当有些目标要求最小化、有些目标要求最大化时,可采用乘除法。将越小越好的 N_1 个目标函数的相乘积除以越大越好的($N-N_1$)个目标函数的相乘积,表达式如下:

$$F(\boldsymbol{x}) = \frac{\prod_{i=1}^{N_1} f_i(x)}{\prod_{i=N_1+1}^{N} f_i(x)} \tag{8-6}$$

求解以统一目标函数 $F(\boldsymbol{x})$ 为目标的最优问题，其最优解即作为多目标函数的最优解。

8.1.3 分层序列法

分层序列法是把 N 个目标函数按其重要程度排序，再分别求各分目标函数的极值点，而把其他的目标函数作为辅助不等式约束，加在约束条件中。优化时，后一目标函数寻优是在前一目标函数的最优解可行区域内进行的。求第 i 个目标函数最优解的数学模型如下：

$$\begin{aligned} &\min_{x\in E^n} f_i(\boldsymbol{x}) = f_i(\boldsymbol{x}^*), && 1 \leqslant i \leqslant N \\ &\text{s.t.} \quad g_m(\boldsymbol{x}) \leqslant 0, && m = 1,2,\cdots,M \\ &\qquad g_{m+M}(\boldsymbol{x}) = f_m(\boldsymbol{x}) - f_m(\boldsymbol{x}^*) \leqslant 0, && m = 1,2,\cdots,N, m \neq i \end{aligned} \tag{8-7}$$

式中，$f_m(\boldsymbol{x}^*)$ 的初始值为估计值，然后再用通过优化得到的新最优值进行替换。

当前 $i-1$ 个目标函数求得最优解后，式(8-7)可能无最优解可寻，因此需要将式(8-7)给出的辅助约束条件加上一定的裕量，即式(8-7)中的最后一行不等式成为

$$g_{m+M}(\boldsymbol{x}) = f_m(\boldsymbol{x}) - [f_m(\boldsymbol{x}^*) + \Delta_m] \leqslant 0, \quad m = 1,2,\cdots,N;\ m \neq i \tag{8-8}$$

式中，i 是式(8-7)中选定的第 i 个目标函数的标号。

式(8-8)中的 Δ_m 可以看成是相应目标函数最优解的允许误差，因此在求各分目标函数 $f_i(\boldsymbol{x}^*)$ 的极值点时，不一定要找出绝对最优值，而是在可行区域内找出相对较好的优化方案。

8.1.4 协调曲线法

根据各目标函数的等值线和约束条件可建立其协调曲线。如图 8-3(a)所示，P 点是单目标函数 $f_1(\boldsymbol{x})$ 约束问题的最优点，Q 是单目标函数 $f_2(\boldsymbol{x})$ 约束问题的最优点。在它们之间的起作用约束上的 R 点和 S 点虽然不是两个单目标函数约束问题的最优点，但是 S 点处的 $f_1(\boldsymbol{x})$ 值要比 Q 点处的 $f_1(\boldsymbol{x})$ 值小，同样 R 点处的 $f_2(\boldsymbol{x})$ 值要比 P 点处的 $f_2(\boldsymbol{x})$ 值小。所以可以通过建立图 8-3(b)的关于 $f_1(\boldsymbol{x})$ 和 $f_2(\boldsymbol{x})$ 为坐标的协调曲线，连接 P,R,S 和 Q 得到协调曲线。从图 8-3(b)中可以看出，在协调曲线 $\overset{\frown}{RS}$ 上的点都比 N 点处的 $f_1(\boldsymbol{x})$ 和 $f_2(\boldsymbol{x})$ 要小。

如果依据某一规则建立一个满意程度函数 $M(f_1, f_2)$，就可以通过图 8-4 所示目标函数的协调曲线族得出最优解。

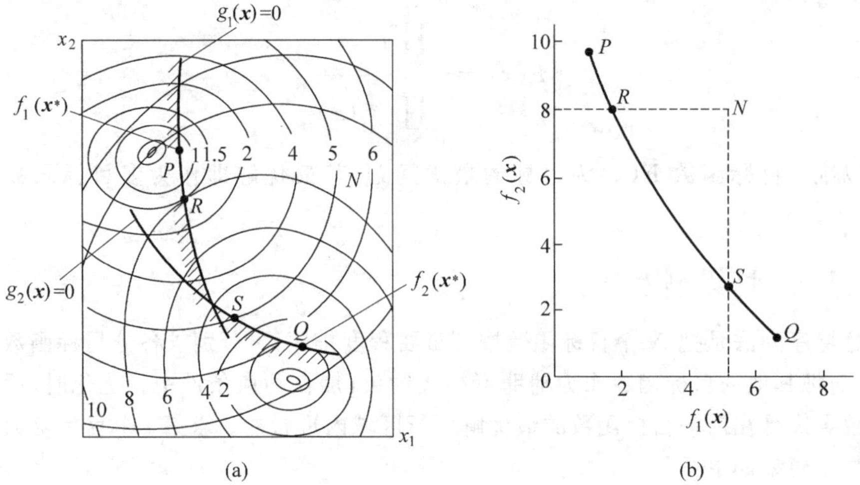

图 8-3　协调曲线

(a) P 和 Q 点是最优点；(b) 协调曲线

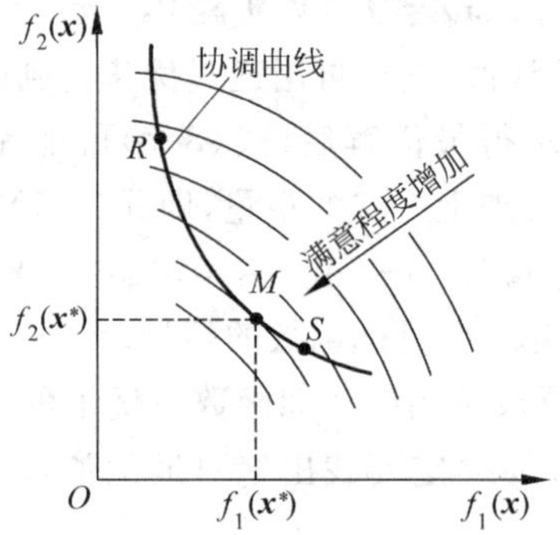

图 8-4　满意曲线与两目标协调情况

对于 N 个目标函数的优化问题，为了能相互“协调”得出最优方案，可采用下面的等式约束的表述形式，建立最优化模型：

$$\begin{aligned}
&\min f_i(\boldsymbol{x}), && i=1,2,\cdots,N \\
&\text{s.t.}\quad h_l(\boldsymbol{x})=f_l(\boldsymbol{x})-f_l^*=0, && l=1,2,\cdots,N,l\neq i \\
&\qquad g_m(\boldsymbol{x})\leqslant 0, && m=1,2,\cdots,M
\end{aligned}\tag{8-9}$$

式中，f_l^* 为各目标函数规定的期望值。

8.2　数学模型的尺度变换

在一般的最优化问题中，各自变量、函数的量纲尺度是不一致的，得到的目标函数的等值线会呈现偏心、畸变，从而会给优化计算带来一定的麻烦。通过尺度变换可以使变换后的目标函数的等值线尽可能接近于同心圆或同心椭圆族，从而可以加快优化搜索的收敛速度，如图 8-5 所示。尺度变换的做法就是通过改变各个坐标的比例改善优化问题的数学模型性态。

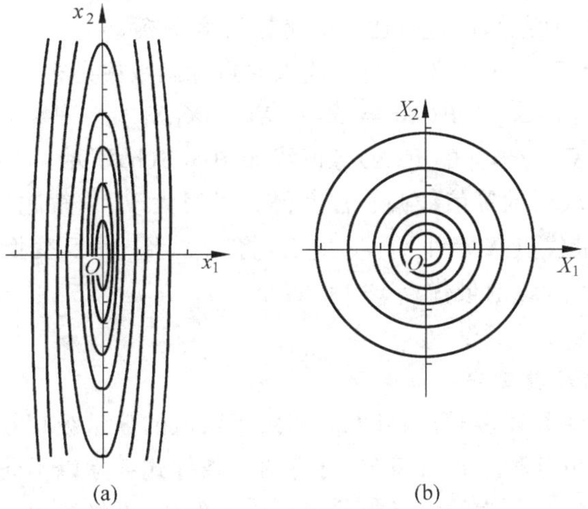

图 8-5 坐标尺度变换前后的函数等值线图

(a) 变换前；(b) 变换后

1. 坐标的尺度变换

在优化过程中，有时各变量(坐标)x_i 的量纲不同，当量级相差很大时，会使运算过程中各个变量的灵敏度差别很大，从而造成计算过程的不稳定，收敛性很差，甚至陷入局部最优，若无法跳出，则无法寻找到全局最优点。通过尺度变换使各变量量纲一化，可以消除畸变，从而改善计算过程的稳定性和收敛性。尺度变换公式为

$$X_i = K_i x_i, \quad i = 1,2,\cdots,n \tag{8-10}$$

式中，K_i 为尺度变换系数，应视具体情况选取；X_i 是尺度变换后的自变量。

尺度变换系数通常按下面的方法选取：

(1) 若预先可估计出变量极限值的变化范围为 $a_i \leqslant x_i \leqslant b_i$，则可取

$$K_i = \frac{1}{b_i - a_i}, \quad i = 1,2,\cdots,n \tag{8-11}$$

这种变换将缩小各变量在量级上的差别。

(2) 若已知变量的初始值 $\boldsymbol{x}^{(0)}$，则可取

$$K_i = \frac{1}{x_i^{(0)}}, \quad i = 1,2,\cdots,n \tag{8-12}$$

如果选取的初始点 $\boldsymbol{x}^{(0)}$ 靠近最优点 $\boldsymbol{x}^*$，则尺度变换后的各分量 $X_i^{(0)}$ 值将在 1 附近变化。

尺度变换后，就可以进行优化问题的求解了。得到最优点 $\boldsymbol{X}^*$ 后还需做反尺度变换，以求得真正所要求的最优点，即

$$x_i^* = \frac{X_i^*}{K_i} \tag{8-13}$$

例 8-1 若目标函数

$$f(\boldsymbol{x}) = 225x_1^2 + 9x_2^2 - 45x_1x_2$$

其等值线如图 8-5(a)所示，试进行适当的坐标尺度变换。

解：若令 $X_1=15x_1$，$X_2=3x_2$，将其代入原目标函数中则得

$$F(\boldsymbol{X}) = X_1^2 + X_2^2 - X_1X_2$$

经过变换后以 X_1，X_2 为坐标的 $F(\boldsymbol{X})$等值线如图 8-5(b)所示。

显然 $F(\boldsymbol{X})$比 $f(\boldsymbol{x})$的等值线偏心程度得到了很大改善，解题效率提高并易于求解。对 $F(\boldsymbol{X})$求得最优点 $\boldsymbol{X}^*=[X_1^*, X_2^*]$后，将 X_1^*，X_2^* 作反变换，得 $x_1^*=X_1^*/15$，$x_2^*=X_2^*/3$，此即为 $f(\boldsymbol{x})$的最优点 $\boldsymbol{x}^*=[x_1^*, x_2^*]$。

解毕。

2. 约束条件的尺度变换

在优化约束条件数较多时，如果不同约束函数值的数量级相差很大，有可能使计算误入歧途。为避免这种不正常情况，可将约束条件式各除以不同的常数，使各约束函数值均在 0～1 之间，称为约束函数的规格化。例如，可将约束函数

$$g_1(\boldsymbol{x}) = x - c \geqslant 0 \text{ 或 } g_2(\boldsymbol{x}) = d - x \geqslant 0 \tag{8-14}$$

改写为

$$G_1(\boldsymbol{x}) = 1 - \frac{x}{c} \leqslant 0, \quad G_2(\boldsymbol{x}) = \frac{x}{d} - 1 \leqslant 0 \tag{8-15}$$

式中，c 和 d 均不等于 0。

例如，材料强度性能约束 $\sigma \leqslant [\sigma]$和结构刚度性能约束 $f \leqslant [f]$一般可写成

$$g_1(\boldsymbol{x}) = [\sigma] - \sigma \geqslant 0, \quad g_2(\boldsymbol{x}) = [f] - f \geqslant 0$$

通过尺度变换后可改写为

$$G_1(\boldsymbol{x}) = \frac{\sigma}{[\sigma]} - 1 \leqslant 0, \quad G_2(\boldsymbol{x}) = \frac{f}{[f]} - 1 \leqslant 0$$

使约束函数以量纲一化形式在 0～1 之间取值，可以减小各约束条件在变量变化时的灵敏度差距，使问题得到一定程度的改善。但如果一个不等式约束条件是两个变量之间的比值函数，那么可能没有一个合适的常数作为除数。在这种情况下，可以用变尺度后的变量来建立约束条件，或用一个可以改变其数值的变量来除此式，但要注意不能因此而改变约束条件的性质。

8.3 灵敏度分析及可变容差法

8.3.1 灵敏度分析

灵敏度分析是指当起作用约束发生变化时，对最优解(包括目标函数和变量)的影响。灵敏度分析对于工程实际问题有现实的意义，它可以定量地表明该项能有多

大的裕量和安全系数，或者做出一定的修改而能估计出所取得的效果，从而可以节省不必要的投资，获得一定的经济利益。

如图 8-6 给出了目标函数 $f(\boldsymbol{x})$、起作用的等式约束 $g(\boldsymbol{x})$和最优解 $\boldsymbol{x}^*$ 之间的关系。

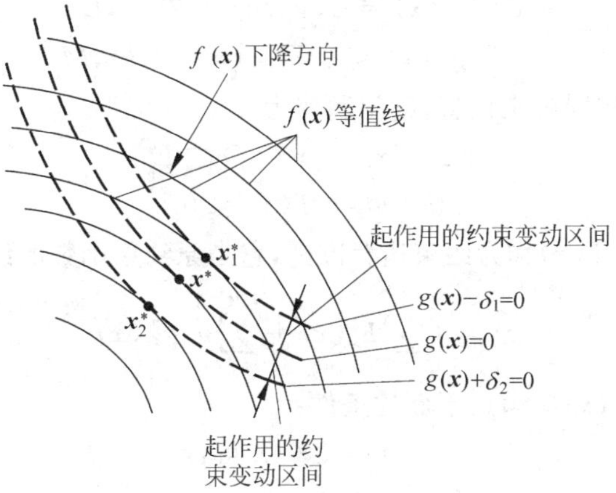

图 8-6 约束变化时最优解的改变

当外部条件改变时，会引起起作用约束发生变化，即

$$g(\boldsymbol{x})-\delta_1=0 \text{ 或 } g(\boldsymbol{x})+\delta_2=0$$

式中，δ_1 和 δ_2 是由于变化而导致的作用约束的变化，$\Delta g(\boldsymbol{x})=\pm\delta_i$。

若当 $g(\boldsymbol{x})-\delta_1=0$ 起作用时，求得的最优点为 $\boldsymbol{x}_1^*$，则此时目标函数的改变量为

$$\Delta_1=f(\boldsymbol{x}_1^*)-f(\boldsymbol{x}^*) \tag{8-16}$$

当外部条件向相反方向改变时，$g(\boldsymbol{x})-\delta_2=0$ 约束起作用，求得的最优点为 $\boldsymbol{x}_2^*$，这时的目标函数改变量为

$$\Delta_2=f(\boldsymbol{x}_2^*)-f(\boldsymbol{x}^*) \tag{8-17}$$

式(8-16)和式(8-17)中，Δ_1 和 Δ_2 是由于作用约束的变化而导致的目标函数最优值的变化，记作 $\Delta f(\boldsymbol{x})=\pm\Delta_i$。

定义该优化问题的灵敏度为

$$\eta=\pm\frac{\Delta f(\boldsymbol{x})}{\Delta g(\boldsymbol{x})}=\pm\frac{\Delta_i}{\delta_i} \tag{8-18}$$

按式(8-18)，可以通过数值计算得到最优化问题的灵敏度。一般来说，优化问题的灵敏度越低越好，因为这样设计出来的零件可以无须严格按约束条件进行生产制造，从而可以减少实际情况与理论分析之间的差别，以免造成较大的影响，致使这项不能使用。

8.3.2 可变容差法

当约束误差不会显著影响优化问题的最终结果时，可以采用可变容差法处理约束优化问题。通常若要严格满足可行性的要求，有时需耗费很长的计算时间。可变

容差法在类似复合形法等的搜索、逼近过程中，通过逐渐提高对约束的要求，直至满足约束条件，获得约束问题的最优解。例如，对于优化问题

$$\begin{aligned}&\min f(\boldsymbol{x}), && \boldsymbol{x}\in D\subset E^n\\ &\text{s.t.}\quad h_l(\boldsymbol{x})=0, && l=1,2,\cdots,L\\ &\qquad g_m(\boldsymbol{x})\leqslant 0, && m=1,2,\cdots,M\end{aligned} \tag{8-19}$$

可以用一个单约束相同解来代替，则问题变为

$$\begin{aligned}&\min f(\boldsymbol{x}), \quad \boldsymbol{x}\in D\subset E^n\\ &\text{s.t.}\quad \Phi_k - T(\boldsymbol{x})\leqslant 0\end{aligned} \tag{8-20}$$

在式(8-20)中，$T(\boldsymbol{x})$称为约束违背准则，它是原约束函数的组合形式，可表示为

$$T(\boldsymbol{x})=\left[\sum_{l=1}^{L}h_l^2(\boldsymbol{x})+\sum_{m=1}^{M}u_m g_m^2(\boldsymbol{x})\right]^{\frac{1}{2}} \tag{8-21}$$

当无容差时，函数 $T(\boldsymbol{x})$应满足下面的条件：

$$\begin{cases}T(\boldsymbol{x})=0, & \boldsymbol{x}\text{ 可行}\\ T(\boldsymbol{x})>0, & \boldsymbol{x}\text{ 不可行}\end{cases}$$

当加入容差后，按式(8-20)的可变容差约束条件，有

$$\begin{cases}\Phi_k - T(\boldsymbol{x})\leqslant 0, & \boldsymbol{x}\text{ 可行}\\ \Phi_k - T(\boldsymbol{x})>0, & \boldsymbol{x}\text{ 不可行}\end{cases}$$

在式(8-20)中，Φ_k 是随搜索过程变化的一个标量，称为容差准则。当采用单纯形法优化时，其可按如下选取：

$$\left.\begin{aligned}&\Phi_k=\Phi_k(\boldsymbol{x}_{k,1},\boldsymbol{x}_{k,2},\cdots,\boldsymbol{x}_{k,R+1},\boldsymbol{x}_{k,R+1})\\ &\Phi_0=2(L+1)h\\ &\Phi_k=\min\left\{\Phi_{k-1},\frac{L+1}{R+1}\sum_{i=1}^{R+1}\|\boldsymbol{x}_{k,i}-\boldsymbol{x}_{k,R+2}\|\right\}\end{aligned}\right\} \tag{8-22}$$

式中，L 为等式约束数目；R 为自由度数；$n=L$；$\boldsymbol{x}_{k,R+2}$为 k 步时的单纯形形心；h 为单纯形边长。

将式(8-22)中第 3 式的右端括号中的第 2 项记为

$$\theta_k=\frac{L+1}{R+1}\sum_{i=1}^{R+1}\|\boldsymbol{x}_{k,i}-\boldsymbol{x}_{k,R+2}\|=\frac{L+1}{R+1}\sum_{i=1}^{R+1}\left\{\sum_{j=1}^{n}[\boldsymbol{x}_{k,j,i}-\boldsymbol{x}_{k,R+2,i}]^2\right\}^{\frac{1}{2}} \tag{8-23}$$

因为 $\theta_k>0$，显然有

$$\Phi_0\geqslant\Phi_1\geqslant\cdots\geqslant\Phi_k\geqslant 0$$

且有

$$\lim_{x\to x^*}\Phi_k=0$$

利用可变容差法优化时，在最优化过程中可能出现可行、近乎可行和不可行 3 种情况：

(1) 当下一点 $\boldsymbol{x}_{k+1}$满足 $T(\boldsymbol{x}_{k+1})=0$ 时，称为可行移动；

(2) 当下一点 $\boldsymbol{x}_{k+1}$满足 $0\leqslant T(\boldsymbol{x}_{k+1})\leqslant\Phi^{(k)}$时，称为近乎可行移动；

(3) 当下一点 $\boldsymbol{x}_{k+1}$使 $T(\boldsymbol{x}_{k+1})>\Phi_k$ 时不可行，要重新搜索新点。

如果是利用复合形法结合可变容差法进行优化，当复合形全部顶点 $\boldsymbol{x}_j(j=1,2,\cdots,r+1)$都收缩到一点时，$\Phi_k\to 0$，因此 $T(\boldsymbol{x})$只能是 0，从而满足条件，优化过程即可结束。

可变容差法的优点是：

(1) 在开始阶段，约束条件无须严格满足，从而明显减少了计算时间；

(2) Φ_k 可作为收敛判断条件，即 $\Phi_k\leqslant\varepsilon$，并有 $T\leqslant\Phi_k\leqslant\varepsilon$。

习题

8-1 试求无约束多目标规划 $\min[x_1^2+3x_2^2,(x_1+2)^2+3(x_2-1)^2]^{\mathrm{T}}$ 的有效解集。

8-2 利用统一目标法的加权组合法求解以下最优化问题：

$$\min\boldsymbol{F}(\boldsymbol{x})=\begin{Bmatrix}x_1+x_2+x_3-208\\-15x_1-14x_2-12x_3\\3x_1\end{Bmatrix}$$

$$\begin{aligned}\text{s.t.}\quad&3x_1-240\leqslant 0\\&2x_2-250\leqslant 0\\&4x_3-420\leqslant 0\\&-x_i\leqslant 0,i=1,2,\cdots,n\end{aligned}$$

8-3 用加权组合法求以下多目标最优化问题：

$$\min\boldsymbol{F}(\boldsymbol{x})=\{4x_1-x_2,x_1+3x_2\}^{\mathrm{T}}$$

$$\begin{aligned}\text{s.t.}\quad&x_1+x_2\leqslant 12\\&2x_1+3x_2\leqslant 10\\&-x_1\leqslant 0,-x_2\leqslant 0\end{aligned}$$

8-4 用分层序列求解法求解以下多目标最优化问题：

$$\min\boldsymbol{F}(\boldsymbol{x})=\{f_1(x_1,x_2),f_2(x_1,x_2)\}^{\mathrm{T}}$$

$$\begin{aligned}\text{s.t.}\quad&x_1+x_2\leqslant 2\\&x_2\leqslant 1\\&-x_1\leqslant 0,-x_2\leqslant 0\end{aligned}$$

其中，$f_1(x_1,x_2)=-2x_1+x_2$ 比 $f_2(x_1,x_2)=x_1+2x_2$ 重要。

8-5 试分析下面的最优化问题的灵敏度：

$$\min f(\boldsymbol{x})=5x_1-x_2$$

$$\begin{aligned}\text{s.t.}\quad&x_1+x_2\leqslant 15\\&-x_1\leqslant 0,-x_2\leqslant 0\end{aligned}$$

8-6　试用可变容差法求解以下约束最优化问题：

$$\min f(\boldsymbol{x}) = x_1^2 + x_2^2$$

$$\text{s.t.}\quad h(\boldsymbol{x}) = x_1^2 + x_2^2 - 8x_1 - 9x_2 + 4 = 0$$

设 $\boldsymbol{x}^{(0)} = [3\quad 2]^{\mathrm{T}}, h = 1$。

8-7　试用可变容差法求解以下约束最优化问题：

$$\min f(\boldsymbol{x}) = 4x_1 - x_2^2 - 12$$

$$\begin{aligned} \text{s.t.}\quad & h_1(\boldsymbol{x}) = x_1^2 + x_2^2 - 25 = 0 \\ & g_1(\boldsymbol{x}) = x_1^2 + x_2^2 - 10x_1 - 10x_2 - 34 \leqslant 0 \\ & g_2(\boldsymbol{x}) = -x_1 \leqslant 0 \\ & g_3(\boldsymbol{x}) = -x_2 \leqslant 0 \end{aligned}$$

设 $\boldsymbol{x}^{(0)} = [1\quad 1]^{\mathrm{T}}, h = 0.30$。

参考文献

1. 刘惟信. 机械最优化设计(第二版)[M]. 北京：清华大学出版社，1994.
2. 陈立周. 机械优化设计方法(第三版)[M]. 北京：冶金工业出版社，2005.
3. 陈秀宁. 机械优化设计[M]. 杭州：浙江大学出版社，1991.
4. 唐焕文，等. 实用最优化方法[M]. 大连：大连理工大学出版社，2002.
5. 陈宝林. 最优化理论与算法[M]. 北京：清华大学出版社，1998.
6. 袁亚湘，孙文瑜. 最优化理论与方法[M]. 北京：科学出版社，1999.
7. http://202.115.138.30/ec3.0/c53/Course/Index.htm(成都理工大学最优化方法及其应用精品课程网站).
8. http://ocw.mit.edu/OcwWeb/web/home/home/index.htm(MIT OpenCourseWare).

3

第 3 篇

智能优化方法

9 启发式搜索方法

状态空间搜索是将问题求解过程表现为从初始状态到目标状态路径的寻找过程。当求解过程中求解条件不确定或不完备时，会造成求解问题的过程中存在很多分支，因此求解的路径会有很多，从而构成了一个网状图，这个图就是状态空间。问题的求解实际上就是在网状图中找到一条路径，可以从初始状态到目标状态。寻找路径的过程就是状态空间搜索。

常用的状态空间搜索可以按广度优先或深度优先进行，见图 9-1。广度优先是从初始状态一层一层向下找，直到找到目标为止，如图 9-1(a)所示。深度优先是按照一定的顺序先查找完一个分支，再查找另一个分支，以至找到目标为止，如图 9-1(b)所示。这两种搜索方法都属于枚举法。

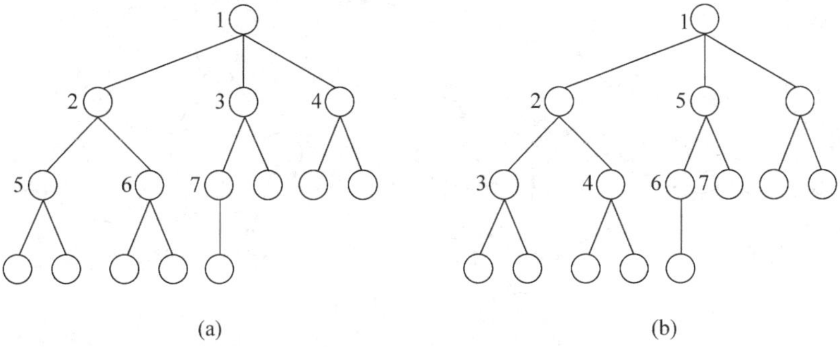

图 9-1　两种基本状态空间搜索

(a) 广度优先；(b) 深度优先

当搜索状态空间不大时，枚举法是有效的算法。但是，如果状态空间很大，且存在不可预测的情况，枚举法不但效率很低，甚至可能最终无法完成搜索。为此，人们提出了一些其他搜索法来解决大空间搜索问题，其中之一就是启发式搜索法。

启发式搜索是对在状态空间中每一个搜索位置进行评估，得到最好的位置，再从这个位置进行下一步搜索，直至找到目标。这样可以省略大量无谓的搜索路径，提高了效率。在启发式搜索中，对位置的评价是十分重要的。采用不同的评价可以有不同的效果。

本章在介绍了图搜索的基本概念和启发函数后，着重介绍启发式搜索法中的 A^* 算法。

9.1 图搜索算法

利用启发式搜索的一个有力工具是通过图构造搜索空间，然后利用它展开搜索。

1. 图的构造

图 G 是由 x 和 E 两个子集合组成的一个集合，记作 $G(x,E)$；其中 $x=\{x_1, x_2,\cdots,x_n\}$ 是以构成搜索空间的所有节点为元素组成的子集；$E=\{(x_i,x_j)\subseteq x\times x\}$ 是连接 x 中节点的连线集，它是以两两相连的节点和它们的连线为元素组成的子集。x 和 E 都是有限集。

一个图可以是无向图，即连线无方向性，因此有 $(x_i,x_j)=(x_j,x_i)$；也可以是有向图，即连线是有方向性的，因而有 $(x_i,x_j)\neq(x_j,x_i)$。

例如，在图 9-2(a)是一个有向图 G，它由 $x=\{x_1,x_2,x_3,x_4,x_5,x_6\}$ 和 $E=\{(x_1\ x_2),(x_1,x_3),(x_2,x_4),(x_2,x_5),(x_3,x_5),(x_3,x_6),(x_5,x_4),(x_5,x_6)\}$ 构成。

在一个有向图 $G=(x,E)$ 中，若 $x_i,x_j\in x$，且存在连线 $(x_i,x_j)\in E$，则节点 x_i 称为节点 x_j 的父节点，而节点 x_j 称为节点 x_i 的子节点。图 9-2(b)为无向图，每相连的两个节点都可以双向搜索，且 $(x_i,x_j)=(x_j,x_i)$。

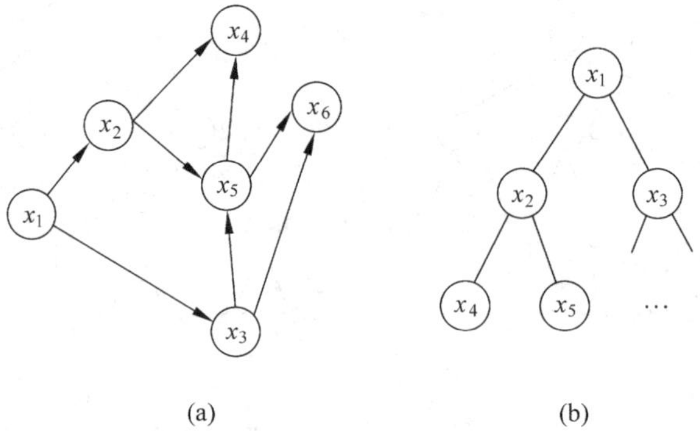

图 9-2 有向图与无向图
(a) 有向图；(b) 无向图

树(图)T 是一类除根节点外的每个节点都有且只有一个父节点的图，如图 9-3 所示的有向图就是一个树。x_2 是 x_5 的父节点，x_5 是 x_2 的子节点。没有父节点的节点称为根节点，如图 9-3 中的 x_1 点；没有子节点的节点称为叶节点，如图 9-3 中的 x_4，x_5，x_7 和 x_8。

以图的形式记录搜索过程的一个重要目的是为了便于回溯。回溯可以使搜索过程得以放弃较差或错误的搜索路径，返回某一搜索过的节点，从而重新开拓一条新的路径。以图 9-4 所示搜索图为例，如果搜索过程到达节点 x_2 但它并非所要求的解，则搜索过程可以回溯到父节点 x_1，并从节点 x_1 继续。

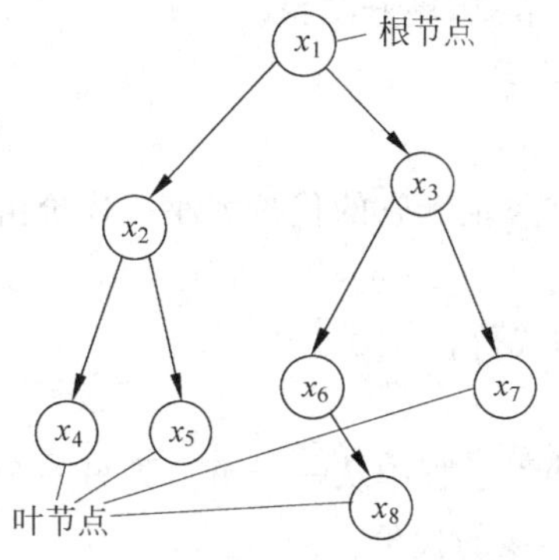

图 9-3 树图

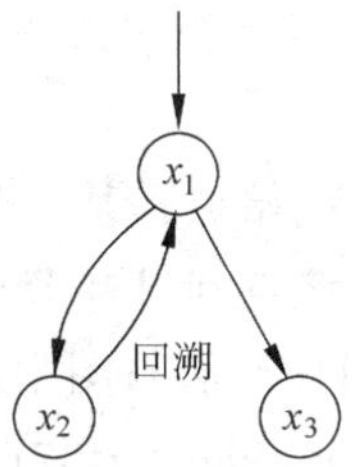

图 9-4 回溯示例

多数情况下，搜索问题中的图是一个有向图，且常只有唯一的一个起始节点（根节点）。搜索过程不断生成子节点并把它们加入图中的过程称为节点展开。搜索持续进行，直到找到属于终止节点集的任一节点。

下面给出将图转化成树的一个例子。

例 9-1 设图 9-5(a)给出的一个图中，S 为起始点，试建立该图的树。

解：树是一个有向图，没有循环，且只有唯一的根节点，并可以通过图走到每一个节点。可以根据下面的原则将该图转化成树：①将无向连接换成等价双向连接；②避免在道路中形成循环。具体步骤如下：

(1) x_1 为根节点；

(2) 直接与 S 连接的为它的子节点，如图 9-5(b)中的 x_2 和 x_3。

(3) 与 x_2 和 x_3 连接的节点作为第 3 层，如图 9-5(b)中的 x_4，x_5 和 x_6。注意：因为 x_5 与 x_2 和 x_3 均有连接，因此要在 x_2，x_3 两个分支中都绘出。

(4) 与第 3 层节点 x_4，x_5 和 x_6 连接的节点作为第 4 层，如图 9-5(b)中的 x_4 和 x_6。

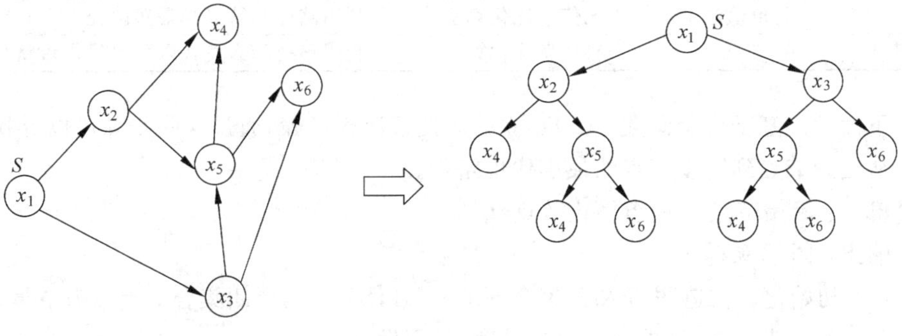

(a) (b)

图 9-5 图转化成树

(a) 有向图；(b) 树

(5) 因为 x_4 和 x_6 都是叶节点且没有子节点，展开结束。

解毕。

2. 路径代价

一个路径是否被选作最优搜索路线通常决定于它的代价大小。代价由以下两部分组成：

(1) 从起始点到某一个节点已经花费的代价；

(2) 从该点到目标节点的可能代价。

可以用代价值与图中的连线一起描述搜索过程中从一个节点到另一个节点的代价，如用 $v(x_i, x_j)$ 表示节点 x_i 与节点 x_j 间连线的代价。

如果一个路径的节点序列是长度为 k 从 $x_1 \to x_2 \to \cdots x \cdots \to x_k$ 的路径，则这条路径的代价就是所有连线代价之和，即

$$v(x_1 \to x_2 \to \cdots x \cdots \to x_k) = \sum_{i=1}^{k-1} v(x_i, x_{i+1}) \tag{9-1}$$

可以建立代价函数 $f(x)$ 来评价节点 x 的价值，$f(x)$ 包含两部分：一是从起始节点 x_1 到 x 的实际代价；二是从 x 到终止节点 x_k 的代价估值。

3. 图搜索步骤

表 9-1 中给出了几种不同的搜索算法。可以简单划分为无信息任意路径算法（包括前面提到的深度优先搜索和广度优先搜索）、有信息任意路径算法、无信息优化算法和有信息优化算法。

表 9-1 搜索算法的分类及操作

序号	名　称	分　类	操　作
1	深度优先	无信息任意路径算法	对整个树全面搜索直至达到目标节点
2	广度优先		
3	最好优先	有信息任意路径算法	利用最好状态方法启发式搜索估计到目标节点的距离
4	均匀价值法	无信息优化算法	利用路径测算寻找最短路径
5	A^* 算法	有信息优化算法	利用路径和启发式函数寻找最短路径

下面给出基于代价函数 $f(x)$ 建立的图搜索流程步骤，通过这些步骤可以寻找到一个从起始节点到终止节点的最小代价路径。

输入：起始节点 s，一组终止节点 $\{t_i\}$。

输出：图 G 和树 T。

(1) 初始化。构造图 G 和开集合 S，$G \leftarrow \{s\}$，$S \leftarrow \{s\}$，令闭集合 $C = \varnothing$ 为空集。

(2) 若 S 为空集，则搜索以失败结束，否则做下一步。

(3) 因为 S 为非空集，从 S 中取出排列第 1 的节点 x，并使 $S \leftarrow S - \{x\}$，$C \leftarrow C\{x\}$。

(4) 若 $x \in \{t_i\}$，算法以成功结束。

(5) 展开 x 并令 M 为 x 的子节点且不是其前辈节点的节点集，将 M 加入 G。

(6) 对集合 M 中的元素做如下操作：

① 给每个 M 中既不在 S 中也不在 C 中的节点设置一个指向其父节点的逆向指针；

② 调整 M 中在 S 或 C 中节点的逆向指针；

③ 调整 M 和 C 中节点的后继节点的逆向指针；

④ 将 M 中既不在 S 中也不在 C 中的节点放入 S。

(7) 根据评价函数值的大小，重新排列 S 中的节点。

(8) 回到步骤(2)。

上述算法步骤用逆向指针构成求解树 T，而回溯则是通过将节点分别放入 S 和 C 两集合中实现的。如果一个节点尚未被展开，即它的子节点还未被生成，则将它放入 S；否则，放入 C 中。

图 9-6 所示为一个执行图搜索算法历经 3 次循环的例子。起始点为 s，终止点为 $\{t_i\}=\{e\}$。

循环 1

(1) 最初 $S=\{s\}$，C 为空集，见图 9-6(a)。

(2) $S\neq\varnothing$非空，进行下一步。

(3) $S-s$，并将 s 展开，$C=\{s\}$。

(4) $s\notin\{t_i\}$，做下一步。

(5) 设展开 s 生成 3 个子节点 a,b,c，则 $M=\{a,b,c\}$，见图 9-6(b)。

(6) 做下面的工作：

① 设置逆向指针，见图 9-6(c)；

② $S=\{a,b,c\}$。

(7) 因为无评价函数，可认为各节点等价，即可按 $S=\{a,b,c\}$。

(8) 返回步骤(2)。

循环 2(接上一循环)

(2) $S=\{a,b,c\}\neq\varnothing$，进行下一步。

(3) 选排列第一的 a 来扩展，$S=\{b,c\}$，$C=\{s,a\}$。

(4) $a\notin\{t_i\}$，做下一步。

(5) 设扩展 a 生成 3 个子节点，$M=\{b,d,e\}$，见图 9-6(d)。

(6) 做下面的工作：

① 设置逆向指针，见图 9-6(e)(注意：b 在此之前已有逆向指针指向 s，这种情况下不作调整)；

② $S=\{b,c,d,e\}$。

(7) 因为无评价函数，S 不调整，$S=\{b,c,d,e\}$。

(8) 返回步骤(2)。

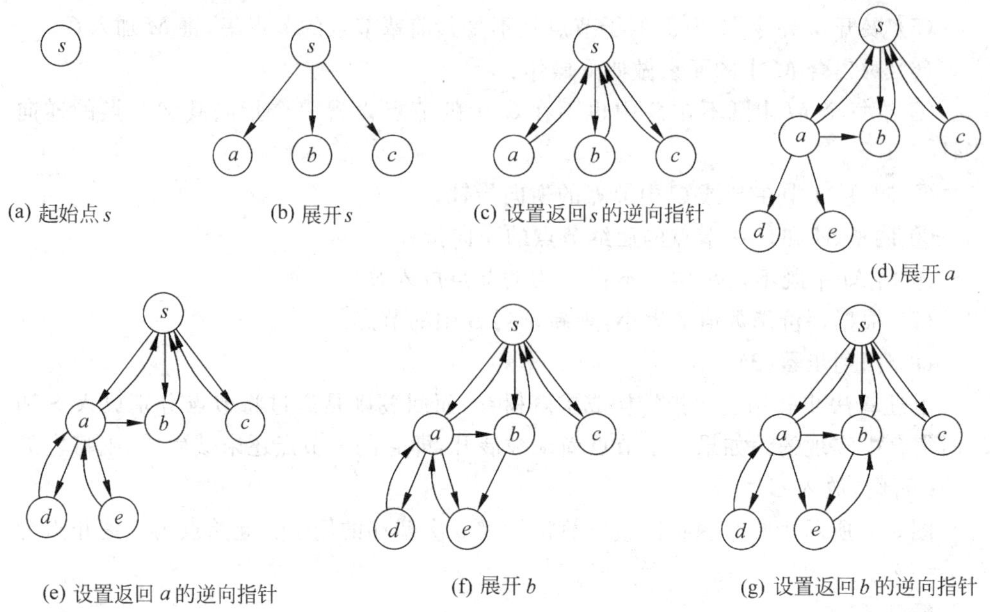

(a) 起始点 s　(b) 展开 s　(c) 设置返回 s 的逆向指针　(d) 展开 a

(e) 设置返回 a 的逆向指针　(f) 展开 b　(g) 设置返回 b 的逆向指针

图 9-6　搜索图算例

循环 3(接上一循环)

(2) $S=\{b,c,d,e\}\neq\varnothing$,进行下一步。

(3) b 被选来扩展,$S=\{c,d,e\}$,$C=\{s,a,b\}$。

(4) $b\notin\{t_i\}$,做下一步。

(5) 设扩展 b 生成一个子节点,$M=\{e\}$,见图 9-6(f)。

(6) 做下面的工作:

① 设置逆向指针,见图 9-6(g)(注意:e 在此之前已有反向指针指向 a,这种情况下要调整为指向 b);

② $S=\{c,d,e\}$。

(7) 因为无评价函数,S 不调整,$S=\{c,d,e\}$。

(8) 返回步骤(2)。

⋮

搜索的成功取决于下一个被扩展节点的选取,也受图搜索算法中第(7)步的控制。这一步骤依据代价函数值来决定 S 中节点的选取顺序。如果代价函数只考虑从起始节点到当前节点的代价,则这一搜索称为无信息搜索。这一情况通常意味着无法获取从当前节点到终止节点可能代价的有关附加信息。如果所有连线的代价都是一个常数,例如 1,则代价函数可被定义为搜索树的深度。在这一条件下,如果 S 中的节点是按代价函数值由小到大排序,就得到**宽度优先搜索**。宽度优先搜索遍历搜索整个搜索空间。如果 S 中的节点是按代价函数值由大到小排序,就得到**深度优先搜索**。

9.2 启发式评价函数

启发式搜索方法依靠与任务无关信息来简化搜索进程。在很多情况下,问题求解可视为系统化地构造或查找解答的过程。因此,在人工智能领域中开发出了用于计算机问题求解的各种不同搜索算法。尽管在某些情况下并非十分有效,但像迷宫、定理证明、国际象棋等问题都可以由计算机程序给出解答。一般来说,搜索过程包括检查搜索空间、评价可能有解的各种不同路径、记录已经搜索到的路径等主要内容。其主要内容之一就是建立启发式评价函数。

1. *A* 算法

启发搜索中的评价是用评价函数表示的。例如:

$$f(x) = g(x) + h(x) \tag{9-2}$$

式中,$f(x)$是当前节点 x 的评价函数;$g(x)$是从初始节点到 x 节点的实际代价;$h(x)$是从 x 到目标节点最优路径的估计代价。

显然,$g(x)$可用至今已被展开的从起始节点到当前节点元的所用路径中的最小代价来代替。从 x 到任一目标节点的路径都是未知的,因此无法精确给出 $h(x)$,只能对其加以估算。在无法估计代价时,可对于所有节点 x 令 $h(x)=0$,这时启发式搜索退化为宽度优先搜索。当其启发函数具有式(9-2)的形式时,图搜索算法称为 A 算法。具体步骤如下。

输出:图 G 和树 T。

(1) 初始化,以起始节点 s 构造图 G 和集合 S,$G\leftarrow\{s\}$,$S\{s\}$,且令集合 C 为空集。

(2) 若 S 为空集,算法以失败结束,否则执行下一步。

(3) 从 S 中取出具有最小 $f(x)$值的节点 x,并使 $S\leftarrow S\{x\}$,$C\leftarrow C\{x\}$。

(4) 若 $x\in\{t_i\}$,算法以成功结束。

(5) 展开 x,令 M 为 x 的子节点且不为其前辈节点的节点集,将 M 加入 G。

(6) 对 $m\in M$ 的节点:

① 如果 $m\notin S$ 且 $m\notin C$,则将 m 放入 S。估计 $h(m)$并计算 $f(m)=g(m)+h(m)$,其中 $g(m)=g(x)+\mathrm{cost}(x,m)$。

② 如果 $m\in S$ 或 $m\in C$,则将其逆向指针调整到给出最小 $g(m)$值的路径。

③ 如果 m 的逆向指针被调整且 m 在 C 中,则将其重新加入 S。

(7) 回到步骤(2)。

2. 最优启发式函数

如果 $g^*(x)$是从 s 到 x 的所有路径中的最小代价,$h^*(x)$是从 x 到一个目标节点的所有路径中的最小代价,那么式(9-2)可写成

$$f^*(x) = g^*(x) + h^*(x) \tag{9-3}$$

式中，$f^*(x)$是从起始点 s 经过当前位置 x 到目标位置的评价函数；$g^*(x)$是从起点 s 到当前位置 x 的最短路径值；$h^*(x)$是从当前位置 x 到目标位置的最短路径的启发值。

选用最优启发式函数的 A 算法，称为 A^* 算法。下面给出一个实例来表明 A^* 方法的具体过程。

例 9-2 在图 9-7 给出的有向图 $G=(\boldsymbol{x},\boldsymbol{E})$中，$\boldsymbol{x}=\{s,a,b,c,d,e,i,j,k,l\}$，$\boldsymbol{E}=\{(s,a),(s,b),(s,c),(a,d),(b,d),(b,e),(c,e),(d,i),(d,j),(d,k),(e,j),(e,k),(e,i)\}$。连线价值用 $\text{cost}(i,j)$表示，并已在线上标注出了相应的数值。起始节点为 s，目标节点为$\{j,k\}$，试计算该图的最优价值路径。

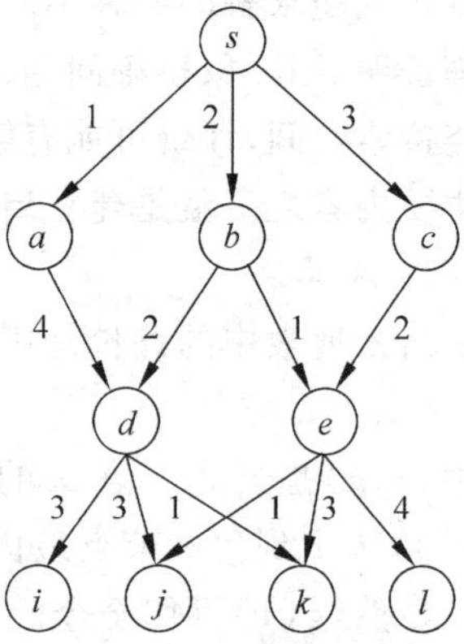

图 9-7 计算 g^*、h^* 和 f^*

解：计算 f^*，g^* 和 h^* 的过程可归纳如下：

(1) 从起始节点 s 开始计算 g^*，$g^*(s)=0$。

(2) 对其他任一节点 x，计算从 s 到 x 的每条路径的代价，而 $g^*(x)$是其中的最小值。

(3) ① 因为从 s 到 a 只有一条路径，所以

$$g^*(a)=g(s\rightarrow a)=\text{cost}(s,a)=1$$

② 因为从 s 到 d 存在两条路径，即 $s\rightarrow a\rightarrow d$ 和 $s\rightarrow b\rightarrow d$，它们的代价分别为

$$g(s\rightarrow a\rightarrow d)=\text{cost}(s,a)+\text{cost}(a,d)=1+4=5$$

$$g(s\rightarrow b\rightarrow d)=\text{cost}(s,b)+\text{cost}(b,d)=2+2=4$$

则有

$$g^*(d)=\min\{5,4\}=4$$

③ 因为从 s 到 j 存在 4 条路径，它们的代价分别为

$$g(s\rightarrow a\rightarrow d\rightarrow j)=1+4+3=8$$

$$g(s\rightarrow b\rightarrow d\rightarrow j)=2+2+3=7$$

$$g(s\rightarrow b\rightarrow e\rightarrow j)=2+1+1=4$$

$$g(s\rightarrow c\rightarrow e\rightarrow j)=3+2+1=6$$

因此，

$$g^*(j)=\min\{8,7,4,6\}=4。$$

(4) 从目标节点开始计算 h^*，可得

$$h^*(j)=h^*(k)=0;$$

(5) 对其他任一节点 x，计算从 x 到 j 或 k 的每条路径的代价，而 $h^*(x)$是其中的最小值。例如，由 b 通往终止节点的路径及其代价可为

① $b\rightarrow d\rightarrow j, h(b\rightarrow d\rightarrow j)=\text{cost}(b,d)+\text{cost}(d,j)=2+3=5$

② $b\rightarrow d\rightarrow k, h(b\rightarrow d\rightarrow k)=\text{cost}(b,d)+\text{cost}(d,k)=2+1=3$

③ $b\rightarrow e\rightarrow j, h(b\rightarrow e\rightarrow j)=\text{cost}(b,e)+\text{cost}(e,j)=1+1=2$

④ $b \to e \to k, h(b \to e \to k) = \text{cost}(b,e) + \text{cost}(e,k) = 1 + 3 = 4$

因此，

$$h^*(b) = \min\{5,3,2,4\} = 2$$

一旦得到 $g^*(x)$ 和 $h^*(x)$，$f^*(x)$ 可由 $f^*(x)=g^*(x)+h^*(x)$ 求得。因此，$s\to b\to e\to j$ 是从 s 到目标节点之一 j 的最小代价路径，且代价为 4。

解毕。

值得注意的是，在最小代价路径上的每个节点的 f^* 值都等于最小代价。当然，在实际求解过程中，图的结构在展开它之前是未知的。因此，g^* 只能基于至今已被展开的路径计算，而 h^* 无法得知。

9.3 A^* 搜索算法

启发式搜索的算法很多，比如局部择优搜索法、最好优先搜索法等。这些算法都使用了启发函数，但在具体选取最优搜索节点时的策略不同。局部择优搜索法是在搜索的过程中只选取"最优节点"，并舍弃其他的可能节点，一直搜索下去，直至达到目标节点。这种搜索的结果由于舍弃了部分节点，有可能把最好的节点都舍弃了，因为求解的最优节点只是在该阶段的最优并不一定是全局的最优。

最好优先算法在搜索时不舍弃节点(除非该节点是死节点)，每一步的评价都把当前的节点和以前的节点的评价值进行比较得到一个"最优的节点"。这样可以防止"最优节点"丢失。A^* 算法就是一种加上了一些约束条件的最好优先算法。如果一个评价函数可以找出最短的路径，则称该评价函数为可采纳的。A^* 算法是一个可采纳的最好优先算法。A^* 算法的评价函数可同式(9-3)，表示为

$$f^*(x) = g^*(x) + h^*(x)$$

由于 $f^*(x)$ 无法预先知道，所以可用式(9-2)的评价函数 $f(x)$ 做近似。用 $g(x)$ 代替 $g^*(x)$，要求 $g(x)\geqslant g^*(x)$(这一般都是满足的)。用 $h(x)$ 代替 $h^*(x)$，但要求启发函数 $h(x)$ 应满足条件

$$h(x) \leqslant h^*(x) \tag{9-4}$$

即 A^* 算法的启发函数值始终不大于实际最小路径代价，一般小于实际最小路径代价。

A^* 算法的重要意义还在于：

(1) 当 A^* 算法结束时，一定可以找到一条从起始节点到目标节点的最小代价路径。也就是说，若存在从起始节点到目标节点的路径，A^* 算法一定会终止。这表明，如果存在从起始节点到目标节点的最优解答路径，A^* 算法一定能找到它。

(2) A^* 算法具有可容性，即如果存在一条从起始节点到目标节点的路径，A^* 算法以发现最优解而终止。也就是说，A^* 算法找到的解答路径一定具有从起始节点到目标节点的最小代价。

例 9-3 如图 9-8 所示,假设机器人想从 A 点到达 B 点,起始点 A 和结束点 B 之间有一堵墙,试选择最优路径。

解:

(1) 划分搜索区域

可把搜索区域简化成一个二维数组,数组的每一个项目代表格子里的一个方块,它的状态记录成可行走(白色方格)和不可行走(带×方格)。

(2) 建立搜索方法

用 A^* 算法,从起始点 A 起,按以下 3 个步骤检查它周围的方块,向外搜索,直至找到目标节点 B。按 9.1 节介绍的搜索步骤进行搜索。

① 从起始点 A 起,将它添加到待考察方块的“开放列表”S。此时只有 A 一个元素在列表中。它包含可能取用的沿途的方块。

② 观察邻近可行方块,略去有墙体、水池等不可行方块,把可行方块添加到开放列表 S。对每一个方块,保存 A 点作为父辈方块。

③ 把方块 A 从开放列表 S 中取出,放到不需要再考察的“封闭列表”C 内。如图 9-9 所示,中间方块被添加到封闭列表 C 中。相邻方块进入开放列表 S 中待检查,它们都有一个指针指向父辈方块。

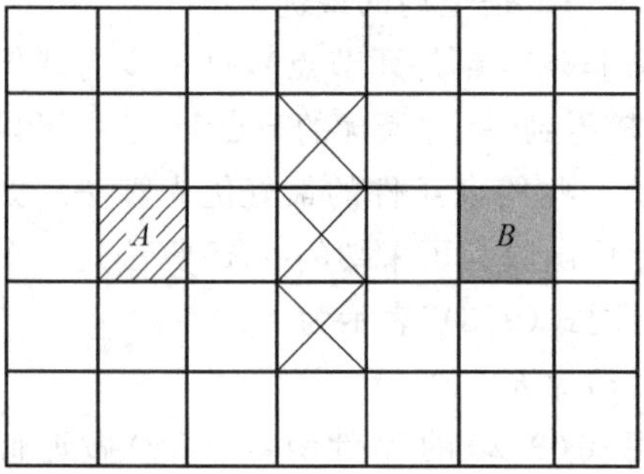

图 9-8 例 9-3 图

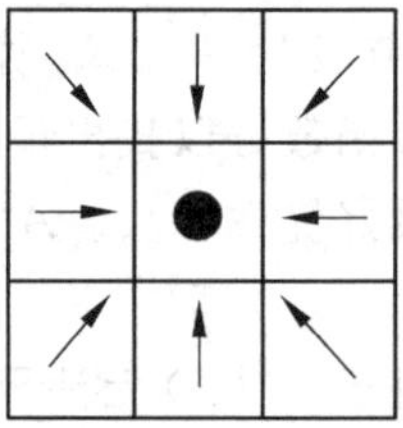

图 9-9 搜索方法图

(3) 路径排序

构建启发函数

$$f = g + h$$

① g 是经由起始点 A 到给定方块的移动代价。我们为每个水平或垂直的移动指定代价为 10,而斜角的移动代价为 14(因为斜角移动的实际距离是$\sqrt{2}$,即约 1.414 倍的水平或垂直移动距离)。例如在图 9-10 中,在 A 点上、下、左、右的方块中,$g=10$。A 点斜角的方块的 $g=14$。每个方块的 g 值都标注在该方块的左下角。

② h 可通过多种方法估算。这里采用 Manhattan(曼哈顿)函数:

$$h(x) = \text{从当前位置经水平或垂直移动到目标处的总步数} \times 10 \tag{9-5}$$

例如在图 9-10 中,A 点右边的方块到目标方块要经过 3 个方块,所以 $h=30$。

h 的数值标注在对应方块的右下角。

③ f 可将 g 和 h 相加得出。第 1 步搜索的结果见图 9-11，f 的数值标注在对应方块左上角。

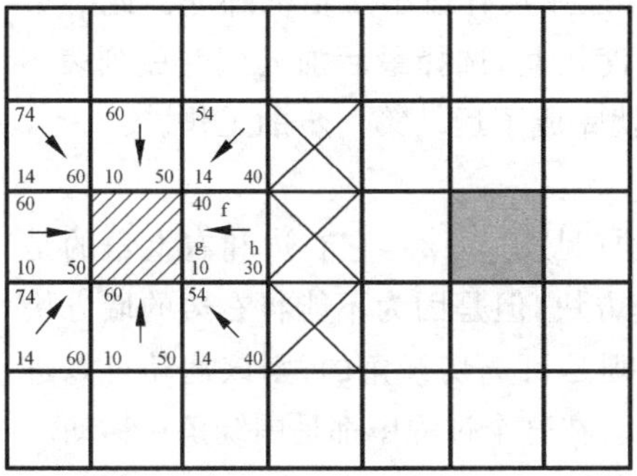

图 9-10 启发函数计算

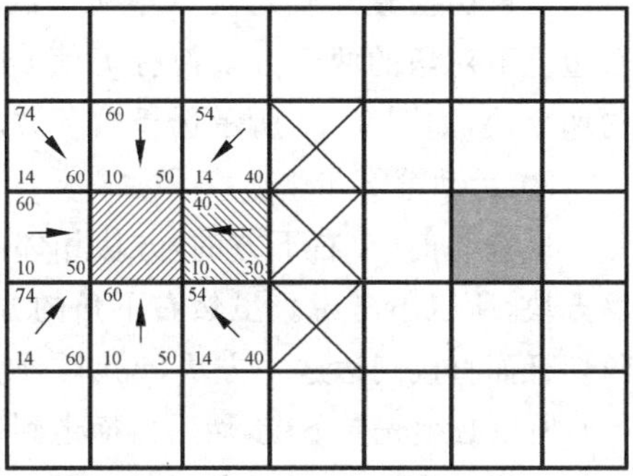

图 9-11 预运动第 1 步

(4) 继续搜索

为了继续搜索，选择开放列表 S 里具有最小 f 值的方块。然后对选定的方块做如下操作：

① 将它从开放列表 S 中取出，并加入封闭列表 C。

② 检查所有的相邻方块，略去封闭列表 C 内的方块和墙体、水池等不可行方块。如果方块不在开放列表 S 中，则添加进 S 中，将选定方块作为这些新加入方块的父辈位置。

③ 如果一个相邻方块已经存在于开放列表 S 中，检查到达该方块的路径是否更优。检查经由当前方块到达那里是否具有更小的 g 值。如果没有，则不执行操作。

④ 如果新路径的 g 值更小，则把该相邻方块的父辈位置改为当前选定的方块(在图 9-10 中，修改其指针方向指向选定方块)。重新计算它的 f 和 g 值。

(5) 具体求解过程

① 运动第 1 步

在初始的 9 个方块中，当开始方块 A 被纳入封闭列表 C 后，开放列表 S 中就只有 8 个方块了。在这些方块中，具有最小 f 值的是开始方块相邻右边的那个，其 f 值为 40。所以选定这个块作为下一个方块，见图 9-11。

把这一方块从开放列表 S 中取出，并加入到封闭列表 C(就是加入涂了阴影线的方块)中。然后检查与它相邻的方块。由于这个方块相邻右边的 3 个方块是墙体，所以应该略去。其相邻左边是开始方块，它处于封闭列表 C 内，所以无须考查。其他 4 个已经在开放列表 S 中了，所以需要继续检查经由当前方块到达它们是否是更优的路径，使用 g 值为参考点。来看这个选定方块上面右边的那个方块，它的当前 g 值是 14。如果我们经由当前方块到达那里，g 值将是 10+10=20，它大于 14，所以这不是最好的路径。而从开始方块 A 斜向直接移动到该方块，而无须先水平移动，再垂直移动。

当对已经存在于开放列表 S 的所有 4 个相邻方块都重复这个过程之后，我们发现，经由当前方块没有更佳的路径，所以什么也不用改变。

再遍历检查开放列表 S 中所有的 7 个方块，选择具有最小 f 值的那块。此时 A 右边上下对角的两个方块都有 f 值 54。为了速度快些，选择最后加入到开放列表 S 的那个块，如图 9-12 所示选择右下方那块。这就完成了运动第 1 步的工作。

② 运动第 2 步

检查与前(A 右下方的)方块相邻的所有方块(见图 9-12)，它右边和右上角的是墙方块，所以不考虑。虽然右下角的方块不是墙方块，但是因为不能将右边的墙方块角切开而直接到达这一方块(说明：如果运动规则是可选切开角的，则该运动可以进行)，所以必须先向下走，然后再横走到达那个方块，在这个过程中都是围绕角在移动。

这样就剩下 5 个方块，左边和左上方(即 A)的两个已经在封闭列表 C 中，所以无须考虑。当前方块下面和左下的两个方块不在开放列表 S 中，所以要将它们加入 S 中，并把当前方块作为它们的父辈方块。再检查当前方块左边的那一个方块是否有更小的 g 值，因为没有，所以处理完毕。

准备检查开放列表 S 中的下一个方块。按第 1 步的同样做法，可确定当前方块中下面的作为运动的第 2 步。

③ 继续过程

重复上述过程，直到把目标点添加到开放列表 S 中，此时的情形如图 9-13 所示。

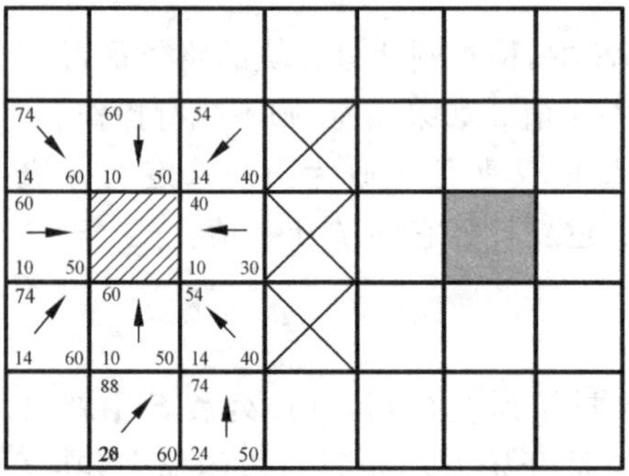

图 9-12　实际运动第 1 步

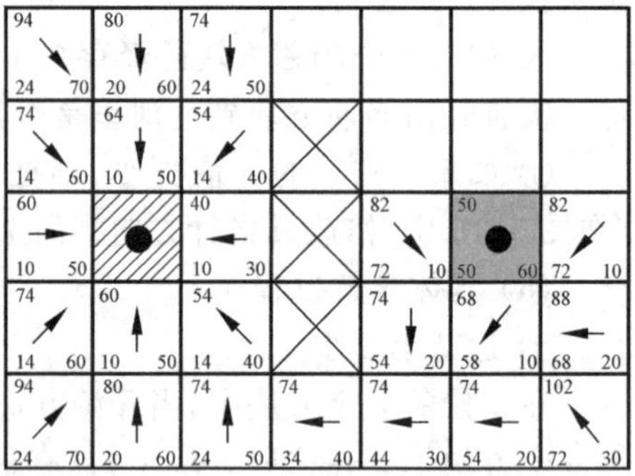

图 9-13　计算结果

注意：A 点方块向下的第 2 个方块，因为其父辈方块发生改变，它的开始 g 值为 28，指向其右上角的方块。现在它的 g 值是 20，指向其上方的方块。这是在搜索方法中某处发生的。在那里 g 值被检查，而且使用新的路径后，它得到了更小的值。所以它的父辈位置切换了，g 和 f 也重新计算。而这个改变在本例中不见得非常重要，还有足够多的可能位置，在决定最佳路径的时候，持续的检查会产生各种差别。

最终路径如图 9-14 所示。从方块 A 经带●的粗边框节点移动到下一方块的过程，直至到目标方块 B。

解毕。

例 9-4 试用 A^* 算法寻找图 9-15 中给出一个 8 数码问题从起始布局 s 到最终布局 g 的最优移动步骤。假设每移动一步时的价值是相等的。

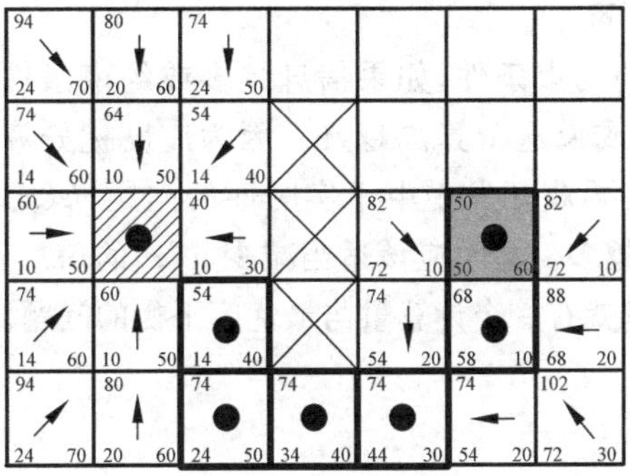

图 9-14 移动全过程

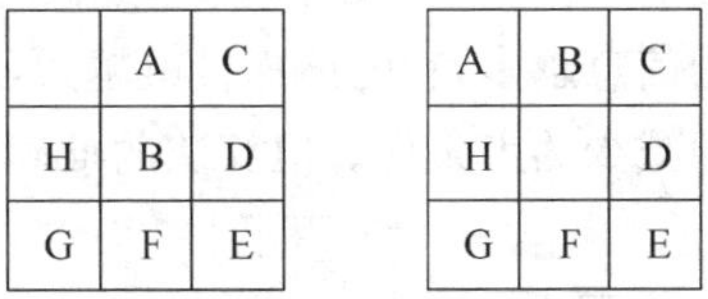

(a) (b)

图 9-15 起始布局和目标布局

(a) 起始布局 s；(b) 目标布局 g

解：这里给出本例题中的一个启发函数 $h(x)$——Misplaced 函数：

$$h(x) = \text{在第 } x \text{ 步布局尚不在目标布局位置上的方块个数} \tag{9-6}$$

在图 9-16 中，每一步对应的 f,g 和 h 的数值在各子图的上方给出。

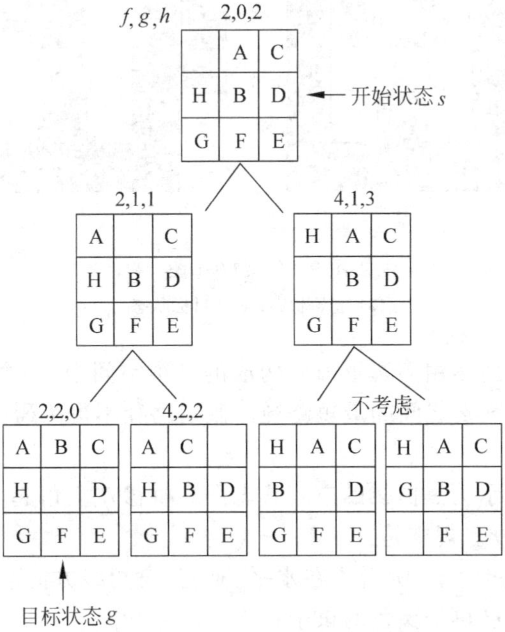

图 9-16 八数码问题的结果

解毕。

虽然 A^* 算法可以保证发现最优解，但它的性能与启发函数的选择有很大关系。如果启发函数严重低估实际的 h^*，算法则退化为宽度优先搜索。广度优先算法就是 A^* 算法的特例，它的 $g(x)$ 是节点所在的层数，它的 $h(x)=0$，显然这一 $h(x)$ 一定小于 $h'(x)$。然而，广度优先算法是一种最差的 A^* 算法。另外，如果问题规模较大，它对用于保存搜索图和解树的资源要求也就相当高。

$h(x)$ 的信息性是在估计一个节点的值时的约束条件，如果信息越多或约束条件越多则排除的节点就越多，那么评价函数越好或说这个算法越好。因为广度优先算法的 $h(x)=0$，没有启发信息，所以不好。但在游戏开发中由于实时性的问题，$h(x)$ 的信息越多，它的计算量就越大，耗费的时间就越多。此时应该适当减少 $h(x)$ 的信息，即减少约束条件。但算法的准确性就差了，这里就有一个计算量与最优解平衡的问题。

习题

9-1　如图 9-17 所示，假设想从初始状态到达目标状态，不能与相碰，试选择最优路径。请考虑各种可能，并写出每步的代价函数、最小估值和启发函数数值。

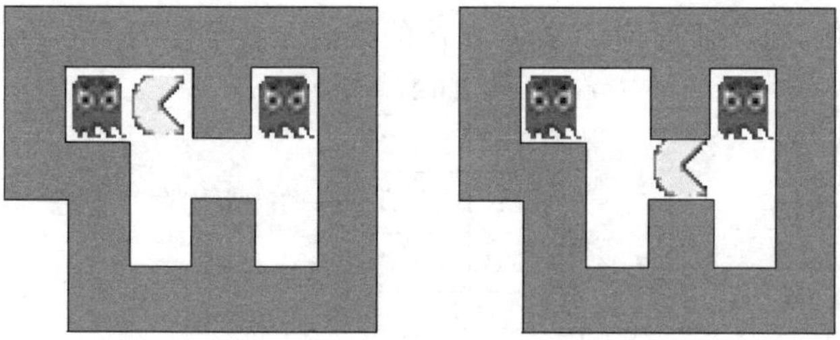

(a)　　(b)

图 9-17　题 9-1 图

(a) 起始状态；(b) 目标状态

9-2　在图 9-18 所示由多边形障碍构成的二维空间中，一个机器人必须找到从初始位置 s 到目标位置 g 之间的最短路径。假定路径不可障碍交叉。试求出 s 和 g 之间的最短路径。

9-3　图 9-19 所示为黑白棋的空间状态图。棋盘左上角起，横坐标为 A，B，…，H，纵坐标为 1，2，…，8。规则是：

(1) 双方轮流各走一子，所走子在水平、垂直、对角线方向与自己的其他子将对方所夹的棋子变为自己棋子颜色的棋子；

(2) 当轮到该方走子，而该方又无法走子时，则由对方走子；

(3) 当一方的子被另一方全吃完时，则被吃完的一方被认为是“输家”；

(4) 当所有的棋格均被填满后，棋子多的一方被认为是“赢家”。

试给出一种求评价函数 f 的方法，其 g 值为当前状态下白棋的个数；h 取即使白棋不走子，黑棋最多能杀白棋的个数的过程。

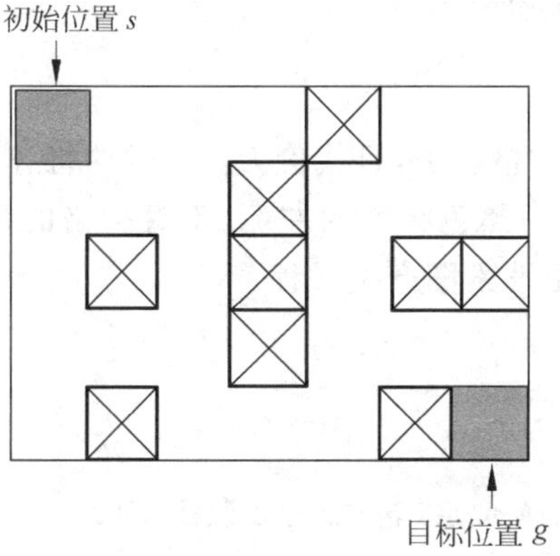

图 9-18 题 9-2 图

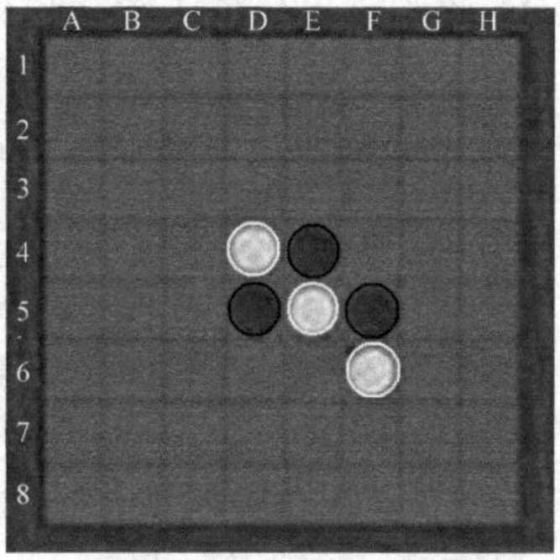

图 9-19 题 9-3 图

9-4 在图 9-20 所示由多边形障碍构成的二维空间中，一个机器人必须找到从起始点 s 到目标点 g 之间的最短路径。假定机器人是无穷小，路径可以与障碍相邻(或接触到)但不能交叉。试：

(1) 画出 s 和 g 之间的最短路径。

(2) 在这个二维空间中，虽然有无限个点，但在任意的 s 和 g 点之间搜索一条最短路径时必须考虑的最小点集是什么？

(3) 在(2)中找到的最小点集中给定一点，在相应的搜索图中描述产生该点后继的方法。图中 s 点的后继点是什么？

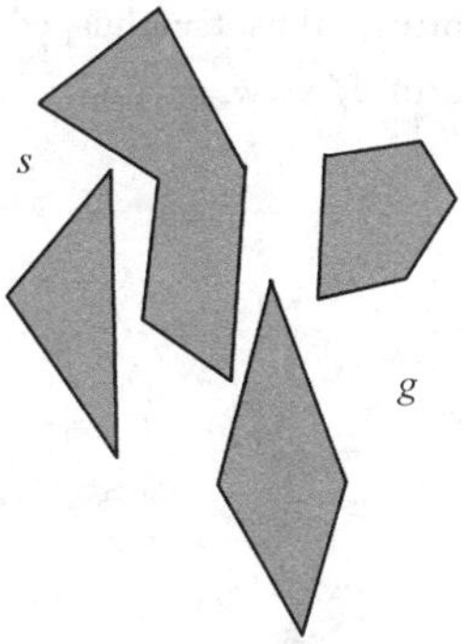

图 9-20 题 9-4 图

9-5 考虑八数码问题。给定起始节点为 $\begin{bmatrix}1 & 2 & 3\\ 8 & & 5\\ 7 & 6 & 4\end{bmatrix}$，终止节点为 $\begin{bmatrix}1 & 2 & 3\\ 8 & & 4\\ 7 & 6 & 5\end{bmatrix}$，用 A^* 算法及下列各启发函数构造搜索图：

(1) $h(x)=0$。

(2) $h(x)=\text{Misplaced}(x)$，其中 Misplaced(x)为式(9-6)。

(3) $h(x)=\text{seq}(x)$，其中 seq(x)对居于正中位置的将牌为 1，而对于那些位于四周、其数码却又不按顺时针由小到大排序(跟在其后将牌数码不是比它刚好大 1)的将牌为 2。

9-6 考虑一个具有如图 9-21 所示起始布局的积木游戏，其中有 3 个黑色将牌(B)，3 个白色将牌(W)和 1 个空格。将牌可按如下规则移动：

B	B	B		W	W	W

图 9-21　题 9-6 图

(1) 将牌可以代价 1 移到相邻的空格上去。

(2) 将牌可越过最多两个其他将牌而跳到空格上去，且代价为其跳过的将牌数。

这一游戏的目标是使所有白色将牌都在任一黑色将牌的左侧(不管空格的位置在哪里)。为这个问题选择一个启发函数并给出搜索图产生过程。

参考文献

1. Ansari N, Hou E. 用于最优化的计算智能. 李军，等，译. 北京：清华大学出版社，1999.
2. http://ocw.mit.edu/OcwWeb/web/home/home/index.htm.
3. http://www.gamedev.net/reference/programming/features/astar/.
4. http://thns.tsinghua.edu.cn/thnsebooks/ebook173/07.pdf.
5. http://thns.tsinghua.edu.cn/thnsebooks/ebook173/09.pdf.
6. http://www.ictedu.cn/show.aspx? cid=25&id=1625.

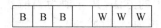

10 Hopfield神经网络优化方法

人工神经网络(artificial neural network,ANN)是指由大量简单人工神经元互联而成的一种计算结构。它可以在某种程度上模拟生物神经系统的工作过程,从而具备解决实际问题的能力。人工神经网络由于其大规模并行处理、学习、联想和记忆等功能,以及它的高度自组织和自适应能力,已成为解决许多工程问题的有力工具,近年来得到了飞速的发展。迄今为止,已有数十种不同的人工神经网络模型被提出,分别适用于不同的问题领域,如计算机视觉、语言识别、智能控制、模式识别等。本章主要介绍 Hopfield(霍普费尔德)网络模型及其在组合优化领域中的应用。

10.1 人工神经网络模型

10.1.1 生物神经系统

生物神经系统是一个有高度组织和相互作用的数目庞大的细胞组织群体。这些细胞又称为神经细胞,也称为神经元,其结构可以用图 10-1 描述。多个神经元以突触连接构成完整的神经网络。复杂的神经网络正是依靠众多突触所建立的链式通路反馈环路来传递信息,并在神经元之间建立密切的形态和功能联系的。研究表明,生物神经网络的功能不是单个神经元生理和信息处理功能的简单叠加,而是一个有层次、多单元的动态信息处理系统。它们有其独特的运行方式和控制机制,可以接受生物内外环境的输入信息,通过综合分析、处理,进而调节和控制机体对环境做出适当的反应。

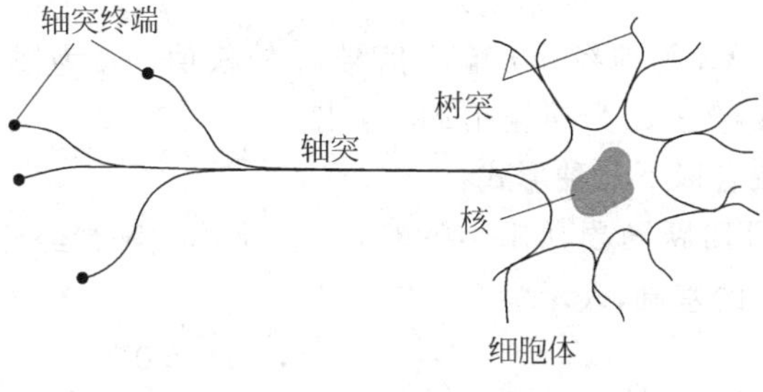

图 10-1 生物神经元结构

10.1.2 人工神经元模型

人工神经元是构成人工神经网络的基本单元，是对生物神经元特性及功能的一种数学抽象，通常为一个多输入单输出器件。基本人工神经元结构模型如图 10-2 所示，包括以下几个基本要素：

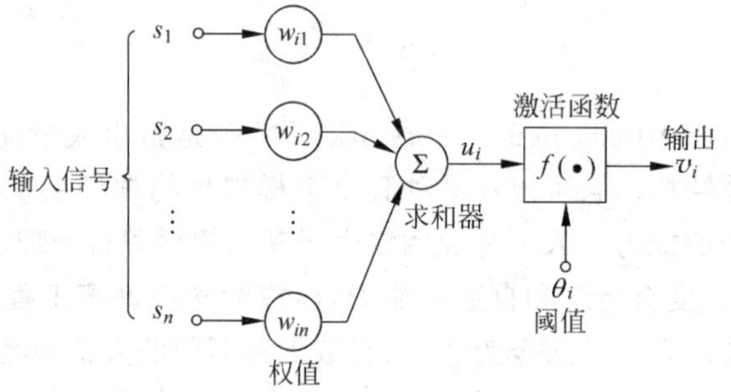

图 10-2 基本的人工神经元模型

(1) 输入与输出信号。图 10-2 中，$s_1,s_2,\cdots,s_n$ 为输入，v_i 为输出。输出也称为单元的状态。

(2) 权值。给不同的输入信号一定的权值，用 w_{ij} 表示。一般情况下，权值为正表示激活，为负表示抑制。

(3) 求和器。用 $\sum$ 表示，以计算各输入信号的加权和，其效果等同于一个线性组合。

(4) 激活函数。主要起非线性映射作用，此外还可以作为限幅器将神经元输出幅度限制在一定范围内。

(5) 阈值。控制激活函数输出的开关量，用 θ_i 表示。

上述作用可用数学方式表示如下：

$$\begin{cases} u_i = \sum_{j=1}^{n} w_{ij} s_j \\ x_i = u_i - \theta_i \\ v_i = f(x_i) \end{cases}, \quad i = 1,2,\cdots,n \tag{10-1}$$

式中，s_j 为输入信号；w_{ij} 为神经元 i 输入信号 s_j 的权值；u_i 为线性组合结果；θ_i 为阈值；$f(\cdot)$为激活函数；v_i 为神经元 i 的输出。

常用的激活函数有以下几种形式：

(1) 阈值函数，即阶跃函数，如图 10-3 所示。常称此种神经元为 MP 模型，它是构成大多数神经网络的基础，表示为

$$f(x) = \mathrm{sgn}(x) = \begin{cases} 1, & x \geqslant 0 \\ 0, & x < 0 \end{cases} \tag{10-2}$$

于是神经元 i 的相应输出为

$$v_i = \begin{cases} 1, & x_i \geqslant 0 \\ 0, & x_i < 0 \end{cases} \tag{10-3}$$

式中，$x_i = \sum_{j=1}^{n} w_{ij} s_j - \theta_i$。如果式(10-2)中 $f(x)$取$\{1,-1\}$值，则成为双极硬限函数。

(2) 分段线性函数，如图 10-4 所示。它类似系数为 1 的非线性放大器，当工作于线性区时它是一个线性组合器，放大系数趋于无穷大时变成一个阈值单元，表示为

$$f(x) = \begin{cases} 1, & x \geqslant 1 \\ \frac{1}{2}(1+x), & -1 < x < 1 \\ 0, & x \leqslant -1 \end{cases} \tag{10-4}$$

(3) Sigmoid 函数，如图 10-5 所示。最常用的函数形式为

$$f(x) = \frac{1}{1+\exp(-cx)} \tag{10-5}$$

式中，c 为大于 0 的参数，可用来控制曲线斜率。

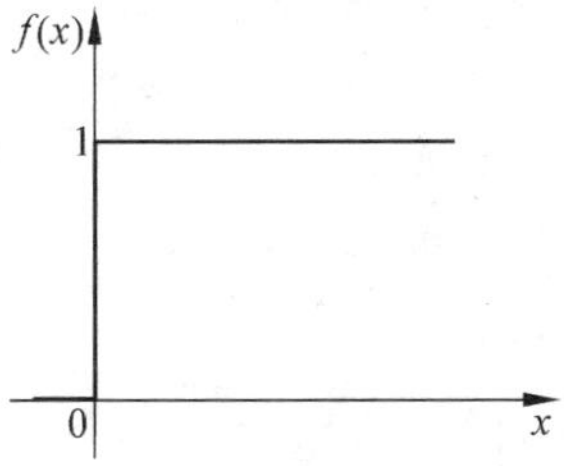

图 10-3 阈值函数

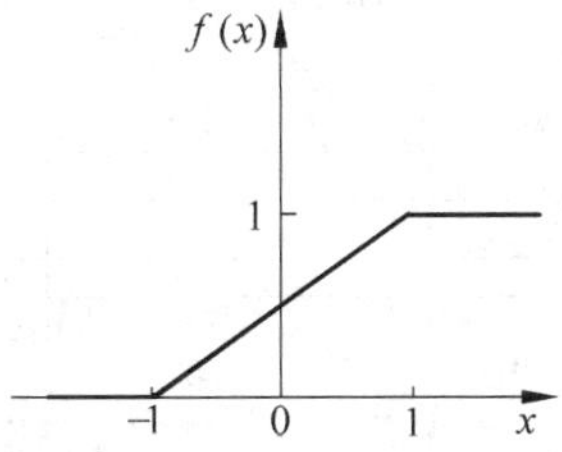

图 10-4 分段线性函数

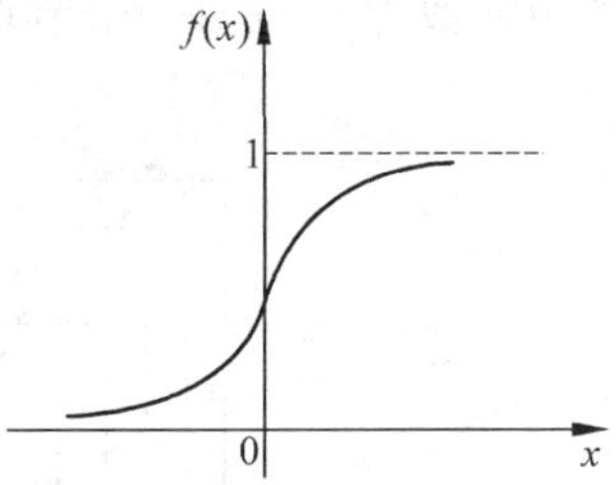

图 10-5 Sigmoid 函数

10.1.3 人工神经网络的互连模式

大量人工神经元以一定的方式广泛互连形成的系统称为人工神经网络。迄今为止研究开发的较为典型的 30 多种神经网络模型，基本上都是针对某些特定方面的应用。它们对这些特殊的问题有很强的计算能力。虽然人们在不懈地寻找和构造通用的神经网络模型，但目前要研究一种统一的神经网络和计算能力是比较困难的。可以根据连接方式的不同，将现有的各类神经网络分为以下两种形式：前馈型网络和反馈型网络。

1. 前馈型网络

在前馈型网络中，各神经元接受前一层的输入，并输出给下一层，没有反馈(图 10-6)。节点分为两类，即输入单元和计算单元，每一计算单元可有任意个输入，但只有一个输出(它可耦合到任意多个其他节点作为输入)。通常前馈网络可分为不同的层，第 $i-1$ 层输出是第 i 层的输入，输入和输出节点与外界相连，而其他中间层称为隐层。

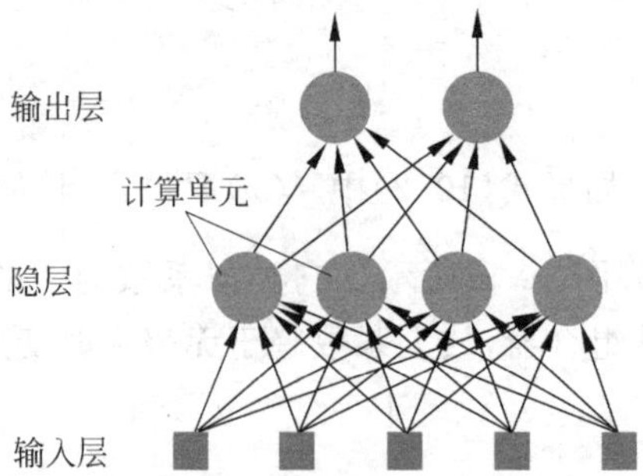

图 10-6 前馈型网络

前馈型网络主要起函数映射作用，常用于模式识别和函数逼近，如误差反向传播模型(BP)、对向传播网络模型(CPN)、小脑模型(CMAC)等都可以完成这种计算。

2. 反馈型网络

这种模型中，所有节点都是计算单元，同时也可接受输入，并向外界输出。若总的单元数为 n，则每一个节点有 $n-1$ 个输入、一个输出，如图 10-7 所示。

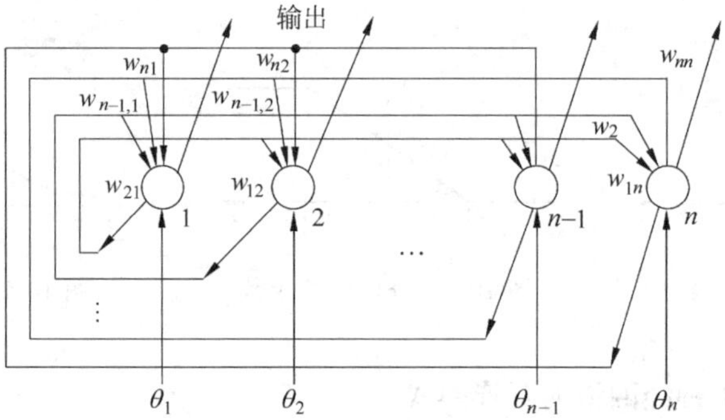

图 10-7 反馈型网络

反馈型网络按对能量函数极小点的利用分为两类：一类是能量函数的所有极小点都起作用，主要用作各种联想存储器；第二类只利用全局极小点，主要用于优化问题求解。Hopfield 模型、玻耳兹曼机(BM)模型等可以完成此类计算。本章只介绍 Hopfield 网络模型。

10.2 Hopfield 神经网络

Hopfield 神经网络(Hopfield Neural Network，HNN)是 Hopfield 于 1982 年提出的反馈神经网络模型，简称 Hopfield 网络。由于网络中引入了反馈，所以它是一个非线性动力学系统。通常非线性动力学系统着重关心的是系统的稳定性问题。而在 Hopfield 模型中，神经网络之间的联系总是设为对称的，这保证了系统最终会达到一个固定的有序状态，即稳定状态。利用该特性，可以将 Hopfield 网络用于联想记忆，也可用来对组合优化问题进行求解。

Hopfield 网络的基本结构如图 10-8(a)所示。网络采用全连接结构，所有节点都是一样的，它们之间都可以互相连接，一个节点既接受来自其他节点的输入，同时也输出给其他节点。图 10-8(b)是其展开形式。其中，$I_1, I_2, \cdots, I_n$ 是外部对网络的输入；$v_1, v_2, \cdots, v_n$ 是网络系统的输出，也是网络单元内部未加权前的输出；$u_1, u_2, \cdots, u_n$ 是对相应神经元的输入，w_{ij} 是从第 j 个神经元对第 i 个神经元输入的权值，由于对称性，$w_{ji} = w_{ij}$。通常，Hopfield 网络没有自反馈，即 $w_{ii} = 0$。图中的 $f(\cdot)$是特性函数，它决定了网络是离散的还是连续的。离散网络神经元的输出取离散值 0 或 1；连续网络神经元的输出取某个区间内的连续值(如取区间[0,1]内的连续值)。

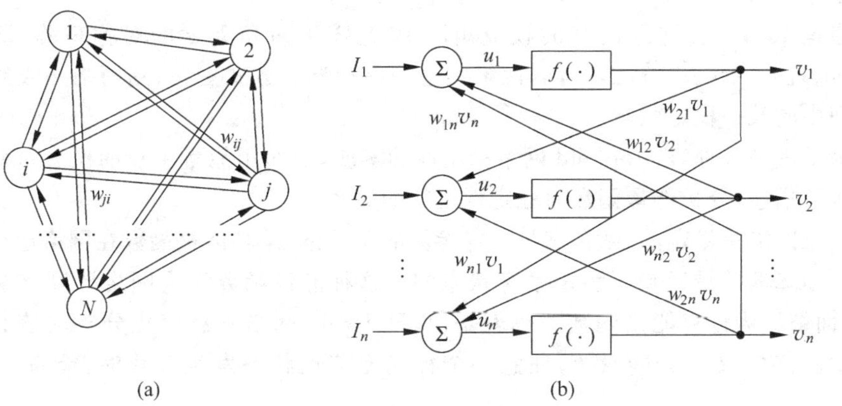

图 10-8 Hopfield 神经网络的基本结构
(a) 基本结构；(b) 展开形式

10.2.1 离散型 Hopfield 网络

如果对图 10-8 中的特性函数 $f(\cdot)$取阈值函数(见图 10-3)等硬限函数，使神经元的输出取离散值，就得到离散型 Hopfield 神经网络。因此，离散型 Hopfield 神经网络是一个输出为二值型的离散时间系统，其工作原理如下：

设有 n 个神经元，$\boldsymbol{v}$ 为神经网络的状态矢量，v_i 为第 i 个神经元的输出，输出是取值为 0 或者为 1 的二值状态。对任一神经元 i，$v_1, v_2, \cdots, v_n$ 为第 i 个神经元的内部未加权输入，它们对该神经元的影响程度用权值 w_{ij} 表示。θ_i 为第 i 个神经元的阈值。

$$v_i = \begin{cases} 1, & x_i > 0 \\ 0, & x_i \leqslant 0 \end{cases} \tag{10-6}$$

式中，$x_i=\sum_{j\neq i}^{n} w_{ij}v_j-\theta_i$（未考虑外部输入 I_i，或将阈值看作权值为-1的外部输入）。

Hopfield 网络有两种工作方式：

(1) 异步方式。在任一时刻 t，只有某一个神经元按式(10-6)发生变化，而其余 $n-1$ 个神经元的状态保持不变。

(2) 同步方式。在任一时刻 t，有部分神经元按式(10-6)变化（部分同步）或所有神经元按式(10-6)变化（全并行方式）。

一旦给出 Hopfield 网络的权值和神经元的阈值，网络的状态转移序列就确定了。

定义 10.1 若神经元 i 在更新过程中，输出变量 $\boldsymbol{v}$ 不再变化，则称神经元 i 已稳定。若 Hopfield 网络从 $t=0$ 的任意一个初始输出状态 $\boldsymbol{v}(0)$ 开始，存在一个有限的时间，此时间点后系统中所有神经元都是稳定的，即网络状态不再发生变化，则称该系统是稳定的，即 $\boldsymbol{v}(t+\Delta t)=\boldsymbol{v}(t)$，对所有 $\Delta t>0$。

定理 10.1 若神经网络的权值矩阵 $\boldsymbol{W}$ 是零主对角元素的对称矩阵，即满足 $w_{ij}=w_{ji}$ 且 $w_{ii}=0,i=1,2,\cdots,n$，网络状态按串行异步方式更新，则网络必收敛于状态空间中的某一稳定状态。

为了进一步理解 Hopfield 网络稳定性的实质，下面用能量函数的概念对系统稳定性进行描述，分析能量函数与稳定性之间的关系。

如果网络是稳定的，则在满足一定参数的条件下，某种能量函数在网络运行过程中是不断降低并最后趋于稳定平衡状态的。这种能量函数作为网络计算求解的工具，因而被称为计算能量函数。也就是说，Hopfield 网络状态变化分析的核心是对网络的状态定义一个能量 E，任意一个神经元节点状态发生变化时，能量 E 都将减小。

假设第 i 个神经元节点状态 v_i 的变化量记为 Δv_i，相应的能量变化量记为 ΔE_i。能量 E_i 随状态变化而减小意味着 ΔE_i 总是负值。考察两种情况：

(1) 当状态 v_i 由 0 变为 1 时，$\Delta v_i>0$，必有 $x_i>0$；

(2) 当状态 v_i 由 1 变为 0 时，$\Delta v_i<0$，必有 $x_i<0$。

可见，Δv_i 与 x_i 的积总是正的。按照能量变化量为负的思路，可将能量的变化量 ΔE_i 表示为

$$\Delta E_i=-x_i\Delta v_i=\left(-\sum_{j\neq i}^{n} w_{ij}v_j+\theta_i\right)\Delta v_i \tag{10-7}$$

故节点 i 的能量可定义为

$$E_i=-\left(\sum_{j\neq i}^{n} w_{ij}v_j-\theta_i\right)v_i \tag{10-8}$$

由此，对于离散型网络方程，Hopfield 将网络整体能量函数定义为

$$E(v)=-\frac{1}{2}\sum_{i=1}^{n}\sum_{j\neq i}^{n} w_{ij}v_iv_j+\sum_{i}\theta_iv_i \tag{10-9}$$

它是对所有 E_i 按某种方式求和得到的。

事实上，只要证明式(10-9)定义的能量函数是一个李雅普诺夫(Lyapunov)函数即可说明 Hopfield 网络是稳定的。容易证明，它满足 Lyapunov 函数的 3 个条件：①函数连续可导；②函数正定；③函数的导数半负定。条件③即能量函数 E 随状态变化而严格单调递减，这在前面已经讨论过了，下面是对前两个条件的分析。

(1) 从 $\frac{\partial E(V)}{\partial v_i}=-\sum\limits_{j\neq i} w_{ij}v_j+\theta_i$ 可以看出 $\boldsymbol{E}$ 对于所有 $\mathbf{V}$ 的分量是连续的。

(2) 严格来说，式(10-9)并不能满足 Lyapunov 函数的正定条件。但是，对于神经元有界的神经网络的稳定性来说，正定条件可以退化为只要求该函数有界。因为式(10-9)的 E 是有界函数，从而可知式(10-9)是正定的，即网络将最终达到稳定状态。

事实上，因为 $\boldsymbol{W}$ 和 $\boldsymbol{\Theta}$（由 n 个 θ_i 构成的列向量）都是有确定值的矩阵和向量，且 $\boldsymbol{\Theta}$ 有界，因此 E 有下界

$$E_{\min}=-\frac{1}{2}\sum_{i=1}^{n}\sum_{j=1}^{n}|w_{ij}|-\sum_{i=1}^{n}|\theta_i| \quad (10\text{-}10)$$

离散 Hopfield 模型的稳定状态与能量函数 E 在状态空间的局部极小点是一一对应的。需要指出，一般在 Hopfield 神经网络中，能量函数可能存在局部最小值，如图 10-9 所示。下面以实例说明。

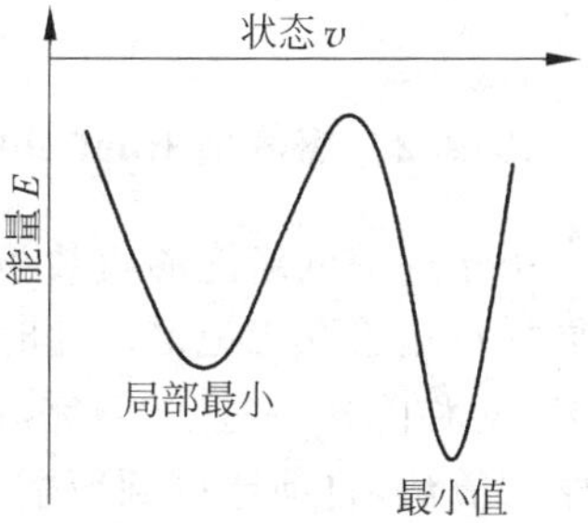

图 10-9 局部最小与全局最小值

例 10-1 试计算一个有 8 个神经元的离散 Hopfield 网络，其网络权值 $\boldsymbol{W}$ 和阈值向量 $\boldsymbol{\Theta}$ 如下：

$$\boldsymbol{W}=\begin{bmatrix} 0 & 0.55 & 0.45 & 0.33 & 0.63 & 0.78 & 0.24 & 0.17 \\ 0.55 & 0 & 0.91 & 0.47 & 0.58 & 0.61 & 0.30 & 0.22 \\ 0.45 & 0.91 & 0 & 0.10 & 0.19 & 0.26 & 0.77 & 0.53 \\ 0.33 & 0.47 & 0.10 & 0 & 0.66 & 0.32 & 0.14 & 0.05 \\ 0.63 & 0.58 & 0.19 & 0.66 & 0 & 0.15 & 0.70 & 0.065 \\ 0.78 & 0.61 & 0.26 & 0.32 & 0.15 & 0 & 0.81 & 0.15 \\ 0.24 & 0.30 & 0.77 & 0.14 & 0.70 & 0.81 & 0 & 0.23 \\ 0.17 & 0.22 & 0.53 & 0.05 & 0.065 & 0.15 & 0.23 & 0 \end{bmatrix},\quad \boldsymbol{\Theta}=\begin{bmatrix} 0.65 \\ 0.3 \\ 0.4 \\ 0.75 \\ 0.15 \\ 0.25 \\ 0.95 \\ 0.35 \end{bmatrix}$$

试确定网络最后的平衡状态。

解：1. 计算步骤

(1) 按式(10-9)确定如下能量函数：

$$E=-\frac{1}{2}\sum_{i=1}^{n}\sum_{j\neq i}^{n}w_{ij}v_iv_j+\sum_{i}\theta_iv_i$$

(2) 随机选取神经元 i，按下式判断该神经元输出状态 v_i（即采用了阈值为 0 的双极硬限函数），按串行工作方式，直至状态不变，计算终止。

若神经元 i 的状态 $x_i=\sum_{j\neq i}^{n}w_{ij}v_j-\theta_i>0$，则取 $v_i=1$；

若神经元 i 的状态 $x_i=\sum_{j\neq i}^{n}w_{ij}v_j-\theta_i<0$，则取 $v_i=-1$。

2. 计算结果

(1) 初始解按 $\boldsymbol{v}_0=[-1\quad 1\quad -1\quad 1\quad -1\quad 1\quad -1\quad 1]^{\mathrm{T}}$

最终状态：$\boldsymbol{v}=[1\quad 1\quad 1\quad 1\quad 1\quad 1\quad 1\quad 1]^{\mathrm{T}}$

最小能量：$E=-15.165$

(2) 初始解按 $\boldsymbol{v}_0=[1\quad -1\quad 1\quad -1\quad 1\quad -1\quad 1\quad -1]^{\mathrm{T}}$

最终状态：$\boldsymbol{v}=[-1\quad -1\quad -1\quad -1\quad -1\quad -1\quad -1\quad -1]^{\mathrm{T}}$

最小能量：$E=-7.564\,998$

经尝试不同的初始状态，该网络系统最终收敛到(1)和(2)两个状态之一。其中，状态1为最优解，而状态2为局部最优解。

解毕。

10.2.2 离散型Hopfield网络用于联想记忆

由于反馈网络能够收敛于其稳定状态，因此它可用作联想记忆。Hopfield网络也同样可用于联想记忆。此时，稳定状态是给定的，通过网络的学习求合适的权值矩阵 $\boldsymbol{W}$(对称阵)。一旦学习完成后，以计算的方式进行联想。网络的学习是通过一定的学习算法，自动地得到所需要的参数。对于Hopfield网络，可以采用Hebb学习规则和误差型学习算法等学习方法。下面介绍基于Hebb学习规则的Hopfield网络学习。

给定 M 个待存储模式，按Hebb学习规则，Hopfield网络有如下学习过程：

$$w_{ij}=\begin{cases}\sum_{k=1}^{M}v_i^{(k)}v_j^{(k)}, & i\neq j\\ 0, & i=j\end{cases}\tag{10-11}$$

按上述规则求出权值矩阵后，可以认为网络已经将这 M 个模式存入网络的权值中。在联想过程中，与求解优化问题一样，先给出一个原始模式 $\boldsymbol{m}_0$，使网络处于某种初始状态下，用网络方程动态运行，最后达到一个稳定状态。如果此稳定状态对应于网络已存储的 M 个模式中的某个模式 $\boldsymbol{m}_k$，则称模式 $\boldsymbol{m}_k$ 是由模式 $\boldsymbol{m}_0$ 联想起来的。举例说明如下。

例 10-2 对于一个4神经元的网络，取阈值为0。给定以下两个模式存储于网络中：

$$\boldsymbol{m}_0=\begin{pmatrix}1\\1\\1\\1\end{pmatrix},\quad \boldsymbol{m}_1=\begin{pmatrix}-1\\-1\\-1\\-1\end{pmatrix}$$

试确定网络的权值矩阵 $\boldsymbol{W}$。

解：可据式(10-11)构造出以下权值矩阵 $\boldsymbol{W}$：

$$\boldsymbol{W}=\begin{pmatrix}0&2&2&2\\2&0&2&2\\2&2&0&2\\2&2&2&0\end{pmatrix}$$

给出用于联想的原始模式：

$$\boldsymbol{m}_{\mathrm{a}}=\begin{pmatrix}-1\\-1\\-1\\1\end{pmatrix}$$

则得到稳定状态 $\boldsymbol{v}=\begin{pmatrix}-1\\-1\\-1\\-1\end{pmatrix}$，而这个稳定状态正好是网络已记忆的模式 $\boldsymbol{m}_1$，由此可以认为 $\boldsymbol{m}_1$ 是由模式 $\boldsymbol{m}_{\mathrm{a}}$ 联想起来的。

解毕。

例 10-3 给出下面 3 个存储模式：

$$\boldsymbol{m}_1=\begin{pmatrix}1\\1\\-1\end{pmatrix}\quad \boldsymbol{m}_2=\begin{pmatrix}-1\\-1\\1\end{pmatrix}\quad \boldsymbol{m}_3=\begin{pmatrix}1\\-1\\1\end{pmatrix}$$

试确定网络的权值矩阵 $\boldsymbol{W}$，并讨论其联想记忆特点。

解：根据式(10-11)构造出权值矩阵 $\boldsymbol{W}$：

$$\boldsymbol{W}=\begin{pmatrix}0&1&-1\\1&0&-3\\-1&-3&0\end{pmatrix}$$

对于本例，给出模式 $\boldsymbol{m}_3$，但网络运行稳定在 $\boldsymbol{m}_2$，而非其自身模式 $\boldsymbol{m}_3$。事实上，Hopfield 网络用于记忆联想要受其记忆容量和样本差异制约。若记忆模式较少，同时模式之间的差异较大，则联想的结果就比较正确。而当需记忆的模式较多时，网络到达的稳定状态往往不是已记忆的模式，亦即容易引起混淆。再者，当所需记忆的模式相互之间差异较小时，网络就可能无法辨别出正确的模式。此时即便采用已记忆的模式作为联想模式(自联想)，也仍可能出错，如本例所示。

注意：本例 $\boldsymbol{m}_1$ 和 $\boldsymbol{m}_2$ 是该网络的两个稳定状态。可验证，对于该网络的其余 6 个网络状态中的任何一个，都可在一次运行后收敛于这两个状态中的一个。

解毕。

10.2.3 连续型 Hopfield 网络

连续型 Hopfield 神经网络模型可以用于旅行商问题和生物型存储器等，它能够进行并行输入输出与并行处理、概括、类比和推广等，具有鲁棒性和模拟实时性，同时还具有协同作用与集体效应。

将离散的 Hopfield 神经网络模型扩展到连续时间的动力学模型，其网络的连接方式不变，仍然是全互连对称结构，激活函数 $f(\cdot)$ 选用 Sigmoid 函数，使神经元的输出取连续值。连续的 Hopfield 网络可与一电子线路对应，如图 10-10 所示。

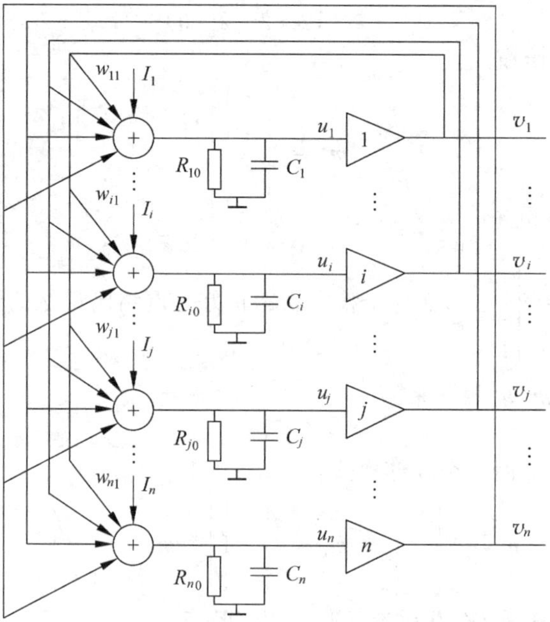

图 10-10　连续型 Hopfield 网络模型

图 10-11 表示由运算放大器实现的一个节点的模型。

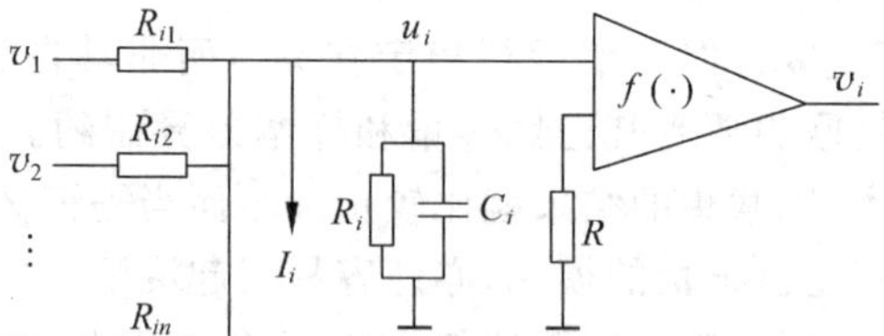

图 10-11　连续 Hopfield 神经网络的节点的电路模型

对于该模型，其电路方程可写为

$$\left.\begin{aligned} C_i \frac{\mathrm{d}u_i}{\mathrm{d}t} + \frac{u_i}{R_i} + I_i &= \sum_{j=1}^{n} \frac{v_j - u_i}{R_{ij}} \\ v_i &= f(u_i) \end{aligned}\right\} \tag{10-12}$$

式中，I_i 为系统的外部激励。经过整理，得

$$\left.\begin{aligned}\frac{\mathrm{d}u_i}{\mathrm{d}t}&=-\frac{u_i}{R_i'C_i}+\sum_{j=1}^{n}\frac{v_j}{R_{ij}C_i}-\frac{I_i}{C_i}\\ v_i&=f(u_i)\end{aligned}\right\}\tag{10-13}$$

式中，

$$\frac{1}{R_i'}=\frac{1}{R_i}+\sum_{j=1}^{n}\frac{1}{R_{ij}}$$

令 $\tau=R_i'C_i$，$w_{ij}=\dfrac{1}{R_{ij}C_i}$，$\theta_i=\dfrac{I_i}{C_i}$，有

$$\left.\begin{aligned}\frac{\mathrm{d}u_i}{\mathrm{d}t}&=-\frac{1}{\tau}u_i+\sum_{j=1}^{n}w_{ij}v_j-\theta_i\\ v_i&=f(u_i)\end{aligned}\right\}\tag{10-14}$$

式中，u_i 为神经元 i 的内部状态；v_i 为神经元 i 的输出和未加权的内部输入；w_{ij} 为神经元 i，j 之间的权值。

与离散的 Hopfield 网络一样，也可对连续型的模型定义一个 Lyapunov 意义下的计算能量函数，通过对该函数分析来确定网络是否收敛于稳定状态。连续 Hopfield 网络的能量函数可以通过把对应的离散 Hopfield 网络的能量函数中的 v_i 变为连续量得到。

定义 10.2 对式(10-14)的连续 Hopfield 网络，其能量函数 $E(t)$ 为

$$E(t)=-\frac{1}{2}\sum_{i=1}^{n}\sum_{j\neq i}^{n}w_{ij}v_iv_j+\sum_{i=1}^{n}\theta_iv_i+\sum_{i=1}^{n}\frac{1}{\tau}\int_0^{v_i(t)}f^{-1}(x)\mathrm{d}x\tag{10-15}$$

如果能够证明 Hopfield 神经网络能量函数为李雅普诺夫函数，即可证明式(10-14)构成的连续 Hopfield 网络是收敛的。证明式(10-15)表示的能量函数满足李雅普诺夫函数的前两个条件是很容易的事。第 3 个条件的满足则可用式(10-15)推导得到。从式(10-15)不难看出

$$\frac{\mathrm{d}E}{\mathrm{d}v_i}=-\left(-\frac{u_i}{\tau}+\sum_{j\neq i}^{n}w_{ij}v_j-\theta_i\right)=-\frac{\mathrm{d}u_i}{\mathrm{d}t}\tag{10-16}$$

于是，

$$\begin{aligned}\frac{\mathrm{d}E}{\mathrm{d}t}&=\sum_{i=1}^{n}\frac{\mathrm{d}E}{\mathrm{d}v_i}\frac{\mathrm{d}v_i}{\mathrm{d}t}=-\sum_{i=1}^{n}\frac{\mathrm{d}u_i}{\mathrm{d}t}\frac{\mathrm{d}v_i}{\mathrm{d}t}\\ &=-\sum_{i=1}^{n}\frac{\mathrm{d}u_i}{\mathrm{d}v_i}\frac{\mathrm{d}v_i}{\mathrm{d}t}\frac{\mathrm{d}v_i}{\mathrm{d}t}=-\sum_{i=1}^{n}\frac{\mathrm{d}u_i}{\mathrm{d}v_i}\left(\frac{\mathrm{d}v_i}{\mathrm{d}t}\right)^2\end{aligned}\tag{10-17}$$

当 $v_i=f(u_i)$ 为 Sigmoid 函数时，其逆函数 $u_i=f^{-1}(v_i)$ 为非减函数，即

$$\frac{\mathrm{d}u_i}{\mathrm{d}v_i}=\frac{\mathrm{d}}{\mathrm{d}v_i}[f^{-1}(v_i)]>0\tag{10-18}$$

故 $\dfrac{\mathrm{d}E}{\mathrm{d}t}\leqslant 0$。

由此可知，式(10-14)表示的网络动态方程表达了随着计算能量函数的减小，在

最后稳定至极小值的变化过程。注意：式(10-15)的最后一项在 Sigmoid 函数值高增益下由于接近限幅器而可以忽略不计。

定理 10.2　对于连续 Hopfield 网络，如果 $f^{-1}(\cdot)$ 为单调递增的连续函数，$C_i>0, w_{ij}=w_{ji}$，则沿系统运动轨道有

$$\frac{\mathrm{d}E}{\mathrm{d}t}\leqslant 0 \tag{10-19}$$

当且仅当 $\frac{\mathrm{d}u_i}{\mathrm{d}t}=0$ 时，$\frac{\mathrm{d}E}{\mathrm{d}t}=0(i=1,2,\cdots,n)$。

由定理 10.2 可知，连续型 Hopfield 网络随时间推移其能量函数总是在不断地减少。网络的平衡点就是 $E(t)$ 的极小值点。

关于连续型 Hopfield 网络的工作方式有如下结论：

(1) 系统过程从任意非平衡状态出发，最终收敛于平衡状态，平衡点有限。如果平衡点是稳定的，那么一定是渐近稳定的。渐近稳定平衡点为其能量函数的极小点。

(2) 通过适当的学习，该网络能将任意一级正交矢量存储起来作为渐近稳定平衡点。

(3) 连续型 Hopfield 网络的信息存储表现为神经元之间互连的分布动态存储。

(4) 连续型 Hopfield 网络以大规模非线性连续时间并行方式处理信息，其计算时间就是系统趋于平衡点的时间。

图 10-12 是实现连续型 Hopfield 神经网络迭代过程框图。图中，Δt 是一个小量。

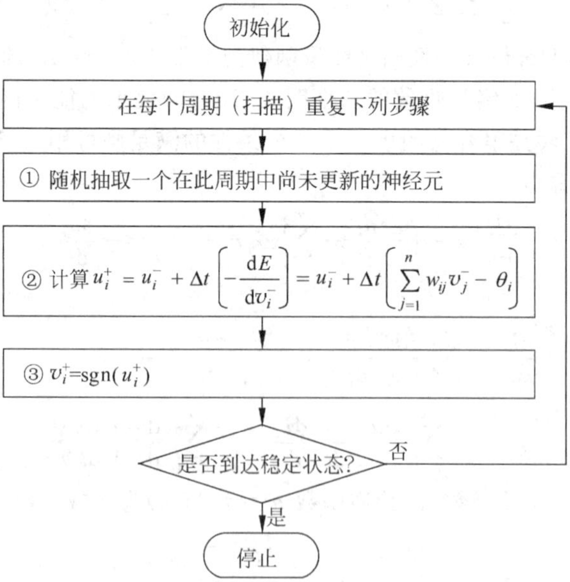

图 10-12　连续型 Hopfield 网络迭代过程框图

10.3 Hopfield 网络与最优化问题

Hopfield 神经网络是具有自反馈的动力学系统，用它来求解一些优化问题是非常有意义的研究。优化问题分为两大类：一类是数学规划问题；另一类是组合问题。区别是前者的解域是连续的，它一般是求一组实数或一个函数；后者的解域是离散的，它是从一个有限集合或可数无限集合中寻找一个解。

如果把一个动态系统的稳定点视为一个能量函数的极小点，而把能量函数视为一个优化问题的目标函数，那么从初态朝这个稳定点的演变过程就是一个求解该优化问题的过程。

反馈网络用于优化计算和作为联想存储这两个问题是对偶的。用于优化计算时权值矩阵 $\boldsymbol{W}$ 已知，目的是寻找 E 以达到最小的稳定状态；而作联想存储时，稳定状态是给定的(对应于待存的模式向量)，要通过学习找合适 $\boldsymbol{W}$。

1. 旅行商问题

旅行商问题(travelling salesman problem，TSP)是典型的组合优化问题。它是指给定 N 个城市和它们两两之间的直达距离，找出一个闭合旅程，使每个城市只经过一次，且总的旅行距离最短。Hopfield 与 Tank 将 N 城市 TSP 问题映射到连续型 Hopfield 网络中，通过这 N 个城市的一个旅程次序表给出问题的一个可行解。在旅程次序表中，一个旅程的城市次序由一组神经元的输出状态表示。建立能量方程使最优旅程次序表对应网络的稳定终止状态。

对一个 N 城市的 TSP 问题，因为有 N 个城市，并对应有 N 种次序，所以要有 $N\times N$ 个神经元。例如，一个途经 6 个城市的 TSP，需要 $6^2=36$ 个神经元。在图 10-13(a)中给出了一个路径，其旅程总距离为 $d=d_{BH}+d_{HS}+d_{SG}+d_{GC}+d_{CX}+d_{XB}$，其中 B 是第一个被访问的城市，随后依次为 H,S,G,C 和 X。这里，d_{IJ} 表示从 I 市到 J 市的直达距离。用换位矩阵来表示 TSP 一条路径的方法见图 10-13(b)。

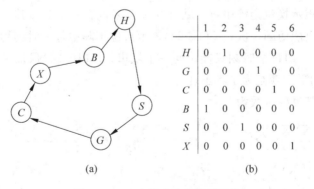

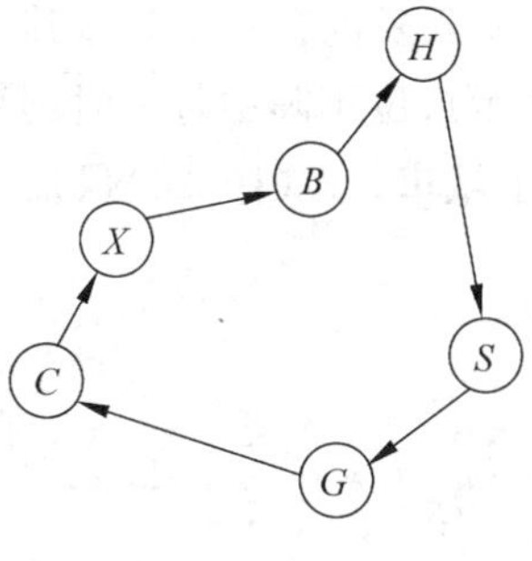

(a)

	1	2	3	4	5	6
H	0	1	0	0	0	0
G	0	0	0	1	0	0
C	0	0	0	0	1	0
B	1	0	0	0	0	0
S	0	0	1	0	0	0
X	0	0	0	0	0	1

(b)

图 10-13 6 个城市旅程神经元表

(a) 一个路径；(b) 换位矩阵

在该矩阵中，每一列只有一个元素为1，其余为0，列的大小表示对某城市访问的次序。同样，每一行也只有一个元素为1，其余为0。通过这样的矩阵，可唯一地确定一条旅行路线。

用Hopfield网络来求解TSP问题，就是要恰当地构造一个能量函数，使得Hopfield网络中的n个神经元能够求得问题的解，并使其能量处于最低状态。为此，构造能量函数需考虑以下两个问题：

(1) 能量函数要具有适合于换位矩阵的稳定状态(约束条件)；

(2) 能量函数要有利于表达在TSP所有合法旅行路线中最短路线的解(目标函数)。

能量函数的合法形式可以通过考虑神经元的输出是0或1来实现。先考虑第(2)个问题。

优化目标函数为

$$J(v)=\min\left[\frac{1}{2}\sum_{x}\sum_{y\neq x}\sum_{i}d_{xy}v_{xi}(v_{y,i+1}+v_{y,i-1})\right] \tag{10-20}$$

式(10-20)表示了一个可行的旅行路线。其中，v_{xi}的行下标x是城市编号，列下标i表示城市x在旅行顺序中的位置。下标对N取模运算，以使旅行路线上的第N个城市与第1个城市相邻，即$v_{y,N+j}=v_{y,j}$。

TSP可表示为如下优化问题：

$$\min J(v)=\frac{1}{2}\sum_{x}\sum_{y\neq x}\sum_{i}d_{xy}v_{xi}(v_{y,i+1}+v_{y,i-1}) \tag{10-21}$$

$$\text{s.t.}\quad J_1(v)=\sum_{x}\sum_{j}\sum_{i\neq j}v_{xi}v_{xj}=0 \tag{10-22}$$

$$J_2(v)=\sum_{i}\sum_{x}\sum_{y\neq x}v_{xi}v_{yi}=0 \tag{10-23}$$

$$J_3(v)=\left(\sum_{x}\sum_{i}v_{xi}-N\right)^2=0 \tag{10-24}$$

式(10-22)表示换位矩阵中每一城市行x至多含有一个“1”，其余都是“0”，也就是说，每个城市只能访问一次；式(10-23)表示换位矩阵中每一时刻列最多含有一个“1”，其余都是“0”，即每个时刻只能访问一个城市；式(10-24)保证了换位矩阵中有N个“1”，式中的平方项是为了不出现负值。

写在一起，其目标函数为

$$E=\frac{A}{2}\sum_{x}\sum_{i}\sum_{j\neq i}v_{xi}v_{xj}+\frac{B}{2}\sum_{i}\sum_{x}\sum_{y\neq x}v_{xi}v_{yi}+\frac{C}{2}\left(\sum_{x}\sum_{i}v_{xi}-n\right)^2+\frac{D}{2}\sum_{x}\sum_{i}\sum_{y\neq x}d_{xy}v_{xi}(v_{y,i+1}+v_{y,i-1}) \tag{10-25}$$

此即描述 TSP 的 Hopfield 神经网络的能量函数。

比较式(10-25)与式(10-15)同一变量两端的系数，可得到网络权值 $T_{xi,yj}$ 和阈值 θ_{xi} 的表达式(这里需要注意的是，网络是二维的，每个变量有两个下标，而且求和符号也相应增加 1 倍)：

$$\left.\begin{aligned} T_{xi,yj} &= -A\delta_{xy}(1-\delta_{ij}) - B\delta_{ij}(1-\delta_{xy}) - C - Dd_{xy}(\delta_{j,i+1}+\delta_{j,i-1}) \\ \theta_{xi} &= -Cn \end{aligned}\right\} \quad (10\text{-}26)$$

式中，δ_{ij} 为 Kronecker 函数，$\delta_{ij}=\begin{cases}1, & i=j\\ 0, & i\neq j\end{cases}$。

相应的神经网络动力学方程为

$$\left.\begin{aligned} \frac{\mathrm{d}u_{xi}}{\mathrm{d}t} &= -\frac{u_{xi}}{\tau} - A\sum_{j\neq i} v_{xj} - B\sum_{y\neq x} v_{yi} - C\left(\sum_{y}\sum_{j} v_{yj} - n\right) - D\sum_{y\neq x} d_{xy}(v_{y,i+1}+v_{y,i-1}) \\ v_{xi} &= f(u_{xi}) = \frac{1}{1+\exp\left(\dfrac{-2u_{xi}}{u_0}\right)} \end{aligned}\right\} \quad (10\text{-}27)$$

选择合适的参数 A,B,C,D 和初始状态 u_0，用式(10-27)引导网络状态的变化，就可得到用其稳定的网络状态所表示的 TSP 的解。

2. 二分图最优化问题

二分图最优化问题定义为：给定 n(n 为偶数)个节点，任意两节点相互连线，由此连成一个线图。对于此线图，用分割线将所有节点分为二等份，从而获得一个二分图，要求该分割线跨越这两组之间的连线最少。在图 10-14 所示的线图中，给出了两种不同的分割方式，分割 1 有 10 条跨越连线，分割 2 有 2 条跨越连线(此为最小值)。二分图问题在超大规模集成电路(very large scale integrated circuit，VLSI)的布线设计中有广泛应用。

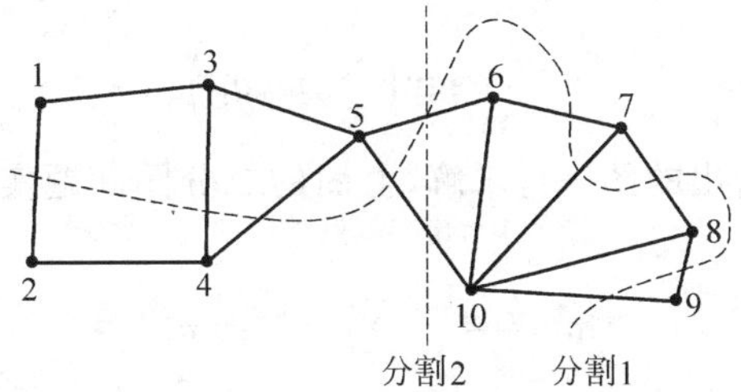

图 10-14 二分图示例

可用如下权值矩阵表示图 10-14 的连接方式：

$$C=\begin{bmatrix}0&1&1&0&0&0&0&0&0&0\\1&0&0&1&0&0&0&0&0&0\\1&0&0&1&1&0&0&0&0&0\\0&1&1&0&1&0&0&0&0&1\\0&0&1&1&0&1&0&0&0&1\\0&0&0&0&1&0&1&0&0&1\\0&0&0&0&0&1&0&1&0&1\\0&0&0&0&0&0&1&0&1&1\\0&0&0&0&0&0&0&1&0&1\\0&0&0&0&1&1&1&1&1&0\end{bmatrix} \tag{10-28}$$

式中，

$$c_{ij}=\begin{cases}1, & i,j \quad \text{相连}\\0, & i,j \quad \text{不连}\end{cases} \tag{10-29}$$

注意：$\boldsymbol{W}$ 是一个对称矩阵。记分割节点后形成的两个区为 $\boldsymbol{A}$ 和 $\boldsymbol{B}$，定义一个在节点 i 处的神经元为

$$v_i=\begin{cases}1, & i\in A\\-1, & i\in B\end{cases} \tag{10-30}$$

这一问题的 Hopfield 网络能量函数为

$$E=-\frac{1}{2}\sum_{i=1}^{n}\sum_{j\neq i}^{n}v_iv_jc_{ij}+\frac{\lambda}{2}\left(\sum_{i=1}^{n}v_i\right)^2=\frac{n\lambda}{2}-\frac{1}{2}\sum_{i=1}^{n}\sum_{j\neq i}^{n}w_{ij}v_iv_j \tag{10-31}$$

式中，n 是节点数；λ 是一个常数(拉格朗日参数)，且 $w_{ij}=c_{ij}-\lambda$。

可证明该函数是李雅普诺夫函数。每个神经元的净输入为

$$u_i^+=-\frac{\mathrm{d}E}{\mathrm{d}v_i^-}=\sum_{j=1}^{n}w_{ij}v_j^- \tag{10-32}$$

按二值硬限函数建立更新规则，有

$$v_i^+=\mathrm{sgn}\left(\sum_{j=1}^{n}w_{ij}v_j^-\right) \tag{10-33}$$

下面对图 10-14 给出的图进行求解，上面的二分图问题实际上就是下面的最小化问题：

$$\min f=-\sum_{i}\sum_{j\neq i}c_{ij}v_iv_j$$

$$\text{s. t.}\ \sum_{i=1}^{n}v_i=0 \tag{10-34}$$

在式(10-34)中，第 1 项是目标函数，为所有不同节点对的目标值之和，相当于试图把每一个节点对的两个节点都放在同一个分区里，从而避免出现跨越分区的连线；而第 2 项为约束条件，它限制两分区具有相同的大小。

例 10-4 求解图 10-14 给出的二分图问题。

具体计算步骤如下：

(1) 以分割 1 作为初始解 $\boldsymbol{v}_0$，该分割满足 $\sum_{i=1}^{n} v_i = 0$ 的条件；

(2) 取 $\lambda=0.5$，$n=10$，权值矩阵 $\boldsymbol{C}$ 如式(10-28)；

(3) 按式(10-34)进行最小化计算，依次扫描各神经元，按式(10-30)确定神经元 v_i 是否需要变号；

(4) 当按式(10-32)和式(10-33)计算的 v_i 需要发生变号时，为始终满足式(10-34)的 $\sum_{i=1}^{n} v_i=0$ 条件，在当前的 $\boldsymbol{v}$ 中，随机选取任意与原 v_i 符号相反的神经元 v_j，同时使其变号(在表 10-1 中用 * 标注出来变号的神经元)；

(5) 计算结果如表 10-1 所示。

表 10-1 计算结果

迭代次数 k	函数值 f	节点状态									
		1	2	3	4	5	6	7	8	9	10
0(初始分割)	10	−1	1	−1	1	−1	1	−1	1	−1	1
1	16	1^*	-1^*	−1	1	−1	1	−1	1	−1	1
2	6	1	1^*	−1	1	−1	-1^*	−1	1	−1	1
3	−8	1	1	1^*	1	−1	−1	−1	1	−1	-1^*
4	−8	1	1	1	1	−1	−1	−1	1	−1	−1
5	−2	1	-1^*	1	1	1^*	−1	−1	1	−1	−1
6	−2	1	−1	1	1	1	−1	−1	1	−1	−1
7	−2	1	−1	1	1	1	−1	−1	1	−1	−1
8	−2	1	−1	1	1	1	−1	1^*	-1^*	−1	−1
9	−2	1	−1	1	1	1	−1	1	−1	−1	−1
10	−2	1	−1	1	1	1	−1	1	−1	−1	−1
11	−2	1	−1	1	1	1	−1	1	−1	−1	−1
12	−8	1	1^*	1	1	-1^*	−1	1	−1	−1	−1
13	−8	1	1	1	1	−1	−1	1	−1	−1	−1
14	−8	1	1	1	1	−1	−1	1	−1	−1	−1
15(最小分割)	−20	1	1	1	1	1^*	−1	-1^*	−1	−1	−1
16(最小分割)	−20	1	1	1	1	1	−1	−1	−1	−1	−1
⋮	⋮	⋮	⋮	⋮	⋮	⋮	⋮	⋮	⋮	⋮	⋮

当计算到第 15 次以后，求得的分割取目标函数值最小值，并且不再变化，即得到的分割为图 10-14 中的最小分割 2。

解毕。

习题

10-1 Hopfield 网络在模式分类与识别、组合优化问题及图像恢复等方面都有着重要的应用。请简要说明这些应用中 Hopfield 网络的工作原理。

10-2 试计算一个有 6 个神经元的离散型 Hopfield 网络，其网络权值矩阵 $\boldsymbol{W}$ 和阈值向量$\boldsymbol{\Theta}$ 如下：

$$\boldsymbol{W}=\begin{pmatrix} 0 & 0.5 & 0.4 & 0.3 & 0.6 & 0.7 \\ 0.5 & 0 & 0.9 & 0.4 & 0.8 & 0.6 \\ 0.4 & 0.9 & 0 & 0.1 & 0.9 & 0.2 \\ 0.3 & 0.4 & 0.1 & 0 & 0.6 & 0.3 \\ 0.6 & 0.8 & 0.9 & 0.6 & 0 & 0.1 \\ 0.7 & 0.6 & 0.2 & 0.3 & 0.1 & 0 \end{pmatrix},\quad \boldsymbol{\Theta}=\begin{pmatrix} 0.5 \\ 0.3 \\ 0.4 \\ 0.7 \\ 0.1 \\ 0.2 \end{pmatrix}$$

试确定网络最后的平衡状态。

10-3 演示例 10-2 中 CAM 的状态转换(提示：首先异步地更新那些不会生成含糊的“0”状况的神经元)。

10-4 已知 $n=3$，$m=3$ 以及 $\boldsymbol{m}_1^{\mathrm{T}}=(1\quad 1\quad -1)$，$\boldsymbol{m}_2^{\mathrm{T}}=(-1\quad 0\quad 1)$，$\boldsymbol{m}_3^{\mathrm{T}}=(1\quad -1\quad 1)$，试求构成联想记忆网络的权系数。

10-5 进行 Hopfield 的 10 城市 TSP 实验。城市的分布由下列二维坐标给出(见表 10-2)：

表 10-2 城市分布的二维坐标值

城市	A	B	C	D	E	F	G	H	I	J
x 坐标	0.4	0.25	0.175	0.25	0.5	0.85	0.7	0.85	0.65	0.61
y 坐标	0.45	0.125	0.22	0.75	0.95	0.625	0.52	0.35	0.23	0.35

以不同的初始条件模拟运行 1 亿次，并画出出现次数对应于合乎要求旅程的旅行距离的直方图。Hopfield 和 Tank 在他们的模拟中用到了下列参数：$A=B=500$，$C=200$，$D=500$，$\widetilde{N}=15$，建议采用软限函数(或二值 Sigmoid 函数)，其中 $T_i=0$，$\beta=0.020$，$\Delta t=0.02$(该问题的最优旅程为 ADFGHJKCB，距离为 2.770 053)。

10-6 考察 Hopfield 网络进行形状识别时网络可能产生伪状态，请分析伪状态产生的原因，并进一步验证所设计网络的容错性(以污损图像作为测试样本)，说明吸引子具有一定的吸引域。

10-7 建立图 10-15 给出的二分图的最优化 Hopfield 模型，写出其权值矩阵，并编程求解该图给出的二分图问题。其中，分割 1 可作为初始解，分割 2 为最优解。

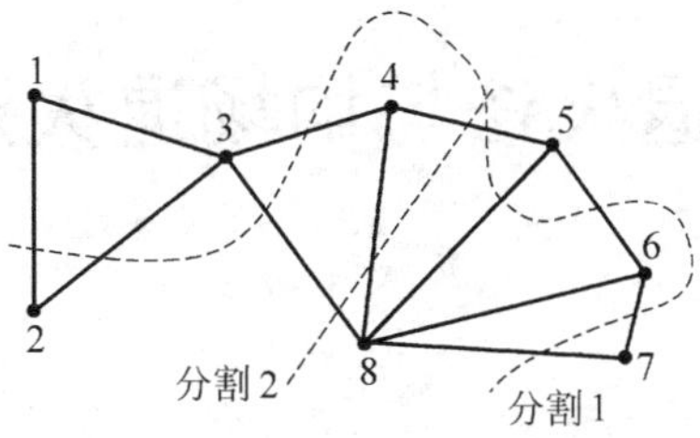

图 10-15 题 10-7 图

参考文献

1. Hopfield J J. Neural Networks and Physical Systems with Emergent Collective Computational Abilities. Proc. of the National Academy of Sciences,1982,79(8): 2554-2558.
2. Ansari N. 用于最优化的计算智能[M]. 李军,边肇祺,译. 北京: 清华大学出版社,1999.
3. Hopfield J J, Tank D W. Neural computation of decisions in optimization problems. Biological Cybernetics,1985,52: 141-152.
4. 高隽. 人工神经网络原理与仿真实例[M]. 北京: 机械工业出版社,2003.
5. 张青贵. 人工神经网络导论[M]. 北京: 中国水利水电出版社,2004.
6. 王洪元,史国栋. 人工神经网络技术及其应用[M]. 北京: 中国石化出版社,2002.
7. 杨建刚. 人工神经网络实用教程[M]. 杭州: 浙江大学出版社,2001.

11 模拟退火法与均场退火法

模拟退火法(simulated annealing algorithm,SAA)由 Kirkpatrick 等人于 1982 年提出。算法的思想源于物理中固体物质的退火过程与一般组合优化问题之间的相似性,它把优化问题的可行解看成是材料的各种状态,将优化目标视为材料的能量或熵,并且在优化过程中按温度变化时材料所处状态的概率对得到的可行解进行置换,最终实现问题的最优化。

模拟退火法作为一种有效的寻优手段已在许多工程与科学领域得到应用。将模拟退火法运用于神经网络,还可以衍生出一系列用于优化计算的随机机(random machine)。本章首先介绍模拟退火法的统计力学基础,然后分析模拟退火的基本特点,并对模拟退火和主要的几种随机机进行介绍,最后还介绍了旨在加快计算过程的均场退火法。

11.1 模拟退火法基础

11.1.1 固体退火过程

固体退火是先将固体加热至熔化,再徐徐冷却使之凝固成规整晶体的热力学过程,属于热力学与统计物理学研究的范畴。

当温度升至熔化温度后,固体的规则性被彻底破坏,粒子排列从有序的结晶态转变为无序的液态。熔化过程与系统的熵增过程相联系,系统能量也随温度升高而增大。

冷却时,液体粒子的热运动渐渐减弱,随着温度的徐徐降低,粒子运动渐趋有序。当温度降至结晶温度后,粒子运动变为围绕晶体格点的微小振动,液体凝固成固体的晶态,这个过程称为退火。退火过程中系统的熵值不断减小,系统能量也随温度降低趋于最小值。退火过程之所以必须"徐徐"进行,是为了使系统在每一温度下都达到平衡态,最终达到固体的基态。冷却时若急剧降低温度,则将引起淬火效应,即固体只能冷凝为非均匀的亚稳态,系统能量也不会达到最小值。

退火过程中系统在每一温度下达到平衡态的过程,可以用封闭系统的等温过程来描述。根据玻耳兹曼有序性原理,退火过程遵循应用于热平衡封闭系统的热力学定律——自由能减少定律:"对于与周围环境交换热量而温度保持不变的封闭系统,系统状态的自发变化总是朝着自由能减少的方向进行。当自由能达到最小值时,系统达到平衡态”。

系统的自由能 $F=E-TS$，其中 E 是系统的内能，T 是系统温度，S 是系统的熵。在统计力学中，熵被用来衡量物理系统的有序性。熵越大，系统越无序。如果温度缓慢下降并使材料在每个温度下都松弛到热平衡，材料的熵在退火过程中会单调递减，使材料进入有序的（晶态）结构。图 11-1 所示为熵随温度下降而单调递减的情况。

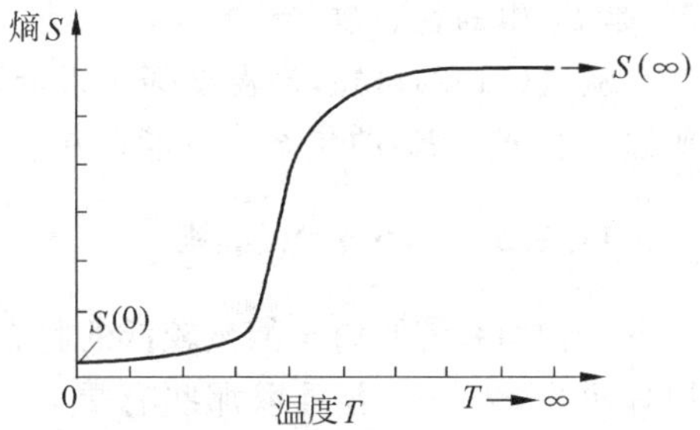

图 11-1　材料的熵 S 与温度 T 的关系

设 i 和 j 是在同一温度下系统的两个状态，它们的自由能分别为

$$F_i = E_i - TS_i$$
$$F_j = E_j - TS_j$$

两者的自由能差为

$$\Delta F = F_j - F_i = (E_j - E_i) - T(S_j - S_i) = \Delta E - T\Delta S$$

若系统由状态 i 转化到状态 j 的自由能差 $\Delta F<0$，则有利于自发变化。显然，内能减少（$\Delta E<0$）和熵增加（$\Delta S>0$）有利于这一转变。因此任一温度下，温度决定着内能和熵的相对权重。在高温下，熵占主导地位，熵增是变化的主方向，因而显出粒子的无序状态；而低温对应于低熵，低温下内能占主导，因而得到有序（低熵）和低能的晶体结构。

11.1.2　退火过程中的统计力学

在温度 T 下，如果材料达到了热平衡，这时材料处于具有所有 N 个状态的 S 空间中的某一状态 i 的概率可由玻耳兹曼分布描述：

$$P_T(i) = \frac{\exp\left(-\dfrac{E_i}{KT}\right)}{\sum_{k=1}^{N}\exp\left(-\dfrac{E_k}{KT}\right)} \tag{11-1}$$

式中，K 是物理学中的玻耳兹曼常数，T 是材料的温度，E_i 和 E_k 分别是状态 i 和 k 对应的内能。

从式(11-1)可知，在高温条件下，即令 $T\to\infty$，无论哪种状态的能量 E_i 大小如何，都有 $P_\infty(i)=1/N$。这表明所有状态在高温下具有相同的概率。

随着温度下降至 0℃，从状态 i 转化为具有最小能量 E_0 的概率可以通过对式(11-1)右端的分子和分母同除以 $\exp\left(-\dfrac{E_0}{KT}\right)$ 求出，有

$$\lim_{T\to 0} P_T(i) - P_{T\to 0}(i) - \lim_{T\to 0}\frac{\exp\left(-\dfrac{E_i-E_0}{KT}\right)}{\sum_{k=1}^{N}\exp\left(-\dfrac{E_k-E_0}{KT}\right)} = \begin{cases}\dfrac{1}{N_0}, & i\in S_0\\ 0, & i\notin S_0\end{cases} \tag{11-2}$$

式中，$E_0=\min\limits_{S} E_k$，S 是状态总空间；S_0 是能量最小的状态子空间；N 是总状态数；N_0 是 S_0 中的状态数。

从式(11-2)可知，当温度降至很低时，对 $E_i\neq E_0$ 的状态 i，向它转移的概率为 0，所以只有 $E_i=E_0$ 的状态才可能存在，因此材料倾向于进入具有最小能量的状态。

11.1.3 Metropolis 准则

从物理系统倾向于能量较低的状态，而热运动又妨碍它准确落入最低态的物理原理出发，采样时着重取那些有重要贡献的状态，则可以较快地达到较好的结果。1953 年，Metropolis 等提出了重要性采样法，用来产生固体的状态序列。具体做法如下：

首先给定以粒子相对位置表征的初始状态 i 作为当前状态。然后用摄动方法使随机选取的某个粒子的位移随机地产生一微小变化，得到一个新状态 j。

(1) 若 $E(j)\leqslant E(i)$，则状态转换被接受。

(2) 若 $E(j)\geqslant E(i)$，则状态转换的概率为

$$P_T(i\rightarrow j)=\exp\left(\frac{E_i-E_j}{KT}\right) \tag{11-3}$$

式中，K 是物理学中的玻耳兹曼常数，T 是材料的温度。

(3) 产生随机数 $r=\text{random}(0,1)$，并与式(11-3)比较：

若 $P_T\geqslant r$， 则接受状态 j；

若 $P_T< r$， 则拒绝状态 j，保持 i 不变。

由式(11-3)可知，对同样的接受概率，因为 T 为分母，在高温下可接受的新状态能量差大一些；而在低温下则接受的能量差较小，这与不同温度下热运动的影响一致。当温度趋于零时，$E(j)>E(i)$的新状态 j 都不能接受。

上述接受新状态的准则称为 Metropolis 准则，这种算法的计算量显著减少。

11.2 模拟退火算法

11.2.1 算法描述

固体退火过程的物理图像和统计性质是模拟退火算法的物理背景，Metropolis 接受准则使算法跳离局部最优的“陷阱”，而冷却进度表的合理选择是算法应用的前提。

设组合优化问题的一个解 i 及其目标函数 $f(i)$分别与固体的一个微观状态 i 及其能量 $E(i)$等价。令随算法进程的递减，其值的控制参数 T 担当固体退火过程中的温度的角色。则对于控制参数 T 的每一取值，算法持续进行“产生新解—判断—接受/舍弃”的迭代过程就对应着固体在某一恒定温度下趋于热平衡的过程，经过大量解的转换后，可以求得给定控制参数值时组合优化问题的相对最优解。然后减小控制参数 T 的值，重复上述过程，就可以在控制参数 T 趋于零时，最终求得组合优化问

题的整体最优解。由于固体退火必须"徐徐"降温，才能使固体在每一温度下都达到热平衡，最终趋于能量最小的基态。控制参数的值也必须缓慢下降，才能确保模拟退火算法最终趋于组合优化问题的整体最优解集。标准模拟退火法的一般步骤可描述如下：

步骤 1 给定初始温度 $T_k=T_0$，随机产生初始状态 $\boldsymbol{x}=\boldsymbol{x}_0$。令 $k=0$。

步骤 2 如果不满足停止准则，重复以下过程。

步骤 2.1 执行以下过程 L_k 次：

步骤 2.1.1 从状态 $\boldsymbol{x}$ 的领域解中随机选取新状态 $\boldsymbol{x}'$；

步骤 2.1.2 令 $\Delta=f(\boldsymbol{x}')-f(\boldsymbol{x})$；

步骤 2.1.3 若 $\Delta\leqslant 0$，则令 $\boldsymbol{x}=\boldsymbol{x}'$，否则以概率 $\exp(-\Delta/T_k)$ 令 $\boldsymbol{x}=\boldsymbol{x}'$。

步骤 2.2 退温：令 $k=k+1$，计算 $T_k=\alpha T_{k-1}$，同时按规则更新 L_k。

步骤 3 输出 $\boldsymbol{x}$。

其中，步骤 2.1.1 为新解产生器，它从当前解的领域内随机产生一个新的候选解，以进行下一步的评价。

模拟退火法的流程图如图 11-2 所示。

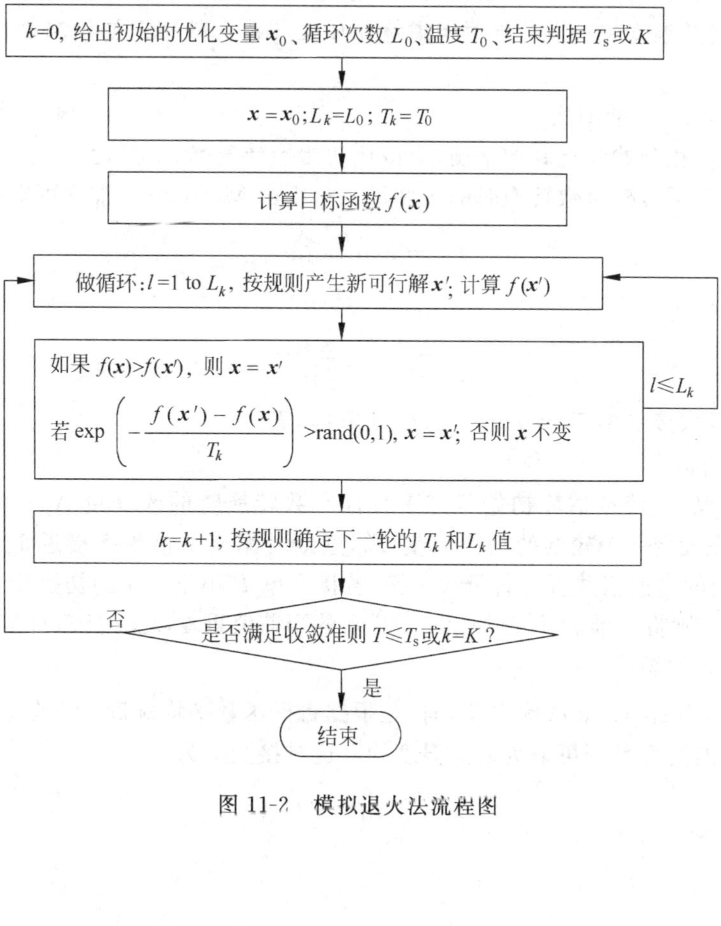

图 11-2 模拟退火法流程图

可以将模拟退火法与传统的局域搜索算法(爬山法)做一比较。局域搜索从一个给定的初始解出发,随机地生成新的解。如果这一新解的值小于当前解的值,则用它取代当前解答,否则舍弃这一新解。局域搜索算法不断地随机生成新解并重复上述步骤,直至求得最小值解。模拟退火法在给定温度 T 下的操作类似于局域搜索,但它允许搜索过程按一定概率从一个较低解"爬山"到一个较高解,从而避免搜索过程陷于局部最小值。因此,模拟退火法与局域搜索算法最大的区别在于它们对状态的接受上,这也是该算法的优点所在。爬山法只接受比当前状态好的状态,而模拟退火法不但接受好的状态,而且以概率接受不好的状态,这在一定程度上避免了搜索停止在局部极小点。从理论上讲,模拟退火法能够收敛于全局最优解。

11.2.2　算法参数的确定

通过上述算法可知,模拟退火法能否达到量的最小值,还取决于 T_0、T 的变化速度、对每个 T 的 Metropolis 抽样稳定性等。这些参数的选取,对计算时间的影响很大,这里对它们的选取原则做一介绍。

1. *初始温度* T_0

实践表明,初始温度越大,获得高质量解的几率也越大,但花费的计算时间将延长。因此,初始温度的选取应同时考虑优化质量与优化效率。初始温度的选取方法有以下两种。

1) Metropolis 准则法

要使算法在开始时达到准平衡,应该让初始接受概率 P_0 接近于 1。如果能够估算在初始状态下目标函数转换时的改变量 Δf,则由 Metropolis 准则可知接受率为

$$P_0 = \exp\left(-\frac{\Delta f}{T_0}\right) \tag{11-4}$$

则有初始温度为

$$T_0 = -\frac{\Delta f}{\ln P_0} \tag{11-5}$$

例如,可取接受率 $P_0=0.9$,当 $\Delta f=100$ 时,$T_0>949$。

2) Kirkpatrick 法

一般情况下,较难估算初始状态下目标函数转换时的改变量 Δf。Kirkpatrick 等人提出,先设定一个较低的初始温度 T_0',逐渐升温直至接受率接近 1。选定一个大值作为 T_0' 的当前值并进行若干次变换,若接受率 P 小于预定的初始接受率 P_0(如取 $P_0=0.8$),则将当前的 T_0' 值加倍,以 T_0' 新的当前值重复以上过程,直至 $P>P_0$,选择该温度为初始温度 T_0。

在利用 Kirkpatrick 法确定 T_0 时,是根据目标函数平均减量 $\overline{\Delta f^-}$ 确定平均概率,以决定当前的温度是否可取为初始温度的。这时接受率为

$$P = \exp\left(-\frac{\overline{\Delta f^-}}{T_0}\right) \tag{11-6}$$

式中，$\overline{\Delta f^-}$为目标函数的平均减量，$\overline{\Delta f^-}=\frac{1}{m_1}\sum_{i=1}^{m_1}\Delta f_i^-$；$m_1$ 表示目标函数减小的次数；Δf_i^- 为第 i 次接受的目标函数减少值。

若 $P>P_0$，则当前温度可作为初始温度 T_0 值，即

$$T_0=-\frac{\overline{\Delta f^-}}{\ln P_0^{-1}} \tag{11-7}$$

Aarts 等人提出了同时考虑目标函数减小次数 m_1 和增大次数 m_2 的类似式(11-7)的确定 T_0 值的公式：

$$T_0=-\frac{\overline{\Delta f^-}}{\ln\dfrac{m_1}{m_1P_0-m_2(1-P_0)}} \tag{11-8}$$

式中，m_2 表示目标函数增大的次数，P_0 表示初始接受率。

2. 冷却进度表

冷却进度表由温度更新函数确定，它定义了温度下降的方式。常用的温度冷却方式可定义为

$$T_k=\alpha T_{k-1},\quad k=1,2,\cdots,K \tag{11-9}$$

式中，α 为预先给定的控制参数，其值小于但接近于 1；K 为控制参数的总下降次数。

另一种由 Nahar 等人提出的下降函数定义为

$$T_{k+1}=T_0\frac{K-k}{k},\quad k=1,2,\cdots,K \tag{11-10}$$

从式(11-10)可以看到，温度越低，下降控制参数变化应越小。

3. Markov 链长度 L_k

Markov 链长度 L_k 控制在温度 T_k 下产生的候选解数目。要达到热平衡，Markov 链应足够长。Markov 链长度 L_k 值的选取原则是：在控制参数 T 的下降函数确定后，L_k 应使得在控制参数的每一取值上都能恢复准平衡。由 Metropolis 准则可知，随着控制参数的递减，变换的接受概率不断减小，因而如果接受变换的次数 m_1 是固定的，则实际变换次数会增加，且当 $T_k\to 0$ 时，$L_k\to\infty$。Kirkpatrick 等人通过试验表明，在控制参数 T 保持较小减少量的情况下，过长的 Markov 链无助于最终解质量的提高，而只会导致执行时间的无谓增加。因此，常用的方法是用一个常量 L 限定 L_k 的值，以避免在 T_k 较小时产生过长的 Markov 链从而显著增加计算时间。用 L 限定 L_k 值，则 L_k 与控制参数 T_k 的取值无关。对于一般组合优化问题，L_k 可取常量。

4. 停止准则

原则上，退火过程终止的条件应当取为当温度足够接近于零或最后转移解不再发生变化时为止。合理的停止准则既能确保算法在多项式时间内收敛于某一近似解，又能使最终解具有较高的质量。根据经验法则，常用的选取停止准则的方法有：

(1) 温度降低到冷却阈值 T_s 以下；

(2) 当前最好的解已经连续在若干降温状态没有得到进一步改善；

(3) 降温总次数大于预设值 K。

在实际应用中，可以选择上述方法之一作为停止准则。

例 11-1　10 城市 TSP 问题。

在 10 城市 TSP 问题中，各城市坐标在表 11-1 中给出。试利用模拟退火法计算最短旅行距离。(1)旅行封闭；(2)规定起点为城市 5 的不封闭旅行。

表 11-1　10 城市 TSP 问题的坐标值

城市	1	2	3	4	5	6	7	8	9	10
x	0.1	0.05	0.7	0.81	0.23	0.1	0.1	0.44	0.36	0.61
y	0.1	0.15	0.065	0.15	0.6	0.57	0.3	0.73	0.77	0.23

解：

1. 计算步骤

(1) 因为 $P_0=0.8$，且 $\Delta f\leqslant 10$，利用式(11-4)可得到，初始温度 $T_0\approx 94.9$，取 $T_0=100$；取 $L_k=(N-1)\times(N-2)=72$，取 $L_k=70$；采用降温方式 $T_{k+1}=0.9T_k$；选取如下目标函数：

$$d=\sqrt{\sum_{i=1}^{N}[(x_{i+1}-x_i)^2+(y_{i+1}-y_i)^2]}$$

式中，对封闭环线，$N=10$，当 $i+1=11$ 对应的是排列为 1 的城市；对非封闭路线，$N=9$。

(2) 初始温度下按表 11-1 给出的序列，得 $d_0=3.761\,766$。

(3) 在下降到某一给定温度 T 时，采用随机选两城市相互对调位置的方法，获取新的排列旅程顺序方法。

如果 $d<d_0$，则用当前序列的距离 d 更新，采用序列距离 d_0，同时更新旅行序列，即

$$d_0=d$$

如果 $d\geqslant d_0$，则按概率确定是否更新当前序列：

$$\begin{cases} d_0=d_0, & \delta=e^{-k\frac{d-d_0}{t_k}}\leqslant \text{random}(0,1), \quad \text{不更新} \\ d_0=d, & \delta=e^{-k\frac{d-d_0}{t_k}}>\text{random}(0,1), \quad \text{更新} \end{cases}$$

式中，系数 k 取 1；random(0,1)是利用随机函数生成的(0,1)之间的随机数。

(4) 计算更新次数，当其等于 L_k 后，继续下降温度。当温度 $T_k=1\times 10^{-6}$℃时(对应的 $K\approx 175$)，计算终止。

2. 计算结果

1) 封闭旅行

结果如图 11-3 所示。注意：当温度很高时，各路径按概率取值均可实现，因此

在温度大于 0.3℃(计算次数在 4000 次以内)的距离波动范围很大。随着温度继续降低,路径距离开始单调减少,最终收敛到最短路径,并不再变化。最优旅行路程见图 11-4(a)和表 11-2。

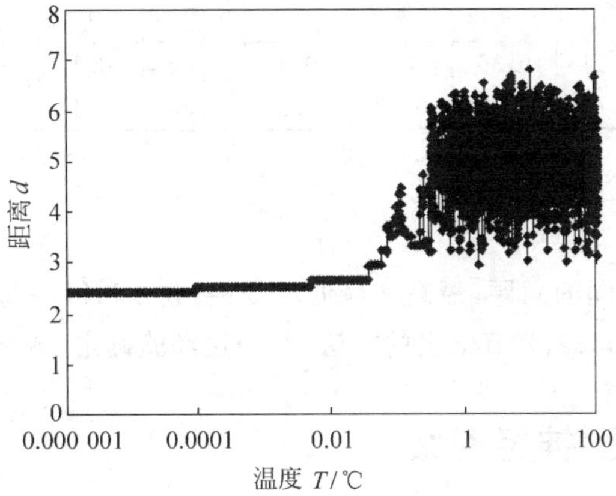

图 11-3 模拟退火计算收敛过程

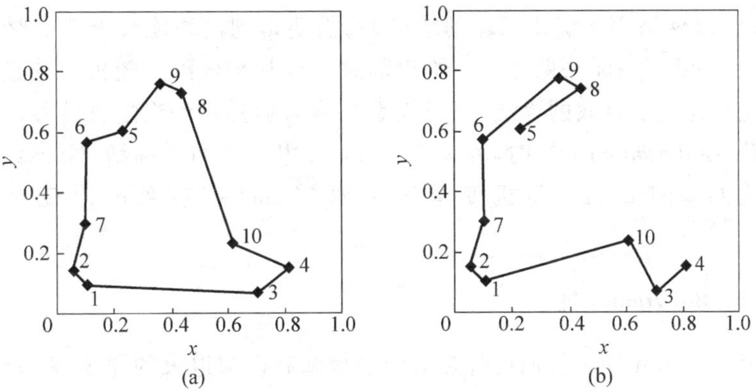

图 11-4 旅行路线

(a) 封闭路径;(b) 起点为城市 5 的不封闭路径

表 11-2 封闭旅行的最优旅行路程

访问顺序	4	3	1	2	7	6	5	9	8	10
x	0.81	0.7	0.1	0.05	0.1	0.1	0.23	0.36	0.44	0.61
y	0.15	0.065	0.1	0.15	0.3	0.57	0.6	0.77	0.73	0.23

最优旅行距离:d=2.419 244。

说明:①表 11-2 中的任意一个城市可以作为封闭旅行起点和终点,距离不变;②循环可以反向进行,距离不变。

2) 起点为城市 5 的不封闭旅行

选取参数与前面相同，最优旅行路程见图 11-4(b)和表 11-3。

表 11-3 起点为城市 5 的不封闭旅行的最优旅行路程

访问顺序	5	8	9	6	7	2	1	10	3	4
x	0.23	0.44	0.36	0.1	0.1	0.05	0.1	0.61	0.7	0.81
y	0.6	0.73	0.77	0.57	0.3	0.15	0.1	0.23	0.065	0.15

最优旅行距离：$d=1.91815$。

解毕。

需要指出：对不同的问题，最高和最低温度、系数 k 和每一温度下的迭代次数 L_k 不是确定的，需要按 11.2.2 节给出的方法，并经过经验确定，或在调试中试算得到。

11.3 随机型神经网络

第 10 章介绍的 Hopfield 神经网络在动力学模型中属于确定性的网络模型，其能量局部极小所对应的稳态平衡点的存在，为联想记忆的实现提供了必要条件。但是，将 Hopfield 网络用于优化问题的求解时，需要得到网络能量上全局最小的稳态平衡点，Hopfield 网络无法保证最终给出的解一定是最优解。随机型神经网络为求解全局最优解提供了有效的算法，这类模型又称为随机机。当随机转移概率采用的是玻耳兹曼(Boltzmann)分布时，称为 Boltzmann 机；分布为高斯(Gauss)白噪声函数时，则是 Gaussian 机；随机变量为柯西(Cauchy)有色噪声变量时，则为 Cauchy 机。

11.3.1 Boltzmann 机

1983 年，Hinton 等人借助统计热力学的概念和模拟退火的原理，对 Hopfield 模型引入了随机机制，提出了 Boltzmann 机网络模型。它是一种随机型神经元网络，模拟退火法是这种网络运行和学习的基础。

1. Boltzmann 机的网络模型

Boltzmann 机网络可由 n 个神经元组成，每个神经元服从二态规律，即只取 0 和 1 两种状态，并且假定神经元之间的权值矩阵是对称的，也没有自反馈。与一般前向网络比较而言，Boltzmann 机的网络拓扑结构没有明显的层次。除此之外，Boltzmann 机最具特色的是它的网络是以概率方式工作的。

与离散型 Hopfield 神经元网络相比，Boltzmann 机网络与之基本相似，其共同特点是：

(1) 神经元取二值(例如 0 和 1)输出；

(2) 权值矩阵是对称的；

(3) 神经元的抽样是随机的；

(4) 无自反馈。

不同点是：

(1) Boltzmann 机允许使用隐含层，而 Hopfield 网络不允许；

(2) Boltzmann 机神经元采用随机激活机制，而 Hopfield 网络是确定的激活机制；

(3) Boltzmann 机可以用某种随机模式进行有监督的学习，而 Hopfield 网络是在无监督状态下运行的。

Boltzmann 机模型网络结构如图 11-5 所示。它也是一种全互连型网络。但它可以被人为地划为几层，如可视层、隐含层，可视层又可进一步分为输入部分和输出部分。

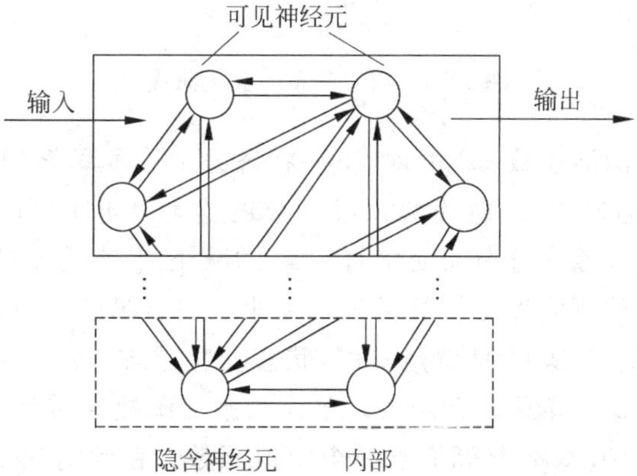

图 11-5 Boltzmann 机模型网络结构示意图

可视层是为网络与环境提供一个界面。在网络进行训练时，可视层神经元可由外部的输入模式钳制在特定的状态，而隐含层则运行在自由状态。应注意，这里并没有明显的层次结构，只是按需要在其中选一些神经元作为不同层的单元。可视层的输入和输出两部分主要用于随机性的互联想记忆。它可采用有监督学习方式进行训练，把某个记忆模式加到输入。在输出端按一定的概率分布得到一组期望的输出模式。这里的概率分布是输出模式相对于输入模式的条件概率分布。

2. Boltzmann 机的网络运行方式

Boltzmann 机是具有对称权值的随机神经网络，每个神经元节点有两个状态，即神经元的输出 v_i 为 0 或 1，称为二值神经元。当神经元的激活函数值发生变化时，将引起节点状态更新，这种更新在各个节点之间是异步的、随机的。当任意节点 i 被选择进行状态更新时，其下一状态为 1 的概率为

$$P_i(1) = \frac{1}{1 + \exp(-x_i/T)} \tag{11-11}$$

式中，T 表示网络的温度参数，取正值；x_i 表示 i 节点的激活函数，$x_i = \sum_{j\neq i} w_{ij}v_j - \theta_i$。

称式(11-11)表示的 S 形函数为 Boltzmann 概率函数。

相应地，下一状态为 0 的概率为 $1-P_i(1)$。图 11-6 为温度分别取 0.8，2.0 和 4.0 时的 3 条概率分布变化曲线。

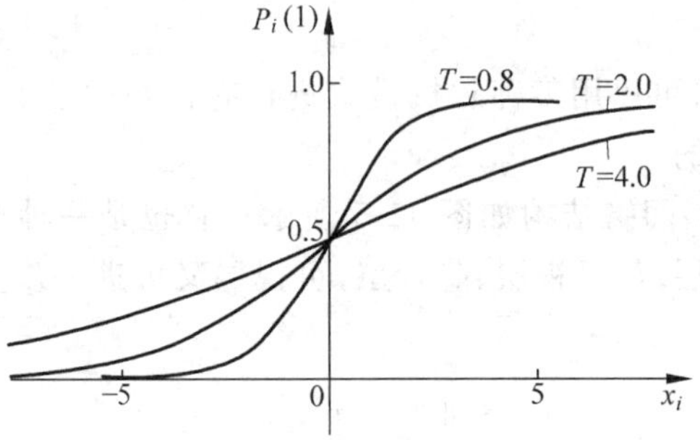

图 11-6　概率分布的变化曲线

一般情况下，当激活函数 $x_i>0$ 时，下一状态为 1 的概率 $P_i(1)$将大于下一状态为 0 的概率 $P_i(0)$，且随着 x_i 值的增大，$P_i(1)$也越大。同理，当 $x_i<0$ 时，$P_i(0)>P_i(1)$，且随着图 11-6 概率分布的变化曲线 x_i 的减小，状态为 0 的概率 $P_i(0)$增大。此外，概率分布曲线的弯曲程度与温度 T 的大小有关。温度越高，曲线越平缓，状态变化越容易；相反，温度越低，曲线越陡峭，状态变化越难。特殊地，当温度趋于 0℃ 时，概率分布曲线近似于单位阶跃函数。单元的激活函数性质就基本上被该概率函数描述，因此 $P_i(T=0)$基本上等价于一个闭值函数。在此情况下，Boltzmann 机与离散 Hopfield 网络是等价的，仅是用来描述网络单元状态“思想”的出发点不同而已。

借助能量函数的概念来分析温度对网络状态变化的影响，更有助于理解 Boltzmann 机的工作机理。定义能量函数为

$$E(t) = -\frac{1}{2}\sum_{i=1}^{n}\sum_{j=1}^{n} w_{ij}v_iv_j + \sum_i \theta_i v_i \tag{11-12}$$

考虑第 i 个神经元的状态发生变化，根据前面关于 Hopfield 网络的讨论，有

$$\Delta E_i = \Delta v_i\left(-\sum_{j\neq i} w_{ij}v_i + \theta_i\right) = -\Delta v_i x_i \tag{11-13}$$

若 $x_i>0$，则 $P_i(1)>0.5$，即有较大的概率取 $v_i=1$。若原来 $v_i=1$，则 $\Delta v_i=0$，$\Delta E_i=0$；若原来 $v_i=0$，则 $\Delta v_i>0$，而此时 $x_i>0$，所以 $\Delta E_i<0$。

若 $x_i<0$，则 $P_i(0)>0.5$，即有较大的概率取 $v_i=0$。若原来 $v_i=0$，则 $\Delta v_i=0$，$\Delta E_i=0$；若原来 $v_i=1$，则 $\Delta v_i<0$，而此时 $x_i<0$，所以仍然有 $\Delta E_i<0$。

不管以上何种情况，随着系统状态的演变，从概率意义上，系统的能量总是朝小的方向变化，所以系统最后总能稳定到能量的极小点附近。但由于是随机网络，所以

系统也不会停止在能量极小点附近的某一固定状态。

由于神经元状态按照概率取值，因此，以上分析只是从概率意义上的说明，网络的能量总的趋势是朝着减小的方向演化，但在有些步，神经元的状态可能按小概率取值，从而使能量增加，这种情况对跳出局部极小点是有好处的。这也是 Boltzmann 机与 Hopfield 网络的另一个不同之处。

为了有效地演化到网络能量函数的全局最小点，通常采用模拟退火法来运行网络。即开始采用较高的温度 T，此时各状态出现概率的差异不大，比较容易跳出局部极小点进入到全局最小点附近。然后逐渐减小温度 T。各状态出现概率的差异逐渐拉大，从而较为准确地运动到能量的最小点，同时又阻止它跳出该最小点。

11.3.2 Gaussian 机

Gaussian 机也称高斯机，是一个随机神经网络模型。它将服从高斯分布（即正态分布）的噪声加到每个神经元的输入，神经元的输出具有分级响应特性和随机性。可以说 Gaussian 机是 Hopfield 网络与 Boltzmann 机的结合，但更具一般性。

Gaussian 机的神经元类似于连续型 Hopfield 网络模型的神经元，但也有不同之处，如图 11-7 所示。任意一个神经元 $i(1\leqslant i\leqslant n)$ 的输入由 3 部分构成：来自其他神经元的输入 v_j、阈值 θ_i 及由随机噪声引起的输入误差 ε_i。其中，噪声项 ε_i 是 Gaussian 机中不可缺少的，正是因为这一项打破了神经元输出的确定性。每个神经元的总输入记为 x_i，其值为

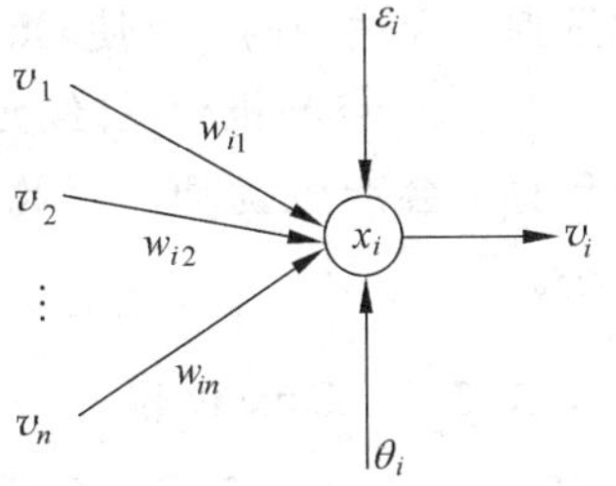

图 11-7 Gaussian 机神经元

$$x_i = \sum_{j=1}^{n} w_{ij} v_j - \theta_i + \varepsilon_i \qquad (11\text{-}14)$$

记神经元 i 的激活值 u_i 为

$$u_i = \sum_{j=1}^{n} w_{ij} v_j$$

通常，神经元的激活值 u_i 是随时间连续变化的，为了讨论方便，采用下列差分方程，变化成

$$\frac{\Delta u_i}{\Delta t} = -\frac{u_i}{\tau} + x_i \qquad (11\text{-}15)$$

式中，Δt 表示离散时间步长，考虑到收敛性，一般地 Δt 在(0,1)之间取值；τ 表示神经元的时间常数。若取 $\Delta t=\tau=1$，则由式(11-15)可得瞬时激活函数为

$$u_i(t+1) = u_i(t) + \Delta u_i(t) = x_i$$

神经元的输出 v_i 由 Sigmoid 型作用函数确定。输出值在(0,1)区间取值，受噪声 ε_i 影响，它是不确定的：

$$v_i = \mathrm{sgm}(u_i) = \frac{1}{2}\left[1 + \mathrm{th}\left(\frac{u_i}{u_0}\right)\right]$$

式中，u_0 是参考激活量。

Gaussian 机最显著的特征是网络输入 x_i 总是要受到随机噪声 ε_i 的影响。由噪声产生的误差传到激活值 u_i 从而影响神经元的输出值 v_i。

噪声 ε_i 围绕零均值服从 Gaussian 分布，它的标准差为 $\sigma=cT$。其中，c 是一个常数，$c=\sqrt{\dfrac{8}{\pi}}$；T 是温度(与模拟退火有关的控制参数)。

因为 u_i 是服从 Gaussian 分布的随机过程，其概率密度为

$$f_u(\bar{u},\sigma_u)=\frac{1}{\sqrt{2\pi}\sigma_u}\exp\left(-\frac{(u-\bar{u})^2}{2\sigma_u^2}\right) \tag{11-16}$$

式中，$\bar{u}$ 和 σ_u 分别是 u 的均值和标准差。

它处于激活状态时的概率可按下式计算：

$$P(v_i=1)=P(u_i\geqslant 0)=\int_0^{\infty}\frac{1}{\sqrt{2\pi}\sigma_{u_i}}\exp\left(-\frac{(\lambda-\bar{u}_i)^2}{2\sigma_{u_i}^2}\right)\mathrm{d}\lambda=\Phi\left(\frac{\bar{u}_i}{\sigma_{u_i}}\right) \tag{11-17}$$

式中，$\Phi(\cdot)$是累积高斯分布函数。注意：$\Phi(\cdot)$具有类似于 Sigmoid 函数的特性，因此选择一个适当的 c 可使 Gaussian 机接近 Boltzmann 机。

在 Gaussian 机中，神经元状态受噪声影响而随机变化，网络状态能量在总的减小趋势下会产生扰动。因此，当噪声充分大时，Gaussian 机模型能达到能量全局最小。

11.3.3 Cauchy 机

Cauchy 机也称为快速模拟退火。将 Gaussian 机中的高斯随机变量(白噪声)用柯西随机变量(有色噪声)取代，就可以由 Gaussian 机得到 Cauchy 机。这一替换增加了网络接受一个值变大转移的可能性，因而增强了它跳出局部最小值的能力。另外，应用下述快速冷却流程，有可能使 Cauchy 机比前两个随机机更快地收敛。

如果应用瞬时激活和硬限函数，则 Cauchy 机的动态过程类似于 Gaussian 机，只是式(11-14)中的 ε 是一个柯西随机变量，则 x_i 的概率密度为

$$f_{x_i}(\varepsilon,T)=\frac{1}{\pi}\frac{T}{T^2+\varepsilon^2} \tag{11-18}$$

式中，T 为温度，$\varepsilon=x_i-\sum\limits_{j\neq i}w_{ij}v_j+\theta_i$。

由于柯西随机变量的均值和方差是不确定的，所以神经元 v_i 被激活的概率为

$$\begin{aligned}P_{\mathrm{T}}(v_i=1)=P_{\mathrm{T}}(x_i\geqslant 0)&=\int_0^{\infty}\frac{1}{\pi}\frac{T}{T^2+\left(\lambda-\sum\limits_{j\neq i}w_{ij}v_j+\theta_i\right)^2}\mathrm{d}\lambda\\&=\frac{1}{2}+\frac{1}{\pi}\arctan\left[\frac{\sum\limits_{j\neq i}w_{ij}v_j-\theta_i}{T}\right]\end{aligned} \tag{11-19}$$

可以写成在温度 T 下有一个神经元 u_i 被激活的与 Cauchy 机有相同概率形式的下式：

$$f_{x_i}(T)=\frac{1}{2}+\frac{1}{\pi}\arctan\left(\frac{x_i}{T}\right) \tag{11-20}$$

在每个温度 T 下，式(11-20)可用图 11-8 实现。图中，random[0,1]是来自一个在 0 和 1 之间均匀分布的随机数发生器的值。

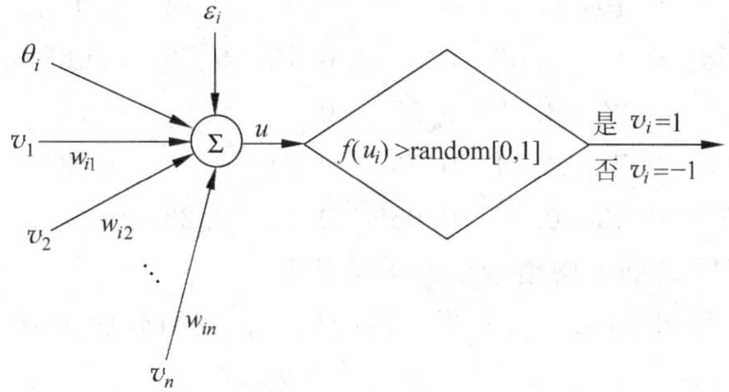

图 11-8　Cauchy 机动态过程的实现

11.3.4 随机机的实现步骤

实现随机机的具体步骤如下：

(1) 初始化。给定起始温度 T_0 和终止温度 T_s。设 $v_i=\varepsilon$，ε 是一个小随机数，或在输入 θ_i 中加入一随机量 ε_i，随机量的分布根据不同的随机机确定。

(2) 热平衡计算。随机选择一个在此次扫描中尚未更新的神经元 v_i，按下式更新：

$$u_i^+=u_i^-+\Delta t\left[\sum_{j\neq i}w_{ij}v_j^- -\theta_i\right]$$

或

$$u_i^+=u_i^-+\Delta t\left[\sum_{j\neq i}w_{ij}v_j^- -\theta_i+\varepsilon_i\right] \tag{11-21}$$

按式(11-11)、式(11-17)或式(11-19)计算得到的概率与随机数 $r=\text{random}(0,1)$ 比较，以确定是否更新扫描神经元，直至系统稳定为止。

(3) 定义退火流程。降温函数可采用如下几种：

$$T_k=\frac{T_0}{1+k} \tag{11-22}$$

$$T_k=\frac{T_0}{\ln(k+1)} \tag{11-23}$$

$$T_k=\frac{T_0}{1+\dfrac{k}{c_T}} \tag{11-24}$$

式中，T_0 是起始温度，T_k 为第 k 次降温或扫描时的温度，c_T 是一个常数。

(4) 重复步骤(2)，直到温度到达终止温度 T_s 时结束。

例 11-2 试计算一个有 8 个神经元的网络，其权值矩阵 **W** 和阈值向量 **Θ** 如下：

$$\boldsymbol{W}=\begin{bmatrix} 0 & 0.55 & 0.45 & 0.33 & 0.63 & 0.78 & 0.24 & 0.17 \\ 0.55 & 0 & 0.91 & 0.47 & 0.58 & 0.61 & 0.30 & 0.22 \\ 0.45 & 0.91 & 0 & 0.10 & 0.19 & 0.26 & 0.77 & 0.53 \\ 0.33 & 0.47 & 0.10 & 0 & 0.66 & 0.32 & 0.14 & 0.05 \\ 0.63 & 0.58 & 0.19 & 0.66 & 0 & 0.15 & 0.70 & 0.065 \\ 0.78 & 0.61 & 0.26 & 0.32 & 0.15 & 0 & 0.81 & 0.15 \\ 0.24 & 0.30 & 0.77 & 0.14 & 0.70 & 0.81 & 0 & 0.23 \\ 0.17 & 0.22 & 0.53 & 0.05 & 0.065 & 0.15 & 0.23 & 0 \end{bmatrix},\quad \boldsymbol{\Theta}=\begin{bmatrix} 0.65 \\ 0.3 \\ 0.4 \\ 0.75 \\ 0.15 \\ 0.25 \\ 0.95 \\ 0.35 \end{bmatrix}$$

试用 Boltzmann 机网络确定网络最后的平衡状态。

若将权值矩阵 **W** 中的第 4 行和第 4 列的后 4 位权值改成负数，请重新确定平衡状态。

解：

1. 计算步骤

(1) 取 $L_k=10$；初始温度 $T_k=100$℃；采用降温方式，$T_{k+1}=0.9T_k$。选取如下能量函数：

$$E=-\frac{1}{2}\sum_{i=1}^{N}\sum_{j=1}^{N}w_{ij}v_iv_j$$

(2) 初始解按 $\boldsymbol{v}=[0\quad 0\quad 0\quad 0\quad 0\quad 0\quad 0\quad 0]$ 序列，得 $E_0=0$。

(3) 采用随机选取神经元 i，按下式判断该神经元输出 v_i 状态：

如果

$$u_i=\sum_{j=1}^{N}w_{ij}v_j-\theta_i>0$$

则取 $v_i=1$；如果

$$u_i=\sum_{j=1}^{N}w_{ij}v_j-\theta_i<0$$

则按概率确定是否更新当前序列：

$$v_i=\begin{cases}0, & \dfrac{1}{1+\mathrm{e}^{-\frac{u_i}{t_k}}}\leqslant \mathrm{random}(0,1) \\ 1, & \dfrac{1}{1+\mathrm{e}^{-\frac{u_i}{t_k}}}>\mathrm{random}(0,1)\end{cases}$$

式中，random(0,1)是利用随机函数生成的(0,1)之间的随机数。

(4) 当温度 $T_k=0.1$℃时，计算终止。

2. 计算结果

结果如图 11-9 所示，随着温度的降低，能量单调减少，最终收敛到最小能量状态。

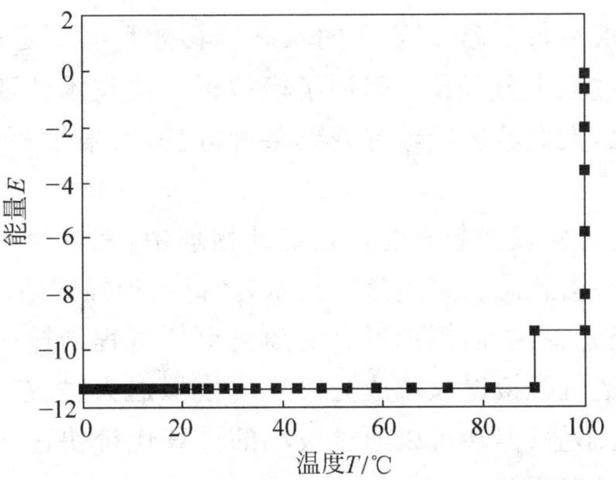

图 11-9 8 神经元网络的 Boltzmann 机最终状态收敛过程

最终状态为$\boldsymbol{v}=[1\ \ 1\ \ 1\ \ 1\ \ 1\ \ 1\ \ 1\ \ 1]$；最小能量为 $E=-11.365$。

若将 $\boldsymbol{W}$ 中的第 4 行和第 4 列的后 4 位权值改成负数，$\boldsymbol{\Theta}$ 不变，即

$$\boldsymbol{W}=\begin{bmatrix} 0 & 0.55 & 0.45 & 0.33 & 0.63 & 0.78 & 0.24 & 0.17 \\ 0.55 & 0 & 0.91 & 0.47 & 0.58 & 0.61 & 0.30 & 0.22 \\ 0.45 & 0.91 & 0 & 0.10 & 0.19 & 0.26 & 0.77 & 0.53 \\ 0.33 & 0.47 & 0.10 & 0 & -0.66 & -0.32 & -0.14 & -0.05 \\ 0.63 & 0.58 & 0.19 & -0.66 & 0 & 0.15 & 0.70 & 0.065 \\ 0.78 & 0.61 & 0.26 & -0.32 & 0.15 & 0 & 0.81 & 0.15 \\ 0.24 & 0.30 & 0.77 & -0.14 & 0.70 & 0.81 & 0 & 0.23 \\ 0.17 & 0.22 & 0.53 & -0.05 & 0.065 & 0.15 & 0.23 & 0 \end{bmatrix}$$

$$\boldsymbol{\Theta}=\begin{bmatrix} 0.65 \\ 0.3 \\ 0.4 \\ 0.75 \\ 0.15 \\ 0.25 \\ 0.95 \\ 0.35 \end{bmatrix}$$

则网络最后的平衡状态为$\boldsymbol{v}=[1\ \ 1\ \ 1\ \ 0\ \ 1\ \ 1\ \ 1\ \ 1]$；最小能量为 $E=-11.295$。

解毕。

11.4 均场退火

模拟退火法由于在状态转换过程中引入了随机扰动，从而具备跳出局部最优解“陷阱”的优良性能。理论上，算法最终将渐近收敛于具有最小代价值的全局最优解。

但是，模拟退火法要求在每个温度 T 下的状态转移数目必须足够大，以达到该温度下的热平衡，而这一过程十分冗长。采用了模拟退火法技术的随机型神经网络面临着同样的问题。因此，人们希望能够寻找到某种方法，有效缩短计算过程，以快速达到热平衡状态。

均场退火法就是这样发展起来的。在统计物理中，常常使用均场近似取代随机变量，以快速达到热平衡状态。采用这一技术，随机型神经网络的随机型二值神经元被确定性连续值神经元替代，而模拟退火的随机更新过程则被一组用于更新的确定性等式替代，原来的随机模拟退火就成为确定的模拟退火过程。虽然这一近似方法不能保证找到全局最小值，但却可以通过极小的计算代价快速找到最优解的一种近似（即问题的近优解或满意解）。

11.4.1 均场近似

均场退火也包括两个过程，即降温和松弛。不过，与模拟退火的随机性松弛不同，它的松弛过程是确定性的。推导均场退火确定性松弛过程的最简单方法，是在 Hopfield 网络中，用均场近似取代随机激活函数，即用随机变量均值的函数来代替随机变量函数的均值。

记第 i 个神经元状态 v_i 的均值为$\bar{v}_i$。在正常情况下，当给定随机输入 u_i 后，具有双极状态输出的变量 v_i 是随机变化时，它的均值$\bar{v}_i$ 可由下式计算出：

$$\bar{v}_i = (+1)P_i(1) + (-1)(1 - P_i(1)) = \tanh\left(\frac{u_i}{T}\right) = \tanh\left(\frac{\sum\limits_{j\neq i} w_{ij}v_j - \theta_i}{T}\right) \tag{11-25}$$

式中，$P_i(1)$是定义于式(11-11)的二值神经元 i 更新到状态 1 的概率，它与节点 i 的激活函数 $u_i = \sum\limits_{j\neq i} w_{ij}v_j - \theta_i$ 有关。注意：u_i 是一个随机变量，它的值随着与第 i 个神经元的输入相连的其他神经元的随机变化而变化。式(11-25)是一组有 N 个随机变量 v_i 的非线性方程。从这一组方程先求解出 v_i 再取均值，是十分困难的。

均场退火则避免了求解大量的随机方程。为简单起见，设外部阈值输入 θ_i 不是随机的，激活能量 u_i 的平均波动为

$$\bar{u}_i = \overline{\sum_{j\neq i} w_{ij}v_j - \theta_i} = \sum_{j\neq i} w_{ij}\bar{v}_j - \theta_i \tag{11-26}$$

根据式(11-26)，在式(11-25)中用激活函数均值$\bar{u}_i$ 取代 u_i 后，得到如下均场方程：

$$\bar{v}_i = \tanh\left(\frac{\bar{u}_i}{T}\right) = \tanh\left(\frac{\sum\limits_{j\neq i} w_{ij}\bar{v}_j - \theta_i}{T}\right) \tag{11-27}$$

因为未知变量$\bar{v}_i$ 是确定性的，式(11-27)所得的 N 方程组可以很容易地用迭代法求解。可见，应用均场近似可将原来的一组随机方程转换成较易处理的确定性方程。

11.4.2 均场退火的稳定性

图 11-10 所示为式(11-27)迭代求解的一个实现方案。在每个积分器中所加入的控制参数 $1/T$ 用来计算 v_i^- 与 v_i^+ 之间的时差。

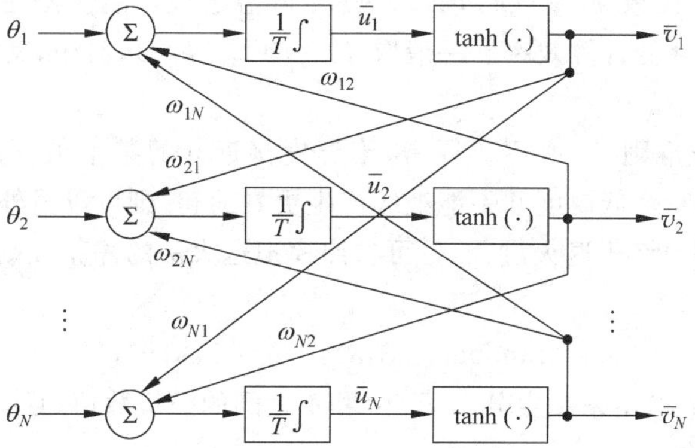

图 11-10 均场网络

如果能证明 $\boldsymbol{E}(\bar{\boldsymbol{v}})$是一个 Lyapunov 函数,则可以表明均场网络是稳定的。如连续 Hopfield 网络的情形那样,$\boldsymbol{E}(\bar{\boldsymbol{v}})$符合第 10 章中所描述的 Lyapunov 函数所需满足的条件 1 和 2。条件 3 可以证明如下:

$$\frac{\mathrm{d}E(\bar{\boldsymbol{v}})}{\mathrm{d}t}=\sum_i\frac{\mathrm{d}E(\bar{\boldsymbol{v}})}{\mathrm{d}\,\bar{v}_i}\frac{\mathrm{d}\,\bar{\boldsymbol{v}}_i}{\mathrm{d}t}=\sum_i\left(-\frac{\mathrm{d}x_i}{\mathrm{d}t}\right)\frac{\mathrm{d}\,\bar{\boldsymbol{v}}_i}{\mathrm{d}u_i}\frac{\mathrm{d}u_i}{\mathrm{d}t}=-\sum_i\frac{\mathrm{d}\,\bar{\boldsymbol{v}}_i}{\mathrm{d}u_i}\left(\frac{\mathrm{d}u_i}{\mathrm{d}t}\right)^2 \quad (11\text{-}28)$$

因为$\bar{v}_i=\tanh\left(\frac{\bar{u}_i}{T}\right)$是一个单调递增函数,$\frac{\mathrm{d}\,\bar{\boldsymbol{v}}_i}{\mathrm{d}u_i}\geqslant 0$。因此,$\frac{\mathrm{d}}{\mathrm{d}t}E(\bar{\boldsymbol{v}})\leqslant 0$。这表示$E(\bar{\boldsymbol{v}})$对时间的导数是负半定的。由此可知,在每个给定的 T 下,均场网络一定可以收敛到一个平衡态。

11.4.3 均场退火的计算步骤

1. 设定初始参数

(1) 用拉格朗日松弛法构造网络的能量函数,从而获得权值矩阵 $\boldsymbol{W}$。这可以通过对目标函数和约束函数加入拉格朗日参数来进行。一般表征为如下形式:

$$\text{能量}=\lambda_0\cdot\text{“代价”}+\sum_i\lambda_i\cdot\text{“约束 }i\text{”}$$

其中,$\lambda_i\in R^+$是拉格朗日参数,随具体问题而定,其选择在很大程度上影响最终解的质量。

(2) 确定合适的初始温度 T_0。由于在高温下神经元的所有均值在 0 附近随机分布,因此,初温设置过高将造成计算过程的浪费。另一方面,如果初温过低,又会使松弛过程变得像统计力学中的淬火一样,神经元均值的演变将会产生很差的结果。

所以,初始温度的确定是至关重要的,有时需要多次尝试。

(3) 确定在每个温度下允许的转移准则(特性函数)或迭代次数 L_k。为了确定每一温度下合适的迭代次数,可根据连续两次迭代之间网络状态的相似性来判定其是否已达到平衡。

(4) 给出降温函数 $T_k=f(k,T_0)$。注意:降温过快可能使松弛过程产出很差的结果,而过慢又会降低计算效率。一般取 $T_k=rT_{k-1},k=1,2,\cdots$,其中 r 为预先给定的控制参数。

(5) 给出停止准则 T_s 或 K。通常,当温度接近 0 的某个值 T_s 时,退火过程终止。但是,如果不断降低温度并不能继续产生更好的解,则可以另外定义一个适当的停止准则(如 $k\geqslant K$)终止退火过程,也可参照模拟退火法的停止准则进行确定。

2. 初始化

$$\bar{v}_i=\text{random}(-\delta,\delta),\quad i=1,2,\cdots,N \tag{11-29}$$

式中,random$(-\delta,\delta)$用来产生分布于$-\delta$和δ之间的随机数值,且有$|\delta|\leqslant1$。

3. 热平衡计算

在每个温度下展开松弛过程直至达到平衡态:

$$\bar{v}_i^{+}=\tanh\left(\frac{\sum\limits_{j\neq i}w_{ij}\,\bar{v}_j^{-}-\theta_i}{T}\right) \tag{11-30}$$

4. 收敛判断

若使用终止温度或最大降温次数作为停止准则,可判断以下条件是否满足:$T_k\leqslant T_s$ 或 $k\geqslant K$。如果不满足,则按 $T_k=f(k,T_0)$降温,返回步骤 3;否则,算法终止。

例 11-3 求解二分图问题。二分图问题已在 10.3 节介绍过。用均场变量改写能量函数,式(10-31)变为

$$E(v)=\frac{N\lambda}{2}-\frac{1}{2}\sum_i\sum_{j\neq i}w_{ij}v_iv_j \tag{11-31}$$

其中,N 是节点数,λ 是拉格朗日参数,而 $w_{ij}=c_{ij}-\lambda$。因此

$$\frac{\mathrm{d}E(\boldsymbol{v})}{\mathrm{d}\,\bar{v}_i}=-\sum_{j\neq i}w_{ij}\,\bar{v}_j \tag{11-32}$$

且每个温度下的松弛过程变为

$$\bar{v}_i^{+}=\tanh\left(\frac{\sum\limits_{j\neq i}w_{ij}\,\bar{v}_j^{-}}{T}\right) \tag{11-33}$$

二分图问题的均场退火算法求解步骤归纳如下:

(1) 设定初始参数:

① 构造能量函数,如式(11-31)所示,并确定相应的拉格朗日参数 λ。

② 确定初始温度 T_0。

③ 确定转移准则。在每个温度下,当

$$\frac{1}{N}\sum_{i} \mid \bar{v}_i^+ - \bar{v}_i^- \mid < \varepsilon_1 \tag{11-34}$$

时停止迭代。也就是说，若在两次迭代间神经元取值的平均差小于 ε_1，则算法达到该温度下的热平衡。

④ 定义降温函数 $T_k = rT_{k-1}$，其中 r 为小于但接近于 1 的正数，而 T_k 是在第 k 次降温时的温度。

⑤ 定义停止准则。

所有神经元的取值无一例外地都在$[-1,-\delta_1]$或$[\delta_1,1]$的范围内；$\frac{1}{N}\sum_i \mid v_i \mid \geqslant \varepsilon_2$，即全部神经元中的 $100\varepsilon_2\%$几乎达到其稳态值$\{-1,1\}$。

(2) 初始化$\bar{v}_i = \text{random}(-\delta,\delta), i=1,2,\cdots,N$; $|\delta|\leqslant 1$。

(3) 热平衡计算。在每个温度下展开松弛过程直至达到平衡态：

$$\bar{v}_i^+ = \tanh\left(\frac{\sum_{j\neq i} w_{ij}\bar{v}_j^-}{T}\right) \tag{11-35}$$

(4) 收敛判断。如果不满足收敛条件，则按降温函数继续降温，并返回步骤(3)；否则，算法终止。

解毕。

习题

11-1 用模拟退火法求解一个 6 城市 TSP 的最小旅程距离。TSP 的坐标矩阵如表 11-4 所示。

表 11-4 6 城市 TSP 问题的坐标值

城市	1	2	3	4	5	6
x	0.1	0.8	0.6	0.77	0.23	0.33
y	0.05	0.2	0.555	0.95	0.79	0.44

采用二交换规律，以距离定义目标函数，定义从旅程序列转移的接受率为 $e^{-\frac{[d-d_0]^+}{T}}$。选取 $T_0=100$，起始旅程为(2,1,4,3,5,6)。交换规律中用到的城市 X 和 Y，按自动生成的随机数确定，亦即找出新旅程、新旅程的代价和每个旅程的接受率，并决定是否接受转移。根据计算选择合适的每一温度下的计算序列长度 L_k 和终止温度。

11-2 分析比较模拟退火法与 Hopfield 网络求解 TSP 问题时有哪些异同点。

11-3 试用模拟退火法编程求解 30 个城市的 TSP 问题。

11-4 考虑一个组合优化问题，它的解答空间大小为$|S|=6$，等价函数 $f(i)=i$，

其中 $i=1,2,\cdots,6$。应用模拟退火法，并假定从一个解答生成另一个解答的概率在整个解答空间上均匀分布。进一步假定从一个解答到另一个解答的转换遵守 Metropolis 准则。找出模拟退火法在 $T=5$ 时的 Markov 链转移矩阵。

11-5 分别应用 Boltzmann 机、Gaussian 机和 Cauchy 机求解习题 11-1 中给出的 6 城市 TSP 问题。

11-6 试分析随机神经网络的热平衡状态与生物神经元网络的稳定态有哪些异同点。

11-7 归纳 Boltzmann 机模型的特点。

11-8 试比较 Boltzmann 机、确定性 Boltzmann 机和 Sigmoid 置信度网络的异同。

11-9 试设计一个含有 4 个随机神经元的 Boltzmann 机，并且使其最终的热平衡状态处于[1 1 1 1]。

11-10 随机神经元的状态采用 1 和 0 二值。试以 1 和 −1 为随机神经元的输出状态推导确定性 Boltzmann 机的平均场公式。

11-11 用均场退火法求解习题 10-7 中的二分图问题，并试验相关参数不同取值对解的影响。

参考文献

1. Kirkpatrick S, Gelatt Jr C C, Vecchi M P. Optimization by simulated annealing[J]. Science, 1983: 670-671.
2. Metropolis N, Rosenbluth A W, Rosenbluth M N et al. Equation of State Calculations by Fast Computing Machines[J]. The Journal of Chemical Physics, 1953, 21(6): 1087-1092.
3. Ansari N, Hou E. Computational Intelligence for Optimization [M]. Kluwer Academic Publishers, 1997.
4. Ansari N. 用于最优化的计算智能[M]. 李军，边肇祺，译. 北京：清华大学出版社，1999.
5. 龚光鲁，钱敏平. 应用随机过程教程[M]. 北京：清华大学出版社，2004.
6. 高隽. 人工神经网络原理与仿真实例[M]. 北京：机械工业出版社，2003.
7. 杨建刚. 人工神经网络实用教程[M]. 杭州：浙江大学出版社，2001.

12 遗传算法

遗传算法(genetic algorithm,GA)是模拟自然界生物进化的一种随机、并行和自适应搜索算法。它将优化参数表示成的编码串群体,根据适应度函数进行选择、交叉和变异遗传操作。遗传算法广泛应用于自动控制、规划设计、组合优化、图像处理、机器学习、信号处理、人工生命等领域。

12.1 遗传算法实现

遗传算法的一次迭代称为一代,每一代都拥有一组解。新的一组解不但可以有选择地保留一些适度值高的旧的解,而且可以包括一些由其他解结合得到的新解。最初的一组解(初始群体)是随机生成的,之后的每组新解由遗传操作生成。每个解都通过一个与目标函数相关的适应度函数给予评价,通过遗传过程不断重复,达到收敛,而获得问题的最优解。

12.1.1 编码、染色体和基因

1. 编码

在二进制遗传算法中,自变量是以二进制字符串的形式表示的,因此需要将空间坐标转换成相应的数字串,这就是编码。例如,一个三维正整数优化问题的各自变量均满足 $0 \leqslant x_i \leqslant 15$,它的一个解为 $\boldsymbol{x}=[5,7,0]$。在二进制遗传算法中,这个解对应地写成 $\boldsymbol{x}=[0101\ 0111\ 0000]$。那么,010101110000 就是解 $\boldsymbol{x}$ 的对应编码。

2. 染色体与基因

在遗传算法中,为了与生物遗传规律对应,每一个解被称为一个个体,它对应的编码称作染色体(或者基因串),如前面的 010101110000 就是个体 $\boldsymbol{x}$ 的染色体。组成染色体的每一个编码元素称为基因,因此染色体 010101110000 有 12 个基因。

当优化问题的维数和自变量的范围不同时,个体的编码长度也就不同。例如,10011001101000110111 是某个个体的染色体,它的基因位数为 20,或者说该染色体的长度 $l=20$。

3. Hamming 悬崖

在二进制编码中,主要的一个问题是存在 Hamming 悬崖(Hamming cliff)。在

10 进制中，255+1=256。而在二进制中，如果染色体的位数一定，它的最大数值+1得到的是染色体的最小数值。例如，对 8 位的二进制数：11111111+00000001=00000000，它们产生了 255 的差距，并称为 Hamming 距离。

为了翻越 Hamming 悬崖，个体的所有位上的基因需要同时改变。由于二进制编码的遗传操作实现翻越悬崖的可能性非常小，这会使计算时出现停滞不前的现象。为此，对于多维、高精度要求的连续函数优化问题，可采用十进制的实数编码遗传算法改进这一缺陷。

12.1.2 初始群体

同其他优化方法类似，遗传算法也需要有初始解。遗传算法的初始解是随机生成的一组解，称为初始群体。在初始群体中，个体数目 M 越大，搜索范围就越广，效果也就越好，但是每代遗传操作时间也会越长，运行效率也较低；反之，M 越小，搜索的范围越窄，每代遗传操作的时间越短，遗传算法的运算速度就可以提高，但降低了群体的多样性，有可能引起遗传算法的早熟现象（即无法获得全局最优解）。通常 M 的取值范围为 20～100。

初始群体构成了最原始的遗传搜索空间。由于初始群体中的个体是随机产生的，每个个体的基因常采用均匀分布的随机数来生成，因此初始群体中的个体素质一般不会太好，即它们的目标函数值与最优解差距较远。遗传算法就是要从初始群体出发，通过遗传操作，择优汰劣，最后得到优秀的群体与个体（问题的最优解）。

12.1.3 适应度函数与适度值

为体现染色体的适应能力而引入的对每个染色体进行度量的函数，叫做适应度函数。适应度函数是根据在优化问题中给出的目标函数，通过一定的转换规则得到的。对一个群体中第 i 个染色体，通过对其目标函数值转换所得到的数值称为适度值，用 f_i 表示。

由于在遗传算法中，一次迭代后得到的是一个群体，用群体中每一个个体适度值构成的比例系数（称为存活率）作为确定个体是否应该被遗传到下一代的依据。用 $\sum f_i$ 表示一个群体的适度值总和，第 i 个染色体的适度值 f_i 占总值的比例 $f_i/\sum f_i$ 被视为该染色体在下一代中可能存活的概率，即存活率。在表 12-1 中给出了由 5 个个体组成的一个群体的适度值，并按各染色体适度值 f_i 所占总值的比例计算得到相应的存活率 $f_i/\sum\limits_i f_i$。

对寻找最大值的优化问题，其适应度函数可以直接选用目标函数；而对寻找最小值的最优化问题，其适应度函数可以是一个大的正数减去目标函数。总之，适度值必须为正数或零。适应度函数确定以后，根据群体中的个体适应度函数值算出存活率，以确定哪些染色体生存，哪些被淘汰。例如，在表 12-1 中，个体 1 的概率最大，将会被保留，并遗传下去；而个体 5 的概率最小，可能会被淘汰。至于多少个体被保留或淘汰，需要根据群体的大小确定。

表 12-1 适度值

个体代号 i	染色体	适度值 f_i	存活率 $P_i=f_i/\sum_i f_i$
1	0001	10	0.5
2	0010	2	0.1
3	0011	3	0.15
4	0100	4	0.2
5	0101	1	0.05
总值		20	1.0

12.1.4 遗传操作

遗传操作如同第 6 章和第 7 章所介绍的搜索过程一样，是模拟自然界生物进化过程中发生的繁殖、染色体之间的交叉和突变现象而生成新的、更优解的过程。遗传算法的操作通常有选择(selection)、交叉(crossover)和变异(mutation)3 种基本形式。

1. 选择

选择是按一定规则从原始群体中随机选取若干对个体作为繁殖后代的群体。选择要根据新个体的适度值或存活率进行，个体的适度值或存活率越大，被选中的概率就越大。如在表 12-1 中，根据 f_i 或 $f_i/\sum_i f_i$ 从该群体中应选择代号为 1,3 和 4 的个体作为优良个体，组成一个相对优化的群体。

选择操作可以采用偏置轮盘选择(roulette wheel selection,RWS)方法。偏置轮盘中的区域大小与适度值成比例，如图 12-1 所示。每转动一轮转盘，指针将随机地指向轮盘中的个体，这一个体就作为新一代群体中的一个个体，经多次选择操作便产生初始群体。

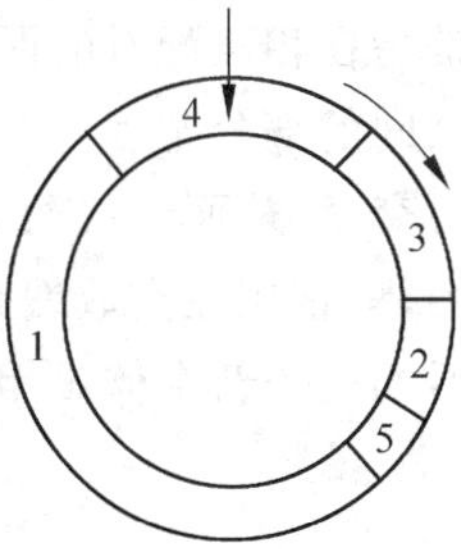

图 12-1 偏置轮盘

对表 12-1 所示原始群体，利用图 12-1 的偏置轮盘，转动轮盘 10 次将会生成一个由 10 个个体组成的新一代群体。因为根据存活率，各个体出现的期望次数如表 12-2 所示，所以这个新的群体的可能组合是{1,1,1,1,1,2,3,4,4,5}。

表 12-2 存活率和期望次数

个体代号 i	存活率 P_i	期望次数($10P_i$)
1	0.5	5
2	0.1	1
3	0.15	1.5
4	0.2	2
5	0.05	0.5

选择操作是从旧的群体中选出优秀者，但并不生成新的个体。因此，产生新的解还需要进行交叉和变异等操作。

2. 交叉

交叉操作利用了来自不同染色体的基因通过交换和重组来产生新一代染色体，从而产生下一代新的个体。通过交叉操作，遗传算法的搜索能力得以大大提高。

交叉操作的过程是：在当前群体中任选取两个个体，按给定的交叉概率 $P_c >$ random[0,1]在染色体的基因链上选取交叉位置，将这两个个体从该位置起的末尾部分基因互换得到两个新的染色体。

图 12-2 给出了一个一点交叉操作过程的范例。在选择了两个交叉个体 $\boldsymbol{x}_1$ 和 $\boldsymbol{x}_2$ 后，对它们的交叉位置右边的基因码进行交叉操作（即相互置换），生成两个具有双亲基因成分的新个体 $\boldsymbol{x}_3$ 和 $\boldsymbol{x}_4$。

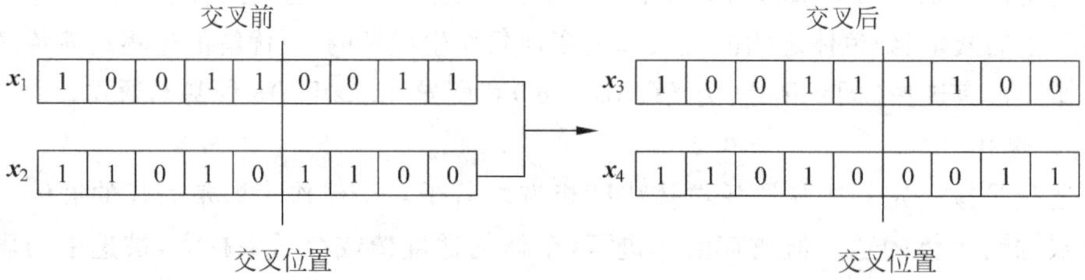

图 12-2 一点交叉操作

除了一点交叉，交叉操作还有两点交叉、一致（均匀）交叉和算术交叉等。两点交叉是指在相互配对的两个个体基因编码串中随机设置两个交叉点，并交换两个交叉点之间的部分基因；均匀交叉是指两个相互配对个体的每一位基因都以相同的概率进行交换，从而形成两个新个体；算术交叉是指由两个个体的线性组合而产生出新的个体，常用在实数编码的遗传算法中。设对 $\boldsymbol{x}_1$ 和 $\boldsymbol{x}_2$ 两个个体进行算术交叉，则交叉后的两个新个体 $\boldsymbol{x}_1'$ 和 $\boldsymbol{x}_2'$ 为

$$\boldsymbol{x}_1' = \alpha\boldsymbol{x}_1 + (1-\alpha)\boldsymbol{x}_2 \tag{12-1}$$

$$\boldsymbol{x}_2' = (1-\alpha)\boldsymbol{x}_1 + \alpha\boldsymbol{x}_2 \tag{12-2}$$

式中，$\alpha \in (0,1)$ 为一随机数；$\boldsymbol{x}_1$ 和 $\boldsymbol{x}_2$ 为交叉前的个体；$\boldsymbol{x}_1'$ 和 $\boldsymbol{x}_2'$ 为交叉后的个体。

交叉操作是产生新个体的主要方法之一，因此交叉概率 P_c 应取较大值。但 P_c 取过大值可能会破坏群体中的优良模式，对进化计算反而产生不利的影响。若 P_c 取值较小，则产生新个体的速度较慢，算法效率低。遗传算法交叉操作概率 P_c 的取值范围一般为 0.59～0.99。

3. 变异

选择和交叉操作基本上完成了遗传算法的大部分搜索功能，而变异则增加了遗传算法找到接近最优解的能力，是遗传算法中的一个重要环节。变异操作可以维持群体的多样性，防止出现早熟。

变异是按给定的变异概率 $P_m >$ random[0,1]改变某个体的某一基因值，以生成一个新的个体，在二进制编码中，就是将变异位置处的基因由 0 变成 1，或者由 1 变成 0。图 12-3 给出了一个由 0 变成 1 的变异操作。

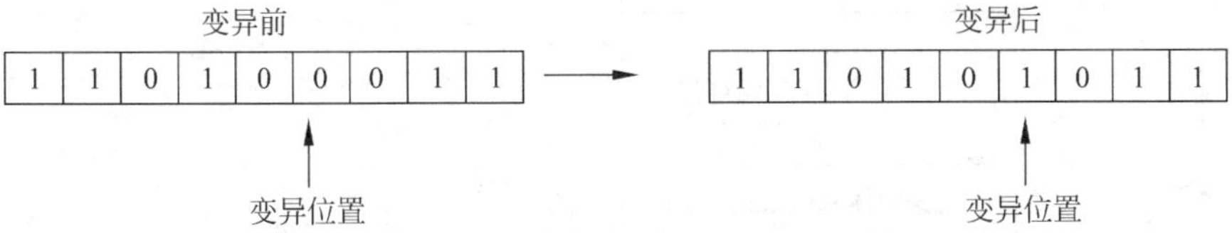

图 12-3 变异操作

对于实数编码的变异操作可按下式执行：

$$\boldsymbol{x}' = \boldsymbol{x}_{mean} + (\alpha - 0.5)(\boldsymbol{x}_{max} - \boldsymbol{x}_{min}) \tag{12-3}$$

式中，$\alpha \in (0,1)$，为一随机数；$\boldsymbol{x}$ 是变异前的个体；$\boldsymbol{x}_{max}$ 是 $\boldsymbol{x}$ 在变异操作中的最大可能值；$\boldsymbol{x}'$ 是变异后的个体；$\boldsymbol{x}_{min}$ 是 $\boldsymbol{x}$ 在变异操作中的最小可能值；$\boldsymbol{x}_{mean} = \frac{\boldsymbol{x}_{max} + \boldsymbol{x}_{min}}{2}$。

变异操作为新个体的产生提供了机会。变异概率 P_m 不宜选取过大，过大可能会把群体中较好的个体变异掉。变异概率 P_m 一般取 0.0001～0.1。如果变异概率大于 0.5，遗传算法就退化为随机搜索法。

通过选择、交叉和变异操作结合，可以克服复制和交叉算子无法在初始基因组合以外的空间进行搜索而使进化过程在早期就陷入局部解而进入终止过程，从而保证了遗传算法的有效性，提供了逃脱局部最小值的手段。

12.1.5 终止

遗传算法是一个反复迭代的随机搜索过程。因此，需要给出停止条件使过程终止，并从最终稳定的群体中取最好的个体作为遗传算法所得的最优解。遗传操作的终止条件可以有如下几种方式：

(1) 根据终止进化代数 N，一般取值范围为 100～500；

(2) 根据适度值的最小偏差满足要求的偏差范围；

(3) 根据适度值的变化趋势，当适度值逐渐趋于缓和或者停止时终止遗传操作，即群体中的最优个体在连续若干代没有改进或平均适度值在连续若干代基本没有改进后即可停止。

在满足终止条件后，输出群体中最优适度值的染色体作为问题的最优解。

12.1.6 遗传算法流程图

遗传算法成功的关键在于编码、遗传操作和设定遗传算法的运行参数。主要需要设定的参数有：染色体长度 l，交叉概率 P_c，变异概率 P_m，群体大小 M，终止进化代数 N。

遗传算法一般解题步骤如图 12-4 所示。

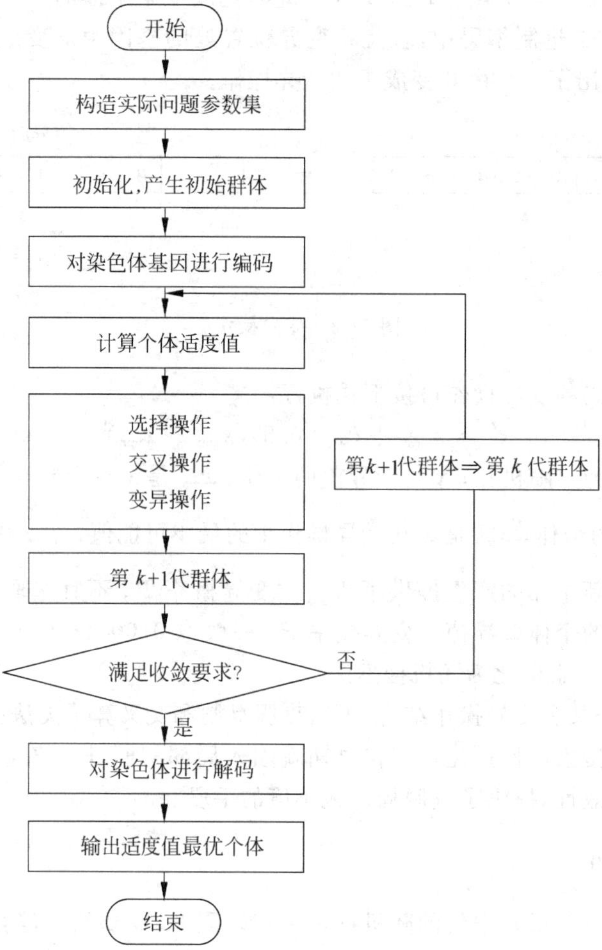

图 12-4 遗传算法流程图

12.2 遗传算法示例

下面以两个算例来说明利用遗传算法来求解最优化问题的具体过程。

例 12-1 试用二进制遗传算法求解下述约束整数优化问题：

$$\min f(\boldsymbol{x}) = x_1 + x_2 + x_3$$

$$\text{s. t.} \quad 7 \leqslant x_1 \leqslant 15$$

$$3 \leqslant x_2 \leqslant 6$$

$$5 \leqslant x_3 \leqslant 10$$

解：1. 选择初始群体

取初始群体个体数为3，即初始群体为{ $\boldsymbol{x}_1,\boldsymbol{x}_2,\boldsymbol{x}_3$ }。根据选择操作分别在满足约束条件下随机选取，设它们是 $\boldsymbol{x}_1=(11,5,10)$，$\boldsymbol{x}_2=(8,6,9)$ 与 $\boldsymbol{x}_3=(13,4,7)$。

2. 编码

由于自变量的3个分量的最大值是15，因此可以采用4位数的二进制码。将3个初始个体按二进制编码，有

$$1011 \quad 0101 \quad 1010 \quad \rightarrow \quad \boldsymbol{x}_1=(11,5,10)$$

$$1000 \quad 0110 \quad 1001 \quad \rightarrow \quad \boldsymbol{x}_2=(8,6,9)$$

$$1101 \quad 0100 \quad 0111 \quad \rightarrow \quad \boldsymbol{x}_3=(13,4,7)$$

3. 交叉

对 $\boldsymbol{x}_1$ 和 $\boldsymbol{x}_2$ 进行单点交叉，生成新个体 $\boldsymbol{x}_4$ 和 $\boldsymbol{x}_5$，而 $\boldsymbol{x}_3$ 不变，则产生的新个体为

$$1011 \quad 0101 \quad 1001 \quad \rightarrow \quad \boldsymbol{x}_4=(11,5,9)$$

$$\uparrow\uparrow\uparrow\uparrow$$

$$\downarrow\downarrow\downarrow\downarrow$$

$$1000 \quad 0110 \quad 1010 \quad \rightarrow \quad \boldsymbol{x}_5=(8,6,10)$$

4. 变异

对 $\boldsymbol{x}_4$ 个体的第4,12位进行变异，将该两位置上的1变为0，从而产生新个体 $\boldsymbol{x}_6$，即

$$1011 \quad 0101 \quad 1001 \quad \rightarrow \quad \boldsymbol{x}_4=(11,5,9)$$

$$\uparrow \qquad\qquad\qquad \uparrow$$

$$\downarrow \qquad\qquad\qquad \downarrow$$

新个体为 $1010 \quad 0101 \quad 1000 \quad \rightarrow \quad \boldsymbol{x}_6=(10,5,8)$

这里应该注意，变异位的选择是随机的，但是要使经过变异操作之后的优化变量满足约束条件。

5. 选择下一代群体

到现在为止，初始群体的3个个体为 $\boldsymbol{x}_1=(11,5,10)$，$\boldsymbol{x}_2=(8,6,9)$ 和 $\boldsymbol{x}_3=(13,4,7)$。由进化操作产生了3个新个体，它们分别为 $\boldsymbol{x}_4=(11,5,9)$，$\boldsymbol{x}_5=(8,6,10)$ 和 $\boldsymbol{x}_6=(10,5,8)$。生成共6个个体的群体，按数值优化目标函数可计算得到它们对应的目标函数值为 $f(\boldsymbol{x}_1)=26$，$f(\boldsymbol{x}_2)=23$，$f(\boldsymbol{x}_3)=24$，$f(\boldsymbol{x}_4)=25$，$f(\boldsymbol{x}_5)=24$ 和 $f(\boldsymbol{x}_6)=23$。

选适当的适应度函数，并计算适度值。因为优化目标函数是3个分量的和，且要求寻找最小值，从约束条件可知，3个自变量都不大于15，因此可以选择适应度函数为 $f_t=50-f(\boldsymbol{x}_t)$，从而可以得到表12-3的数据。

表 12-3 当前群体各个体的数据表

个体名称	三维坐标	染色体编码	$f(\boldsymbol{x}_i)$	适度值 $f_i=50-f(\boldsymbol{x}_i)$	存活率 $P_i=f_i/\sum_i f_i$	选用与淘汰
$\boldsymbol{x}_1$	(11,5,10)	101101011010	26	24	0.154 839	淘汰
$\boldsymbol{x}_2$	(8,6,9)	100001101001	23	27	0.174 194	选用
$\boldsymbol{x}_3$	(13,4,7)	110101000111	24	26	0.167 742	选用
$\boldsymbol{x}_4$	(11,5,9)	101101011001	25	25	0.161 290	淘汰
$\boldsymbol{x}_5$	(8,6,10)	100001101010	24	26	0.167 742	选用
$\boldsymbol{x}_6$	(10,5,8)	101001011000	23	27	0.174 194	选用

按照表 12-3 中得到的存活率，可选择 $\boldsymbol{x}_2=(8,6,9)$，$\boldsymbol{x}_3=(13,4,7)$，$\boldsymbol{x}_5=(8,6,10)$和 $\boldsymbol{x}_6=(10,5,8)$作为下一代群体继续进行遗传迭代运算。

一般而言，经过遗传操作产生的一代新的群体个数少于上一代的群体个数。为维持群体规模，必须从上一代群体中选取一些素质好的群体直接进入下一代(杰出个体保护法)。同时，为确保新的群体确实具有较上一代群体好的平均素质，新的群体中的较差个体也应为上一代群体中的杰出个体所取代。

6. 循环

进行新一轮的进化，即交叉、变异、选择，直到满足收敛条件时停止。

可得到最优点解为 $\boldsymbol{x}^*=(7,3,5)$，对应的函数值 $f(\boldsymbol{x}^*)=15$。

解毕。

例 12-2 试利用遗传算法求解下面函数的最大值，要求自变量 x 精确到 0.000 01。

$$f(x)=0.4+\mathrm{sinc}(4x)+1.1\mathrm{sinc}(4x+2)+0.8\mathrm{sinc}(6x-2)+0.7\mathrm{sinc}(6x-4),\quad x\in[-2,2] \tag{12-4}$$

式中，

$$\mathrm{sinc}(x)=\begin{cases}1, & x=0\\ \dfrac{\sin(\pi x)}{\pi x}, & x\neq 0\end{cases} \tag{12-5}$$

解：1. 编码方法

首先要用一个二值量表达 x。若 x 的取值范围为$[a,b]$，变换到二进制编码的长度为 l，则分辨率应为$\dfrac{b-a}{2^l-1}\leqslant 0.000\,01$。一个 20 位的二值数的分辨率是每位$[2-(-2)]/(2^{20}-1)=0.000\,003\,814\,7\leqslant 0.000\,01$，满足精度要求。

将式(12-4)中的变量域$[-2,2]$离散化为 00000000000000000000 到 11111111111111111111 的二进制编码。

2. 解码方法

根据编码方法，采用 20 位的二进制进行编码，则二值数的范围为[01048575]。则由二进制编码转换为变量的公式为

$$x=-2+\frac{4v}{1\,048\,575} \tag{12-6}$$

式中，v 是[01048575]中的一个二值数。

例如，

$$v_1 = (1\ 0\ 1\ 1\ 1\ 0\ 1\ 1\ 0\ 1\ 1\ 0\ 0\ 1\ 1\ 0\ 1\ 0\ 0\ 1) \rightarrow \quad x_1 = 0.927\ 100\ 112$$

$$v_2 = (0\ 0\ 1\ 1\ 0\ 0\ 1\ 0\ 1\ 1\ 0\ 1\ 1\ 1\ 1\ 0\ 0\ 0\ 1\ 0) \rightarrow \quad x_2 = -1.189\ 566\ 793$$

3. 确定适度值

由目标函数式(12-4)可知，目标函数 $f(x)$的值总大于 0，并且优化目标是求函数的最大值，因此可将函数值作为适应度函数，即有 $f_i = f(x_i)$。

4. 遗传操作

在运用遗传算法求解式(12-4)给出的函数的最大值时，用到了选择、交叉和变异 3 个遗传操作。

交叉操作：可由 12.1 节给出的偏置轮盘实现。交叉操作将两个二值量在截断点位置互换末尾部分基因，生成两个新的二值量。在这里采用最简单的交叉形式，即随机选取两相邻位之间作为截点，交换两个二值量在截断点后的尾部以获取两个新的向量。

例如，若选取截断点如下：

$$v_1 = (1\ 0\ 1\ 1\ 1\ 0\ 1\ 1\ 0\ 1\ 1\ 0\ 0\ 1\ 1\ 0\ 1\ 0\ 0\ 1)$$

↑ ↑ ↑ ↑ ↑ ↑ ↑ ↑ ↑

↓ ↓ ↓ ↓ ↓ ↓ ↓ ↓ ↓

$$v_2 = (0\ 0\ 1\ 1\ 0\ 0\ 1\ 0\ 1\ 1\ 0\ 1\ 1\ 1\ 1\ 0\ 0\ 0\ 1\ 0)$$

通过交叉得到两个新的二值量为

$$v_3 = (1\ 0\ 1\ 1\ 1\ 0\ 1\ 1\ 0\ 1\ 1\ 1\ 1\ 1\ 1\ 0\ 0\ 0\ 1\ 0)$$

$$v_4 = (0\ 0\ 1\ 1\ 0\ 0\ 1\ 0\ 1\ 1\ 0\ 0\ 0\ 1\ 1\ 0\ 1\ 0\ 0\ 1)$$

变异操作：给定一个二值量，随机选取一位并将其反置即可。例如，若 v 中箭头所指的一位 1 被选中，变异后为 0，即

$$v_1 = (1\ 0\ 1\ 1\ 1\ 0\ 1\ 1\ 0\ 1\ 1\ 0\ 0\ 1\ 1\ 0\ 1\ 0\ 0\ 1)$$

↑

↓

则得到的新向量为

$$v_5 = (1\ 0\ 1\ 1\ 1\ 0\ 1\ 1\ 0\ 1\ 0\ 0\ 0\ 1\ 1\ 0\ 1\ 0\ 0\ 1)$$

5. 遗传算法参数选择

在求解中用到了下列参数：群体大小 $M=80$，交叉概率 $P_c=0.6$，突变概率 $P_m=0.01$。从不同的初始群体出发，运用遗传算法 $N=100$ 次。

运用遗传算法进行二进制编码的求解结果如图 12-5 和图 12-6 所示。图 12-5 给出了函数值收敛过程，图 12-6 为 x 的收敛过程。

结果分析：图 12-7 给出了式(12-4)的目标函数 $f(x)$在变量 x 取值[−2,2]时的曲线。从图中可以看出，$f(x)$的最大值=1.501 563 988，对应于 $x=-0.507\ 139\ 690$。从遗传算法的计算结果得到的图 12-6 和图 12-7 可以看出，遗传算法过程收敛于这个最优解。

解毕。

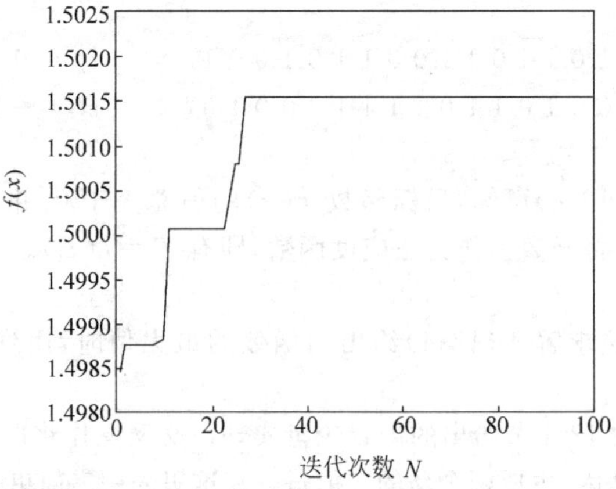

图 12-5　函数值收敛过程

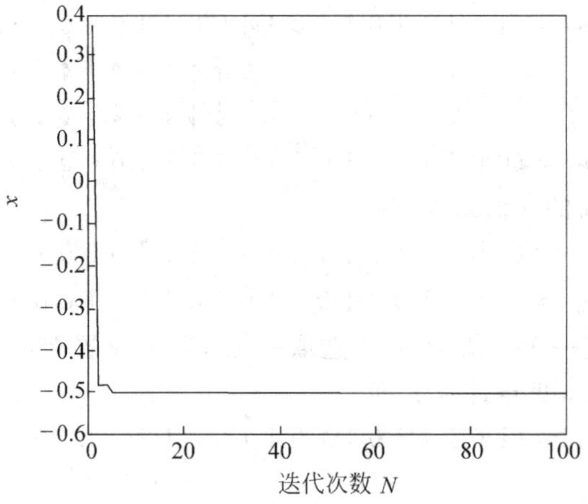

图 12-6　x 值的收敛过程

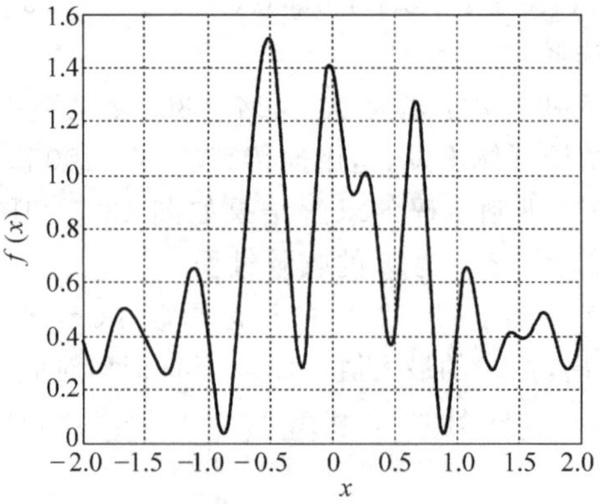

图 12-7　目标函数 $f(x)$在 $x\in[-2,2]$上的曲线

12.3 实数编码的遗传算法

实数编码的遗传算法，实质上是不用二进制编码，只是将遗传算法的搜索过程（交叉、变异）直接用于普通优化过程中来产生新解的一种方法。它除了不需要在十进制与二进制之间转换而使用方便外，还可以避免因无法估计自变量区间可能在二进制编码中产生的 Hamming 悬崖问题。

在实数编码中，交叉操作产生新解的方法如下：

$$\boldsymbol{x}_1' = \alpha\boldsymbol{x}_1 + (1-\alpha)\boldsymbol{x}_2$$
$$\boldsymbol{x}_2' = (1-\alpha)\boldsymbol{x}_1 + \alpha\boldsymbol{x}_2$$

变异操作产生新解的方法如下：

$$\boldsymbol{x}' = \boldsymbol{x}_{\text{mean}} + (\alpha - 0.5)(\boldsymbol{x}_{\max} - \boldsymbol{x}_{\min})$$

然后根据 12.1 节中类似的判断标准确定保留和淘汰的个体，直至得到最优解。需要指出的是，对约束优化问题，所有产生的新解必须满足约束条件，即为可行解。

例 12-3 用实数编码的遗传算法对例 12.2 的优化问题进行求解。

解：在本例题求解中用到了下列参数：群体大小 $M=40$，交叉概率 $P_c=0.8$，突变概率 $P_m=0.05$。选取迭代次数 $N=100$。因为不是二进制编码，所以自变量的精度可直接在迭代时按 0.000 01 控制。

图 12-8 给出了用实数编码遗传算法计算优化问题（式(12-4)）目标函数的收敛过程。图 12-9 为目标函数在达到最大值过程中，x 收敛的过程曲线。最终解与前面的二进制编码遗传算法以及解析法一致。

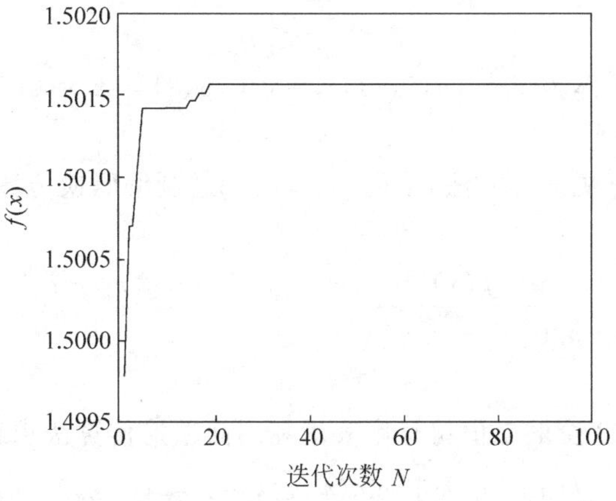

图 12-8 函数值收敛过程

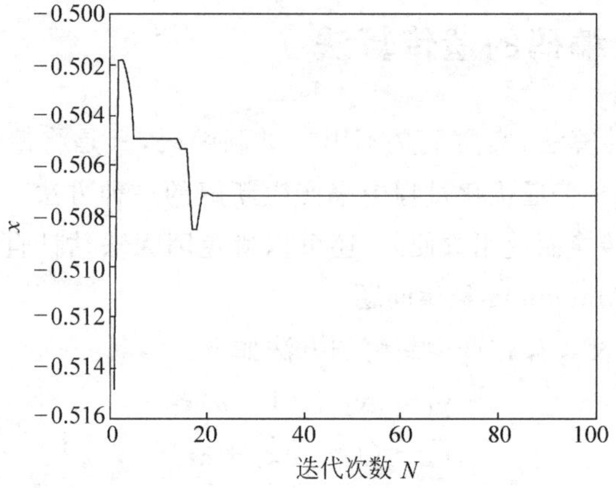

图 12-9 x 收敛过程

将图 12-8 和图 12-9 与图 12-5 和图 12-6 对比可以看出，在本例题中，两种编码方法都很好地寻找到了问题的最优解，但是二进制编码的一致性要略好于实数编码结果。当然，由于实数编码省去了编码转换过程，因此比较方便。

解毕。

习题

12-1 试用二进制编码的遗传算法求下面优化问题的最优解：

$$\begin{aligned} \min \quad & f(\boldsymbol{x}) = x_1 + x_2 + x_3 \\ \text{s.t.} \quad & 8 \leqslant x_1 \leqslant 14 \\ & 3 \leqslant x_2 \leqslant 7 \\ & 5 \leqslant x_3 \leqslant 10 \end{aligned}$$

已知 3 个初始个体为 $\boldsymbol{x}_1=(9,5,7)$，$\boldsymbol{x}_2=(10,6,8)$ 与 $\boldsymbol{x}_3=(12,4,9)$，要求进行两轮进化操作。

12-2 试用计算机编程方法，采用 12 位的二进制编码遗传算法求下面问题的最优解：

$$\begin{aligned} \min \quad & f(\boldsymbol{x}) = x_1^2 + x_2^2 - 2x_1 - 2x_2 + 2 \\ \text{s.t.} \quad & -x_1 \leqslant 0 \\ & -x_2 \leqslant 0 \end{aligned}$$

12-3 用一个 20 位的二值符号串表示和用简单遗传算法求解下式最小化的值：

$$f(x) = |x|^{\frac{1}{2}} \sin(4\pi x), \quad x \in [-2,2]$$

12-4 用实数编码的遗传算法对习题 12-2 和习题 12-3 进行求解，并和二进制方法相比较。

12-5 求[0,31]范围内的 $f(x)=(x-10)^2$ 的最小值。提示：在确定适度值 f_i 时，由于这里计算最小值，可以选取一个大的基准，如 $f_i=1000-(x-10)^2$，也就化为求解适度值 f_i 的最大值。

12-6 旅行商问题(TSP)是要寻找一条最短回路路径，仅访每个城市恰好一次。试用遗传算法求解 TSP 问题。设有 n 个城市，城市 i 和 j 之间的距离为 $d(i,j)$，$i,j=1,2,\cdots,n$。

12-7 分别利用二进制和十进制编码方法求 Rosenbrock 函数的极大值：

$$\begin{cases} f(x_1,x_2) = 100(x_1^2 - x_2)^2 + (1 - x_1)^2 \\ -2.048 \leqslant x_i \leqslant 2.048, \quad i = 1,2 \end{cases}$$

参考文献

1. Holland J H. Adaptation in Natural and Artificial Systems：An introductory analysis with applications to biology，control，and artificial intelligence. 1st edition，Ann Arbor，MI：The University of Michigan Press，1975；2nd edition，Cambridge，MA：MIT Press，1992.
2. 王士同. 神经模糊系统及其应用[M]. 北京：北京航空航天大学出版社，1998.
3. 刘金琨. 智能控制[M]. 北京：电子工业出版社，2005.
4. Ansari N，Hou E. 用于最优化的计算智能[M]. 李军，等，译. 北京：清华大学出版社，1999.
5. 刘金琨. 先进 PID 控制 MATLAB 仿真[M]. 北京：电子工业出版社，2004.
6. 玄光男，程润伟. 遗传算法与工程优化[M]. 于歆杰，周根贵，译. 清华大学出版社，2004.
7. Ripon K S N，Kwong S，Man K F. A real-coding jumping gene genetic algorithm(RJGGA) for multi-objective optimization[J]. Information Sciences，2007，177：632-654.
8. Yang Y，Jin Z L，Soh C. Integrated optimal design of vibration control system for smart beams using genetic algorithms[J]. Journal of Sound and Vibration，2005，282：1293-1307.
9. 李敏强，寇纪淞，林丹，等. 遗传算法的基本理论与应用[M]. 北京：科学出版社，2004.
10. 蔡自兴. 智能控制原理与应用[M]. 北京：清华大学出版社，2007.
11. 邢文训，谢金星. 现代优化计算方法[M]. 北京：清华大学出版社，2003.
12. 王文杰，叶世伟. 人工智能原理与应用[M]. 北京：人民邮电出版社，2004.
13. 金菊良，丁晶. 遗传算法及其在水科学中的应用[M]. 成都：四川大学出版社，2000.
14. 解可新，韩健，林友联. 最优化方法[M]. 天津：天津大学出版社，2004.

4

第 4 篇

变分法与动态规划

13 变分法

13.1 泛函

13.1.1 泛函的基本概念

如果变量 J 对应于某一函数类中的每一个函数 $y(x)$ 都有一个确定的值，那么就称变量 J 为依赖于函数 $y(x)$ 的泛函，记为

$$J = J[y(x)] \tag{13-1}$$

式中，J 为泛函，函数 y 为泛函 J 的宗量(注意不是自变量!)，x 为函数 y 的自变量。

由于 J 的值是随着 y 变化而变化的，当 y 随着自变量 x 的变化规律确定之后，变量 J 就按照某种规律被唯一地确定了，也就是说泛函 J 是函数的函数。

下面是泛函的几个例子。

(1) 函数的定积分 $J=\int_0^1 y(x)\mathrm{d}x$ 是一个泛函。

说明：因为变量 J 的值是由函数的选取而确定。比如，当 $y=x^2$ 时，$J=1/3$；当 $y=\cos x$ 时，$J=\sin 1$。

(2) 在平面上连接给定两点 A 和 B 的曲线的弧长 J 是一个泛函。

说明：因为曲线弧长 J 是由函数 y 的选取而确定的。函数 y 要满足条件 $y(x_a)=y_a$ 和 $y(x_b)=y_b$，即曲线应通过给定的两点 A 和 B。当曲线方程 $y=y(x)$ 给定后，可算出它在 A，B 两点间的弧长为

$$J=\int_{x_a}^{x_b}\sqrt{1+\left(\frac{\mathrm{d}y}{\mathrm{d}x}\right)^2}\,\mathrm{d}x$$

(3) 函数 $J=\int_0^x y(t)\mathrm{d}t$ 不是泛函。

说明：因为当函数 $y(t)$ 给定后，上面的不定积分仍是自变量 x 的一个函数，而不是一个确定的值。

泛函的概念可以推广到含有多个函数、多个自变量或多函数、多自变量的情况。例如，

$$J=\int_0^1[y_1(x)+y_2(x)]\mathrm{d}x$$

就是一个多宗量泛函，只是该泛函 J 的值由两个函数 $y_1(x)$ 和 $y_2(x)$ 的选取才能

确定。

又如，

$$J=\int_0^1\int_0^1[y(x_1,x_2)]\mathrm{d}x_1\mathrm{d}x_2$$

是两个自变量 x_1,x_2 的泛函。

13.1.2 C_n 类函数与函数的 ε-邻域

在讨论泛函变分时，常对其定义的函数域（集合）有连续导数甚至更高的要求。下面给出具有不同连续特性的函数分类，在求解变分问题时会指明需要什么样类型的函数。我们把连续函数称为 C_0 类函数；有连续一次导数的函数称为 C_1 类函数；有连续 n 阶导数的函数称为 C_n 类函数。

函数 $y=y(x)$ 的 ε-邻域是指，对给定的一个任意小的正整数 ε，在区间 $[x_0,x_1]$ 内满足下面不等式的一切可能的函数 $y_1(x)$ 的总体：

$$|y_1(x)-y(x)|\leqslant\varepsilon \tag{13-2}$$

这时，称 $y(x)$ 的 ε-邻域的函数 $y_1(x)$ 与函数 $y(x)$ 有零级 ε-接近度，见图 13-1。

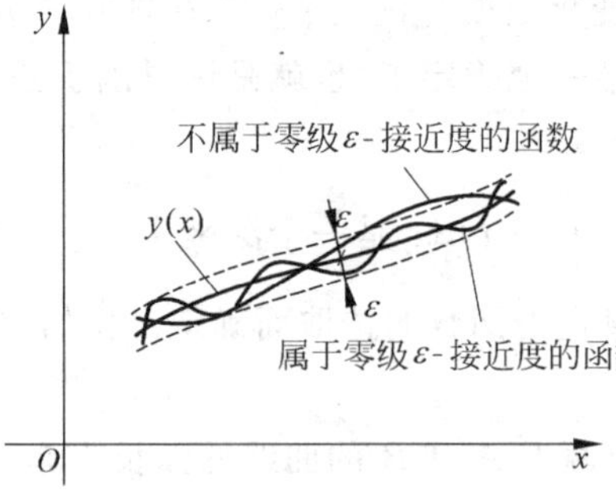

图 13-1 零级 ε-接近度曲线示意图

如果函数 $y(x)$ 的 ε-邻域除满足式(13-2)外，同时还满足下面的不等式，则称函数 $y_1(x)$ 与 $y(x)$ 有一级 ε-接近度：

$$|y_1'(x)-y'(x)|<\varepsilon$$

式中，$y'(x)=\mathrm{d}y/\mathrm{d}x$；$y_1'(x)=\mathrm{d}y_1/\mathrm{d}x$。

k 级 ε-接近度的邻域可以依次类推。

13.1.3 泛函的连续性与变分

1. 泛函的连续性

泛函 $J[y(x)]$ 的宗量是函数 $y(x)$，在同一函数类中两个函数间的差定义为

$$\delta y(x)\triangleq y(x)-y_0(x) \tag{13-3}$$

如图 13-2 所示。

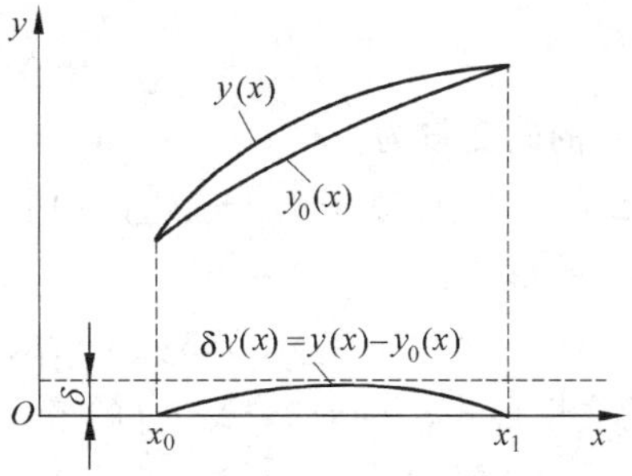

图 13-2 泛函宗量的变分

为了讨论泛函的连续性，先介绍函数间度量。关于函数间度量的方法很多，可以用函数 $y(x)$ 与 $y_0(x)$ 之差的绝对值来度量，即

$$|y(x)-y_0(x)|,\quad x_0\leqslant x\leqslant x_1 \tag{13-4}$$

对于 $y(x)$ 的定义域 $x_0\leqslant x\leqslant x_1$ 中的一切 x，式(13-4)都很小时，就说 $y(x)$ 与 $y_0(x)$ 相近。

下面给出函数间的距离。这一般是在某一个函数空间中给出的。对于不同的函数空间，距离的定义可以不同。例如，在连续函数空间 $C[x_0,x_1]$ 中，可以采用(不是一定要采用!)下面的公式定义函数间的距离：

$$d[y(x),y_0(x)]\triangleq\max_{x_0\leqslant x\leqslant x_1}\{|y(x)-y_0(x)|\} \tag{13-5}$$

有了函数之间距离的概念之后，就可以类似数学分析的函数连续性的方法来定义泛函的连续性了。泛函的连续性是：对于给定的一个泛函 $J[y(x)]$，对任意给定的一个正数 ε，总可以找到一个正数 $\delta>0$，当

$$\mathrm{d}[y(x),y_0(x)]<\delta \tag{13-6}$$

时，使下式成立：

$$|J[y(x)]-J[y_0(x)]|<\varepsilon \tag{13-7}$$

则我们就说，泛函 J 在 $y_0(x)$ 处是连续的，或 J 是 0 阶连续泛函。

根据所采用的函数之间距离定义的不同，其对应的泛函分别称为 0 阶连续泛函或 k 阶连续泛函(具有 k 阶连续导数的泛函)。

泛函如果满足下列条件就称为线性泛函：

(1) 分配律 $J[y_1(x)+y_2(x)]=J[y_1(x)]+J[y_2(x)]$；

(2) 数乘(c 为常数) $J[cy(x)]=cJ[y(x)]$。

例如，下面的泛函都满足上述两个条件，故均为线性泛函：

(1) $J[y(x)]=\int_{x_1}^{x_2}[xy(x)+(\sin x)y'(x)]\mathrm{d}x$；

(2) $J[y(x)]=\int_{x_1}^{x_2}[p(x)y(x)+q(x)y'(x)]\mathrm{d}x$；

(3) $J[y(x)] = y(x)|_{x=2}$。

2. 泛函的变分

如果连续泛函 $J[y(x)]$ 的改变量为

$$\Delta J = J[y(x) + \delta y] - J[y(x)] \tag{13-8}$$

式(13-8)总可以表示为如下的形式：

$$\Delta J = L[y(x), \delta y] + \beta(y(x), \delta y) \cdot \max|\delta y| \tag{13-9}$$

式中，$L[y(x), \delta y]$ 是 δy 的线性形式；$\max|\delta y|$ 是 δy 的最大值。

当式(13-9)中的 $\max|\delta y| \to 0$ 时，$\beta(y(x), \delta y) \to 0$，称 $L[y(x), \delta y]$ 为泛函 $J[y(x)]$ 的变分，记作 δJ，写成

$$\delta J = \frac{\partial}{\partial \alpha} J[y(x) + \alpha \delta y]|_{\alpha=0} = J_y \delta y \tag{13-10}$$

式中，J_y 是泛函 J 对其宗量 y 的偏微分，$J_y = \frac{\partial J}{\partial y}$。

13.1.4　泛函的极值

若泛函 J 在与 $y = y_0(x)$ 接近的所有同类函数上的取值均不小于 $J[y_0(x)]$，即

$$\Delta J = J[y(x)] - J[y_0(x)] \geqslant 0$$

则泛函 $J[y(x)]$ 在函数 $y = y_0(x)$ 上达到极小值。类似地可以定义极大值。

如果泛函 $J[y(x)]$ 在 $y = y_0(x)$ 上达到极小(极大)值，则在 $y = y_0(x)$ 上其变分 δJ 为 0，即

$$\delta J = 0 \tag{13-11}$$

泛函的极值问题就成为寻求函数 $y(x)$ 使泛函 $J[y(x)]$ 的变分为零的问题。

对于依赖于多个宗量 $[y_1(x), y_2(x), \cdots, y_n(x)]$、依赖于多自变量 $(x_1, x_2, \cdots, x_n)$ 或多宗量和多自变量 $y_1(x_1, x_2, \cdots, x_n), y_2(x_1, x_2, \cdots, x_n), \cdots, y_n(x_1, x_2, \cdots, x_n)$ 的泛函 J 有类似的结论。

13.2　泛函极值条件——欧拉方程

欧拉方程是泛函极值的必要条件，但不是充分条件。在处理实际泛函极值问题时，一般不考虑充分条件，而是直接利用欧拉方程求出极值函数，然后从实际问题的性质出发，判断泛函极值的存在性。

常见的 $\int_{x_0}^{x_1} F[x, y(x), y'(x)]\mathrm{d}x$ 型泛函极值的 3 类问题如下：

(1) 拉格朗日(Lagrange)问题，即 $J[y(x)] = \int_{x_0}^{x_1} F[y(x), y'(x), x]\mathrm{d}x$；

(2) 迈耶耳(Mayer)问题，即 $J[y(x)] = \theta[y(x), x]_{x_0}^{x_1}$；

(3) 波尔扎(Bolza)问题，即 $J[y(x)]=\theta[y(x),x]_{x_0}^{x_1}+\int_{x_0}^{x_1}F[y(x),y'(x),x]\mathrm{d}x$。

上述 3 类基本问题具有普遍意义。可以看出，迈耶耳问题可以看成是波尔扎问题的特例。我们将在本节至 13.4 节详细讨论拉格朗日问题。在 13.5 节中，将给出波尔扎问题的求解方法。

13.2.1　拉格朗日问题的欧拉方程

1. 拉格朗日问题泛函极值的必要条件与欧拉方程

先推导拉格朗日问题泛函

$$J[y(x)]=\int_{x_0}^{x_1}F[y(x),y'(x),x]\mathrm{d}x \tag{13-12}$$

取极值的必要条件。

设 $F[y(x),y'(x),x]$ 不仅是 $y(x)$，$y'(x)$ 和 x 的连续函数，且存在对 $y(x)$，$y'(x)$ 和 x 的二阶连续偏导数。拉格朗日问题是要确定一个二阶连续可微函数 $y(x)$，使泛函(13-12)达到极小值。即要确定函数 $y(x)$，使给定的函数 $F[y(x),y'(x),x]$ 对该函数的积分达到极小值。

首先来讨论泛函(13-12)的极值函数的两个端点为固定的情况。假定点 $A(x_0,y_0)$ 和 $B(x_1,y_1)$ 是所要寻求的泛函 F 的极值函数 $y(x)$ 的两个固定端点，如图 13-3 所示。现在的问题就是要从满足边界条件的二阶可微的所有函数中，选择使泛函(13-12)取极小值的函数 $y(x)$。

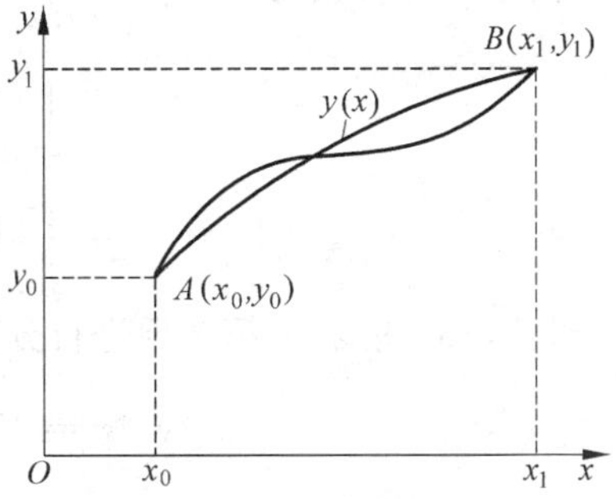

图 13-3　两端固定的泛函的极值函数

定理 13-1　若给定函数 $y(x)$ 始端 $y(x_0)=y_0$ 和终端 $y(x_1)=y_1$，则使泛函(13-12)取极值的 $y(x)$ 必满足欧拉方程

$$F_y-\frac{\mathrm{d}}{\mathrm{d}x}F_{y'}=0 \tag{13-13}$$

或

$$F_{y'y'}y''+F_{yy'}y'+F_{xy'}-F_y=0 \tag{13-14}$$

上两式中，$F_y=\dfrac{\partial F}{\partial y}$，$F_{y'}=\dfrac{\partial F}{\partial y'}$；其他依次类推。

需要指出，$y(x)$ 应有连续的二阶导数，$F[y(x),y'(x),x]$ 则至少应是二次连续可微的。

式(13-13)或式(13-14)是二阶微分方程，它的通解含有两个任意常数，由两个边界条件来确定，因此是一个两点边值问题。

证明：设 $y^*(x)$ 是使泛函(13-12)达到极小值且满足边界条件的极值函数。用

$y(x)$表示满足边界条件的极值函数 $y^*(x)$的邻域函数，即

$$y(x) = y^*(x) + \alpha\delta y(x) \tag{13-15}$$

式中，α 是一参变量，$0\leqslant\alpha\leqslant1$；$\delta y(x)$是泛函宗量 $y(x)$的变分。

于是，由式(13-15)得到

$$y'(x) = y'^*(x) + \alpha\delta y'(x) \tag{13-16}$$

为使 $y(x)$是满足边界条件的极值函数 $y^*(x)$的邻域函数，$\delta y(x)$应该具有连续导数且满足条件

$$\left.\begin{aligned}\delta y(x_0) = 0\\ \delta y(x_1) = 0\end{aligned}\right\} \tag{13-17}$$

由于 $y^*(x)$是极值函数，由式(13-11)可知，泛函(13-12)在极值函数 $y^*(x)$上的变分等于零。利用式(13-10)，得泛函的变分为

$$\delta J = \frac{\partial}{\partial\alpha}J[y^*(x) + \alpha\delta y(x)]\,|_{\alpha=0} = 0 \tag{13-18}$$

将式(13-12)代入式(13-18)，得

$$\begin{aligned}\frac{\partial}{\partial\alpha}J[y^* + \alpha\delta y]\,|_{\alpha=0} &= \int_{x_0}^{x_1}\frac{\partial}{\partial\alpha}F[y^* + \alpha\delta y, y'^* + \alpha\delta y', x]\,|_{\alpha=0}\,\mathrm{d}x\\ &= \int_{x_0}^{x_1}\left\{\frac{\partial F}{\partial y}\delta y + \frac{\partial F}{\partial y'}\delta y'\right\}\mathrm{d}x\\ &= \int_{x_0}^{x_1}\{F_y\delta y + F_{y'}\delta y'\}\mathrm{d}x\end{aligned} \tag{13-19}$$

对式(13-19)右端第 2 项进行分部积分，得

$$\int_{x_0}^{x_1}F_{y'}\delta y'\mathrm{d}x = F_{y'}\delta y(x)\Big|_{x_0}^{x_1} - \int_{x_0}^{x_1}\frac{\mathrm{d}}{\mathrm{d}x}F_{y'}\delta y\mathrm{d}x \tag{13-20}$$

将式(13-20)代入式(13-19)，并考虑式(13-18)得

$$\int_{x_0}^{x_1}\left(F_y - \frac{\mathrm{d}}{\mathrm{d}x}F_{y'}\right)\delta y\mathrm{d}x + F_{y'}\delta y\Big|_{x_0}^{x_1} = 0 \tag{13-21}$$

利用条件(13-17)，式(13-21)变为

$$\int_{x_0}^{x_1}\left(F_y - \frac{\mathrm{d}}{\mathrm{d}x}F_{y'}\right)\delta y\mathrm{d}x = 0 \tag{13-22}$$

考虑到泛函宗量的变分 $\delta y(x)$是任意的函数，因此有

$$F_y - \frac{\mathrm{d}}{\mathrm{d}x}F_{y'} = 0 \tag{13-23}$$

证毕。

2. 可积形式的欧拉方程

二阶微分方程(如欧拉方程)只在个别情况下才能积分得到解析解。但是，在下列 5 种特殊情况下，欧拉方程能积分出来，得到解析解，如表 13-1 所示。

表 13-1 欧拉方程 $F_y-\frac{\mathrm{d}}{\mathrm{d}x}F_{y'}=0$ 的可积类型

序号	被积函数 F	欧拉方程
1	F 不依赖于 y'：$F=F(x,y)$	$F_y(x,y)=0$
2	F 关于 y' 是线性的：$F(x,y,y')=M(x,y)+N(x,y)y'$	$\frac{\partial M}{\partial y}-\frac{\partial N}{\partial x}=0$
3	F 只依赖于 y'：$F=F(y')$	$F_{y'y'}y''=0$
4	F 依赖于 x 和 y'：$F=F(x,y')$	$\frac{\mathrm{d}}{\mathrm{d}x}F_{y'}(x,y')=0$
5	F 依赖于 y 和 y'：$F=F(y,y')$	$F_y-F_{yy'}y'-F_{y'y'}y''=0$

3. 极坐标系中的欧拉方程

当坐标采用极坐标轴时，对应泛函的欧拉方程如下：

(1) 泛函 $\int_{\rho_0}^{\rho_1}F(\rho,\varphi,\varphi')\mathrm{d}\rho$，欧拉方程 $\frac{\partial F}{\partial\varphi}-\frac{\mathrm{d}}{\mathrm{d}\rho}\left(\frac{\partial F}{\partial\varphi'}\right)=0$；

(2) 泛函 $\int_{\varphi_0}^{\varphi_1}F(\varphi,\rho,\rho')\mathrm{d}\varphi$，欧拉方程 $\frac{\partial F}{\partial\rho}-\frac{\mathrm{d}}{\mathrm{d}\varphi}\left(\frac{\partial F}{\partial\rho'}\right)=0$。

例 13-1 求泛函

$$J=\int_0^{\frac{\pi}{2}}(y'^2-y^2)\mathrm{d}x \tag{13-24}$$

在边界条件为

$$y(0)=0,\quad y\left(\frac{\pi}{2}\right)=1 \tag{13-25}$$

情况下的极值函数。

解：根据式(13-13)，式(13-24)的欧拉方程为

$$y''+y=0 \tag{13-26}$$

不难求出式(13-26)的通解为

$$y(x)=c_1\cos x+c_2\sin x$$

利用边界条件式(13-25)，可得到

$$c_1=0,\quad c_2=1$$

于是，极值函数为

$$y(x)=\sin x$$

解毕。

在历史上，有 3 个问题对变分法的创立产生过重大影响。这 3 个问题是最速降线问题、短程线问题和等周问题。现在以最速降线问题为例，利用变分法求解。

例 13-2 设在竖直平面内有高低不同，且不在同一条铅垂线上的两点 A 和 B，现有一质点受重力的作用从较高的 A 点向较低的 B 点滑动，如果不考虑各种阻力的影响，确定路径使质点所经历的时间最短。

解：在 A,B 两点所在的竖直平面内选择坐标系，如图 13-4 所示。设 A 点为坐标原点，水平线为 x 轴，铅垂线为 y 轴。若质点的初速度为零，由力学知识可知，质点在重力的作用下，不考虑各种阻力的影响，从 A 点向 B 点下滑到 y 处时的速度为

$$\frac{\mathrm{d}l}{\mathrm{d}t}=\sqrt{2gy} \tag{13-27}$$

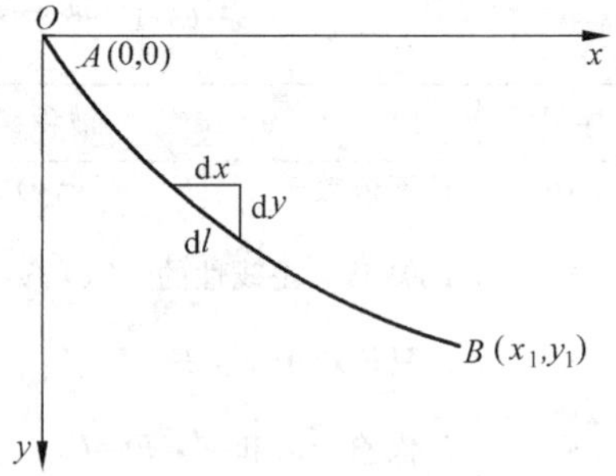

图 13-4　最速降线问题

式中，$\mathrm{d}l=\sqrt{\mathrm{d}x^2+\mathrm{d}y^2}=\sqrt{1+y'^2}\,\mathrm{d}x$。

将 $\mathrm{d}l$ 表达式代入式(13-27)中，整理后得

$$\mathrm{d}t=\sqrt{\frac{1+y'^2}{2gy}}\,\mathrm{d}x \tag{13-28}$$

对式(13-28)进行积分，可得质点自点 $A(0,0)$ 滑动到点 $B(x_1,y_1)$ 所需的时间为

$$t[y(x)]=\int_0^{x_1}\sqrt{\frac{1+y'^2}{2gy}}\,\mathrm{d}x \tag{13-29}$$

设 $y=y(x)$ 是连接点 $A(0,0)$ 和点 $B(x_1,y_1)$ 的任一光滑曲线，则最速降线问题的数学提法是：在 xOy 平面上确定一条满足边界条件

$$y(0)=0,\quad y(x_1)=y_1 \tag{13-30}$$

的极值函数 $y=y(x)$，使泛函

$$J[y(x)]=\int_0^{x_1}\sqrt{\frac{1+y'^2}{2gy}}\,\mathrm{d}x \tag{13-31}$$

达到极小值。

这时，被积函数为

$$F=\sqrt{\frac{1+y'^2}{2gy}}$$

因 F 不显含自变量 y，由表 13-1 第 5 项可知，式(13-31)所示泛函的欧拉方程的初次积分为

$$F-y'F_{y'}=\sqrt{\frac{1+y'^2}{2gy}}-\frac{y'^2}{\sqrt{2gy(1+y'^2)}}=c$$

化简后得

$$\frac{1}{\sqrt{2gy(1+y'^2)}}=c$$

或

$$y=\frac{c_1}{1+y'^2} \tag{13-32}$$

式中，$c_1=\dfrac{1}{2gc^2}$。

利用参数法求解。令

$$y' = \cot\tau \tag{13-33}$$

将式(13-33)代入式(13-32)，有

$$y = \frac{c_1}{1+\cot^2\tau} = c_1\sin^2\tau = \frac{c_1}{2}(1-\cos2\tau) \tag{13-34}$$

对式(13-34)微分，再代入式(13-33)，整理得

$$\mathrm{d}x = \frac{\mathrm{d}y}{y'} = \frac{2c_1\sin\tau\cos\tau\mathrm{d}\tau}{\cot\tau} = 2c_1\sin^2\tau\mathrm{d}\tau \tag{13-35}$$

对式(13-35)积分，得

$$x = c_1\left(\tau - \frac{\sin2\tau}{2}\right) + c_2 = \frac{c_1}{2}(2\tau - \sin2\tau) + c_2$$

由边界条件 $y(0)=0$ 知，$c_2=0$，于是有

$$\begin{cases} x = \dfrac{c_1}{2}(2\tau - \sin2\tau) \\ y = \dfrac{c_1}{2}(2\tau - \cos2\tau) \end{cases}$$

再令 $r=\frac{c_1}{2}$，$\theta=2\tau$，最后得

$$\begin{cases} x = r(\theta - \sin\theta) \\ y = r(\theta - \cos\theta) \end{cases}$$

这是圆滚线的参数方程。式中，r 是滚动圆半径，其值可由另一边界条件 $y(x_1)=y_1$ 确定。所以，最速降线是一条圆滚线。

解毕。

13.2.2 其他类型泛函的欧拉方程

1. 多宗量类型泛函的欧拉方程

设泛函 $\int_{x_0}^{x_1} F(x,y_1,y_2,\cdots,y_n,y_1',y_2',\cdots,y_n')\mathrm{d}x$ 有 n 个宗量函数 $y_i(x)$，它们分别满足以下 $2n$ 个边界条件：

$$\left.\begin{aligned} y_1(x_0) = y_{10}, y_2(x_0) = y_{20}, \cdots, y_n(x_0) = y_{n0} \\ y_1(x_1) = y_{11}, y_2(x_1) = y_{21}, \cdots, y_n(x_1) = y_{n1} \end{aligned}\right\} \tag{13-36}$$

设函数 $y_i(x)(i=1,2,\cdots,n)$ 属于 C_2 类，则该泛函对应的欧拉方程为

$$F_{y_i} - \frac{\mathrm{d}}{\mathrm{d}x}F_{y_i'} = 0, \quad i=1,2,\cdots,n \tag{13-37}$$

式(13-37)是由 n 个二阶微分方程构成的方程组确定的在$(x,y_1,y_2,\cdots,y_n)$空间中的一族含有 $2n$ 个参数的函数，$2n$ 个参数应当由式(13-36)给出的 $2n$ 个边界条件确定。

2. 高阶导数类型泛函的欧拉方程

假定泛函 $\int_{x_0}^{x_1} F(x,y(x),y'(x),y''(x),\cdots,y^{(n)}(x))\mathrm{d}x$ 中，F 具有 $n+2$ 阶导数，函数 $y(x)$ 属于 C_{2n} 类，边界条件为

$$\left.\begin{aligned} y(x_0) = y_0, y'(x_0) = y'_0, \cdots, y^{(n-1)}(x_0) = y_0^{(n-1)} \\ y_1(x_1) = y_1, y'(x_1) = y'_1, \cdots, y^{(n-1)}(x_1) = y_1^{(n-1)} \end{aligned}\right\} \tag{13-38}$$

欧拉方程为

$$F_y - \frac{\mathrm{d}}{\mathrm{d}x}F_{y'} + \frac{\mathrm{d}^2}{\mathrm{d}x^2}F_{y''} + \cdots + (-1)^n \frac{\mathrm{d}^n}{\mathrm{d}x^n}F_{y^{(n)}} = 0 \tag{13-39}$$

这个方程的通解含有 $2n$ 个任意常数，这些常数由式(13-38)给出的 $2n$ 个边界条件确定。

3. 多个自变量泛函的欧拉方程

设 $J[y(x_1,\cdots,x_n)] = \int\cdots\int_D F\left(x_1,\cdots,x_n,\frac{\partial y}{\partial x_1},\cdots,\frac{\partial y}{\partial x_n}\right)\mathrm{d}x_1\cdots\mathrm{d}x_n$ 型泛函。它对应的欧拉方程为

$$F_y - \sum_{i=1}^{n} \frac{\partial}{\partial x_i}F_{y_{x_i}} = 0 \tag{13-40}$$

式中，$y_{x_i} = \frac{\partial y}{\partial x_i}, i=1,2,\cdots,n$。

4. 参数泛函的欧拉方程

考虑形如 $J[x(t),y(t)] = \int_{t_0}^{t_1} F(x,y,\dot{x},\dot{y})\mathrm{d}t$ 的泛函，积分号内的函数 F 不显含自变量 t，且 F 是 $\dot{x}$ 和 $\dot{y}$ 的一次齐次函数，即

$$F(x,y,k\dot{x},k\dot{y}) = kF(x,y,\dot{x},\dot{y}) \tag{13-41}$$

则不论对参数 t 作任何替换，积分的形式总不改变。对于参数 t 的任何选择，函数 $x(t)$，$y(t)$ 应满足两个欧拉方程的方程组：

$$\left.\begin{aligned} F_x - \frac{\mathrm{d}}{\mathrm{d}t}F_{\dot{x}} = 0 \\ F_y - \frac{\mathrm{d}}{\mathrm{d}t}F_{\dot{y}} = 0 \end{aligned}\right\} \tag{13-42}$$

这些方程不明显地含有参数 t 本身，但两个欧拉方程不是独立的，其中一个可由另一个推出。要想找出极值函数，只要对两个欧拉方程中之一进行分析，把它与确定参数的方程一起求积分即可。

13.3　可动边界泛函的极值

13.3.1　单宗量、单自变量泛函的可动边界问题

设泛函

$$J = \int_{x_0}^{x_1} F(x, y, y') \mathrm{d}x \tag{13-43}$$

的两端点 $A(x_0, y_0)$和 $B(x_1, y_1)$分别在两个函数 $y=\varphi_0(x)$和 $y=\varphi_1(x)$上变动。可以证明，若函数 $y=y(x)$使泛函(13-37)达到极值，除必须满足欧拉方程

$$F_y - \frac{\mathrm{d}}{\mathrm{d}x} F_{y'} = 0 \tag{13-44}$$

外，还必须满足下面的横截条件：

$$\left.\begin{aligned} [F + (\varphi_0' - y')F_{y'}]_{x=x_0} &= 0 \\ [F + (\varphi_1' - y')F_{y'}]_{x=x_1} &= 0 \end{aligned}\right\} \tag{13-45}$$

证明：为了简化问题，且不失一般性，设极值函数的终端 $B(x_1, y_1)$是固定的，起始端 $A(x_0, y_0)$是可变的，并沿着下面给定的函数变动，如图 13-5 所示。

$$y(x_0) = \varphi_0(x_0) \tag{13-46}$$

现在需要确定从给定的函数(13-46)上的某一起始点 $A(x_0, y_0)$到给定终点 $B(x_1, y_1)$的连续可微的函数 $y(x)$，使泛函(13-43)达到极小值。

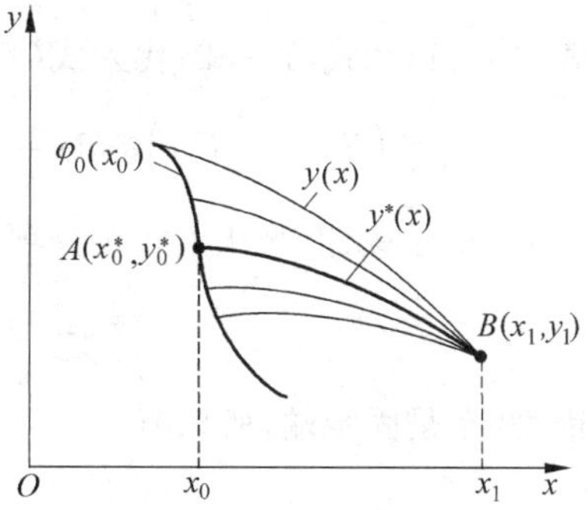

图 13-5 边界可动泛函

设 $y^*(x)$是泛函(13-43)的极值函数，$y^*(x)$的邻域函数可表示为

$$\left.\begin{aligned} y(x) &= y^*(x) + \alpha\delta y(x) \\ y'(x) &= y'^*(x) + \alpha\delta y'(x) \end{aligned}\right\} \tag{13-47}$$

由图 13-5 可见，每一邻域函数都对应一个终端时刻 x_1。设极值函数 $y^*(x)$所对应的起始端为 x_0^*，则邻域函数 $y(x)$所对应的起始端 x_0 可以表示为

$$x_0 = x_0^* - \alpha \mathrm{d}x_0 \tag{13-48}$$

将式(13-47)和式(13-48)代入式(13-43)，则得

$$\begin{aligned} J &= \int_{x_0}^{x_1} F[y^* + \alpha\delta y, y'^* + \alpha\delta y', x] \mathrm{d}x \\ &= \int_{x_0^* - \alpha \mathrm{d}x_0}^{x_0^*} F[y^* + \alpha\delta y, y'^* + \alpha\delta y', x] \mathrm{d}x + \int_{x_0^*}^{x_1} F[y^* + \alpha\delta y, y'^* + \alpha\delta y', x] \mathrm{d}x \end{aligned} \tag{13-49}$$

根据泛函达到极值的必要条件式(13-10)，有

$$\delta J = \frac{\partial}{\partial \alpha} J[y(x) + \alpha\delta y(x)] \big|_{\alpha=0} = 0$$

所以有

$$\left[\frac{\partial}{\partial\alpha}\int_{x_0^*-\alpha dx_0}^{x_0^*} F[y^*+\alpha\delta y, y'^*+\alpha\delta y', x]dx \right.$$
$$\left. + \frac{\partial}{\partial\alpha}\int_{x_0^*}^{x_1} F[y^*+\alpha\delta y, y'^*+\alpha\delta y', x]dx \right]_{\alpha=0} = 0 \tag{13-50}$$

式(13-50)左边第1项先利用中值定理，然后再求导，则得

$$F[y^*, y', x]\,|_{x=x_0} dx_0 \tag{13-51}$$

式(13-50)左边第2项相当于 x_1 固定时的泛函的变分，可得

$$\int_{x_0^*}^{x_1}\left(F_y - \frac{d}{dx}F_{y'}\right)\delta y dx + F_{y'}\delta y\Big|_{x_0^*}^{x_1} \tag{13-52}$$

将式(13-51)和式(13-52)代入式(13-50)，得

$$\int_{x_0^*}^{x_1}\left(F_y - \frac{d}{dx}F_{y'}\right)\delta y dx + F_{y'}\delta y\Big|_{x_0^*}^{x_1} + F[y^*, y', x]\Big|_{x=x_0^*} dx_0 = 0 \tag{13-53}$$

因 δy 任意，因此从上式积分项可推出在边界内部欧拉方程依然成立，即

$$F_y - \frac{d}{dx}F_{y'} = 0$$

又因为 x_1 是固定端，所以有

$$\delta y(x_1) = 0$$

此外，式(13-53)还应满足

$$F_{y'}\Big|_{x=x_0^*}\delta y(x_0^*) + F[y^*, y', x]\Big|_{x=x_0^*} dx_0 = 0 \tag{13-54}$$

由于在式(13-54)中的 $\delta y(x_0^*)$ 与 dx_0 一般是相关的，因此需要求出两者之间的关系。根据始端约束条件(13-46)，有

$$y^*(x_0^*+\alpha dx_0) + \alpha\delta y(x_0^*+\alpha dx_0) = \varphi_0(x_0^*+\alpha dx_0)$$

将上式对 α 取偏导数，并令 $\alpha=0$，则得

$$y'^*(x_0^*)dx_0 + \delta y(x_0^*) = \varphi_0'(x_0^*)dx_0$$

整理后可写成

$$\delta y(x_0^*) = [\varphi_0'(x_0^*) - y'^*(x_0^*)]dx_0 \tag{13-55}$$

将式(13-55)代入式(13-50)，可得

$$[F + (\varphi_0' - y')F_{y'}]\,|_{x=x_0^*} dx_0 = 0$$

由于 dx_0 是任意的，所以上式等价于

$$[F + (\varphi_0' - y')F_{y'}]\,|_{x=x_0^*} = 0 \tag{13-56}$$

式(13-56)给出了极值函数始端斜率 y' 与给定曲线斜率 φ_0' 之间的关系，即式(13-45)的第1式。同理，可通过设 $B(x_1, y_1)$ 变动推导得到式(13-45)的第2式。证毕。

例 13-3 试求 xOy 平面上一固定点 $A(0,1)$ 至直线 $f(x)=2-x$ 的最短弧长的曲线，如图 13-6 所示。

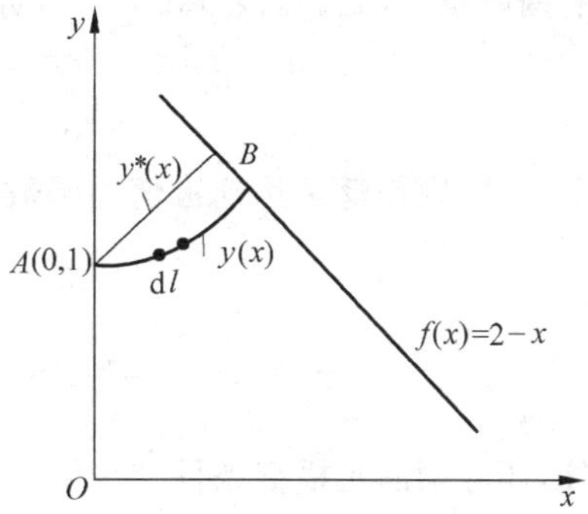

图 13-6 平面上一点至直线最短弧长

解：所要求解的问题是确定一从点 $A(0,1)$ 到直线 $f(x)=2-x$ 上的点 B 的连续可微函数 $y(x)$，使 A、B 两点间的弧长 $J=\int_{x_0}^{x_1}\sqrt{1+y'^2}\,\mathrm{d}x$ 最短。

这是一个始端固定、终端可变的泛函的变分问题。由于泛函的被积函数 $F=\sqrt{1+y'^2}$ 中不显含 $y(x)$，所以其欧拉方程为

$$\frac{\mathrm{d}}{\mathrm{d}x}F_{y'}=\frac{\mathrm{d}}{\mathrm{d}x}\frac{y'}{\sqrt{1+y'^2}}=0$$

由此得

$$\frac{y'}{\sqrt{1+y'^2}}=c \quad 或 \quad y'=c$$

得

$$y=c_1x+c_2$$

可见该函数为一直线。代入初端条件 $y(0)=1$ 后，得 $c_2=1$。

为确定另一个积分常数 c_1，需要利用式(13-45)的第 2 个横截条件，有

$$\sqrt{1+c_1^2}+\frac{(-1-c_1)c_1}{\sqrt{1+c_1^2}}=0$$

由上式解得 $c_1=1$。所以，极值函数为

$$y(x)=x+1$$

解直线 $y(x)=x+1$ 的斜率为 1，而给定直线 $f(x)=2-x$ 的斜率为 -1，互为负倒数，这说明 $y(x)$ 与 $f(x)$ 互相垂直。即由直线外一点到该直线的最短距离，是由该点到直线的垂线。这个在平面几何中广为人知的问题，在这里又通过变分法予以证实了。

解毕。

13.3.2 多宗量泛函的可动边界问题

类似上面对单宗量得到的结果，对两宗量和多宗量可动边界泛函极值问题有如下结论。

1. 两宗量泛函的可动边界问题

设泛函

$$J=\int_{x_0}^{x_1}F(x,y,z,y',z')\,\mathrm{d}x \tag{13-57}$$

的两端点 $A(x_0,y_0,z_0)$和 $B(x_1,y_1,z_1)$分别在函数

$$y=\varphi_0(x),\quad z=\psi_0(x)$$
$$y=\varphi_1(x),\quad z=\psi_1(x)$$

上变动，则使泛函达到极值的函数 $y=y(x),z=z(x)$，除必须满足欧拉方程

$$\left.\begin{aligned}F_y-\frac{\mathrm{d}}{\mathrm{d}x}F_{y'}=0\\ F_z-\frac{\mathrm{d}}{\mathrm{d}x}F_{z'}=0\end{aligned}\right\}\tag{13-58}$$

外，还必须满足横截条件

$$\left.\begin{aligned}[F-(y'-\varphi_0')F_{y'}-(z'-\psi_0')F_{z'}]_{x=x_0}=0\\ [F-(y'-\varphi_1')F_{y'}-(z'-\psi_1')F_{z'}]_{x=x_1}=0\end{aligned}\right\}\tag{13-59}$$

2. *n* 个宗量泛函的可动边界问题

对 n 维函数向量 $\boldsymbol{y}(x)=[y_1(x)\ y_2(x)\ \cdots\ y_n(x)]^{\mathrm{T}}$ 的泛函在端点可变情况下的变分问题的提法是：在 n 维函数空间中，若 $\boldsymbol{y}(x)$的始端 $\boldsymbol{y}(x_0)=[y_1(x_0)\ y_2(x_0)\ \cdots\ y_n(x_0)]^{\mathrm{T}}$ 和终端 $\boldsymbol{y}(x_1)=[y_1(x_1)\ y_2(x_1)\ \cdots\ y_n(x_1)]^{\mathrm{T}}$ 在曲面 $\boldsymbol{y}(x_0)=\boldsymbol{\Phi}(x_0)=[\varphi_1(x_0)\ \varphi_2(x_0)\ \cdots\ \varphi_n(x_0)]^{\mathrm{T}}$ 和 $\boldsymbol{y}(x_1)=\boldsymbol{\Psi}(x_1)=[\psi_1(x_1)\ \psi_2(x_1)\ \cdots\ \psi_n(x_1)]^{\mathrm{T}}$ 上变动，则泛函

$$J[\boldsymbol{y}(x)]=\int_{x_0}^{x_1}F[\boldsymbol{y}(x),\boldsymbol{y}'(x),x]\mathrm{d}x\tag{13-60}$$

达到极值的必要条件时，除函数 $\boldsymbol{y}(x)$应满足欧拉方程

$$F_{y_i}-\frac{\mathrm{d}}{\mathrm{d}x}F_{y_i'}=0,\quad i=1,2,\cdots,n\tag{13-61}$$

外，还需满足横截条件

$$\left.\begin{aligned}\left[F+\sum_{i=1}^{n}(\varphi_i'-y_i')F_{y_i'}\right]\Bigg|_{x=x_0^*}=0\\ \left[F+\sum_{i=1}^{n}(\psi_i'-y_i')F_{y_i'}\right]\Bigg|_{x=x_1^*}=0\end{aligned}\right\}\tag{13-62}$$

式中，$\boldsymbol{y}(x)$应有连续的二阶导数，$F[\boldsymbol{y}(x),\boldsymbol{y}'(x),x]$至少应是二次连续可微的，而 $\boldsymbol{\Phi}(x_0)$和$\boldsymbol{\Psi}(x_1)$应有连续的一阶导数。

13.4 条件极值问题

在前面几节研究泛函的极值问题时，没有对泛函的极值函数附加任何条件。在实际问题中，许多系统都必须遵循一定的条件，即约束条件下的变分问题。现考虑简单条件极值问题。求两个函数 $y(x)$及 $z(x)$，使泛函

$$J=\int_{x_0}^{x_1}F(x,y,z,y',z')\mathrm{d}x\tag{13-63}$$

达到极值，且要求满足附加条件

$$G(x,y,z)=a \tag{13-64}$$

及固定端点的边界条件

$$\left.\begin{aligned} y(x_0)=y_0, \quad z(x_0)=z_0 \\ y(x_1)=y_1, \quad z(x_1)=z_1 \end{aligned}\right\} \tag{13-65}$$

显然，端点(x_0,y_0,z_0)及(x_1,y_1,z_1)应满足附加条件(13-64)。

采用拉格朗日乘数法做辅助函数

$$F^*=F+\lambda(x)G$$

式中，$\lambda(x)$是待定函数。

把上述条件极值问题化为以F^*为被积函数的泛函

$$J^*=\int_{x_0}^{x_1}F^*(x,y,z,y',z')\mathrm{d}x \tag{13-66}$$

的无约束极值问题，这样就得到欧拉方程

$$\left.\begin{aligned} F_y^*-\frac{\mathrm{d}}{\mathrm{d}x}F_{y'}^*=0 \\ F_z^*-\frac{\mathrm{d}}{\mathrm{d}x}F_{z'}^*=0 \end{aligned}\right\} \tag{13-67}$$

或

$$\left.\begin{aligned} F_y+\lambda(x)G_y-\frac{\mathrm{d}}{\mathrm{d}x}F_{y'}=0 \\ F_z+\lambda(x)G_z-\frac{\mathrm{d}}{\mathrm{d}x}F_{z'}=0 \end{aligned}\right\} \tag{13-68}$$

利用欧拉方程(13-68)和约束方程(13-64)一起消去$\lambda(x)$及一个待求函数(例如z)，于是得到含一个函数$y(x)$的二阶微分方程，它积分的两个任意常数由两个边界条件(13-65)确定。

下面给出两个条件极值的算例。

例 13-4 最短距离问题。求在曲面$G(x,y,z)=0$上两定点$A(x_0,y_0,z_0)$和$B(x_1,y_1,z_1)$间的最短距离。

解：两点间的距离公式由下面的公式确定：

$$J=\int_{x_0}^{x_1}\sqrt{1+y'^2+z'^2}\,\mathrm{d}x$$

本问题可以看成在条件$G(x,y,z)=0$下求J的极小值。做辅助函数，建立拉格朗日无约束方程

$$J^*=\int_{x_0}^{x_1}\left[\sqrt{1+y'^2+z'^2}+\lambda G(x,y,z)\right]\mathrm{d}x$$

按式(13-67)或式(13-68)写出对应的欧拉方程和约束为

$$\begin{cases}\lambda G_y - \dfrac{\mathrm{d}}{\mathrm{d}x}\left(\dfrac{y'}{\sqrt{1+y'^2+z'^2}}\right)=0\\ \lambda G_z - \dfrac{\mathrm{d}}{\mathrm{d}x}\left(\dfrac{z'}{\sqrt{1+y'^2+z'^2}}\right)=0\\ G(x,y,z)=0\end{cases}$$

通过求解上面3个方程得到$\lambda(x)$，$y(x)$，$z(x)$ 3个函数。特别在$G(x,y,z)=0$为平面时，可解得

$$\begin{cases}\lambda(x)=0\\ y(x)=y_0+(x-x_0)(y_1-y_0)/(x_1-x_0)\\ z(x)=z_0+(x-x_0)(z_1-z_0)/(x_1-x_0)\end{cases}$$

最短距离线段为直线。

解毕。

例 13-5 等周问题。求长为l且两端系于A和B两点的不可拉伸均质柔性绳索的形状，见图13-7。在平衡状态下，重心应当取最低位置，于是问题化为求对水平方向Ox轴的静力矩$J=\int_{x_0}^{x_1} y\sqrt{1+y'^2}\,\mathrm{d}x$最小，所对应的边界条件是$y(x_0)=y_0$，$y(x_1)=y_1$。约束条件是$\int_{x_0}^{x_1}\sqrt{1+y'^2}\,\mathrm{d}x=l$，其中$l$为绳索长度。

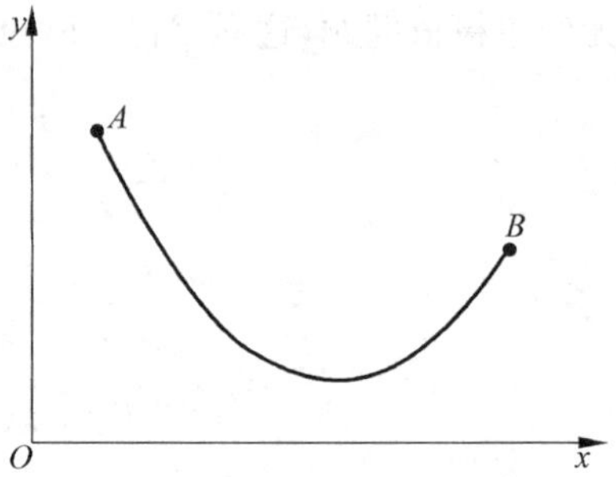

图13-7 求柔性绳索的形状

解：做辅助泛函

$$J^*=\int_{x_0}^{x_1}(y\sqrt{1+y'^2}+\lambda\sqrt{1+y'^2})\mathrm{d}x$$

因为辅助泛函的函数中没有x，因此它的欧拉方程的初积分为

$$\frac{y+\lambda}{\sqrt{1+y'^2}}=c_1$$

通过变量代换$y'=\mathrm{sh}t=\mathrm{d}y/\mathrm{d}x$，将$\sqrt{1+y'^2}=\mathrm{ch}t$代入上式得

$$y+\lambda=c_1\mathrm{ch}t$$

再利用$\mathrm{d}x=\mathrm{d}y/\mathrm{sh}t$和上面的结果，可求出

$$\mathrm{d}x=c_1\mathrm{d}t$$

从而有

$$x=c_1t+c_2$$

再利用$y+\lambda=c_1\mathrm{ch}t$消去$t$得

$$y+\lambda=c_1\mathrm{ch}\frac{x-c_2}{c_1}$$

利用两个端点条件和一个约束条件可确定上式中λ，c_1和c_2 3个常数。使本问

题的泛函取极小值的曲线为一族悬链线。

解毕。

13.5 利用变分法求解最优控制问题

在本节中，设时间 t 为自变量，状态因变量 $\boldsymbol{x}(t)\in R^n$ 和控制因变量 $\boldsymbol{u}(t)\in R^m$ 是时间变量 t 的函数。最优控制是在状态变量和控制变量满足一个微分方程（状态方程）的等式约束条件下，求泛函（性能指标）极值的变分问题。

可以利用前面介绍的拉格朗日乘子法来求解。为此，引入哈密顿（Hamilton）函数，推导出几种典型的最优控制问题应满足的必要条件。

13.5.1 拉格朗日问题

1. 拉格朗日乘子法

设控制系统的状态方程为

$$\dot{\boldsymbol{x}} = \boldsymbol{f}(\boldsymbol{x},\boldsymbol{u},t) \tag{13-69}$$

式中，$\boldsymbol{x}$ 是一个 n 维的状态矢量；$\dot{\boldsymbol{x}}$ 是 $\boldsymbol{x}$ 对时间 t 的导数；$\boldsymbol{u}$ 是 m 维的控制矢量；$\boldsymbol{f}$ 是一个可微分的 n 维矢函数。式(13-69)的初始条件为

$$\boldsymbol{x}(t_0) = \boldsymbol{x}_0 \tag{13-70}$$

系统的性能指标为

$$J(\boldsymbol{u}) = \int_{t_0}^{t_1} F(\boldsymbol{x}(t),\boldsymbol{u}(t),t)\mathrm{d}t \tag{13-71}$$

最优控制的目的是确定控制矢量 $\boldsymbol{u}(t)$ $(t_0\leqslant t\leqslant t_f)$，在满足约束条件(13-69)和式(13-70)初值下，使性能指标式(13-71)取极小值。

做拉格朗日函数

$$F^* = F(\boldsymbol{x}(t),\boldsymbol{u}(t),t) + \boldsymbol{\lambda}^\tau(t)[\boldsymbol{f}(\boldsymbol{x}(t),\boldsymbol{u}(t),t) - \dot{\boldsymbol{x}}(t)] \tag{13-72}$$

式中，$\boldsymbol{\lambda}$ 为拉格朗日乘数因子，它是一个 n 维列矢量。

最优控制问题化为求解泛函

$$J(\boldsymbol{u}(t)) = \int_{t_0}^{t_1} F^*(\boldsymbol{x}(t),\dot{\boldsymbol{x}}(t),\boldsymbol{\lambda}(t),\boldsymbol{u}(t),t)\mathrm{d}t$$

的无约束极值问题。

由前可知，使泛函 J 取极值所要满足的必要条件是：

(1) 控制方程 $F_u^* = 0$；

(2) 状态方程 $F_\lambda^* = 0$；

(3) 欧拉方程 $F_{x_i}^* - \dfrac{\mathrm{d}}{\mathrm{d}t}F_{\dot{x}_i}^* = 0$；

(4) 横截条件 $[\boldsymbol{\eta}F_{\dot{x}}^*]_{t_0}^{t_1} = 0$，其中，$\boldsymbol{\eta}(t)$ 是定义在区间 (t_0,t_f) 上的任意矢函数。

例 13-6 设卫星姿态控制系统的状态方程为

$$\dot{\boldsymbol{x}} = \begin{bmatrix} \dot{x}_1 \\ \dot{x}_2 \end{bmatrix} = \begin{bmatrix} x_2 \\ u \end{bmatrix}$$

状态对应的边界条件为

$$\boldsymbol{x}_{t=0} = \begin{bmatrix} 1 \\ 1 \end{bmatrix}, \quad \boldsymbol{x}_{t=2} = \begin{bmatrix} 0 \\ 0 \end{bmatrix}$$

指标泛函为

$$J = \frac{1}{2}\int_0^2 u^2(t)\,\mathrm{d}t$$

试求使指标泛函取极值的轨线 $\boldsymbol{x}^*(t)$和极值控制 $u^*(t)$。

解：这是一个有等式约束的泛函极值问题，各函数、变量为

$$F = \frac{1}{2}u^2, \quad \boldsymbol{\lambda}^{\mathrm{T}} = [\lambda_1 \quad \lambda_2], \quad \boldsymbol{f} = \begin{bmatrix} f_1 \\ f_2 \end{bmatrix} = \begin{bmatrix} x_2 \\ u \end{bmatrix}$$

按式(13-72)，其拉格朗日函数为

$$F^* = F + \boldsymbol{\lambda}^{\mathrm{T}}(\boldsymbol{f} - \dot{\boldsymbol{x}}) = \frac{1}{2}u^2 + \lambda_1(x_2 - \dot{x}_1) + \lambda_2(u - \dot{x}_2)$$

由必要条件(3)，上式对应的欧拉方程为

$$\begin{cases} \dfrac{\partial F^*}{\partial x_1} - \dfrac{\mathrm{d}}{\mathrm{d}t}\dfrac{\partial F^*}{\partial \dot{x}_1} = \dot{\lambda}_1 = 0 \\ \dfrac{\partial F^*}{\partial x_2} - \dfrac{\mathrm{d}}{\mathrm{d}t}\dfrac{\partial F^*}{\partial \dot{x}_2} = \lambda_1 + \dot{\lambda}_2 = 0 \\ \dfrac{\partial F^*}{\partial u} - \dfrac{\mathrm{d}}{\mathrm{d}t}\dfrac{\partial F^*}{\partial \dot{u}} = u + \lambda_2 = 0 \end{cases}$$

解得 $\lambda_1 = a, \lambda_2 = -at + b, u = at - b$，其中 a 和 b 为待定常数。

由必要条件(2)的状态方程可得

$$\begin{cases} \dot{x}_2 = u = at - b \\ \dot{x}_1 = x_2 = \dfrac{1}{2}at^2 - bt + c \end{cases}$$

解得

$$\begin{cases} x_1 = \dfrac{1}{6}at^3 - \dfrac{1}{2}bt^2 + ct + d \\ x_2 = \dfrac{1}{2}at^2 - bt + c \end{cases}$$

式中，c 和 d 为待定常数。

将 4 个边界条件 $x_1(0)=1, x_1(2)=0, x_2(0)=1, x_2(2)=0$ 代入上两式可得 $a=3, b=3.5, c=1$ 和 $d=1$。于是可得最优状态轨线为

$$\begin{cases} x_1^* = 0.5t^3 - 1.75t^2 + t + 1 \\ x_2^* = 1.5t^2 - 3.5t + 1 \end{cases}$$

把 $a=3$，$b=3.5$ 代入 $u=at-b$，得到最优控制为

$$u^* = 3t-3.5$$

解毕。

2. 哈密顿方法

一般的两点边界值问题难以求得解析解，通常需要采用数值计算方法求其数值解。通过引入哈密顿函数求解拉格朗日型最优控制问题，是将求泛函在等式约束条件下对控制函数 $\boldsymbol{u}(t)$ 的条件极值问题转化为求哈密顿函数 H 对控制变量 $\boldsymbol{u}(t)$ 的无约束极值问题。这种方法称为哈密顿方法。

做辅助函数(哈密尔顿函数)

$$H = F(\boldsymbol{x}(t),\boldsymbol{u}(t),t)+\boldsymbol{\lambda}^{\tau}(t)[\boldsymbol{f}(\boldsymbol{x}(t),\boldsymbol{u}(t),t)] \tag{13-73}$$

设 $\boldsymbol{u}^*(t)$ 是最优控制，$\boldsymbol{x}^*(t)$ 是对应于 $\boldsymbol{u}^*(t)$ 的最优轨线。与拉格朗日乘子法类似，可知存在一与 $\boldsymbol{u}^*(t)$ 和 $\boldsymbol{x}^*(t)$ 相对应的 n 维协态变量 $\boldsymbol{\lambda}(t)$，使得 $\boldsymbol{x}(t)$ 与 $\boldsymbol{\lambda}(x)$ 满足：

(1) 控制方程
$$\dot{\boldsymbol{x}}(t)=\frac{\partial H}{\partial \boldsymbol{\lambda}}=f[\boldsymbol{x}(t),\boldsymbol{u}(t),t] \tag{13-74}$$

(2) 协态方程
$$\dot{\boldsymbol{\lambda}}(t)=-\frac{\partial H}{\partial \boldsymbol{x}} \tag{13-75}$$

(3) 边界条件
$$\boldsymbol{x}(t_0)=\boldsymbol{x}_0 \tag{13-76}$$
$$\boldsymbol{\lambda}(t_{\mathrm{f}})=\boldsymbol{0} \tag{13-77}$$

(4) 哈密顿函数 H 对控制变量 $\boldsymbol{u}(t)$（$t_0\leqslant t\leqslant t_{\mathrm{f}}$）取极值，即

$$\frac{\partial H}{\partial \boldsymbol{u}}=\boldsymbol{0} \tag{13-78}$$

例 13-7 已知系统方程为

$$\begin{pmatrix}\dot{x}_1\\ \dot{x}_2\end{pmatrix}=\begin{pmatrix}x_2\\ u\end{pmatrix}$$

边界条件为

$$\begin{pmatrix}x_1\\ x_2\end{pmatrix}_{t=0}=\begin{pmatrix}1\\ 1\end{pmatrix},\quad \begin{pmatrix}x_1\\ x_2\end{pmatrix}_{t=1}=\begin{pmatrix}0\\ 0\end{pmatrix}$$

求使性能泛函

$$I=\frac{1}{2}\int_0^1 u^2(t)\,\mathrm{d}t$$

为极小值的最优控制函数 $u(t)$ 与最优轨线 $\boldsymbol{x}(t)$。

解：这是一个最小能量控制问题，有

$$F-\frac{1}{2}u^2,\quad \boldsymbol{\lambda}-\begin{bmatrix}\lambda_1\\ \lambda_2\end{bmatrix},\quad \boldsymbol{f}-\begin{bmatrix}x_2\\ u\end{bmatrix}$$

按式(13-73)，哈密顿函数为

$$H=\frac{1}{2}u^2+\begin{pmatrix}\lambda_1\\\lambda_2\end{pmatrix}(\dot{x}_1,\dot{x}_2)=\frac{1}{2}u^2+\lambda_1x_2+\lambda_2u$$

由极值条件控制方程式(13-78)得

$$\frac{\partial H}{\partial u}=u+\lambda_2=0$$

即

$$u=-\lambda_2$$

由协态方程式(13-75)得

$$\begin{pmatrix}\dot{\lambda}_1\\\dot{\lambda}_2\end{pmatrix}=\begin{pmatrix}-\dfrac{\partial H}{\partial x_1}\\-\dfrac{\partial H}{\partial x_2}\end{pmatrix}=\begin{pmatrix}0\\-\lambda_1\end{pmatrix}$$

解协态方程,得

$$\begin{pmatrix}\lambda_1\\\lambda_2\end{pmatrix}=\begin{pmatrix}c_1\\-c_1t+c_2\end{pmatrix}$$

于是

$$u=c_1t-c_2$$

由状态方程

$$\begin{pmatrix}\dot{x}_2\\\dot{x}_1\end{pmatrix}=\begin{pmatrix}u\\x_2\end{pmatrix}$$

解得

$$\begin{cases}x_2=\dfrac{1}{2}c_1t^2-c_2t+c_3\\x_1=\dfrac{1}{6}c_1t^3-\dfrac{1}{2}c_2t^2+c_3t+c_4\end{cases}$$

利用边界条件求得积分常数为

$$c_1=18,\quad c_2=10,\quad c_3=1,\quad c_4=1$$

于是,最优控制与最优轨迹分别为

$$\begin{cases}u^*(t)=18t-10\\x_1^*(t)=3t^3-5t^2+t+1\\x_2^*(t)=9t^2-10t+1\end{cases}$$

解毕。

利用变分法进行控制系统的最优设计时,一般对控制矢量都不加限制,即只考虑控制矢量 $\boldsymbol{u}(t)$ 所属的控制域 $U=R^m$ 或者是开集。但在实际问题中,U 常为有界集,而且最优控制的值会出现在 U 的边界上,这是利用变分法进行控制系统的最优控制时除遇到两点边值问题外的另一个困难。

13.5.2 波尔扎问题

前面介绍了利用变分法求解拉格朗日型最优控制问题。下面介绍利用变分法求解更一般的最优控制问题——波尔扎问题。

设系统状态方程为

$$\dot{\boldsymbol{x}} = \boldsymbol{f}[\boldsymbol{x}(t), \boldsymbol{u}(t), t]$$

将系统从给定的初态 $\boldsymbol{x}(t_0) = \boldsymbol{x}_0$ 转移到满足约束条件 $\Phi[\boldsymbol{x}(t_f), t_f] = 0$ 的某个终态 $\boldsymbol{x}(t_f)$，其中 t_f 是可变的。使性能泛函

$$J = \theta[\boldsymbol{x}(t_f), t_f] + \int_{t_0}^{t_f} F[\boldsymbol{x}(t), \boldsymbol{u}(t), t]\mathrm{d}t$$

达到极小值的最优控制应满足的必要条件是：

(1) 设 $\boldsymbol{u}^*(t)$是最优控制，$\boldsymbol{x}^*(t)$是对应于 $\boldsymbol{u}^*(t)$的最优轨线，则必存在一与$\boldsymbol{u}^*(t)$和 $\boldsymbol{x}^*(t)$相对应的 n 维协态变量$\boldsymbol{\lambda}(t)$，使得 $\boldsymbol{x}(t)$与$\boldsymbol{\lambda}(t)$满足规范方程

$$\begin{cases} \dot{\boldsymbol{x}}(t) = \dfrac{\partial H}{\partial \boldsymbol{\lambda}} = \boldsymbol{f}[\boldsymbol{x}(t), \boldsymbol{u}(t), t] \\ \dot{\boldsymbol{\lambda}}(t) = -\dfrac{\partial H}{\partial \boldsymbol{x}} \end{cases} \tag{13-79}$$

式中，$H = H[\boldsymbol{x}(t), \boldsymbol{\lambda}(t), \boldsymbol{u}(t), t] = F[\boldsymbol{x}(t), \boldsymbol{u}(t), t] + \boldsymbol{\lambda}^{\mathrm{T}}(t)\boldsymbol{f}[\boldsymbol{x}(t), \boldsymbol{u}(t), t]$

(2) 边界条件为

$$\begin{cases} \boldsymbol{x}(t_0) = \boldsymbol{x}_0 \\ \Phi[\boldsymbol{x}(t_f), t_f] = \boldsymbol{0} \\ \boldsymbol{\lambda}(t_f) = \left[\dfrac{\partial \theta}{\partial \boldsymbol{x}} + \dfrac{\partial \Phi^{\mathrm{T}}}{\partial \boldsymbol{x}}\boldsymbol{\mu}\right]_{t=t_f} \\ \left\{H + \dfrac{\partial \theta}{\partial t} + \dfrac{\partial \Phi^{\mathrm{T}}}{\partial t}\boldsymbol{\mu}\right\}_{t=t_f} = 0 \end{cases} \tag{13-80}$$

式中，$\boldsymbol{\mu}$ 为 n 维待定矢量。

(3) 哈密顿函数 H 对控制变量$\boldsymbol{u}$ 取极值，即

$$\frac{\partial H}{\partial \boldsymbol{u}} = \boldsymbol{0}$$

应当指出，对于波尔扎问题来说，哈密顿函数 H 的性质

$$\frac{\mathrm{d}H}{\mathrm{d}t} = \frac{\partial H}{\partial t}$$

仍然成立。当 H 不显含 t 时，有 $H(t) = $常数，$t \in [t_0, t_f]$。

例 13-8 给定系统状态方程

$$\dot{x} = u$$

初始条件为

$$x(t_0) = x_0$$

性能泛函为

$$J = \frac{1}{2}cx^2(t_f) + \frac{1}{2}\int_{t_0}^{t_f} u^2 \mathrm{d}t$$

要求确定最优控制 $u^*(t)$，使性能泛函 J 达到极小值。

解：这是终端时刻 t_f 固定、终端状态 $x(t_f)$ 自由的波尔扎型最优控制问题，其哈密顿函数为

$$H = \frac{1}{2}u^2 + \lambda u$$

由控制方程

$$\frac{\partial H}{\partial u} = u + \lambda = 0$$

得

$$u = -\lambda$$

将其代入规范方程(13-79)，并写出边界条件，有

$$\begin{cases} \dot{x} = u = -\lambda, & x(t_0) = x_0 \\ \dot{\lambda} = -\dfrac{\partial H}{\partial x} = 0, & \lambda(t_f) = cx(t_f) \end{cases}$$

解上面两点边界值问题，得

$$\begin{cases} \lambda(t) = \lambda(t_f) = cx(t_f) \\ x(t_f) = -cx(t_f)t_f + cx(t_f)t_0 + x_0 \end{cases}$$

于是由上面的第 2 式，解得

$$x(t_f) = \frac{x_0}{1 + c(t_f - t_0)}$$

再将 $x(t_f)$代入 $\lambda(t)=cx(t_f)$，并代入 $u=-\lambda$，得最优控制为

$$u^*(t) = -\frac{cx_0}{1 + c(t_f - t_0)}$$

解毕。

例 13-9　给定一阶系统

$$\dot{x} = u$$

求使系统从 $x(0)=1$ 转移到 $x(t_f)=0$(t_f 可变)，且使性能泛函

$$J = t_f^{\alpha} + \frac{1}{2}\int_0^{t_f} \beta u^2 \mathrm{d}t$$

达到极小值的最优控制 $u^*(t)$。其中，α 和 β 均为确定的常数。

解：这是终态固定、终端时刻 t_f 可变的最优控制问题。其哈密顿函数和最优解的必要条件为

$$\begin{cases} H = \dfrac{1}{2}\beta u^2 + \lambda u \\ \dot{x} = u \\ \dot{\lambda} = 0 \\ x(0) = 1 \\ x(t_f) = 0 \\ \beta u + \lambda = 0 \\ \dfrac{1}{2}\beta u^2(t_f) + \lambda(t_f)u(t_f) + \alpha t_f^{\alpha-1} = 0 \end{cases}$$

当取 $\alpha=\beta=1$ 时，可解得

$$t_f^* = 2^{-\frac{1}{2}}, \quad u^*(t) = -2^{\frac{1}{2}}, \quad x^* = 1 - 2^{\frac{1}{2}}t$$

解毕。

习题

13-1 求泛函 $J = \int_{x_0}^{x_1} \frac{\sqrt{1+y'^2}}{y}\mathrm{d}x$ 的极值函数。

13-2 求泛函 $J = \int_{x_0}^{x_1} y'(1+x^2y')\mathrm{d}x$ 的极值函数。

13-3 求泛函 $J = \int_{x_0}^{x_1} (16y^2 - y'^2 + x^2)\mathrm{d}x$ 的极值函数。

13-4 求泛函 $J = \int_{x_0}^{x_1} (2xy + y'^2)\mathrm{d}x$ 的极值函数。

13-5 写出泛函 $J[u(x,y,z)] = \iiint_V \left[\left(\frac{\partial u}{\partial x}\right)^2 + \left(\frac{\partial u}{\partial y}\right)^2 + \left(\frac{\partial u}{\partial z}\right)^2 + 2uf(x,y,z)\right]\mathrm{d}x\mathrm{d}y\mathrm{d}z$ 的欧拉方程。

13-6 求泛函 $J = \int_{x_0}^{x_1} A(x,y)\mathrm{e}^{\arctan y'}\sqrt{1+y'^2}\,\mathrm{d}x$ 的横截条件。

13-7 求 $r=R$ 的圆柱上的短程线。提示：用柱面坐标 r,φ,z 求解较为便利。

13-8 写出在条件 $\int_0^{x_1} r(x)y^2\mathrm{d}x = 1, y(0) = 0, y(x_1) = 0$ 下，泛函 $J = \int_0^{x_1}[p(x)y'^2 + q(x)y^2]\mathrm{d}x$ 极值等周问题的极值函数微分方程。

13-9 试计算 $\dot{x}=u, x(0)=1$ 条件下使

$$J = \frac{1}{2}sx^2(2) + \frac{1}{2}\int_0^2 u^2\mathrm{d}t$$

为极小值的 $u(t)$。

13-10 已知系统方程为 $\dot{x}_1 = x_2, \dot{x}_2 = u$；边界条件为 $x_1(0)=1, x_2(0)=1, x_1(1)=0, x_2(1)=0$。求使性能泛函 $J = \frac{1}{2}\int_0^1 u^2(t)\mathrm{d}t$ 为极小值的最优控制函数 $u(t)$

与最优轨迹 $x(t)$。

13-11　设有一质量为 m 的质点，其上作用一大小恒定的推力 F。现在要求在预定的时间 t_f 内，将质点自原点(0,0)送上与 x 轴平行且距 x 轴为 h 的轨道。问推力方向角应按何规律变化才能使质点到达时的速度 $v(t_f)$ 为最大值？

13-12　有如下微分系统：

$$\ddot{\theta} = u(t)$$

可以把它看作自由空间中导弹的转动惯量，使泛函

$$J = \frac{1}{2}\int_0^2 \ddot{\theta}^2 \mathrm{d}t$$

为极小，并满足

$$\begin{cases} \theta(t=0) = 1, \quad \theta(t=2) = 0 \\ \dot{\theta}(t=0) = 1, \quad \dot{\theta}(t=2) = 0 \end{cases}$$

13-13　已知线性系统的状态方程为

$$\dot{\boldsymbol{x}}(t) = \boldsymbol{A}\boldsymbol{x}(t) + \boldsymbol{B}\boldsymbol{u}(t)$$

其中，

$$\boldsymbol{A} = \begin{bmatrix} 0 & 1 \\ 0 & 0 \end{bmatrix}, \quad \boldsymbol{B} = \begin{bmatrix} 1 & 0 \\ 0 & 1 \end{bmatrix}, \quad \boldsymbol{x} = \begin{bmatrix} x_1 \\ x_2 \end{bmatrix}, \quad \boldsymbol{u} = \begin{bmatrix} u_1 \\ u_2 \end{bmatrix}$$

给定 $\boldsymbol{x}(0)=[1,0]^{\mathrm{T}}$，$x_1(2)=0$，$x_2(2)$ 自由。求 $\boldsymbol{u}(t)$，使性能指标

$$J = \frac{1}{2}\int_0^2 (u_1^2 + u_2^2)\mathrm{d}t$$

为最小。

13-14　系统的状态方程为 $\dot{x}_1 = x_2$，$\dot{x}_2 = u$；初始条件为 $x_1(0)=0$，$x_2(0)=0$；终端约束条件为 $x_1(1)+x_2(1)=1$；性能泛函 $J = \frac{1}{2}\int_0^1 u^2 \mathrm{d}t$。试确定最优控制 $u^*(t)$，使性能泛函 J 达到极小值。

13-15　已知系统方程 $\dot{x}=u$，$x(0)=1$，试求 $u(t)$ 和 t_f，使系统在 t_f 时刻转移到坐标原点 $x(t_f)=0$，且使

$$J = t_f^2 + \int_0^{t_f} u^2 \mathrm{d}t$$

为最小。

参考文献

1. 刘培玉. 应用最优控制[M]，大连：大连理工大学出版社，1990.
2. 《数学手册》编写组. 数学手册[M]. 北京：高等教育出版社，1979.
3. 艾利斯哥尔兹. 变分法[M]. 李世晋，译. 北京：人民教育出版社，1958.

14 最大(小)值原理

利用前面介绍的变分法求解最优控制问题时曾假设控制函数 $\boldsymbol{u}(t)$定义在一给定的开集上,而不受其他约束。而在许多最优控制问题中,控制函数 $\boldsymbol{u}(t)$却会受到某些限制。例如,在前面用变分法求解最优控制问题时,要求涉及的函数 $\theta[\boldsymbol{x}(t_f),t_f]$,$F[\boldsymbol{x}(t),\boldsymbol{u}(t),t]$,$f[\boldsymbol{x}(t),\boldsymbol{u}(t),t]$都具有可微性,特别要求$\partial H/\partial \boldsymbol{u}(t)$存在。实际中会出现导数不连续,如 $J=\int_{t_0}^{t_f}|\boldsymbol{u}(t)|\,\mathrm{d}t$,则不在讨论的范围内。另外,要求控制函数$\boldsymbol{u}(t)$的各个分量不大于某些给定的值,即$|u_i(t)|\leqslant a_i$,$i=1,2,\cdots,m$。当控制函数$\boldsymbol{u}(t)$受到上述不等式约束,并且最优控制取值于闭集性约束的边界时,前面介绍的变分法的使用就受到限制了。

本章首先介绍求解连续系统的最优控制的最大(小)值原理,然后再对离散系统的最优控制的最大(小)值原理进行讨论。

14.1 连续系统的最大(小)值原理

14.1.1 最优控制问题的提法

1. 控制问题数学模型

考虑一控制系统,其控制方程为

$$\frac{\mathrm{d}\boldsymbol{x}}{\mathrm{d}t}=\boldsymbol{f}(\boldsymbol{x},\boldsymbol{u},t) \tag{14-1}$$

并满足初始状态条件

$$\boldsymbol{x}(t_0)=\boldsymbol{x}_0 \tag{14-2}$$

终止状态 $\boldsymbol{x}(t_f)$则或者是自由的,或者满足目标集

$$\boldsymbol{R}[\boldsymbol{x}(t_f),t_f]=\boldsymbol{0} \tag{14-3}$$

性能指标为

$$J(\boldsymbol{u})=G[\boldsymbol{x}(t_f),t_f]+\int_{t_0}^{t_f}F[\boldsymbol{x}(t),\boldsymbol{u}(t),t]\mathrm{d}t \tag{14-4}$$

式中,$\boldsymbol{x}(t)$为轨迹(或称为状态)矢量,$\boldsymbol{x}=(x_1,x_2,\cdots,x_n)^{\mathrm{T}}$;$\boldsymbol{u}$ 为控制矢量,$\boldsymbol{u}=(u_1,$

$u_2,\cdots,u_m)^{\mathrm{T}}$；$\boldsymbol{f}$ 是已知的 n 维连续矢函数，$\boldsymbol{f}=(f_1,f_2,\cdots,f_n)^{\mathrm{T}}$；$\boldsymbol{R}$ 是已知的 m 维连续矢量函数；$G(\boldsymbol{x},t)$ 和 $F(\boldsymbol{x},\boldsymbol{u},t)$ 是已知标量函数。并假设 $\boldsymbol{f}(\boldsymbol{x},\boldsymbol{u},t)$，$F(\boldsymbol{x},\boldsymbol{u},t)$，$G(\boldsymbol{x},t)$，$\boldsymbol{R}(\boldsymbol{x},t)$ 都对 $\boldsymbol{x}$ 连续可微，并且 $\boldsymbol{f}$，$\dfrac{\partial \boldsymbol{f}}{\partial \boldsymbol{x}}$ 和 $\dfrac{\partial F}{\partial \boldsymbol{x}}$ 有界。

2. 容许控制

在上面的控制系统中，满足下列条件的控制矢量 $\boldsymbol{u}(t)$ 称为容许控制：

(1) $\boldsymbol{u}(t)$ 是在闭区间 $[t_0,\boldsymbol{x}(t_{\mathrm{f}})]$ 上的分段连续函数（即只有有限个第一类间断点，在间断点处，假定是左连续的）；

(2) $\boldsymbol{u}(t)$ 在端点 t_0，t_{f} 处连续；

(3) $\boldsymbol{u}(t)\in U(t_0\leqslant t\leqslant t_{\mathrm{f}})$，这里 U 是 R^m 中的有界闭集。

3. 最优控制问题

选取不同的控制矢量 $\boldsymbol{u}(t)$ 将得到不同的性能指标 J。最优控制 $\boldsymbol{u}^*(t)$ 就是选择一个容许控制矢量，使系统的性能指标达到最优 J^*。

最优控制问题的提法是：对一给定的控制问题，如式(14-1)～式(14-4)，从所有的容许控制 U 中寻找一个控制 $\boldsymbol{u}^*(t)$，使系统轨迹 $\boldsymbol{x}$ 满足初始条件式(14-2)，并在终止时刻 t_{f} 达到目标集式(14-3)，并使性能指标式(14-4)取最优值（极小或极大值）。

14.1.2 最大(小)值原理的内容

1. 哈密顿方程组

为求解最优控制 $\boldsymbol{u}^*(t)$，引入 n 维协态变量 $\boldsymbol{\lambda}(t)$（协态变量是相对于状态变量 $\boldsymbol{x}$ 而言的）：

$$\boldsymbol{\lambda}(t)=[\lambda_1(t),\lambda_2(t),\cdots,\lambda_n(t)]^{\mathrm{T}}$$

要求 $\boldsymbol{\lambda}$ 满足下面的微分方程组：

$$\frac{\mathrm{d}\lambda_i}{\mathrm{d}t}=-\sum_{j=1}^{n}\frac{\partial f_j(\boldsymbol{x},\boldsymbol{u},t)}{\partial x_i}\lambda_j-\sum_{j=1}^{n}\frac{\partial F(\boldsymbol{x},\boldsymbol{u},t)}{\partial x_i},\quad i=1,2,\cdots,n \tag{14-5}$$

做哈密顿函数如下：

$$H(\boldsymbol{x},\boldsymbol{\lambda},\boldsymbol{u},t)=F(\boldsymbol{x},\boldsymbol{u},t)+\boldsymbol{\lambda}^{\mathrm{T}}\boldsymbol{f}(\boldsymbol{x},\boldsymbol{u},t) \tag{14-6}$$

把哈密顿函数代入方程组(14-1)和(14-5)，可得到下面的形式：

$$\begin{cases}\dfrac{\mathrm{d}x_i}{\mathrm{d}t}=\dfrac{\partial H(\boldsymbol{x},\boldsymbol{\lambda},\boldsymbol{u},t)}{\partial \lambda_i}\\[2ex]\dfrac{\mathrm{d}\lambda_i}{\mathrm{d}t}=-\dfrac{\partial H(\boldsymbol{x},\boldsymbol{\lambda},\boldsymbol{u},t)}{\partial x_i}\end{cases},\quad i=1,2,\cdots,n \tag{14-7}$$

称式(14-7)为哈密顿方程组或正则方程组。通过这些方程，利用最优原理可求解最

优控制 $\boldsymbol{u}^*$。

2. 最优原理

为使性能泛函

$$J(\boldsymbol{u}) = G[\boldsymbol{x}(t_f), t_f] + \int_{t_0}^{t_f} F[\boldsymbol{x}(t), \boldsymbol{u}(t), t]\mathrm{d}t \tag{14-8}$$

达到极值,最优控制 $\boldsymbol{u}^*(t)$应满足的必要条件是:

(1) 设 $\boldsymbol{u}^*(t)$是最优控制,$\boldsymbol{x}^*(t)$是对应于 $\boldsymbol{u}^*(t)$的最优轨线,则必存在一与 $\boldsymbol{u}^*(t)$和 $\boldsymbol{x}^*(t)$相对应的 n 维协态变量$\boldsymbol{\lambda}^*(t)$,使得 $\boldsymbol{x}^*(t)$和$\boldsymbol{\lambda}^*(t)$满足规范方程(14-7);

(2) 边界条件是根据系统的初始状态与终端状态而定的,见表 14-1;

(3) 哈密顿函数在最优控制 $\boldsymbol{u}^*(t)$和最优轨线 $\boldsymbol{x}^*(t)$上达到最小值。

如果 $\boldsymbol{u}^*(t)$是所提问题的最优控制,$\boldsymbol{x}^*(t)$和$\boldsymbol{\lambda}^*(t)$是正则方程组(14-7)对应于 $\boldsymbol{u}^*(t)$的最优轨迹和最优协态变量,则有

$$H[\boldsymbol{x}^*(t), \boldsymbol{\lambda}^*(t), \boldsymbol{u}^*(t), t] = \min_{\boldsymbol{u}\in U} H[\boldsymbol{x}^*(t), \boldsymbol{\lambda}^*(t), \boldsymbol{u}(t), t] \tag{14-9}$$

式(14-9)表明,使性能泛函(14-4)达到极小值(即在容许控制 $\boldsymbol{u}$ 中寻找最优控制 $\boldsymbol{u}^*(t)$)的必要条件是哈密顿函数 H 达到最小值。因为一个函数的最小值异号后即为该函数的最大值。所以,若令哈密顿函数为

$$H(\boldsymbol{x}, \boldsymbol{\lambda}, \boldsymbol{u}, t) = -F(\boldsymbol{x}, \boldsymbol{u}, t) + \boldsymbol{\lambda}^{\mathrm{T}} \boldsymbol{f}(\boldsymbol{x}, \boldsymbol{u}, t) \tag{14-10}$$

则

$$\max_{\boldsymbol{u}\in U} H[\boldsymbol{x}^*(t), \boldsymbol{\lambda}^*(t), \boldsymbol{u}(t), t] = \max_{\boldsymbol{u}\in U}\{-F[\boldsymbol{x}^*(t), \boldsymbol{u}(t), t] + \boldsymbol{\lambda}^{*\mathrm{T}}(t)\boldsymbol{f}[\boldsymbol{x}(t), \boldsymbol{u}(t), t]\} \tag{14-11}$$

仍然成立。满足最小值的控制同样满足最大值,只是求解得到的协态变量$\boldsymbol{\lambda}^*(t)$将互为异号。

于是,就得到关于由式(14-1)~式(14-4)所给定的最优控制问题的最大值原理。这也是把这一方法称为最小值或最大值原理的原因。

3. 最优控制问题的求解步骤

最优控制问题的求解可按下列步骤进行:

(1) 建立哈密顿函数(14-6),并写出正则方程组(14-7)。

(2) 求哈密顿函数的最小值,找出关系式

$$\boldsymbol{u}^*(t) = \boldsymbol{u}^*(\boldsymbol{x}^*, \boldsymbol{\lambda}^*) \tag{14-12}$$

(3) 把解式(14-12)代入正则方程组,根据下述边界条件,对正则方程组求解两点边值问题,即可求出最优轨线 $\boldsymbol{x}^*(t)$和最优协态变量$\boldsymbol{\lambda}^*(t)$。

① 假设方程组(14-1)已给初始条件 $\boldsymbol{x}(t_0) = \boldsymbol{x}_0$ 和终止条件(目标集 $\boldsymbol{x}(t_f) =$

x_f)，则正则方程组(14-7)的边界条件仍为

$$x(t_0)=x_0,\quad x(t_f)=x_f$$

② 假设 $x(t_0)=x_0$ 是给定的，没有给定目标集(14-3)，即 $x(t_f)$是自由的，则正则方程组(14-7)的边界条件为

$$x(t_0)=x_0,\quad \lambda(t_f)=\frac{\partial G[x(t_f),t_f]}{\partial x} \tag{14-13}$$

式中，函数 G 是性能指标式(14-4)中的第 1 项。若 $G\equiv 0$，这时边界条件变为

$$x(t_0)=x_0,\quad \lambda(t_f)=0 \tag{14-14}$$

③ 假设 $x(t_0)=x_0$ 是给定的，而终止状态满足目标集

$$R[x(t_f),t_f]=\mathbf{0}$$

设 R 是 m 维($0\leqslant m\leqslant n$)，则正则方程组(14-9)的边界条件共有 $2n$ 个，为

$$\left.\begin{aligned} &x(t_0)=x_0\\ &\lambda(t_f)=\frac{\partial G[x(t_f),t_f]}{\partial x}+\frac{\partial R[x(t_f),t_f]}{\partial x}\mu\\ &R[x(t_f),t_f]=\mathbf{0}\end{aligned}\right\} \tag{14-15}$$

式中，$\mu=(\mu_1,\mu_2,\cdots,\mu_m)^{\mathrm{T}}$ 是一个 m 维待定的常数矢量。如果 t_f 不固定，而是自由的，则这时相当于边界条件中多了一个独立参数，因此要补充一个关系式。对于边界条件为①或②的情形，补充的关系式为

$$H[x(t_f),\lambda(t_f),u(t_f),t_f]+\frac{\partial G[x(t_f),t_f]}{\partial t}=0 \tag{14-16}$$

对于边界条件为③的情形，补充的关系式为

$$H[x(t_f),\lambda(t_f),u(t_f),t_f]+\frac{\partial G[x(t_f),t_f]}{\partial t}+\mu^{\mathrm{T}}\frac{\partial R[x(t_f),t_f]}{\partial t}=0 \tag{14-17}$$

(4) 将求出的 $x^*(t)$，$\lambda^*(t)$代入关系式(14-12)，就可求得最优控制 $u^*(t)$。

以上是求解最优控制问题的一般步骤。为了更清楚地表示最优控制问题的不同形式，表 14-1 列出了性能泛函、终端时刻、终端状态变化时，正则方程和边界条件的变化情况。求解实际问题时可根据问题的性质进行适当调整，灵活应用。

最大(小)值原理给出的是实现系统最优控制的必要条件，它给出了一个确定最优控制 $u^*(t)$的方法。这一原理是由古典变分法引申出来的，可以推出变分法中熟知的一切必要条件。但是，与古典变分法相比较，这一原理的主要优越性在于，它适用于任何对控制矢量 $u(t)$有约束以及集合 U 是有界闭集的情形，而古典变分法只适用于无约束和 U 为开集的情形。因此，可以说最小(大)值原理是对控制域 U 的扩充。它们都存在求解两点边值问题的困难。

表 14-1 终端变化时极大(小)值原理表现形式

终端时刻	性能指标	正则方程	极值条件	终端状态	边界条件与横截条件
t_f 固定	混合型 $J=G[\boldsymbol{x}(t_f),t_f]+\int_{t_0}^{t_f}F(\boldsymbol{x},\boldsymbol{u},t)\mathrm{d}t$	$\dot{\boldsymbol{x}}=\frac{\partial H}{\partial \boldsymbol{\lambda}}$ $\dot{\boldsymbol{\lambda}}=-\frac{\partial H}{\partial \boldsymbol{x}}$ $H=F(\boldsymbol{x},\boldsymbol{u},t)+\boldsymbol{\lambda}^{\mathrm{T}}\boldsymbol{f}(\boldsymbol{x},\boldsymbol{u},t)$	$H^*=\min\limits_{u\in\Omega}H$ $H^*=H(\boldsymbol{x}^*,\boldsymbol{u}^*,\boldsymbol{\lambda}^*,t)$ $H=H(\boldsymbol{x}^*,\boldsymbol{u},\boldsymbol{\lambda}^*,t)$	固定	$\boldsymbol{x}(t_0)=\boldsymbol{x}_0;\boldsymbol{x}(t_f)=\boldsymbol{x}_f$
				自由	$\boldsymbol{x}(t_0)=\boldsymbol{x}_0;\boldsymbol{\lambda}(t_f)=\frac{\partial G}{\partial \boldsymbol{x}(t_f)}$
				约束	$\boldsymbol{x}(t_0)=\boldsymbol{x}_0;\boldsymbol{R}[\boldsymbol{x}(t_f)]=\boldsymbol{0}$ $\boldsymbol{\lambda}(t_f)=\left[\frac{\partial G}{\partial \boldsymbol{x}}+\left(\frac{\partial \boldsymbol{R}}{\partial \boldsymbol{x}}\right)^{\mathrm{T}}\boldsymbol{\mu}\right]_{t_f}$
	积分型 $J=\int_{t_0}^{t_f}F(\boldsymbol{x},\boldsymbol{u},t)\mathrm{d}t$			固定	$\boldsymbol{x}(t_0)=\boldsymbol{x}_0;\boldsymbol{x}(t_f)=\boldsymbol{x}_f$ $\boldsymbol{\lambda}(t_f)$未知
				自由	$\boldsymbol{x}(t_0)=\boldsymbol{x}_0;\boldsymbol{\lambda}(t_f)=\boldsymbol{0}$
				约束	$\boldsymbol{x}(t_0)=\boldsymbol{x}_0;\boldsymbol{R}[\boldsymbol{x}(t_f)]=\boldsymbol{0}$ $\boldsymbol{\lambda}(t_f)=\left[\left(\frac{\partial \boldsymbol{R}}{\partial \boldsymbol{x}}\right)^{\mathrm{T}}\boldsymbol{\mu}\right]_{t_f}$
	终值型 $J=G[\boldsymbol{x}(t_f),t_f]$	$\dot{\boldsymbol{x}}=\frac{\partial H}{\partial \boldsymbol{\lambda}}$ $\dot{\boldsymbol{\lambda}}=-\frac{\partial H}{\partial \boldsymbol{x}}$ $H=\boldsymbol{\lambda}^{\mathrm{T}}\boldsymbol{f}(\boldsymbol{x},\boldsymbol{u},t)$		固定	$\boldsymbol{x}(t_0)=\boldsymbol{x}_0;\boldsymbol{x}(t_f)=\boldsymbol{x}_f$
				自由	$\boldsymbol{x}(t_0)=\boldsymbol{x}_0;\boldsymbol{\lambda}(t_f)=\frac{\partial G}{\partial \boldsymbol{x}(t_f)}$
				约束	$\boldsymbol{x}(t_0)=\boldsymbol{x}_0;\boldsymbol{R}[\boldsymbol{x}(t_f),t_f]=\boldsymbol{0}$ $\boldsymbol{\lambda}(t_f)=\left[\frac{\partial G}{\partial \boldsymbol{x}}+\left(\frac{\partial \boldsymbol{R}}{\partial \boldsymbol{x}}\right)^{\mathrm{T}}\boldsymbol{\mu}\right]_{t_f}$

续表

终端时刻	性能指标	正则方程	极值条件	终端状态	边界条件与横截条件
t_f 自由	混合型 $J=G[\boldsymbol{x}(t_f),t_f]+\int_{t_0}^{t_f}F(\boldsymbol{x},\boldsymbol{u},t)\mathrm{d}t$	$\dot{\boldsymbol{x}}=\frac{\partial H}{\partial \boldsymbol{\lambda}}$ $\dot{\boldsymbol{\lambda}}=-\frac{\partial H}{\partial \boldsymbol{x}}$ $H=F(\boldsymbol{x},\boldsymbol{u},t)+\boldsymbol{\lambda}^{\mathrm{T}}\boldsymbol{f}(\boldsymbol{x},\boldsymbol{u},t)$	$H^*=\min\limits_{u\in\Omega}H$ $H^*=H(\boldsymbol{x}^*,\boldsymbol{u}^*,\boldsymbol{\lambda}^*,t)$ $H=H(\boldsymbol{x}^*,\boldsymbol{u},\boldsymbol{\lambda}^*,t)$	固定	$\boldsymbol{x}(t_0)=\boldsymbol{x}_0;\boldsymbol{x}(t_f)=\boldsymbol{x}_f$ $H(t_f)=-\frac{\partial G}{\partial t_f}$
				自由	$\boldsymbol{x}(t_0)=\boldsymbol{x}_0;\boldsymbol{\lambda}(t_f)=\frac{\partial G}{\partial \boldsymbol{x}(t_f)}$ $H(t_f)=-\frac{\partial G}{\partial t_f}$
				约束	$\boldsymbol{x}(t_0)=\boldsymbol{x}_0;\boldsymbol{R}[\boldsymbol{x}(t_f),t_f]=\boldsymbol{0}$ $\boldsymbol{\lambda}(t_f)=\left[\frac{\partial G}{\partial \boldsymbol{x}}+\left(\frac{\partial \boldsymbol{R}}{\partial \boldsymbol{x}}\right)^{\mathrm{T}}\boldsymbol{\mu}\right]_{t_f}$ $H(t_f)=-\left[\frac{\partial G}{\partial t}+\left(\frac{\partial \boldsymbol{R}}{\partial t}\right)^{\mathrm{T}}\boldsymbol{\mu}\right]_{t_f}$
	积分型 $J=\int_{t_0}^{t_f}F(\boldsymbol{x},\boldsymbol{u},t)\mathrm{d}t$			固定	$\boldsymbol{x}(t_0)=\boldsymbol{x}_0;\boldsymbol{x}(t_f)=\boldsymbol{x}_f$ $H(t_f)=0;\boldsymbol{\lambda}(t_f)$未知
				自由	$\boldsymbol{x}(t_0)=\boldsymbol{x}_0;\boldsymbol{x}(t_f)=\boldsymbol{x}_f$ $H(t_f)=0$
				约束	$\boldsymbol{x}(t_0)=\boldsymbol{x}_0;\boldsymbol{R}[\boldsymbol{x}(t_f),t_f]=\boldsymbol{0}$ $\boldsymbol{\lambda}(t_f)=\left[\left(\frac{\partial \boldsymbol{R}}{\partial \boldsymbol{x}}\right)^{\mathrm{T}}\boldsymbol{\mu}\right]_{t_f}$ $H(t_f)=-\left[\left(\frac{\partial \boldsymbol{R}}{\partial t}\right)^{\mathrm{T}}\boldsymbol{\mu}\right]_{t_f}$
	终值型 $J=G[\boldsymbol{x}(t_f),t_f]$			固定	$\boldsymbol{x}(t_0)=\boldsymbol{x}_0;\boldsymbol{x}(t_f)=\boldsymbol{x}_f$ $H(t_f)=-\frac{\partial G}{\partial t_f}$
				自由	$\boldsymbol{x}(t_0)=\boldsymbol{x}_0;\boldsymbol{\lambda}(t_f)=\frac{\partial G}{\partial \boldsymbol{x}(t_f)}$
				约束	$\boldsymbol{x}(t_0)=\boldsymbol{x}_0;\boldsymbol{R}[\boldsymbol{x}(t_f),t_f]=\boldsymbol{0}$ $\boldsymbol{\lambda}(t_f)=\left[\frac{\partial G}{\partial \boldsymbol{x}}+\left(\frac{\partial \boldsymbol{R}}{\partial \boldsymbol{x}}\right)^{\mathrm{T}}\boldsymbol{\mu}\right]_{t_f}$ $H(t_f)=-\left[\frac{\partial G}{\partial t}+\left(\frac{\partial \boldsymbol{R}}{\partial t}\right)^{\mathrm{T}}\boldsymbol{\mu}\right]_{t_f}^{\mathrm{T}}$

14.1.3 几种典型的最优控制问题

1. 最小时间问题

例 14-1 设线性定常系统的控制方程为

$$\dot{\boldsymbol{x}}(t)=\boldsymbol{A}\boldsymbol{x}(t)+\boldsymbol{B}\boldsymbol{u}(t),\quad \boldsymbol{x}(t_0)=\boldsymbol{x}(0)$$

式中，$\boldsymbol{x}\in R^n$，$\boldsymbol{u}\in R^m$；$\boldsymbol{A},\boldsymbol{B}$ 为 $\boldsymbol{A}(t),\boldsymbol{B}(t)$的简写，$t\in[0,T]$，$\boldsymbol{A}$ 是变系数的 $n\times n$ 矩阵，$\boldsymbol{B}$ 是 $n\times m$ 矩阵。

控制向量 $\boldsymbol{u}(t)$受不等式约束

$$|\boldsymbol{u}|\leqslant M,\quad M>0$$

寻求最优控制 $\boldsymbol{u}^*(t)$，使系统从已知的初始状态转移到终端状态，t_f 自由，并使性能指标

$$J=\int_{t_0}^{t_f}\mathrm{d}t=t_f-t_0$$

为极小。

解：(1) 建立哈密顿函数：$H[\boldsymbol{x}(t),\boldsymbol{u}(t),t]=1+\boldsymbol{\lambda}^{\mathrm{T}}(t)[\boldsymbol{A}\boldsymbol{x}(t)+\boldsymbol{B}\boldsymbol{u}(t)]$；

(2) 根据极小值原理，最优控制的必要条件为

正则方程：

$$\dot{\boldsymbol{x}}^*=\frac{\partial H}{\partial\boldsymbol{\lambda}}=\boldsymbol{A}\boldsymbol{x}^*+\boldsymbol{B}\boldsymbol{u}^*,\quad \dot{\boldsymbol{\lambda}}^*=-\frac{\partial H}{\partial\boldsymbol{x}}=-\boldsymbol{A}^{\mathrm{T}}\boldsymbol{\lambda}^*$$

边界条件：

$$\boldsymbol{x}(t_0)=\boldsymbol{x}_0,\quad \boldsymbol{x}(t_f)=\boldsymbol{x}_f$$

极值条件：

$$1+\dot{\boldsymbol{\lambda}}^{*\mathrm{T}}(\boldsymbol{A}\boldsymbol{x}^*+\boldsymbol{B}\boldsymbol{u}^*)\leqslant 1+\dot{\boldsymbol{\lambda}}^{*\mathrm{T}}(\boldsymbol{A}\boldsymbol{x}^*+\boldsymbol{B}\boldsymbol{u})$$

即

$$\boldsymbol{\lambda}^{*\mathrm{T}}\boldsymbol{B}\boldsymbol{u}^*\leqslant\boldsymbol{\lambda}^{*\mathrm{T}}\boldsymbol{B}\boldsymbol{u}$$

(3) 设 $\boldsymbol{B}=[\boldsymbol{b}_1,\boldsymbol{b}_2,\cdots,\boldsymbol{b}_m]$，则

$$\boldsymbol{\lambda}^{*\mathrm{T}}\boldsymbol{B}\boldsymbol{u}=\sum_{j=1}^{m}\boldsymbol{\lambda}^{*\mathrm{T}}\boldsymbol{b}_j u_j$$

设各控制变量相互独立，则

$$\boldsymbol{\lambda}^{*\mathrm{T}}\boldsymbol{b}_j u_j^*\leqslant\boldsymbol{\lambda}^{*\mathrm{T}}\boldsymbol{b}_j u_j$$

在约束条件$|u_j(t)|\leqslant M$下的最优控制为

$$u_j^*(t)=\begin{cases}+M, & \boldsymbol{\lambda}^{*\mathrm{T}}(t)\boldsymbol{b}_j<0\\ -M, & \boldsymbol{\lambda}^{*\mathrm{T}}(t)\boldsymbol{b}_j>0,\quad j=1,2,\cdots,m\\ \text{不定}, & \boldsymbol{\lambda}^{*\mathrm{T}}(t)\boldsymbol{b}_j=0\end{cases}$$

解毕。

由例 14-1 可知，当$\boldsymbol{\lambda}^{*\mathrm{T}}(t)\boldsymbol{b}_j\neq 0$ 时，可以找出确定的 $u_j^*(t)$，并且它们都为容许控制的边界值；当$\boldsymbol{\lambda}^{*\mathrm{T}}(t)\boldsymbol{b}_j$ 穿过零点时，$u_j^*(t)$由一个边界值切换到另一个边界值；如果$\boldsymbol{\lambda}^{*\mathrm{T}}(t)\boldsymbol{b}_j$ 在某一时间区间内保持为零，则 $u_j^*(t)$为不确定值，这种情况称为奇异

问题或非平凡问题，相应的时间区段称为奇异区段。当整个时间区间内不出现奇异区段时，则称为非奇异问题或平凡问题。对于平凡问题，有以下几个定义及定理：

(1) **Bang-Bang 原理** 若线性定常系统 $\dot{\boldsymbol{x}}=\boldsymbol{A}\boldsymbol{x}+\boldsymbol{B}\boldsymbol{u}$ 属于平凡情况，则其最短时间控制为

$$\boldsymbol{u}^*(t)=-M\mathrm{sgn}[\boldsymbol{B}^{\mathrm{T}}\boldsymbol{\lambda}^*(t)]$$

式中，sgn(·)函数的意义是

$$\mathrm{sgn}a=\begin{cases}1, & a>0\\ 0, & a=0\\ -1, & a<0\end{cases}$$

$\boldsymbol{u}^*(t)$的各个分量都是时间的分段恒值函数，并均取边界值，称此为 Bang-Bang 原理。

(2) **最短时间控制存在定理** 若线性定常系统 $\dot{\boldsymbol{x}}=\boldsymbol{A}\boldsymbol{x}+\boldsymbol{B}\boldsymbol{u}$ 完全能控，矩阵 $\boldsymbol{A}$ 的特征值均具有非正实部，控制变量满足不等式约束 $\|\boldsymbol{u}(t)\|\leqslant M$，则最短时间控制存在。

(3) **最短时间控制的唯一性定理** 若线性定常系统 $\dot{\boldsymbol{x}}=\boldsymbol{A}\boldsymbol{x}+\boldsymbol{B}\boldsymbol{u}$ 属于平凡情况，若时间最优控制存在，则必定是唯一的。

(4) **开关次数定理** 若线性定常系统 $\dot{\boldsymbol{x}}=\boldsymbol{A}\boldsymbol{x}+\boldsymbol{B}\boldsymbol{u}$ 的控制变量满足不等式约束 $\|\boldsymbol{u}(t)\|\leqslant M$，矩阵 $\boldsymbol{A}$ 的特征值全部为实数，如果最短时间控制存在，则必为 Bang-Bang 控制，并且每个控制分量在两个边界值之间的切换次数最多不超过 $m-1$ 次。

最小时间问题要求将系统的状态由初始状态 $\boldsymbol{x}_0$ 转移到指定的状态 $\boldsymbol{x}_{\mathrm{f}}$ 所用的时间最短。即求 $\boldsymbol{u}(t)$，使在它的作用下 $\boldsymbol{x}(t_{\mathrm{f}})=\boldsymbol{x}_{\mathrm{f}}$，并使下面的泛函最小：

$$J(\boldsymbol{u})=\int_{t_0}^{t_{\mathrm{f}}}\mathrm{d}t=t_{\mathrm{f}}-t_0$$

2. 最小燃料消耗控制

由于飞行体推力有限，所以节省了燃料就可以多载货物或乘客。超音速飞机的燃料消耗正比于飞行推力 $\boldsymbol{u}(t)$的绝对值，因此最省燃料问题描述为：要求将系统的状态由初始状态 $\boldsymbol{x}_0$ 转移到指定的状态 $\boldsymbol{x}_{\mathrm{f}}$ 所用的燃料最小。即求 $\boldsymbol{u}(t)$，使在它的作用下，使

$$J(\boldsymbol{u})=\int_{t_0}^{t_{\mathrm{f}}}\|\boldsymbol{u}\|\,\mathrm{d}t$$

最小。对于 n 维线性系统，通常其性能指标用下式表示：

$$J=\int_{t_0}^{t_{\mathrm{f}}}\varphi(t)\mathrm{d}t,\quad \varphi(t)=\sum_{j=1}^{m}|u_j(t)|$$

该问题为双积分模型的最小燃料消耗控制问题，问题描述如下：

系统控制方程为
$$\begin{cases}\dot{x}_1=x_2\\ \dot{x}_2=u\\ \boldsymbol{x}(t_0)=\boldsymbol{x}_0,\quad \boldsymbol{x}(t_{\mathrm{f}})=\boldsymbol{x}_{\mathrm{f}}\end{cases}$$

控制约束为　$|u|\leqslant M$

性能指标为　$J=\int_{t_0}^{t_f}|u(t)|\,\mathrm{d}t$

求最优控制,使 J 为极小,其中 t_f 给定。

求解步骤如下:

(1) 建立哈密顿函数 $H=|u|+\lambda_1 x_2+\lambda_2 u$;

(2) 根据极小值原理

$$H[\boldsymbol{x}^*,\boldsymbol{u}^*,\boldsymbol{\lambda}^*,t]\leqslant H[\boldsymbol{x}^*,\boldsymbol{u},\boldsymbol{\lambda}^*,t]$$
$$|u^*|+\lambda_2 u^*\leqslant \lambda_2 u+|u|$$
$$u^*\geqslant 0\text{ 时},(\lambda_2+1)u^*=\min$$
$$u^*\leqslant 0\text{ 时},(\lambda_2-1)u^*=\min$$

(3) 求得最优控制规律 $u^*(t)=\begin{cases}M, & \lambda_2\leqslant -1\\ 0, & -1<\lambda_2<1\\ -M, & \lambda_2\geqslant 1\end{cases}$

协态方程为

$$\begin{cases}\dot{\lambda}_1=-\dfrac{\partial H}{\partial x_1}=0\\ \dot{\lambda}_2=-\dfrac{\partial H}{\partial x_2}=-\lambda_1\\ \lambda_2=-c_1 t+c_2\end{cases}$$

控制切换为(见图 14-1):当 $t\leqslant t_a$ 时,$u(t)=-M$;当 $t=t_a$ 时,$u(t)$ 从 $-M$ 切换为 0;而当 $t=t_b$ 时,$u(t)$ 从 0 切换为 $+M$。可以求得对应的轨迹方程如下:

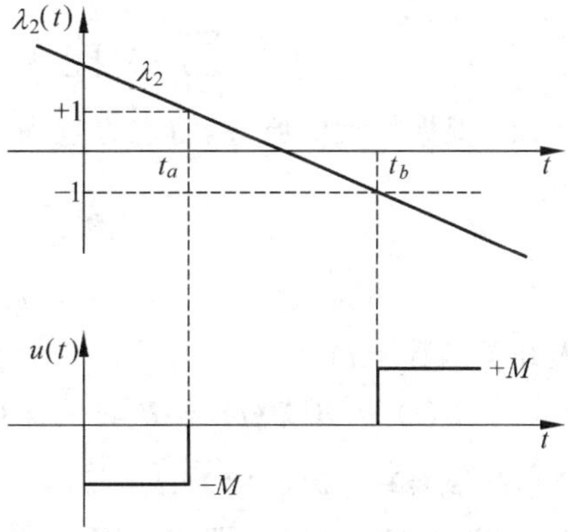

图 14-1　最小燃料消耗控制

当 $u(t)=-M$ 时,轨迹方程的解为

$$\begin{cases}x_1=-\dfrac{1}{2}Mt^2+d_2 t+d_1\\ x_2=-Mt+d_2\end{cases}$$

在 $t=t_a$ 时,

$$\begin{cases}x_1=-\dfrac{1}{2}Mt_a^2+d_2 t_a+d_1\\ x_2=-Mt_a+d_2\end{cases}$$

当 $u(t)=0$ 时,轨迹方程的解为

$$\begin{cases}x_1=b_2 t\\ x_2=b_2\end{cases}$$

在 $t=t_b$ 时,

$$\begin{cases}x_1=b_2 t_b=\dfrac{1}{2}Mt_b^2+d_2 t_b+d_1\\ x_2=b_2=Mt_b+d_2\end{cases}$$

当 $u(t)=+M$ 时，轨迹方程的解为

$$\begin{cases} x_1 = \frac{1}{2}Mt^2 + d_2 t + d_1 \\ x_2 = Mt + d_2 \end{cases}$$

上述方程和边界条件联立，可求出 t_a 和 t_b。

由此可见，最小燃料消耗控制是一种开关型控制，可采用理想的三位式继电器作为控制器。

3. 最小能量问题

最小能量控制问题指在控制过程中，控制系统的能量消耗为最小。与最小燃料消耗问题类似，该问题也只有在有限时间内有意义。

设系统状态方程为 $\dot{\boldsymbol{x}}=\boldsymbol{A}\boldsymbol{x}+\boldsymbol{B}\boldsymbol{u}$，$\boldsymbol{x}(t_0)=\boldsymbol{x}_0$。其中，$\boldsymbol{x}\in R^n$，$\boldsymbol{u}\in R^m$；$\boldsymbol{A}$，$\boldsymbol{B}$ 为 $\boldsymbol{A}(t)$，$\boldsymbol{B}(t)$ 的简写，$t\in[0,T]$，$\boldsymbol{A}$ 是变系数的 $n\times n$ 矩阵，$\boldsymbol{B}$ 是 $n\times m$ 矩阵。

控制约束为

$$|u_j(t)|\leqslant M,\quad M>0,\quad j=1,2,\cdots,m$$

终端状态 $\boldsymbol{x}(t_f)=\boldsymbol{x}_f$，$t_f$ 给定。要求确定最优控制，使性能指标 $J=\int_{t_0}^{t_f}\boldsymbol{u}^{\mathrm{T}}\boldsymbol{u}\mathrm{d}t=\int_{t_0}^{t_f}\sum_{j=1}^{m}u_j^2(t)\mathrm{d}t$ 最小。求解步骤如下：

(1) 建立哈密顿函数，表示为

$$H=\sum_{j=1}^{m}u_j^2(t)+\boldsymbol{x}^{\mathrm{T}}(t)\boldsymbol{A}^{\mathrm{T}}\boldsymbol{\lambda}(t)+\boldsymbol{u}^{\mathrm{T}}(t)\boldsymbol{B}^{\mathrm{T}}\boldsymbol{\lambda}(t)$$

(2) 根据最大值原理，协态方程为

$$\begin{cases} \dot{\boldsymbol{\lambda}} = -\frac{\partial H}{\partial \boldsymbol{x}} = -\boldsymbol{A}^{\mathrm{T}}\boldsymbol{\lambda} \\ \boldsymbol{\lambda} = \mathrm{e}^{-\boldsymbol{A}^{\mathrm{T}}t}\boldsymbol{\lambda}(t_0) \end{cases}$$

引入开关函数 $\boldsymbol{s}(t)$：

$$\boldsymbol{S}(t)=\boldsymbol{B}^{\mathrm{T}}\boldsymbol{\lambda}(t)=\boldsymbol{B}^{\mathrm{T}}\mathrm{e}^{-\boldsymbol{A}^{\mathrm{T}}t}\boldsymbol{\lambda}(t_0)=[\boldsymbol{s}_1(t)\quad \boldsymbol{s}_2(t)\quad\cdots\quad \boldsymbol{s}_m(t)]^{\mathrm{T}}$$

或

$$\boldsymbol{s}_j(t)=\boldsymbol{b}_j^{\mathrm{T}}\mathrm{e}^{-\boldsymbol{A}^{\mathrm{T}}t}\boldsymbol{\lambda}(t_0)$$

式中，$\boldsymbol{b}_j$ 为 $\boldsymbol{B}$ 的列向量，即 $\boldsymbol{B}=[\boldsymbol{b}_1\quad \boldsymbol{b}_2\quad\cdots\quad \boldsymbol{b}_m]$；$s_j(t)$ 是 $\boldsymbol{s}(t)$ 的分量，即 $\boldsymbol{s}=[s_1,s_2,\cdots,s_m]^{\mathrm{T}}$。

哈密顿函数可以表示成

$$H=\sum_{j=1}^{m}[u_j^2(t)+u_j(t)s_j(t)]+\boldsymbol{x}^{\mathrm{T}}\boldsymbol{A}^{\mathrm{T}}\boldsymbol{\lambda}$$

由最大值原理可知，$\boldsymbol{u}^*(t)$ 应使 H 为极小，即应使 $u_j^2(t)+u_j(t)s_j(t)$ 为极小。

令

$$\frac{\partial}{\partial u_j(t)}[u_j^2(t)+u_j(t)s_j(t)]=0$$

$$u_j^*(t) = -\frac{1}{2}s_j(t), \quad j = 1,2,\cdots,m$$

最小能量控制规律为

$$u_j^*(t) = \begin{cases} -\dfrac{1}{2}s_j(t), & |s_j(t)| \leqslant 2M \\ -M\mathrm{sgn}\{s_j(t)\}, & |s_j(t)| > 2M \end{cases}$$

此外,还有状态调节器问题、跟踪问题等,在此不一一列举了。

关于最大值原理的应用条件,以下几点需要说明:

(1) 最大值原理(当然包括最小值原理,以下同)是对古典变分法的发展。它不仅可以用来求解控制函数 $\boldsymbol{u}(t)$不受约束或只受开集性约束的最优控制问题,而且也可以用来求解控制函数 $\boldsymbol{u}(t)$受到闭集性约束条件的最优控制问题。这就意味着最大值原理放宽了对控制函数 $\boldsymbol{u}(t)$的要求。

(2) 最大值原理没有提出哈密顿函数 H 对控制函数 $\boldsymbol{u}(t)$的可微性的要求,因此,其应用条件进一步放宽了。并且,由最大值原理所求得的最优控制 $\boldsymbol{u}(t)$使哈密顿函数 H 达到全局、绝对最大值,而由古典变分法的极值条件$\partial H/\partial \boldsymbol{u}=0$ 所得到的解是 H 的局部、相对最大值或驻值。因此,最大值原理将古典变分法求解最优控制问题的极值条件作为一个特例概括在自身之中。

(3) 最大值原理是最优控制问题的必要条件,并非充分条件。也就是说,由最大值原理所求得的解能否使性能泛函 J 达到极小值,还需要进一步分析与判定。但是,如果根据物理意义已经能够断定所讨论的最优控制问题的解是存在的,而由最大值原理所得到的解只有一个,那么该解就是最优解。实际上,遇到的问题往往属于这种情况。

(4) 利用最大值原理和古典变分法求解最优控制问题时,除了控制方程的形式不同外,其余条件是相同的。一般来说,根据最大值原理确定最优控制 $\boldsymbol{u}^*(t)$和最优轨线 $\boldsymbol{x}^*(t)$仍然需要求解两点边界值问题。这是一件复杂的工作。

(5) 由最大值原理和最小值原理所得到的最优控制 $\boldsymbol{u}^*(t)$和最优轨线 $\boldsymbol{x}^*(t)$是一致的,只是协态变量$\boldsymbol{\lambda}(t)$是互为异号的。

(6) 若所论问题是确定最优控制 $\boldsymbol{u}^*(t)\in\Omega$,使性能泛函达到极大值,最大值原理仍然成立,只要将上述性能泛函变号即可。

例 14-2 考虑一个刚体运动系统 $u=\mathrm{d}^2y/\mathrm{d}t^2$,其中输入控制为有限值,须满足$|u(t)|\leqslant u_m$。要求解使下面泛函为最小:

$$J = \int_0^{t_f}(1+b\,|u(t)|)\mathrm{d}t$$

试分析最优控制 u^* 的可能取值。

解:定义 $x_1=y, x_2=\mathrm{d}y/\mathrm{d}t$。这一系统控制方程可以写成

$$\begin{pmatrix}\dot{x}_1 \\ \dot{x}_2\end{pmatrix} = \begin{pmatrix}x_2 \\ u\end{pmatrix}$$

对应的哈密顿方程为(按式(14-6))

$$H = 1 + b \mid u \mid + \lambda_1 x_2 + \lambda_2 u$$

写出协态方程

$$\frac{\partial \lambda_1}{\partial t} = 0, \quad \frac{\partial \lambda_2}{\partial t} = -\lambda_1$$

由协态方程解得

$$\lambda_1 = c_1, \quad \lambda_2 = -c_1 t + c_2$$

为了要确定最优控制 u^*，来看哈密顿函数中含有 u 的部分：

$$\widetilde{H} = b \mid u \mid + \lambda_2 u$$

使$\widetilde{H}$最小的$|u|$和 u 取决于 λ_2 的符号和大小。设 $b>0$，取 $u_m=1.5$，分 3 种情况讨论。

(1) $\lambda_2>b>0$。H 的各项随 u 的变化如图 14-2 所示。可见，当取 $u^*(t)=-u_m$ 时，H 取最小值。

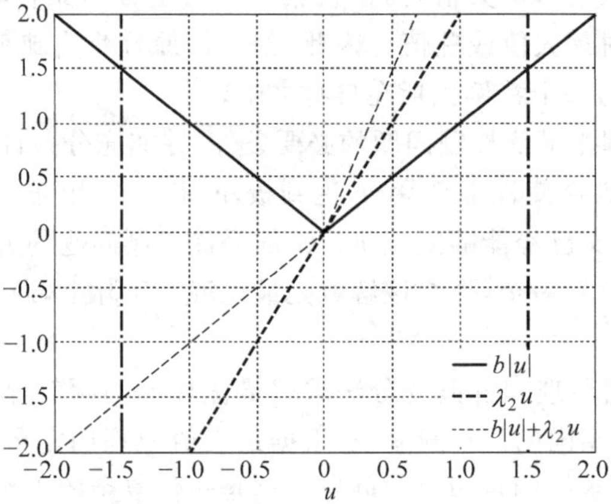

图 14-2　$b=1, \lambda_2=2(\lambda_2>b>0)$

(2) $\lambda_2<-b$。H 的各项随 u 的变化如图 14-3 所示。可见，当取 $u^*(t)=u_m$ 时，H 取最小值。

(3) $-b<\lambda_2<b$。H 的各项随 u 的变化如图 14-4 所示。可见，当取 $u^*(t)=0$ 时，H 取最小值。

从以上 3 种情况分析可知，控制规律是

$$u(t) = \begin{cases} -u_m, & b < \lambda_2(t) \\ 0, & -b < \lambda_2(t) < b \\ u_m, & \lambda_2(t) < -b \end{cases}$$

结果表明，控制取决于 λ_2，由于 λ_2 是时间的线性函数，所以它只有 2 个开关。又因为$\dot{x}_2(t)=u$，且必须在 t_f 时停止，所以这时的 $u=\pm u_m$。

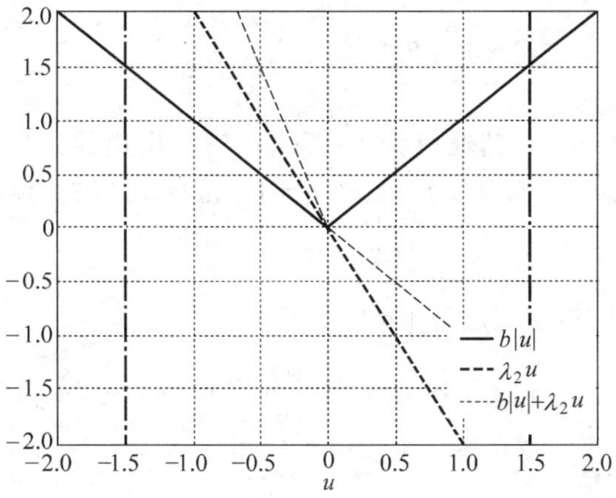

图 14-3　$b=1,\lambda_2=-2(\lambda_2<-b)$

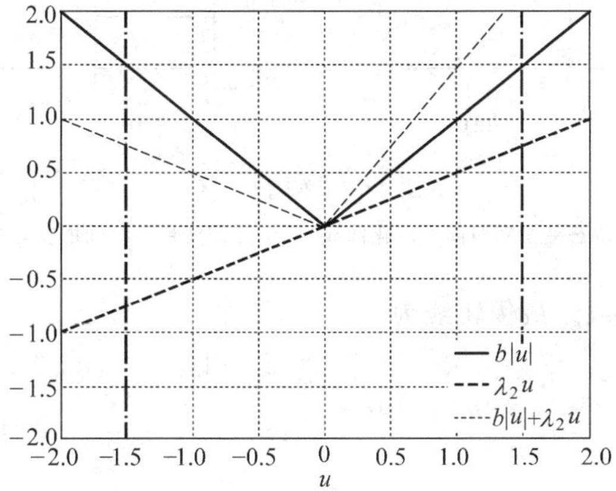

图 14-4　$b=1,\lambda_2=1(-b<\lambda_2<b)$

解毕。

例 14-3　已给系统

$$\dot{x}=x-u$$

对应的边界条件是 $x(0)=5$。试求控制 $u(t)$，满足约束 $0.5\leqslant u\leqslant 1$，使下面的泛函最小：

$$J(u)=\int_0^1 (x+u)\mathrm{d}t$$

并试求最优轨迹和目标函数的最小值。

解：先写出该问题的哈密顿函数。按式(14-6)有

$$H=(x+u)+\lambda(x-u)=(1+\lambda)x+(1-\lambda)u$$

由最大值原理，应选取 $u(t)$ 使 H 最小，即

$$u=\begin{cases}\dfrac{1}{2}, & \lambda<1\\ 1, & \lambda>1\end{cases}$$

协态方程为 $\dot{\lambda}=-(1+\lambda)$，其通解为 $\lambda=Ce^{1-t}-1$。由边界条件 $\lambda(1)=0$，解得方程 $\lambda=e^{1-t}-1$（见图 14-5）。设 $\lambda(t_f)=1$，得 $t_f=1-\ln2\approx0.307$。对应的最优控制为

$$u^*(t)=\begin{cases}1, & t<0.307\\ \dfrac{1}{2}, & t>0.307\end{cases}$$

$$x^*(t)=e^{At}x_0+\int_{t_0}^{t}e^{A(t-\tau)}Bu^*(\tau)d\tau$$

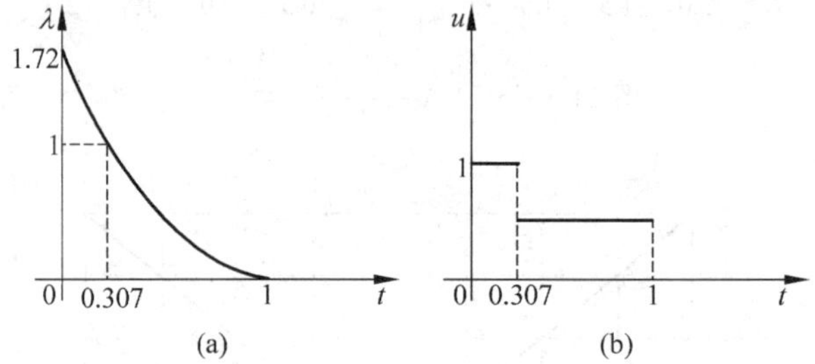

图 14-5 例 14-3 图

(a) 协态变量随时间的变化曲线；(b) 控制变量随时间的变化曲线

由控制方程和初始条件，最优轨线为

$$x^*(t)=5e^t-\int_{t_0}^{t}e^{t-\tau}u^*(\tau)d\tau=\begin{cases}4e^t+1, & 0\leqslant t<0.307\\ 4e^t+e^{t-1}+\dfrac{1}{2}, & 0.307\leqslant t\leqslant 1\end{cases}$$

将 x^* 和 u^* 代入目标函数 $J(u)=\int_0^1(x+u)dt$ 中并积分，得到目标函数的最小值为 $J^*=8.679$。

解毕。

14.2 应用最大(小)值原理求解最优控制问题

14.2.1 控制矢量 $u(t)$ 受限问题

最大(小)值原理的控制矢量 $\boldsymbol{u}(t)$ 受限问题的提法如下：

对给定系统的控制方程

$$\dot{\boldsymbol{x}}(t)=\boldsymbol{f}[\boldsymbol{x}(t),\boldsymbol{u}(t),t] \tag{14-18}$$

满足约束条件 $\boldsymbol{u}(t)\in U, t\in[t_0,t_f]$ 的容许控制函数 $\boldsymbol{u}(t)$ 中，寻找将系统从给定的初态 $\boldsymbol{x}(t_0)=\boldsymbol{x}_0$ 转移到：

(1) 终止条件(目标集 $\boldsymbol{x}(t_f)=\boldsymbol{x}^*$),则正则方程组的边界条件仍为

$$\boldsymbol{x}(t_0)=\boldsymbol{x}_0,\quad \boldsymbol{x}(t_f)=\boldsymbol{x}^*$$

(2) 若没有给定目标集,即 $\boldsymbol{x}(t_f)$是自由的,则正则方程组的边界条件为

$$\boldsymbol{x}(t_0)=\boldsymbol{x}_0,\quad \boldsymbol{\lambda}(t_f)=\frac{\partial G[\boldsymbol{x}(t_f),t_f]}{\partial \boldsymbol{x}} \tag{14-19}$$

式中,函数 G 是性能指标式(14-4)中的第1项。特别地,若 $G\equiv 0$,这时边界条件变为

$$\boldsymbol{x}(t_0)=\boldsymbol{x}_0,\quad \boldsymbol{\lambda}(t_f)=0 \tag{14-20}$$

满足终端条件 $\boldsymbol{R}[\boldsymbol{x}(t_f)]=\boldsymbol{0}$ 中的某个终态 $\boldsymbol{x}(t_f)$(其中 t_f 是固定的),并使性能泛函

$$J(\boldsymbol{u})=\int_{t_0}^{t_f}F[\boldsymbol{x}(t),\boldsymbol{u}(t),t]\mathrm{d}t \tag{14-21}$$

达到极值的最优控制 $\boldsymbol{u}^*(t)$。该 $\boldsymbol{u}^*(t)$应满足的必要条件是:

(1) 设 $\boldsymbol{x}^*(t)$是对应于 $\boldsymbol{u}^*(t)$的最优轨线,则必存在与 $\boldsymbol{u}^*(t)$和 $\boldsymbol{x}^*(t)$相对应的一个协态变量$\boldsymbol{\lambda}^*(t)$,使 $\boldsymbol{x}^*(t)$与$\boldsymbol{\lambda}^*(t)$满足规范方程

$$\left.\begin{aligned}\dot{\boldsymbol{x}}(t)&=\frac{\partial H}{\partial \boldsymbol{\lambda}}=\boldsymbol{f}[\boldsymbol{x}(t),\boldsymbol{u}(t),t]\\ \dot{\boldsymbol{\lambda}}(t)&=-\frac{\partial H}{\partial \boldsymbol{x}}\end{aligned}\right\} \tag{14-22}$$

其中

$$H(\boldsymbol{x},\boldsymbol{\lambda},\boldsymbol{u},t)=-F(\boldsymbol{x},\boldsymbol{u},t)+\boldsymbol{\lambda}^{\mathrm{T}}\boldsymbol{f}(\boldsymbol{x},\boldsymbol{u},t) \tag{14-23}$$

(2) 边界条件为

$$\left.\begin{aligned}\boldsymbol{x}(t_0)&=\boldsymbol{x}_0\\ \boldsymbol{\lambda}(t_f)&=\frac{\partial G[\boldsymbol{x}(t_f),t_f]}{\partial \boldsymbol{x}}\end{aligned}\right\} \tag{14-24}$$

(3) 在最优控制与最优轨线上,哈密顿函数 H 达到最大值,即

$$H[\boldsymbol{x}^*(t),\boldsymbol{\lambda}(t),\boldsymbol{u}^*(t),t]=\max_{\boldsymbol{u}(t)\in U}H[\boldsymbol{x}^*(t),\boldsymbol{\lambda}(t),\boldsymbol{u}(t),t] \tag{14-25}$$

这实质上是14.1节的一个简化,即令指标函数式(14-4)中的 $G[\boldsymbol{x}(t_f),t_f]\equiv 0$。

例 14-4 对控制系统

$$\dot{x}(t)=-x(t)+u(t)$$

对 $t_0=0,t_f=1$,初始条件为 $x(0)=1$,若$|u(t)|\leqslant 1$,求使

$$J=\int_0^1 x(t)\mathrm{d}t$$

取极值的控制。

解:这是控制矢量受限问题,由于终端自由,有 $G[\boldsymbol{x}(t_f),t_f]\equiv 0$,所对应的哈密顿函数为

$$H=x(t)+\lambda(t)(-x(t)+u(t))=(1-\lambda)x(t)+\lambda u(t)$$

协态变量的正则方程为

$$\dot{\lambda}(t)=-\frac{\partial H}{\partial x}=\lambda(t)-1$$

对应的边界条件是$\lambda(1)=0$。由正则方程解得

$$\lambda(t)=1-e^{t-1}>0,\quad 0\leqslant t\leqslant 1$$

显然古典变分的极值必要条件为$\frac{\partial H}{\partial u}=\lambda(t)=0$，与上述结果矛盾，这是因为$|u(t)|\leqslant 1$受限的结果。但由哈密顿函数和$|u(t)|\leqslant 1$条件可知，若要使$\frac{\partial H}{\partial u}=0$，$u$应为一与$\lambda$成异号的常数，且在其容许控制的区间取边界值，即

$$u=\begin{cases}-1, & \lambda>0\\ 1, & \lambda<0\end{cases}$$

协态变量λ与控制变量u的关系如图14-6所示。

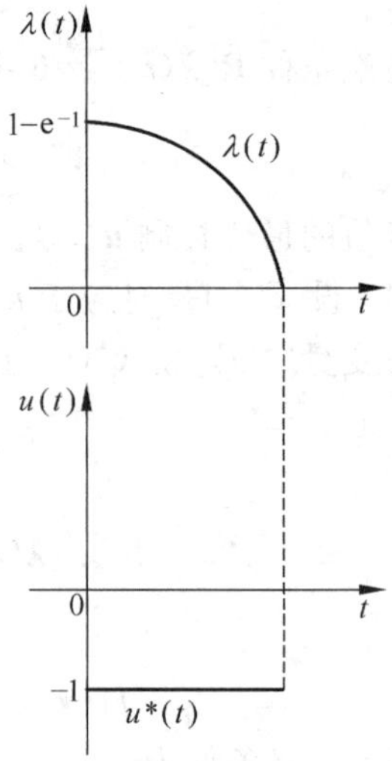

图14-6 协态变量与控制变量随时间的变化及其对应关系

又由于已求得$\lambda>0$，所以有

$$u^*(t)=-1$$

将$u^*(t)$代入控制方程得

$$\dot{x}(t)=-x(t)-1$$

代入初始条件$x(0)=1$，解得

$$x^*(t)=2e^{-t}-1$$

从而求得最优性能指标函数值为

$$J^*=\int_0^1 x^*\,dt=-2e^{-1}+1$$

解毕。

14.2.2 状态变量x终端受限的情况

这里要讨论的是终端时刻t_f固定，但终端状态$\boldsymbol{x}(t_f)$受限的最优控制问题。在终端状态$\boldsymbol{x}(t_f)$受限情况下，最大(小)值原理的协态变量的终端条件有所变化。它的提法如下：

对给定系统的控制方程

$$\dot{\boldsymbol{x}}(t)=\boldsymbol{f}[\boldsymbol{x}(t),\boldsymbol{u}(t),t]\tag{14-26}$$

满足约束条件$\boldsymbol{u}(t)\in U, t\in[t_0,t_f]$的容许控制函数$\boldsymbol{u}(t)$中，寻找将系统从给定的初态$\boldsymbol{x}(t_0)=\boldsymbol{x}_0$转移到满足终端条件$\boldsymbol{R}[\boldsymbol{x}(t_f)]=\boldsymbol{0}$中的某个终态$\boldsymbol{x}(t_f)$（其中$t_f$是固定的），并使与终端状态有关的如下线性性能泛函达到极值的最优控制$\boldsymbol{u}^*(t)$：

$$J=\boldsymbol{c}^{\mathrm{T}}\boldsymbol{x}(t_f)\tag{14-27}$$

式中，$\boldsymbol{c}$为常数向量，$\boldsymbol{c}=(c_1\quad c_2\quad\cdots\quad c_n)$。

该$\boldsymbol{u}^*(t)$应满足的必要条件是：

(1) 设$\boldsymbol{x}^*(t)$是对应于$\boldsymbol{u}^*(t)$的最优轨线，则必存在与$\boldsymbol{u}^*(t)$和$\boldsymbol{x}^*(t)$相对应的一

个协态变量$\boldsymbol{\lambda}^*(t)$，使$\boldsymbol{x}^*(t)$与$\boldsymbol{\lambda}^*(t)$满足规范方程

$$\left.\begin{aligned}\dot{\boldsymbol{x}}(t) &= \frac{\partial H}{\partial \boldsymbol{\lambda}} = \boldsymbol{f}[\boldsymbol{x}(t),\boldsymbol{u}(t),t] \\ \dot{\boldsymbol{\lambda}}(t) &= -\frac{\partial H}{\partial \boldsymbol{x}}\end{aligned}\right\} \tag{14-28}$$

其中，

$$H = H[\boldsymbol{x}(t),\boldsymbol{\lambda}(t),\boldsymbol{u}(t),t] = \boldsymbol{\lambda}^{\mathrm{T}}(t)\boldsymbol{f}[\boldsymbol{x}(t),\boldsymbol{u}(t),t] \tag{14-29}$$

(2) 边界条件为

$$\left.\begin{aligned}&\boldsymbol{x}(t_0) = \boldsymbol{x}_0 \\ &\boldsymbol{R}[\boldsymbol{x}(t_f)] = \boldsymbol{0} \\ &\boldsymbol{\lambda}(t_f) = -\left[\boldsymbol{c} + \frac{\partial \boldsymbol{R}^{\mathrm{T}}[\boldsymbol{x}(t_f)]}{\partial \boldsymbol{x}(t_f)}\boldsymbol{\mu}\right]\end{aligned}\right\} \tag{14-30}$$

或者

$$\lambda_i(t_f) = -\left[c_i + \sum_{j=1}^{m}\mu_j\frac{\partial R_j[\boldsymbol{x}(t_f)]}{\partial x_i(t_f)}\right],\quad i = 1,2,\cdots,n \tag{14-31}$$

(3) 在最优控制与最优轨线上，哈密顿函数H达到最大值，即

$$H[\boldsymbol{x}^*(t),\boldsymbol{\lambda}(t),\boldsymbol{u}^*(t),t] = \max_{u(t)\in U} H[\boldsymbol{x}^*(t),\boldsymbol{\lambda}(t),\boldsymbol{u}(t),t] \tag{14-32}$$

这实质上是由14.1节中的内容简化得到的，即指标函数式(14-4)中$G[\boldsymbol{x}(t_f),t_f]=\boldsymbol{c}^{\mathrm{T}}\boldsymbol{x}(t_f)$，且积分项$F(\boldsymbol{x},\boldsymbol{u},t)\equiv 0$得到的结果。边界条件(14-30)是从式(14-15)得到的。类似地，可以得到最小值原理。

例 14-5 对给定系统的控制方程

$$\left.\begin{aligned}\dot{x}_1(t) &= x_2(t) \\ \dot{x}_2(t) &= x_3(t) \\ \dot{x}_3(t) &= x_4(t) \\ \dot{x}_4(t) &= \frac{1}{2}u^2(t)\end{aligned}\right\} \tag{14-33}$$

和初态$\boldsymbol{x}(t_0)=\boldsymbol{0}$，其终端状态的约束条件为

$$R[\boldsymbol{x}(1)] = x_1^2(1) + x_2^2(1) - 1 = 0 \tag{14-34}$$

试在容许控制函数$u(t)$中确定最优控制函数$u^*(t)$，使性能泛函

$$J = \sum_{i=1}^{n} c_i x_i(1) = x_4(1) \tag{14-35}$$

达到极小值。

解：(1) 该问题的哈密顿函数为

$$H = \lambda_1(t)x_2(t) + \lambda_2(t)x_3(t) + \lambda_3(t)x_4(t) + \frac{1}{2}\lambda_4(t)u^2(t) \tag{14-36}$$

(2) 利用式(14-28)可得协态方程

$$\left.\begin{aligned}\dot{\lambda}_1(t) &= 0\\ \dot{\lambda}_2(t) &= -\lambda_1(t)\\ \dot{\lambda}_3(t) &= -\lambda_2(t)\\ \dot{\lambda}_4(t) &= 0\end{aligned}\right\} \tag{14-37}$$

由性能泛函(14-35)可知

$$c_1 = c_2 = c_3 = 0,\quad c_4 = 1 \tag{14-38}$$

根据终端条件(14-31),可以得到协态方程(14-37)的终端条件为

$$\left.\begin{aligned}\lambda_1(1) &= -2\mu x_1(1)\\ \lambda_2(1) &= -2\mu x_2(1)\\ \lambda_3(1) &= 0\\ \lambda_4(1) &= -1\end{aligned}\right\} \tag{14-39}$$

这里,因为终端的约束条件只有一个式子,即 $m=1$,所以 μ_1 用 μ 来表示。可以解出

$$\lambda_4(1) = -1$$

将其代入式(14-36)得

$$H = \lambda_1(t)x_2(t) + \lambda_2(t)x_3(t) + \lambda_3(t)u(t) - \frac{1}{2}u^2(t) \tag{14-40}$$

因为对控制函数 $u(t)$ 没有约束,所以由

$$\frac{\partial H}{\partial u} = \lambda_3(t) - u(t) = 0 \tag{14-41}$$

可以求出满足最大值原理的控制函数为

$$u(t) = \lambda_3(t) \tag{14-42}$$

将上述结果综合起来,求解本例题的最优控制和最优轨线问题就转化为求解下列的两点边界值问题:

$$\begin{cases}\dot{x}_1(t) = x_2(t) & x_1(0) = 0\\ \dot{x}_2(t) = x_3(t), & x_2(0) = 0\\ \dot{x}_3(t) = x_4(t), & x_3(0) = 0\\ \dot{x}_4(t) = \dfrac{1}{2}\lambda_3^2, & x_4(0) = 0\\ \dot{\lambda}_1(t) = 0, & \lambda_1(1) = 2\mu x_1(1)\\ \dot{\lambda}_2(t) = -\lambda_1(t), & \lambda_2(1) = 2\mu x_2(1)\\ \dot{\lambda}_3(t) = -\lambda_2(t), & \lambda_3(1) = 0\end{cases} \tag{14-43}$$

式(14-43)中有7个一次方程和它们对应的7个初始条件和终端条件。此外还有一个待定乘子 μ,对应于终端状态的约束条件,所以问题的解是确定的。但是,因为控制方程与终端条件是非线性的,求解并不容易。

现在来讨论一种特殊情况,即状态变量某些分量的终态 $x_j(t_f)$ 是完全固定的情况。为便于讨论,设状态变量的前 m 个分量的终态是固定的,而其余分量的终态是没有约束的。这时条件变为

$$R_j[x(t_f)] = x_j(t_f) - x_{jf} = 0, \quad j = 1,2,\cdots,m < n \tag{14-44}$$

式中,x_{jf} 是常数。

将终端约束条件代入式(14-31),则可得到在这种情况下协态变量的终端条件为

$$\lambda_i(t_f) = -(c_i + \mu_i), \quad i = 1,2,\cdots,m$$

及

$$\lambda_i(t_f) = -c_i, \quad i = m+1,m+2,\cdots,n$$

既然状态变量前 m 个分量的终态是固定的,它们在性能指标泛函中自然不会出现。也就是说,对应于状态变量,这些分量的常数 $c_i=0$。所以最后得

$$\begin{cases} \lambda_i(t_f) = -\mu_i, & i = 1,2,\cdots,m \\ \lambda_i(t_f) = -c_i, & i = m+1,m+2,\cdots,n \end{cases} \tag{14-45}$$

由于 i 是待定的常数,所以由式(14-45)可以得到一个重要的结论:若状态变量的分量 $x_i(t)$ 的终态 $x_i(t_f)$ 是固定的,则协态变量与之相应的分量 λ_i 的终态 $\lambda_i(t_f)$ 是自由的;反之,若状态变量的分量 $x_i(t)$ 的终态 $x_i(t_f)$ 是自由的,则协态变量与之相应的分量 $\lambda_i(t)$ 的终态 $\lambda_i(t_f)$ 是固定的,且为 $\lambda_i(t_f)=-c_i$。

解毕。

14.2.3 终端时刻 t_f 可变的情况

对于终端时刻可变的情况,除了增加一个方程用来确定终端时刻之外,最优控制与终端时刻固定时所应满足的条件完全相同。于是,可以写出对应问题的最优控制所应满足的必要条件。

对给定系统的控制方程

$$\dot{\boldsymbol{x}}(t) = \boldsymbol{f}[\boldsymbol{x}(t),\boldsymbol{u}(t),t] \tag{14-46}$$

控制函数 $\boldsymbol{u}(t)$ 的约束条件 $\boldsymbol{u}(t)\in U, t\in[t_0,t_f]$,则为将系统从给定的初态 $\boldsymbol{x}(t_0)=\boldsymbol{x}_0$ 转移到满足约束条件 $\boldsymbol{\Phi}[\boldsymbol{x}(t_f),t_f]=0$ 的某个终态 $\boldsymbol{x}(t_f)$(其中 t_f 是可变的),并使性能泛函

$$J = \boldsymbol{c}^{\mathrm{T}}\boldsymbol{x}(t_f) + \boldsymbol{\mu}^{\mathrm{T}}\boldsymbol{\Phi}[\boldsymbol{x}(t_f),t_f] \tag{14-47}$$

达到极小值的最优控制 $\boldsymbol{u}^*(t)$,应满足的必要条件是:

(1) 若 $\boldsymbol{x}^*(t)$ 是对应于 $\boldsymbol{u}^*(t)$ 的最优轨线,则必存在一与之对应的协态变量 $\boldsymbol{\lambda}(t)$,使 $\boldsymbol{x}^*(t)$ 和 $\boldsymbol{\lambda}(t)$ 满足规范方程

$$\left.\begin{aligned} \dot{\boldsymbol{x}}(t) &= \frac{\partial H}{\partial \boldsymbol{\lambda}} = \boldsymbol{f}[\boldsymbol{x}(t),\boldsymbol{u}(t),t] \\ \dot{\boldsymbol{\lambda}}(t) &= -\frac{\partial H}{\partial \boldsymbol{x}} \end{aligned}\right\} \tag{14-48}$$

其中，

$$H = H[\boldsymbol{x}(t),\boldsymbol{\lambda}(t),\boldsymbol{u}(t),t] = \boldsymbol{\lambda}^{\mathrm{T}}(t)\boldsymbol{f}[\boldsymbol{x}(t),\boldsymbol{u}(t),t] \tag{14-49}$$

(2) 边界条件为

$$\left.\begin{aligned} &\boldsymbol{x}(t_0) = \boldsymbol{x}_0 \\ &\Phi[\boldsymbol{x}(t_f),t_f] = 0 \\ &\boldsymbol{\lambda}(t_f) = -\left[\boldsymbol{c} + \frac{\partial \Phi^{\mathrm{T}}}{\partial \boldsymbol{x}}\boldsymbol{\mu}\right]_{t=t_f} \\ &H[\boldsymbol{x}(t),\boldsymbol{\lambda}(t),\boldsymbol{u}(t),t]_{t=t_f} = 0 \end{aligned}\right\} \tag{14-50}$$

(3) 在最优控制和最优轨线上，哈密顿函数 H 达到最大值，即

$$H[\boldsymbol{x}^*(t),\boldsymbol{\lambda}(t),\boldsymbol{u}^*(t),t] = \max_{\boldsymbol{u}(t)\in U} H[\boldsymbol{x}^*(t),\boldsymbol{\lambda}(t),\boldsymbol{u}(t),t] \tag{14-51}$$

类似地，可以得到最小值原理。

例 14-6 给定二阶系统的控制方程

$$\left.\begin{aligned} \dot{x}_1(t) &= x_2(t) \\ \dot{x}_2(t) &= u(t) \end{aligned}\right\} \tag{14-52}$$

现在需要在约束为

$$|u(t)| \leqslant 1 \tag{14-53}$$

的条件下，确定控制函数 $u(t)$，将系统从给定的初始状态

$$\left.\begin{aligned} x_1(0) &= 0 \\ x_2(0) &= 0 \end{aligned}\right\} \tag{14-54}$$

转移到终态

$$\left.\begin{aligned} x_1(t_f) &= \frac{1}{4} \\ x_2(t_f) &= \frac{1}{4} \end{aligned}\right\} \tag{14-55}$$

并使性能泛函

$$J = \int_0^{t_f} -u^2\,\mathrm{d}t \tag{14-56}$$

达到极小值。其中 t_f 是可变的。

解：这是积分型最优控制问题，用最小能量原理求解，其哈密顿函数为

$$H = -u^2(t) + \lambda_1(t)x_2(t) + \lambda_2(t)u(t) \tag{14-57}$$

由此得协态方程为

$$\left.\begin{aligned} \dot{\lambda}_1(t) &= 0 \\ \dot{\lambda}_2(t) &= -\lambda_1(t) \end{aligned}\right\} \tag{14-58}$$

因为状态变量的终态 $x_1(t_f) = x_2(t_f) = 1/4$ 是固定的，所以协态变量的终态 $\lambda_1(t_f)$ 与 $\lambda_2(t_f)$ 是自由的，故解得协态方程为

$$\left.\begin{aligned}\lambda_1(t) &= a \\ \lambda_2(t) &= -at+b\end{aligned}\right\} \tag{14-59}$$

式中,a,b是待定的积分常数。将式(14-59)代入式(14-57)中,有

$$H = -u^2(t) + ax_2(t) + (b-at)u(t) \tag{14-60}$$

它是关于变量$u(t)$的一条抛物线,最大值出现在它的顶点处。由式(14-60),令

$$\frac{\partial H}{\partial u(t)} - 2u(t) + (b-at) = 0 \tag{14-61}$$

由此得到最大值点为

$$u(t) = \frac{1}{2}(b-at) \tag{14-62}$$

由于$u(t)$需要满足约束条件,而常数a,b的值尚不知道,所以根据上式一时还难以确定$u(t)$,只能肯定$u(t)$将取下列3种可能值,即

$$u(t)=1,\quad u(t)=-1,\quad u(t)=\frac{1}{2}(b-at)$$

可以验证,$u(t)$一直等于1或者-1都不能同时满足状态变量的初始条件和终端条件,所以取

$$u(t) = \frac{1}{2}(b-at) \tag{14-63}$$

将它代入系统的控制方程(14-52),并考虑初始条件(14-54),可得

$$\left.\begin{aligned}x_2(t) &= \frac{1}{2}\left(bt-\frac{at^2}{2}\right) \\ x_1(t) &= \frac{1}{4}\left(bt^2-\frac{at^3}{3}\right)\end{aligned}\right\} \tag{14-64}$$

设终端时刻为t_f,代入终端条件(14-55),有

$$\left.\begin{aligned}x_2(t_f) &= \frac{1}{2}\left(bt_f-\frac{at_f^2}{2}\right)=\frac{1}{4} \\ x_1(t_f) &= \frac{1}{4}\left(bt_f^2-\frac{at_f^3}{3}\right)=\frac{1}{4}\end{aligned}\right\} \tag{14-65}$$

因为终端时刻是可变的,需要利用式(14-50)来确定终端时刻。由式(14-50),有

$$H(t_f) = -\frac{1}{4}(b-at_f)^2 + ax_2(t_f) + \frac{1}{2}(b-at_f)^2 = \frac{1}{4}(b-at_f)^2 + \frac{a}{4} = 0 \tag{14-66}$$

将式(14-65)和式(14-66)化简,可得下列联立方程:

$$\left.\begin{aligned}2bt_f - at_f^2 &= 1 \\ bt_f^2 - \frac{1}{3}at_f^3 &= 1 \\ (b-at_f)^2 + a &= 0\end{aligned}\right\} \tag{14-67}$$

其解为

$$a = -\frac{1}{9}, \quad b = 0, \quad t_f^* = 3$$

求出 a, b 和 t_f^* 后，回过来检查前面的假设是否成立。为此，将 a, b 值代入式(14-63)，得到

$$u(t) = \frac{t}{18}$$

它在区间$[0, t_f^* = 3]$上满足约束条件(14-67)。因此，前面所做的假设是正确的。于是最优控制与最优轨线分别为

$$u^*(t) = \frac{t}{18}, \quad x_1^*(t) = \frac{t^3}{108}, \quad x_2^*(t) = \frac{t^3}{36}$$

而性能泛函的最优值为

$$J^* = -\frac{1}{36}$$

解毕。

时间最优控制系统是一种典型的终端时刻 t_f 可变的系统，现举例说明如下。

例 14-7 给定二阶系统的控制方程

$$\left.\begin{aligned} \dot{x}_1(t) &= x_2(t) \\ \dot{x}_2(t) &= u(t) \end{aligned}\right\} \tag{14-68}$$

求满足约束条件

$$|u(t)| \leqslant 1 \tag{14-69}$$

的控制函数 $u(t)$，使系统以最短时间从给定的初态

$$\left.\begin{aligned} x_1(0) &= 0 \\ x_2(0) &= 2 \end{aligned}\right\} \tag{14-70}$$

转移到零态，即

$$\left.\begin{aligned} x_1(t_f) &= 0 \\ x_2(t_f) &= 0 \end{aligned}\right\} \tag{14-71}$$

其中，t_f 是可变的终端时刻。

解：这是一个时间最优控制问题，其性能指标泛函为

$$J = \int_0^{t_f} dt \tag{14-72}$$

因此该问题的哈密顿函数为

$$H = -1 + \lambda_1(t)x_2(t) + \lambda_2(t)u(t) \tag{14-73}$$

由此得协态方程为

$$\left.\begin{aligned} \dot{\lambda}_1(t) &= 0 \\ \dot{\lambda}_2(t) &= -\lambda_1(t) \end{aligned}\right\} \tag{14-74}$$

其解为

$$\left.\begin{aligned}\lambda_1(t) &= a\\ \lambda_2(t) &= b - at\end{aligned}\right\}\tag{14-75}$$

式中,a,b 是待定的积分常数。

因为状态变量 $x_1(t)$ 与 $x_2(t)$ 的终态 $x_1(t_f)$ 与 $x_2(t_f)$ 是给定的,所以协态变量 $\lambda_1(t)$ 与 $\lambda_2(t)$ 的终态 $\lambda_1(t_f)$ 与 $\lambda_2(t_f)$ 是自由的,无法根据它们来确定积分常数 a 与 b。

根据最大值原理,由式(14-73)知,满足约束条件(14-50)的最优控制是

$$u(t) = \mathrm{sgn}\lambda_2(t) = \mathrm{sgn}(b - at)\tag{14-76}$$

由于 $\lambda_2(t)=b-at$ 在平面 t-λ_2 上是一条直线,随着 t 的增加,$\lambda_2(t)$ 只能有一次变号,根据 $\lambda_2(t)$ 是由正变负或由负变正,控制函数 $u(t)$ 由 $+1$ 转换为 -1 或由 -1 转换为 $+1$,究竟是哪种可能,可以进行试算。

1. 由 $u(t)=+1$ 转换到 $u(t)=-1$

当 $u(t)=+1$ 时,系统控制方程(14-68)变为

$$\left.\begin{aligned}\dot{x}_1(t) &= x_2(t)\\ \dot{x}_2(t) &= 1\end{aligned}\right\}\tag{14-77}$$

考虑到初始条件(14-70),式(14-77)的解为

$$\left.\begin{aligned}x_2(t) &= t + 2\\ x_1(t) &= \frac{t^2}{2} + 2t\end{aligned}\right\}\tag{14-78}$$

设在 $t=\zeta$ 时,控制 $u(t)$ 由 $+1$ 转换为 -1,这时

$$\left.\begin{aligned}x_2(\zeta) &= \zeta + 2\\ x_1(\zeta) &= \frac{\zeta^2}{2} + 2\zeta\end{aligned}\right\}\tag{14-79}$$

当 $u(t)=-1$ 时,系统控制方程(14-68)变为

$$\left.\begin{aligned}\dot{x}_1(t) &= x_2(t)\\ \dot{x}_2(t) &= -1\end{aligned}\right\}\tag{14-80}$$

以式(14-70)为初始条件,式(14-80)的解为

$$\left.\begin{aligned}x_2(t) &= -(t-\zeta) + (\zeta + 2)\\ x_1(t) &= -\frac{(t-\zeta)^2}{2} + (\zeta+2)(t-\zeta) + \frac{\zeta^2}{2} + 2\zeta\end{aligned}\right\}\tag{14-81}$$

设系统的终端时刻为 t_f,则将状态变量的终端条件(14-71)代入式(14-81)后,可得

$$\left.\begin{aligned}&-(t_f-\zeta) + (\zeta+2) = 0\\ &-\frac{(t_f-\zeta)^2}{2} + (\zeta+2)(t_f-\zeta) + \frac{\zeta^2}{2} + 2\zeta = 0\end{aligned}\right\}\tag{14-82}$$

方程(14-82)没有 $\zeta\geqslant0$ 的解，因此，前面所设的控制 $u(t)$ 不符合要求。

2. 由 $u(t)=-1$ 转换到 $u(t)=+1$

当 $u(t)=-1$ 时，系统的控制方程(14-68)变为

$$\left.\begin{aligned}\dot{x}_1(t)&=x_2(t)\\ \dot{x}_2(t)&=-1\end{aligned}\right\}\tag{14-83}$$

考虑到初始条件(14-70)，式(14-83)的解为

$$\left.\begin{aligned}x_2(t)&=-t+2\\ x_1(t)&=-\frac{t^2}{2}+2t\end{aligned}\right\}\tag{14-84}$$

设转换时刻为 $t=\zeta$，这时

$$\left.\begin{aligned}x_2(\zeta)&=-\zeta+2\\ x_1(\zeta)&=-\frac{\zeta^2}{2}+2\zeta\end{aligned}\right\}\tag{14-85}$$

当 $u(t)=+1$ 时，系统的控制方程变为

$$\left.\begin{aligned}\dot{x}_1(t)&=x_2(t)\\ \dot{x}_2(t)&=1\end{aligned}\right\}\tag{14-86}$$

以式(14-85)为初始条件，式(14-86)的解为

$$\left.\begin{aligned}x_2(t)&=(t-\zeta)+(-\zeta+2)\\ x_1(t)&=\frac{(t-\zeta)^2}{2}+(-\zeta+2)(t-\zeta)+\left(-\frac{\zeta^2}{2}+2\zeta\right)\end{aligned}\right\}\tag{14-87}$$

以 t_f 为终端时刻，代入终端条件(14-71)，有

$$\left.\begin{aligned}&(t_f-\zeta)+(-\zeta+2)=0\\ &\frac{(t_f-\zeta)^2}{2}+(-\zeta+2)(t_f-\zeta)+\left(-\frac{\zeta^2}{2}+2\zeta\right)=0\end{aligned}\right\}\tag{14-88}$$

解方程组(14-88)，得

$$\zeta=2+\sqrt{2},\quad t_f=2+2\sqrt{2}$$

于是，最优控制为

$$u^*(t)=\begin{cases}-1, & 0\leqslant t<2+\sqrt{2}\\ 1, & 2+\sqrt{2}\leqslant t\leqslant 2+2\sqrt{2}\end{cases}$$

最短时间为

$$t_f^*=2+2\sqrt{2}$$

此例中有关函数如图 14-7 所示。

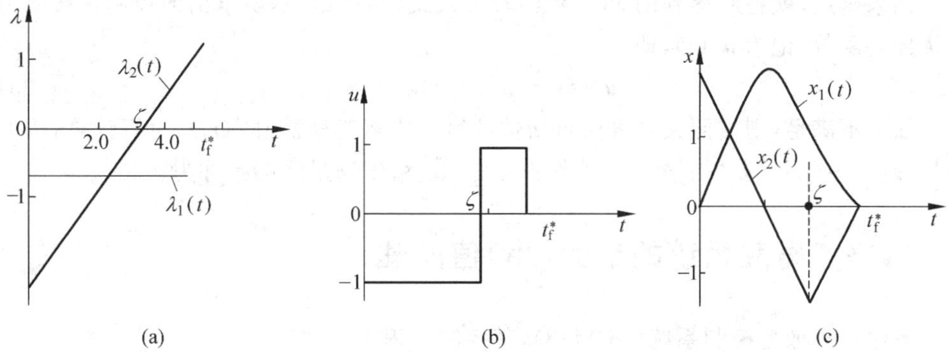

图 14-7 时间最优控制问题

(a) 协态变量随时间变化；(b) 控制变量随时间变化；(c) 状态变量随时间变化

解毕。

14.2.4 两点边界值问题的计算——扫描法

对于两点边界值问题来说，除了线性二次型最优控制系统等，通常是难以求得最优控制规律的解析表达式的。因此，须借助于数值计算方法进行反复迭代计算，直到获得满意的结果。

扫描法又称为边值打靶法，通过试探求解最优控制问题中的两点边界值问题。其步骤可归纳如下：

(1) 将控制函数 $\boldsymbol{u}(t)$ 看成是 $\boldsymbol{x}(t)$ 和 $\boldsymbol{\lambda}(t)$ 的函数，通过控制方程对 $\boldsymbol{u}(t)$ 求解得

$$\hat{\boldsymbol{u}}(t) = \tilde{\boldsymbol{\rho}}[\boldsymbol{x}(t), \boldsymbol{\lambda}(t)] \tag{14-89}$$

(2) 将式(14-89)中的 $\hat{\boldsymbol{u}}(t)$ 代入正则方程中，可得到包含有 $\boldsymbol{x}(t)$，$\boldsymbol{\lambda}(t)$ 及其一阶导数的微分方程组

$$\left.\begin{aligned} \dot{\boldsymbol{x}}(t) &= \boldsymbol{v}[\boldsymbol{x}(t), \boldsymbol{\lambda}(t)] \\ \dot{\boldsymbol{\lambda}}(t) &= \boldsymbol{w}[\boldsymbol{x}(t), \boldsymbol{\lambda}(t)] \end{aligned}\right\} \tag{14-90}$$

(3) 估计协态变量初值

$$\boldsymbol{\lambda}(t_0) = \boldsymbol{\lambda}_0 \tag{14-91}$$

利用已知的状态初值 $\boldsymbol{x}(t) = \boldsymbol{x}_0$ 和所猜测的协态变量初值 $\boldsymbol{\lambda}(t_0) = \boldsymbol{\lambda}_0$，对规范方程(14-90)和式(14-91)进行积分，得到 $\boldsymbol{x}(t)$ 和 $\boldsymbol{\lambda}(t)$。

(4) 将所求得的 $\boldsymbol{x}(t)$ 和 $\boldsymbol{\lambda}(t)$ 代入式(14-89)，得到新的控制函数，并用 $\hat{\boldsymbol{u}}(t)$ 表示，即

$$\hat{\boldsymbol{u}}(t) = \boldsymbol{\rho}[\boldsymbol{x}(t), \boldsymbol{\lambda}(t)] \tag{14-92}$$

(5) 将 $\hat{\boldsymbol{u}}(t)$，$\boldsymbol{x}(t)$ 和 $\boldsymbol{\lambda}(t)$ 代入终点处条件求出 t_f。

(6) 将所求得的 t_f 代入 $\boldsymbol{x}(t)$ 和 $\boldsymbol{\lambda}(t)$ 中，确定 $\boldsymbol{x}(t_f)$ 和 $\boldsymbol{\lambda}(t_f)$，看端点条件是否满

足。如果满足，就将所得到的 $\boldsymbol{x}(t)$ 和 $\boldsymbol{\lambda}(t)$ 代入式(14-92)中，所求出的控制函数就为最优控制函数，记为 $\boldsymbol{u}^*(t)$，即

$$\boldsymbol{u}^*(t)=\boldsymbol{\rho}[\boldsymbol{x}(t),\boldsymbol{\lambda}(t)] \tag{14-93}$$

如果不满足，则按照某种方法重新估计另一协态变量初值 $\boldsymbol{\lambda}(t_0)$，再行计算，按上述步骤(3)～(6)反复"扫描"，直到满足或按一定精度满足终端条件为止。

14.3 离散系统的最大(小)值原理

考虑一离散型控制系统(图 14-8)，其控制方程为

$$\boldsymbol{x}(k+1)=\boldsymbol{f}[\boldsymbol{x}(k),\boldsymbol{u}(k),k],\quad k=0,1,\cdots,N-1 \tag{14-94}$$

并满足初始条件

$$\boldsymbol{x}(0)=\boldsymbol{x}_0 \tag{14-95}$$

终止状态 $\boldsymbol{x}(N)$ 是自由的，性能指标为

$$J=G[\boldsymbol{x}(N),N]+\sum_{k=0}^{N-1}F[\boldsymbol{x}(k),\boldsymbol{u}(k),k] \tag{14-96}$$

式中，$\boldsymbol{x}(k)=\boldsymbol{x}(t_k)$，$\boldsymbol{u}(k)=\boldsymbol{u}(t_k)$ 分别为系统对应于时刻 $t_k(k=0,1,\cdots,N;\ t_0<t_1<\cdots<t_N)$ 的状态矢量和控制矢量，$\boldsymbol{x}$ 和 $\boldsymbol{u}$ 分别是 n 维和 m 维矢量。

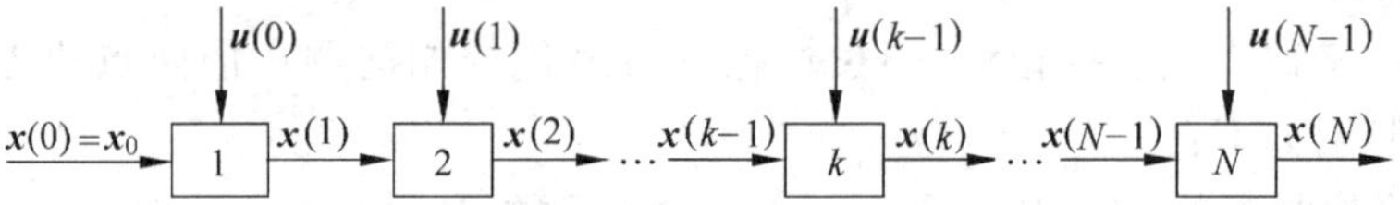

图 14-8 离散型控制系统

1. 问题的提法

寻求 N 个控制矢量 $\boldsymbol{u}(0),\boldsymbol{u}(1),\cdots,\boldsymbol{u}(N-1)$ 满足初始条件(14-95)，使性能指标 J 取极大(小)值。

处理方法和连续情形相仿。引入 $\boldsymbol{x}(k)$ 的协态变量 $\boldsymbol{\lambda}(k)(k=1,2,\cdots,N)$，它是 n 维列矢量。构造哈密顿函数

$$\begin{aligned}H(k)&=H^{(k)}[\boldsymbol{x}(k),\boldsymbol{\lambda}(k+1),\boldsymbol{u}(k),k]\\&=F[\boldsymbol{x}(k),\boldsymbol{u}(k),k]+\boldsymbol{\lambda}^{\mathrm{T}}(k+1)\boldsymbol{f}[\boldsymbol{x}(k),\boldsymbol{u}(k),k]\end{aligned} \tag{14-97}$$

这时有正则方程组

$$\boldsymbol{x}(k+1)=\frac{\partial H(k)}{\partial\boldsymbol{\lambda}(k+1)}$$

即

$$\boldsymbol{x}(k+1)=\boldsymbol{f}[\boldsymbol{x}(k),\boldsymbol{u}(k),k] \tag{14-98}$$

和

$$\boldsymbol{\lambda}(k)=\frac{\partial H(k)}{\partial \boldsymbol{x}(k)}$$

即

$$\boldsymbol{\lambda}(k+1)=\left(\frac{\partial \boldsymbol{f}}{\partial \boldsymbol{x}(k)}\right)^{-1}\left(\boldsymbol{\lambda}(k)-\frac{\partial F}{\partial \boldsymbol{x}(k)}\right) \tag{14-99}$$

2. 离散型的最小值原理

设 $\boldsymbol{u}^*(k)$为最优控制,$\boldsymbol{x}^*(k)$为相应的最优轨线,$\boldsymbol{\lambda}^*(k)$为相应的最优协态变量,则它们满足正则方程(14-98)、(14-99)和下列条件之一:

(i) $\dfrac{\partial H(k)}{\partial \boldsymbol{u}(k)}=\boldsymbol{0}$,即$\dfrac{\partial F(k)}{\partial \boldsymbol{u}(k)}+\dfrac{\partial \boldsymbol{f}}{\partial \boldsymbol{u}(k)}\boldsymbol{\lambda}(k+1)=\boldsymbol{0}$ (14-100)

(ii) $H^*(k)=H^{(k)}[\boldsymbol{x}^*(k),\boldsymbol{\lambda}^*(k+1),\boldsymbol{u}^*(k),k]=\min\limits_{u(k)}H^{(k)}[\boldsymbol{x}^*(k),\boldsymbol{\lambda}^*(k+1),\boldsymbol{u}(k),k]$ (14-101)

同时,满足边界条件(若 $\boldsymbol{x}(N)$是预先给定的,则无此条件):

$$\boldsymbol{\lambda}(N)=\frac{\partial G}{\partial \boldsymbol{x}(N)}\quad (当 G\equiv 0 时,\boldsymbol{\lambda}(N)=\boldsymbol{0})$$

于是可按下列步骤求解:

(1) 写出哈密顿函数(14-94)和正则方程(14-98)与(14-99);

(2) 固定 $\boldsymbol{x}(k)$,$\boldsymbol{\lambda}(k+1)$,对哈密顿函数 $H(k)$应用最小值原理的条件(i)或(ii),求出关系式

$$\boldsymbol{u}^*(k)=\boldsymbol{u}[\boldsymbol{x}^*(k),\boldsymbol{\lambda}(k+1)],\quad k=1,2,\cdots,N-1 \tag{14-102}$$

(3) 将关系式(14-102)代入正则方程组(14-98)和(14-99)中,并利用条件

$$\boldsymbol{x}(0)=\boldsymbol{x}_0,\quad \boldsymbol{\lambda}(N)=\frac{\partial G}{\partial \boldsymbol{x}(N)}$$

把问题化为解方程组的两点边值问题。由此可以求出 $\boldsymbol{x}(k)$,$\boldsymbol{\lambda}(k+1)$。

(4) 将求出的 $\boldsymbol{x}(k)$,$\boldsymbol{\lambda}(k+1)$代入式(14-102),就得到最优控制 $\boldsymbol{u}^*(k)$。

说明离散系统的最大(小)值原理除某些特殊情形外不存在。

例 14-8 设离散系统的控制方程为

$$x(k+1)=1.3x(k)-0.3u(k),\quad x(0)=1$$

控制约束为$\frac{1}{2}\leqslant u(k)\leqslant 1$,求使目标泛函

$$J=\sum_{k=0}^{3}\frac{1}{4}[x(k)+u(k)]$$

为极小的最优控制 $u^*(k)$,$k=0,1,2,3$,以及系统最优状态 $x^*(k)$,$k=1,2,3,4$。

解:这是一个控制受限问题,可用离散极小值原理求解。

由式(14-97)作哈密顿函数

$$\begin{aligned}H(k)&=\frac{1}{4}[x(k)+u(k)]+\lambda(k+1)[1.3x(k)-0.3u(k)]\\&=0.25x(k)+1.3\lambda(k+1)x(k)+[0.25-0.30\lambda(k+1)]u(k)\end{aligned}$$

由上式的后一项可知,极小值条件为

$$u(k)=\begin{cases}1/2, & 0.25-0.3\lambda(k+1)>0\\ 1, & 0.25-0.3\lambda(k+1)<0\end{cases},\quad k=0,1,2,3 \tag{14-103}$$

协态方程为

$$\lambda(k)=\frac{\partial H(k)}{\partial x(k)}=0.25+1.3\lambda(k+1),\quad k=0,1,2,3 \tag{14-104}$$

因为 $G\equiv 0$,所以有边界条件

$$\lambda(4)=\frac{\partial G(x(4),4)}{\partial x(4)}=0$$

利用式(14-104),有

$$\begin{cases}\lambda(3)=0.25+1.3\lambda(4)=0.25\\ \lambda(2)=0.25+1.3\lambda(3)=0.575\\ \lambda(1)=0.25+1.3\lambda(2)=0.9975\end{cases}$$

利用求得的各 $\lambda(k)$ 可以判断式(14-104)中 $u(k)$ 的取值:

因为 $0.25-0.3\lambda(1)=0.25-0.3\times0.9975<0$,所以 $u(0)=1$;

因为 $0.25-0.3\lambda(2)=0.25-0.3\times0.575>0$,所以 $u(1)=1/2$;

因为 $0.25-0.3\lambda(3)=0.25-0.3\times0.25>0$,所以 $u(2)=1/2$;

因为 $0.25-0.3\lambda(4)=0.25-0.3\times0>0$,所以 $u(3)=1/2$。

再利用控制方程 $x(k+1)=1.3x(k)-0.3u(k)$ 和 $x(0)=1$,有各阶段最优状态为

$$x^*(1)=1,\quad x^*(2)=1.15,\quad x^*(3)=1.35,\quad x^*(4)=1.60$$

解毕。

习题

14-1　给定一阶系统

$$\dot{x}=x+u,\quad x(0)=1$$

试求控制函数 $u(t)$,使性能指标

$$J=\int_0^2(x^2+u^2)\mathrm{d}t$$

达到极小值。

14-2　一物体在 (x_1,x_2) 平面上运动,它的速度是位置的函数,且为 $V(x_1,x_2)$,运动方向与 x_1 轴的夹角 θ 是能控的。现在要使物体尽快地从点 (x_{10},x_{20}) 移向原点(0,0),试求 θ 应满足的方程。

14-3　给定二阶系统

$$\begin{cases}\dot{x}_1=x_2, & x_1(0)=2\\ \dot{x}_2=u, & x_2(0)=1\end{cases}$$

试求最优控制函数 $u^*(t)$，在 $t=2$ 时将系统转移到零态，并使性能指标

$$J = \frac{1}{2}\int_0^2 u^2 \mathrm{d}t$$

达到极小值。

14-4 设有一阶系统

$$\dot{x} = x + u, \quad x(0) = 2$$

其中控制函数所受的约束条件为

$$|u(t)| \leqslant 1$$

试求最优控制 $u^*(t)$，使性能指标

$$J = \int_0^1 (2x - u)\mathrm{d}t$$

达到极小值。

14-5 设有一阶系统

$$\dot{x} = u$$

其中控制函数所受的约束条件为

$$u(t) < 1$$

试求使系统由 $x(0)=0$ 转移到 $x(4)=1$，且性能指标

$$J = \frac{1}{2}\int_0^4 u^2(t)\mathrm{d}t$$

为极小值的最优控制和最优轨线。

14-6 设有一阶系统

$$\dot{x} = -x + u, \quad x(0) = 2, \quad x(1)\ \text{自由}$$

其中控制函数所受的约束条件为

$$|u(t)| \leqslant 1$$

试求最优控制 $u^*(t)$，使性能指标

$$J = \int_0^1 \left(x - \frac{u}{2}\right)\mathrm{d}t$$

达到极小值。

14-7 给定二阶系统

$$\begin{cases} \dot{x}_1 = x_2 + \dfrac{1}{4}, & x_1(0) = -\dfrac{1}{4} \\ \dot{x}_2 = u, & x_2(0) = -\dfrac{1}{4} \end{cases}$$

其中控制函数所受的约束条件是

$$|u(t)| \leqslant \frac{1}{2}$$

试确定最优控制，使系统在 $t=t_f$（t_f 是可变的）时转移到零态，并使性能指标达到极小值。

14-8 设在距原点为4的地方有一质点,现用绝对值不大于1的外力将其推至原点。若不计其他阻力,问外力应怎样变化,才能使质点到达原点的时间为最短?需时多少?

14-9 给定一阶系统

$$\dot{x} = x - u, \quad x(0) = 5$$

其中控制函数所受的约束条件为

$$\frac{1}{2} \leqslant u(t) \leqslant 1$$

试求使性能泛函

$$J = \int_0^1 (x - u)\,\mathrm{d}t$$

为极小值的最优控制 $u^*(t)$、最优轨线 $x^*(t)$以及 J 的极小值 J^*。

14-10 已知系统方程为

$$\begin{cases} \dot{x}_1 = x_2, & x_1(0) = 0 \\ \dot{x}_2 = x_3, & x_2(0) = 0 \\ \dot{x}_3 = u, & x_3(0) = 0 \end{cases}$$

其中控制函数所受的约束为

$$|u(t)| \leqslant 1$$

试写出使系统从初态转移到终态 $x_1(t_f) = t_f^2$, $x_2(t_f) = x_2(t_f)$且使性能泛函

$$J = t_f x_2(t_f) + \int_0^{t_f} u^2(t)\,\mathrm{d}t$$

为极小的必要条件。其中,t_f 是可变的。

14-11 已知系统方程为

$$\begin{cases} \dot{x}_1 = x_2, & x_1(0) = 0 \\ \dot{x}_2 = x_3, & x_2(0) = 0, x_1(t_f) = x_2(t_f) \\ \dot{x}_3 = u, & x_3(0) = 0, x_3(t_f) = 0 \end{cases}$$

其中控制函数所受的约束条件为$|u(t)| \leqslant 1$。试写出其最优控制的必要条件。其中,t_f 是可变的。

14-12 设系统的控制方程为

$$\dot{x}_i = a_{i1}x_1 + a_{i2}x_2 + \cdots + a_{in}x_n + b_i u, \quad i = 1, 2, \cdots, n$$

其中控制函数所受的约束条件为$|u(t)| \leqslant 1$。试求最优控制 $u^*(t)$,使性能指标

$$J = \int_{t_0}^{t_f} (c_1 x_1^2 + c_2 x_2^2 + \cdots + c_n x_n^2 + r u^2)\,\mathrm{d}t$$

达到极小值。

14-13 已知系统的控制方程为

$$\frac{\mathrm{d}\boldsymbol{x}}{\mathrm{d}t} = \begin{pmatrix} 1 & 0 \\ 2 & 0 \end{pmatrix} \boldsymbol{x} + \begin{pmatrix} 1 \\ 0 \end{pmatrix} u$$

目标函数为

$$J(u)=\frac{1}{2}\int_0^{\infty}(15x_1^2+25x_2^2+u^2)\mathrm{d}t$$

(1) 对上述线性二次型问题，求 u 使 J 最小。

(2) 如果系统的状态 $\boldsymbol{x}$ 不能用做反馈，我们为它设计一个状态观测器，使状态观测器的极点为 $-4\pm i$，那么这个带有观测器的闭环系统是否渐近稳定？为什么？(不要求设计观测器)

14-14 简述下列最优控制问题的解 $\boldsymbol{u}^*(t)$ 有哪些重要性质，最优目标函数值是什么？其中，系统控制方程为 $\frac{\mathrm{d}\boldsymbol{x}}{\mathrm{d}t}=\boldsymbol{Ax}+\boldsymbol{Bu}$，目标函数为 $J=\int_0^{\infty}[\boldsymbol{x}^{\mathrm{T}}(t)\boldsymbol{Qx}(t)+\boldsymbol{u}^{\mathrm{T}}(t)\boldsymbol{Ru}(t)]\mathrm{d}t$，其中 $\boldsymbol{A},\boldsymbol{B},\boldsymbol{Q},\boldsymbol{R}$ 为常数阵，$\boldsymbol{A},\boldsymbol{B}$ 可控，$\boldsymbol{Q},\boldsymbol{R}$ 为正定阵。

14-15 设系统的控制方程为

$$\frac{\mathrm{d}\boldsymbol{x}}{\mathrm{d}t}=\boldsymbol{Ax}+\boldsymbol{Bu},\quad \boldsymbol{x}(t_0)=\boldsymbol{x}_0$$

控制变量 $\boldsymbol{u}$ 属于 R^m 中的某个有界闭集 U，即 $\boldsymbol{u}\in U$，求解下面的最优控制问题：

$$J(\boldsymbol{u})=R(\boldsymbol{x}(t_f),t_f)+\int_{t_0}^{t_f}F(\boldsymbol{x},\boldsymbol{u},t)\mathrm{d}t$$

14-16 已知离散系统的控制方程为 $x(k+1)=x(k)+u(k)$ 和 $x(0)$。试求最优控制 $u(0),u(1),u(2)$，使 $J=x^2(3)+\sum_{k=0}^{2}[kx^2(k)+u^2(k)]$ 最小。

14-17 已知离散系统的控制方程为 $x(k+1)-x(k)+u(k)$，$x(0)=10$。试用动态规划法，求最优控制 $u(0),u(1)$，使性能指标 $J=[x(2)-10]^2+\sum_{k=0}^{1}[x^2(k)+u^2(k)]$ 为最小。

14-18 已知二阶系统 $\dot{\boldsymbol{x}}=\begin{bmatrix}0 & 1\\ -1 & -2\xi\end{bmatrix}\boldsymbol{x}$，其阻尼系数 ξ 大于零，且已知 $x_1(t_0)\neq 0$，$x_2(t_0)=0$，取积分指标 $J(\boldsymbol{x},\xi)=\int_{t_0}^{\infty}\boldsymbol{x}^{\mathrm{T}}(t)\boldsymbol{Qx}(t)\mathrm{d}t$，令 $\boldsymbol{Q}=\begin{bmatrix}1 & 0\\ 0 & \mu\end{bmatrix}$，$\mu\geqslant 0$。试确定 ξ 使 J 为最小。

14-19 已知曲线一端点 $x(0)=5$，另一端点在圆 $x^2(t)+(t-5)^2-4=0$ 上。试求曲线 $x^*(t)$，使目标函数 $J=\int_0^{t_f}\sqrt{1+\dot{x}^2}\,\mathrm{d}t$ 最小。用图形表示结果，并做解释。

参考文献

1. 数学手册编写组. 数学手册[M]. 北京：高等教育出版社，1979.

2. Beveridge G S G, Schechter R S. Optimization: Theory and Practice[M]. New York: McGraw-

Hill, Inc. ,1970.
3. Pontryagin L S, Boltyaski V G, Gamkrelidze R V, et al. The mathematical theory of optimal processes[M]. New York-London John: Wiley & Sons Inc. ,1962.
4. 孙振绮,丁效华.最优化方法[M].北京:机械工业出版社,2004.
5. 王翼.现代控制理论[M].北京:机械工业出版社,2005.
6. (苏)格姆克列里兹.最优控制理论基础[M].上海:复旦大学出版社,1988.
7. 王康宁.最优控制的数学理论[M].北京:国防工业出版社,1995.

15 动态规划

动态规划是解决多阶段决策过程最优化问题的一种方法，它将多阶段决策问题转化成一系列简单的最优化问题。动态规划首先将复杂的问题分解成相互联系的若干阶段，每一个阶段都是一个最优化子问题，然后逐阶段进行决策（确定与下段的关联），当所有阶段决策都确定了，整个问题的决策也就确定了。动态规划中阶段可以用时间表示，这就是“动态”的含义。当然，对于与时间无关的一些静态问题也可以人为地引入“时间”转化成动态问题。

15.1 动态规划数学模型与算法

15.1.1 动态规划数学模型

1. 多阶段动态规划的提法

令 $\boldsymbol{x}$ 为表示系统状态的 n 维列矢量，用 $\boldsymbol{x}_k$ 描述在时刻 $k(k=1,2,\cdots,N+1)$ 的 N 阶段系统状态。对 N 阶段决策过程，系统状态由状态 $\boldsymbol{x}_1$ 通过决策 $\boldsymbol{u}_1$ 变换到另一个状态 $\boldsymbol{x}_2=\boldsymbol{g}(\boldsymbol{x}_1,\boldsymbol{u}_1)$，在这一过程中产生的收益或损益统称为效益，记为 $r(\boldsymbol{x}_1,\boldsymbol{u}_1)$；然后再由状态 $\boldsymbol{x}_2$ 通过决策 $\boldsymbol{u}_2$ 变换到状态 $\boldsymbol{x}_3=\boldsymbol{g}(\boldsymbol{x}_2,\boldsymbol{u}_2)$，并产生效益 $r(\boldsymbol{x}_2,\boldsymbol{u}_2)$……最后从状态 $\boldsymbol{x}_N$ 通过决策 $\boldsymbol{u}_N$ 变换到最终状态 $\boldsymbol{x}_{N+1}=\boldsymbol{g}(\boldsymbol{x}_N,\boldsymbol{u}_N)$，并产生效益 $r(\boldsymbol{x}_N,\boldsymbol{u}_N)$。要求选择该 N 阶段中的 N 个决策

$$\{\boldsymbol{u}_1,\boldsymbol{u}_2,\cdots,\boldsymbol{u}_N\}\in U \tag{15-1}$$

使下式的总效益为最大或最小（统称为最优效益）：

$$R_N=\sum_{k=1}^{N} r(\boldsymbol{x}_k,\boldsymbol{u}_k) \tag{15-2}$$

因为 N 阶段过程的最优效益只是初始状态 $\boldsymbol{x}_1$ 与阶段长度 N 的函数，所以可以用 $f_N(\boldsymbol{x}_1)$ 表示

$$f_N(\boldsymbol{x}_1)=\underset{\{\boldsymbol{u}_i\}\in U}{\text{opt}}\left\{\sum_{k=1}^{N} r(\boldsymbol{x}_k,\boldsymbol{u}_k)\right\} \tag{15-3}$$

式中，$\boldsymbol{x}_1$ 为初始状态；N 为阶段长度；opt 是优化的意思，根据给定问题取最大值 max 或最小值 min。使效益取极值 $f_N(\boldsymbol{x}_1)$ 的决策 $\{\boldsymbol{u}_k^*\}$ 称为最优决策。

2. 最优化原则

最优化原则 一个过程的最优决策具有这样的性质，即无论其初始状态及其初

始决策如何，其以后诸决策对以第一个决策所形成的状态作为初始状态都必须构成最优决策。

最优化原则描述了最优控制决策的基本性质，它建立在不变嵌入原则的基本概念上。当求解一个特殊的最优决策问题时，可以把原来的问题嵌入一类较容易解的类似问题之中。如多阶段决策过程，可以将原来的多阶段最优化问题用求解一系列单个阶段决策问题来代替。根据最优化原则，N 阶段决策过程的总收益可以写成

$$R_N = r(\boldsymbol{x}_1, \boldsymbol{u}_1) + f_{N-1}[\boldsymbol{g}(\boldsymbol{x}_1, \boldsymbol{u}_1)] \tag{15-4}$$

式中，$r(\boldsymbol{x}_1, \boldsymbol{u}_1)$第1阶段的效益，而 $f_{N-1}[\boldsymbol{g}(\boldsymbol{x}_1, \boldsymbol{u}_1)] = f_{N-1}(\boldsymbol{x}_2)$则代表初始状态为 $\boldsymbol{x}_2$ 的后 $N-1$ 个阶段的最优效益。

利用式(15-4)，最优效益的式(15-3)可写为

$$f_N(\boldsymbol{x}_1) = \underset{\boldsymbol{u}_1 \in U_1}{\text{opt}} \{r(\boldsymbol{x}_1, \boldsymbol{u}_1) + f_{N-1}[\boldsymbol{g}(\boldsymbol{x}_1, \boldsymbol{u}_1)]\} \tag{15-5}$$

式(15-5)中右端的函数 f_{N-1} 可以继续分解下去，它对阶段数 $N \geqslant 2$ 的过程都成立。当阶段数 $N=1$ 时，最优效益为

$$f_1(\boldsymbol{x}_1) = \underset{\boldsymbol{u}_1 \in U_1}{\text{opt}} \{r(\boldsymbol{x}_1, \boldsymbol{u}_1)\}$$

类似式(15-4)，也可以把 N 阶段决策过程的总效益写成

$$R_N = f_{N-1}(\boldsymbol{x}_1) + r(\boldsymbol{x}_N, \boldsymbol{u}_N)$$

从而将式(15-3)写成

$$f_N(\boldsymbol{x}_1) = \underset{\boldsymbol{u}_N \in U_N}{\text{opt}} \{f_{N-1}(\boldsymbol{x}_1) + r(\boldsymbol{x}_N, \boldsymbol{u}_N)\} \tag{15-6}$$

并一步步展开。

应用最优化原则，一个 N 阶段决策过程就处理为一个 N 个单阶段决策过程的序列，因此使这个最优化问题可以采用系统迭代的方式得以解决。式(15-5)和式(15-6)分别是动态规划中的逆序解法和顺序解法基本公式。

例 15-1　最短线路问题。从 A 地到 E 地要铺设一条管道，其中需经过3级中间站，两点之间连线上的数字表示距离，如图15-1所示。试建立该问题的动态规划数学模型。

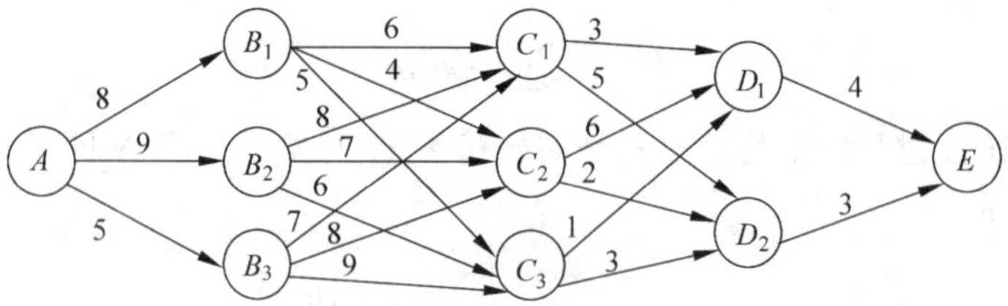

图 15-1　最短线路问题

解：1. 给出动态规划基本要素

(1) 阶段：一共4个阶段，$N=4$。

(2) 状态变量：各阶段的状态 x 为标量，两个边界条件分别是 $x_1=A$ 和 $x_5=E$；其他状态是 $x_2=B_1,B_2$ 或 B_3；$x_3=C_1,C_2$ 或 C_3；$x_4=D_1$ 或 D_2。

(3) 决策：各阶段的可行决策见表 15-1。

(4) 状态转移方程：当阶段、状态和决策确定后，即确定了状态转移。

(5) 指标函数：$f_N(x_1)=\min\limits_{\{u_k\}\in U}\sum\limits_{k=1}^{4}r(x_k,u_k)$。

式中，$r(x_k,u_k)$ 为损益，即等于图 15-1 中对应线段上标注的数值。例如，$r(A,u_1(B_2))=9$，余类推，见表 15-1。

表 15-1 各阶段状态、决策和损益

k	各阶段状态	各阶段决策	各决策损益 r_k
1	x_1：A	u_1：$A\to B_1,A\to B_2,A\to B_3$	$r(x_1,u_1)$：8,9,5
2	x_2：B_1,B_2,B_3	u_2：$B_1\to C_1,B_1\to C_2,B_1\to C_3,B_2\to C_1,B_2\to C_2,B_2\to C_3,B_3\to C_1,B_3\to C_2,B_3\to C_3$	$r(x_2,u_2)$：6,4,5,8,7,6,7,8,9
3	x_3：C_1,C_2,C_3	u_3：$C_1\to D_1,C_1\to D_2,C_2\to D_1,C_2\to D_2,C_3\to D_1,C_3\to D_2$	$r(x_3,u_3)$：3,5,6,2,1,3
4	x_4：D_1,D_2	u_4：$D_1\to E,D_2\to E$	$r(x_4,u_4)$：4,3

2. 建立最短线路问题动态规划数学模型

寻找$\{u_k\}$，使

$$f_N(A)=\min_{\{u_k\}\in U}\sum_{k=1}^{4}r[x_k,u_k]$$

$$\text{s.t.}\quad x_5=E$$

给定一个决策向量可得到一条路径 $A\to B_1\to C_3\to D_2\to E$，其损益 R_N 为

$$R_N=r(A,B_1)+r(B_1,C_3)+r(C_3,D_2)+r(D_2,E)=8+5+3+3=19$$

利用建立的模型，求解计算就可以得到最短线路问题的最优解。

解毕。

15.1.2 动态过程基本求解方法

为了求出图 15-1 所示的最短路径，一个简单的方法是，可以求出所有从 A 到 E 的可能走法的路长并加以比较。从 A 到 E 共有 18 条路线，每条路线有 4 个阶段，要做 3 次加法，要求出最短路线需做 54 次加法运算和 17 次比较运算，这是穷举法。当问题的阶段数很多、各段的状态很多时，穷举法的计算量会大大增加，甚至使寻优成为不可能。

根据最优化原则建立的动态过程基本求解方法有两种：逆序解法(后向动态规划方法)和顺序解法(前向动态规划方法)。这两种方法除了寻优方向不同外，状态转移方程、指标函数的定义和基本方程形式一般也有差异，但并无本质上的区别，下面分别予以介绍。

1. 逆序解法(后向动态规划法)

寻优的方向与多阶段决策过程的实际行进方向相反,从最后一个阶段开始计算逐段前推,求得全过程的最优决策,称为逆序解法。一般而言,如果已知过程的初始状态 $\boldsymbol{x}_1$,则采用逆序解法。

设已知初始状态为 $\boldsymbol{x}_1$,从 $\boldsymbol{x}_{N+1}$ 后向寻找 $\boldsymbol{x}_N$,有

第 N 阶段:指标函数的最优值 $f_1(\boldsymbol{x}_N)=\underset{\boldsymbol{u}_N\in U}{\text{opt}}\, r(\boldsymbol{x}_N,\boldsymbol{u}_N)$,此为一阶段极值问题。设有最优决策为 $\boldsymbol{u}_N$ 和状态为 $\boldsymbol{x}_N$,于是可有最优值 $f_1(\boldsymbol{x}_N)$。

第 $N-1$ 阶段:类似地可解得 $\boldsymbol{x}_{N-1}$,有 $\boldsymbol{x}_N=g(\boldsymbol{x}_{N-1},\boldsymbol{u}_{N-1})$,得到最优决策 $\boldsymbol{u}_{N-1}$,于是最优值

$$f_2(\boldsymbol{x}_{N-1}) = \underset{\boldsymbol{u}_{N-1}\in U_{N-1}}{\text{opt}} \{r(\boldsymbol{x}_{N-1},\boldsymbol{u}_{N-1}) * f_1(\boldsymbol{x}_N)\} \tag{15-7}$$

式中,$*$ 表示"+"或"×"。

第 $N-k$ 阶段:最优决策为 $\boldsymbol{u}_{N-k}$ 和最优值 $f_{k+1}(\boldsymbol{x}_{N-k})$,

$$f_{k+1}(\boldsymbol{x}_{N-k}) = \underset{\boldsymbol{u}_{N-k}\in U_{N-k}}{\text{opt}} \{r(\boldsymbol{x}_{N-k},\boldsymbol{u}_{N-k}) * f_k(\boldsymbol{x}_{N-k+1})\} \tag{15-8}$$

在式(15-8)中,要利用的状态方程为

$$\boldsymbol{x}_{N-k+1} = g(\boldsymbol{x}_{N-k},\boldsymbol{u}_{N-k}) \tag{15-9}$$

式(15-9)为 $\boldsymbol{x}_{N-k}$ 到 $\boldsymbol{x}_{N-k+1}$ 的逆序转移方程,利用它可解得最优决策 $\boldsymbol{u}_{N-k}$ 和最优值 $f_{k+1}(\boldsymbol{x}_{N-k})$。依此类推,直到第 1 阶段,有

$$f_N(\boldsymbol{x}_1) = \underset{\boldsymbol{u}_1\in U_1}{\text{opt}} \{r_1(\boldsymbol{x}_1,\boldsymbol{u}_1) * f_{N-1}(\boldsymbol{x}_2)\} \tag{15-10}$$

其中,$\boldsymbol{x}_2=g(\boldsymbol{x}_1,\boldsymbol{u}_1)$。可解得最优解 $\boldsymbol{u}_1$ 和最优值为 $f_N(\boldsymbol{x}_1)$,如图 15-2 所示。

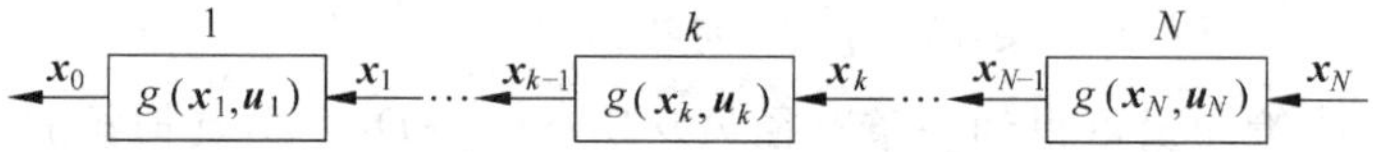

图 15-2 逆序解法的决策过程

由于已知 $\boldsymbol{x}_1$,由 $\boldsymbol{u}_1$ 可知 $\boldsymbol{x}_2$,按上面的过程反推回去,即可得到每一阶段状态 $\{\boldsymbol{x}_k\}$、全过程的最优决策 $\{\boldsymbol{u}_k^*\}$ 和最优效益。

下面给出两个利用后向动态规划法(逆序解法)求解动态规划的例子。

例 15-2 试用逆序解法求解例 15-1 的最短路线问题。

解:图 15-1 所示的最短路径是一个 4 阶段决策问题,逆序递推的具体步骤如下:

(1) 从第 4 阶段开始,状态变量 x_4 可取两种状态 D_1 和 D_2,它们到 E 的距离分别为 4 和 3,这也就是由 D_1 和 D_2 到终点 E 的最短距离。

$$f_1(D_1 \to E) = 4,\text{即 } u_4: D_1 \to E$$

$$f_1(D_2 \to E) = 3,\text{即 } u_4^*: D_2 \to E$$

(2) 第 3 阶段,状态变量 x_3 可取 3 个值,即 C_1,C_2 和 C_3,这是需要经过一个中间

站才能到达终点 E 的二级决策问题。为方便应用，规定 $r(x_k,u_k)$ 表示由状态 x_k 出发，采用决策 u_k 到达下一阶段 x_{k+1} 时的两点距离。

$$f_2(C_1 \to E) = \min\begin{Bmatrix} r(C_1,D_1)+f_1(D_1 \to E) \\ r(C_1,D_2)+f_1(D_2 \to E) \end{Bmatrix} = \min\begin{Bmatrix} 3+4 \\ 5+3 \end{Bmatrix} = 7\text{，即 } u_3: C_1 \to D_1$$

类似地，有

$$f_2(C_2 \to E) = 5\text{，即 } u_3^*: C_2 \to D_2$$

$$f_2(C_3 \to E) = 5\text{，即 } u_3: C_3 \to D_1$$

注意：因为上面的后两式数值相同，所以可任选一为最优。

(3) 第 2 阶段，状态变量 x_2 可取 3 个值，即 B_1,B_2 和 B_3，这是需要经过两级中间站才能到达终点 E 的三级决策问题。

$$f_3(B_1 \to E) = 9\text{，即 } u_2^*: B_1 \to C_2$$

$$f_3(B_2 \to E) = 11\text{，即 } u_2: B_2 \to C_3$$

$$f_3(B_3 \to E) = 13\text{，即 } u_2: B_3 \to C_2$$

(4) 第 1 阶段，只有一个状态 $x_1=A$，则

$$f_4(A \to E) = 17,\quad \text{即 } u_1^*(A) = B_1$$

取各阶段 $\{u_k^*\}$，最短路线为 $A\to B_1\to C_2\to D_2\to E$，最优值为 $f_4(A)=17$。

解毕。

例 15-3 求解下面的优化问题：

$$\begin{aligned} &\max f(\boldsymbol{x}) = 4x_1+9x_2+2x_3^2 \\ &\text{s.t.}\quad x_1+x_2+x_3=10 \\ &\qquad\quad x_i \geqslant 0, i=1,2,3 \end{aligned}$$

解：这是一个静态问题，为了应用动态规划，先赋予它“阶段”的概念。首先考虑 x_1 的取值，然后考虑 x_2 的取值，再考虑 x_3 的取值，这样就将原问题划分为 3 个阶段。下面的关键是如何选择状态变量，使各后部子过程之间具有递推关系。

(1) 求解基本方程。可以把决策变量 u_k 定义为原静态问题中的变量 x_k，即 $u_k=x_k(k=1,2,3)$。状态变量一般为累计量或随递推过程变化的量。这里可以把各阶段的决策变量的最大可能取值定为状态变量 x_k，初始状态 $x_1=10$。这样就有

$$\begin{cases} k=1, & x_1=10, & u_1 \leqslant x_1 \\ k=2, & x_2=x_1-u_1, & 0 \leqslant u_2 \leqslant x_2 \\ k=3, & x_3=x_2-u_2, & 0 \leqslant u_3 \leqslant x_3 \end{cases}$$

状态转移方程为

$$x_{k+1} = x_k - u_k$$

指标函数为

$$R_{k,3} = \sum_{i=k}^{3} r_i(x_i,u_i)$$

式中，$r_1(x_1,u_1)=4u_1$，$r_2(x_2,u_2)=9u_2$，$r_3(x_3,u_3)=2u_3^2$。基本方程为

$$\begin{cases} f_{3-k+1}(x_k) = \max\limits_{0 \leqslant u_k \leqslant x_k} \{r_k(x_k, u_k) + f_{3-k}(x_{k+1})\}, \quad k = 1,2,3 \\ f_0(x_4) = 0 \end{cases}$$

(2) 逆解法。

第 3 阶段：$f_1(x_3) = \max\limits_{0 \leqslant u_3 \leqslant x_3} \{2u_3^2\}$，当 $u_3^* = x_3$，f_1 可取到最大值。

第 2 阶段：$f_2(x_2) = \max\limits_{0 \leqslant u_2 \leqslant x_2} \{9u_2 + f_1(x_3)\} = \max\limits_{0 \leqslant u_2 \leqslant x_2} \{9u_2 + 2(x_2 - u_2)^2\}$。

通过极值分析可知

$$x_2 \leqslant 9/2 \text{ 时}, u_2^* = x_2, f_2 \text{ 取极值}, f_2(x_2) = 9x_2$$

$$x_2 \geqslant 9/2 \text{ 时}, u_2^* = 0, f_2 \text{ 取极值}, f_2(x_2) = 2x_2^2$$

第 1 阶段：

$$f_3(x_1) = \max_{0 \leqslant u_1 \leqslant x_1} \{4u_1 + f_2(x_2)\} \tag{15-11}$$

① 取 $x_2 \leqslant 9/2$，有 $u_2^* = x_2$，这时 $f_2(x_2) = 9x_2$，代入式(15-11)，有

$$f_3(10) = \max_{0 \leqslant u_1 \leqslant 10} \{4u_1 + 9(x_1 - u_1)\} = \max_{0 \leqslant u_1 \leqslant 10} \{9x_1 - 5u_1\} = 9x_1 = 90, \quad u_1^* = 0$$

但是 $x_2 = x_1 - u_1^* = 10$ 与 $x_2 \leqslant 9/2$ 矛盾，所以舍去。

② 取 $x_2 \geqslant 9/2$，有 $u_2^* = 0$，这时 $f_2(x_2) = 2x_2^2$，代入式(15-11)，有

$$f_3(10) = \max_{0 \leqslant u_1 \leqslant 10} \{4u_1 + 2(10 - u_1)^2\}$$

通过极值分析可知：$u_1^* = 0$，$f_3(10) = 200$。

(3) 返回计算

由状态转移方程顺推，得 $x_2 = x_1 - u_1^* = 10 > 9/2$，因此可取 $u_2^* = 0$，所以 $x_3 = x_2 - u_2^* = 10$，而 $u_3^* = x_3 = 10$。所以最优解为

$$[u_1^* \quad u_2^* \quad u_3^*]^{\mathrm{T}} = [0 \quad 0 \quad 10]^{\mathrm{T}}$$

$$\max f(\boldsymbol{x}) = 200$$

解毕。

2. 顺序解法(前向动态规划法)

与后向动态规划法(逆序解法)相反，顺序解法的寻优方向与过程的行进方向相同，计算时从第一段开始逐段向后递推，计算后一阶段要用到前一阶段的求优结果，最后一段计算的结果就是全过程的最优结果。如果已知过程的终止状态 $\boldsymbol{x}_{N+1}$，则用顺序解法。

顺序解法基本方程为

$$f_k(\boldsymbol{x}_{k+1}) = \operatorname*{opt}_{\boldsymbol{u}_k \in U_k} \{f_{k-1}(\boldsymbol{x}_k) + r(\boldsymbol{x}_k, \boldsymbol{u}_k)\}, \quad k = 1,2,\cdots,N \tag{15-12}$$

并要满足边界条件 $f_0(\boldsymbol{x}_1) = 0$。

在式(15-12)中，顺序解法要用到的状态方程

$$\boldsymbol{x}_{k-1} = g(\boldsymbol{x}_k, \boldsymbol{u}_k) \tag{15-13}$$

称为 $\boldsymbol{x}_k$ 到 $\boldsymbol{x}_{k-1}$ 的顺序转移方程，其求解过程如图 15-3 所示。

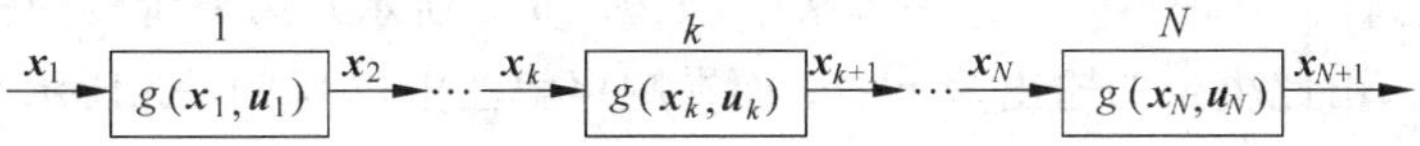

图 15-3 顺序解法的决策过程

例 15-4 试利用顺序解法求解图 15-1 所示的最短路径问题。

解：当 $k=0$ 时，$f_0(x_1)=f_0(A)=0$，这也是边界条件。

当 $k=1$ 时，有

$$\begin{cases} u_1^*(A)=B_1, & f_1(B_1)=8 \\ u_1(A)=B_2, & f_1(B_2)=9 \\ u_1(A)=B_3, & f_1(B_3)=5 \end{cases}$$

以上各式中，$f_1(B_1)$表示从 A 经过 1 步到 B_1 的路径(损益)值，余类推；$u_1^*(A)=B_1$ 表示通过决策 u_1 将状态 A 转换成 B_1，余类推；带 * 决策表明：该决策在所有同阶段决策中为最优决策。

当 $k=2$ 时，有

$$f_2(C_1)=\min\begin{Bmatrix} f_1(B_1)+r(B_1,C_1) \\ f_1(B_2)+r(B_2,C_1) \\ f_1(B_3)+r(B_3,C_1) \end{Bmatrix}=\min\begin{Bmatrix} 8+6 \\ 9+8 \\ 5+7 \end{Bmatrix}=12, \quad \text{即 } u_2^*(B_3)=C_1$$

上式中，$f_2(C_1)$表示从 A 经过 2 步到 C_1 的路径(损益)最优值，余类推。

类似地可得到

$$\begin{cases} u_2^*(B_1)=C_2, & f_2(C_2)=12 \\ u_2(B_1)=C_3, & f_2(C_3)=13 \end{cases}$$

当 $k=3$ 时，有

$$\begin{cases} u_3(C_3)=D_1, & f_3(D_1)=14 \\ u_3^*(C_2)=D_2, & f_3(D_2)=14 \end{cases}$$

当 $k=4$ 时，有

$$u_4^*(D_2)=E, \quad f_4(E)=17$$

即将选定的决策变量按计算顺序反推即可得到决策序列，取 $u_1^*, u_2^*, u_3^*, u_4^*$，最短路线为 $A\rightarrow B_1\rightarrow C_2\rightarrow D_2\rightarrow E$，其结果与逆序解法完全相同。

解毕。

3. *逆序解法与顺序解法的主要区别*

(1) 状态变量的含义不同。在逆序解法中，状态变量 $\boldsymbol{x}_k$ 是第 k 阶段的出发点；而在顺序解法中，$\boldsymbol{x}_k$ 则是第 k 阶段的终点。

(2) 决策过程和结果不同。在逆序解法中，每一段的决策是对于给定的出发点选择符合要求的终点，即决策过程是顺序的；而在顺序解法中，每一段的决策则是对于给定的终点选择符合要求的出发点，即决策过程是逆序的。

(3) 状态转移方程不同。逆序解法中(如图 15-2 所示),第 k 阶段的输入状态为 $\boldsymbol{x}_k$,决策为 $\boldsymbol{u}_k$,由此决定的输出为 $\boldsymbol{x}_{k+1}$；而在顺序解法中(如图 15-3 所示),第 k 阶段的输入状态为 $\boldsymbol{x}_k$,决策为 $\boldsymbol{u}_k$,由此决定的输出状态为 $\boldsymbol{x}_{k-1}$。

(4) 指标函数的定义不同。在逆序解法中,最优指标函数 $f_{k+1}(\boldsymbol{x}_{N-k})$定义为第 $N-k$ 阶段从状态 $\boldsymbol{x}_{N-k}$出发,到过程终点的后部子过程的最优效益值,$f_N(\boldsymbol{x}_1)$是整体最优函数值；而在顺序解法中,最优指标函数 $f_k(\boldsymbol{x}_k)$定义为第 k 阶段从状态 $\boldsymbol{x}_k$ 返回,到过程始点的前部子过程的最优效益值,$f_N(\boldsymbol{x}_N)$是整体最优函数值。

15.1.3 一般动态规划算法构建

对一般动态规划问题,把可行解的选择看成是在阶段中所作决定的一个序列,因此,总费用就是单个决策费用的总和。定义一个状态为过去所有相关决策的概括。决定哪个状态转移是可行的,设每个状态转移的费用就是相应的决策费用。写出从初始状态到最终状态的一个最优费用的迭代。最关键的一步通常是做出合适的状态定义。

以下举几个实例说明动态规划算法的构建。

1. 背包问题

设有 N 种物品,每一种物品数量无限。第 i 种物品每件质量为 w_i,每件价值 c_i。现有一只可装载质量为 W 的背包,求各种物品应各取多少件放入背包,使背包中物品的价值最高。

设 x_i 为第 i 种物品装入背包的件数($i=1,2,\cdots,N$),背包中物品的总价值为 f,背包问题的动态规划数学模型可表达如下。

阶段变量 k：第 k 次装载第 k 种物品($k=1,2,\cdots,N$)；

状态变量 s_k：第 k 次装载时背包还可以装载的重量；

决策变量 $u_k=x_k$：第 k 次装载第 k 种物品的件数；

状态转移方程：$s_{k+1}=s_k-w_kx_k$；

阶段效益：$d_k=c_kx_k$；

最优过程指标函数 $f_k(s_k)$：第 k 到 N 阶段容许装入物品的最大使用价值；

递推方程：$f_k(s_k)=\max\{c_kx_k+f_{k+1}(s_{k+1})\}=\max\{c_kx_k+f_{k+1}(s_k-w_kx_k)\}$；

终端条件：$f_{N+1}(s_{N+1})=0$。

2. 旅行商问题(TSP 问题)

旅行商问题就是在多城市旅程网络中找一条从 x_0 点出发,经过 $x_1,x_2,\cdots,x_N$ 各一次,最后返回 x_0 的最短路程。把它看成一个多阶段决策问题,就是要从 x_0 出发,经过 N 个阶段,每个阶段的决策是选择下一个点。因为走过的点 x_i 无须计入以后的路程中(即 $X_k=X_{k-1}\backslash\{x_i\}$),因此仅用位置状态 x_i 与阶段数 k 就不能完全确定下一阶段的问题。

用(x_i,X_k)表示状态,x_i 是所处的位置点,X_i 是还没有经过的点集合。在状态(x_i,X_k)的决策集合中,取决策 $x_j\in X_k$,得到效益 d_{ij} 是 x_i 到 x_j 的距离,转入下一个状态$(x_j,X_k\backslash\{x_j\})$，则旅行商问题的动态规划模型如下；

用$f_k(x_i,X_k)$表示从x_i点出发，经过X中的点各一次，经k节点到达x_0点的最短路程，d_{ij}是x_i到x_j的距离，则问题的递推公式为

$$\begin{cases} f_k(x_i,X_k)=\min\limits_{v_j\in V}\{d_{ij}+f_{k-1}(x_j,X_k\backslash\{x_j\})\}, \quad k=1,2,\cdots,N \\ f_0(x_i,\varnothing)=d_{i0} \end{cases}$$

式中，$\varnothing$为空集；X_k是一个顶点集合，在第k阶段它的阶点数为k。

3. 最优交易问题

最优交易问题描述为：设在T期间卖出的总股票份数为M，试建立动态规划模型使获得最大收益。将T期间分成N个离散的交易阶段；令$k(k=1,2,\cdots,N)$表示离散交易阶段(时期)；在k阶段价格为x_k时卖出的股票份额为u_k。

最优交易问题的动态规划算法：

状态(x_{k-1},W_k)：其中x_{k-1}表示在上一阶段实现的价格；W_k表示仍需卖出的股票数；

控制变量u_k：表示在k阶段卖出的份额；

随机性：如果卖出股票数u_k不是确定的，则应在W_k前乘上一个随机参数ε_k；

目标：收益最大化。

动态转移方程：

$$\begin{cases} x_k=x_{k-1}+\alpha u_k+\varepsilon_k W_k=W_{k-1}-u_{k-1} \\ W_1=M \\ W_{N+1}=0 \end{cases}$$

式中，$\alpha>0$，$\varepsilon_k\sim N(0,1)$为随机参数。

4. 矩阵乘法问题

对多个矩阵相乘$\boldsymbol{M}_1\boldsymbol{M}_2\cdots\boldsymbol{M}_N$，其中每个矩阵$\boldsymbol{M}_k$：$n_k\times n_{k+1}$，希望找到一个运算次序，使计算次数最少。

例如，对3个矩阵相乘$\boldsymbol{M}_1\boldsymbol{M}_2\boldsymbol{M}_3$，若各矩阵分别是$\boldsymbol{M}_1$：$1\times10$，$\boldsymbol{M}_2$：$10\times1$，$\boldsymbol{M}_3$：$1\times10$。进行$\boldsymbol{M}_1(\boldsymbol{M}_2\boldsymbol{M}_3)$运算，需200次矩阵乘法，而进行$(\boldsymbol{M}_1\boldsymbol{M}_2)\boldsymbol{M}_3$运算，只需20次乘法。

设$m(i,j)$为最少的矩阵乘法$\boldsymbol{M}_1\boldsymbol{M}_2\cdots\boldsymbol{M}_N$的次序，其动态规划方程为

$$m(i,j)=\min_{i\leqslant k<j}[m(i,k)+m(k+1,j)+n_i n_{k+1} n_{j+1}]$$

式中，$\boldsymbol{M}_1$安排在第i次乘算次，$\boldsymbol{M}_N$安排在第j次乘算次。

5. 库存控制问题

(1) 动态规划要素。以x_k表示在第k阶段初的库存量；u_k表示在第k阶段初的订单量；w_k表示在给定概率分布下第k阶段的需求量。只要可以获得额外的库存，额外的需求可以订购和满足。

(2) 动态转移方程。

$$x_{k+1}=x_k+u_k-w_k$$

费用为

$$E\left\{R(x_{N+1})+\sum_{k=1}^{N}[r(x_k)+cu_k]\right\}$$

如果 $r(x_k)=ax_k^2, w_k\sim N(\mu_k,\sigma_k^2)$,则

$$\begin{cases}u_k^*=c_ku_k+d_k\\J_k(x_k)=b_kx_k^2+f_kx_k+e_k\end{cases}$$

如果 $r(x_k)=p\max(0,-x_k)+h\max(0,x_k)$,则存在

$$u_k^*=\begin{cases}s_k-x_k, & x_k<s_k\\0, & x_k\geqslant s_k\end{cases}$$

在上面的方程式中,$a,c,p,h,b_k,c_k,d_k,e_k,f_k,s_k$ 是已知常量。

综上所述,动态规划可根据过程的变化分为确定性和随机性决策过程。上面的问题 1~4 为确定性动态规划,问题 5 为随机性动态规划。下面主要介绍确定性动态规划模型的求解。

15.2 确定性多阶段决策

有的多阶段决策过程,给定一个状态集合 $\boldsymbol{x}_{\mathrm{T}}$,当状态 $\boldsymbol{x}\in\boldsymbol{x}_{\mathrm{T}}$ 时,过程停止,这时阶段数是不定的。如果经过有限阶段,状态 $\boldsymbol{x}$ 一定能进入 $\boldsymbol{x}_{\mathrm{T}}$,就是阶段数有限的,否则就是阶段数无限的。而有限阶段动态规划问题,又分为定期和不定期两类。定期多阶段决策问题是指它的阶段数是一定的,而不定期多阶段决策问题的阶段数是变化的。下面分别对它们予以介绍。

15.2.1 定期多阶段决策问题的求解

这一节将讨论几类阶段数给定的多阶段决策问题,包括决策集合是有限的或者无限的。利用最优化原理找出它们的递推公式,并且给出解法。

1. 多阶段资源分配问题

现在讨论有限资源分配问题。设有总资源 X,第 k 阶段回收的资源为 x_k,将它投入 A 和 B 中。以 u_k 投入 A,以剩余量 x_k-u_k 投入 B,可获得效益 $g(u_k)+h(x_k-u_k)$,资源的回收率分别为 a 和 b。试求进行 N 个阶段后的最大总收入 f_N。

这是一个定期多阶段决策问题,顺序求解的递推公式可写成

$$\begin{cases}f_k(X)=\max\limits_{0\leqslant u_{k-1}\leqslant x_{k-1}}\{g(u_k)+h(x_k-u_k)+f_{k-1}[au_{k-1}+b(x_{k-1}-u_{k-1})]\}, & k\geqslant 2\\f_1(X)=\max\limits_{0\leqslant u_k\leqslant x}\{g(u_1)+h(X-u_1)\}\end{cases}\tag{15-14}$$

式中，$x_k=au_{k-1}+b(x_{k-1}-u_{k-1})$；$g(\cdot)$和$h(\cdot)$是对应$A$和$B$的已知效益函数，且$g(0)=0,h(0)=0$。

当$g(\cdot)$和$h(\cdot)$很复杂时，这个问题的解不容易找。当$g(\cdot)$和$h(\cdot)$为凸函数时，如果初始条件$h(0)=0,g(0)=0$，可以证明在每个阶段上最优决策u_k总是取其端点的值，即$u_k=0$或$u_k=x_k$。

引理 15-1 设$g(x)$和$h(x)$是凸函数，则对任何固定的X，$f(x)=g(x)+h(X-x)$是凸函数。

证明： 由$g(x)$，$h(x)$的凸性可知，对任何$a_1\geqslant 0,a_2\geqslant 0,a_1+a_2=1$与$x_1,x_2$，都有

$$\begin{aligned}f(a_1x_1+a_2x_2)&=g(a_1x_1+a_2x_2)+h[X-(a_1x_1+a_2x_2)]\\&=g(a_1x_1+a_2x_2)+h[a_1(X-x_1)+a_2(X-x_2)]\\&\leqslant a_1g(x_1)+a_2g(x_2)+a_1h(X-x_1)+a_2h(X-x_2)\\&=a_1f(x_1)+a_2f(x_2)\end{aligned}$$

从而可知

$$f(a_1x_1+a_2x_2)\leqslant a_1f(x_1)+a_2f(x_2)$$

所以$f(x)$是凸函数。

证毕。

引理 15-2 设$f_1(x)$，$f_2(x)$是x的凸函数，则

$$f(x)=\max\{f_1(x),f_2(x)\}$$

也是x的凸函数。

证明： 设$a_1\geqslant 0,a_2\geqslant 0,a_1+a_2=1$，若$x_1,x_2$是$f(x)$定义域中任意两个点，则有

$$\begin{aligned}f(a_1x_1+a_2x_2)&=\max\{f_1(a_1x_1+a_2x_2),f_2(a_1x_1+a_2x_2)\}\\&\leqslant\max\{a_1f_1(x_1)+a_2f_1(x_2),a_1f_2(x_1)+a_2f_2(x_2)\}\\&\leqslant a_1\max\{f_1(x_1),f_2(x_1)\}+a_2\max\{f_1(x_2),f_2(x_2)\}\\&=a_1f(x_1)+a_2f(x_2)\end{aligned}$$

所以$f(x)$是x的凸函数。

证毕。

定理 15-1 设$g(x)$，$h(x)$是凸函数，且$h(0)=g(0)=0$，则对总资源为X的N阶段分配问题的最优决策u_k，在每个阶段总取$0\leqslant u_k\leqslant x_k$的端点的值，并且

$$\begin{cases}f_k(X)=\max\{h(X)+f_{k-1}(bX),g(X)+f_{k-1}(aX)\}\\f_1(X)=\max\{h(X),g(X)\}\end{cases}$$

证明： 因为$f_1(X)=\max\limits_{0\leqslant u_1\leqslant X}\{g(u_1)+h(X-u_1)\}$，由引理 15-1 可知，$g(x)+h(X-x)$对固定的$x$为凸函数，其极大值一定在$u_1=0$或$u_1=X$点上达到，所以

$$\begin{aligned}f_1(X)&=\max\{g(X)+h(X-X),g(0)+h(X-0)\}\\&=\max\{g(X),h(X)\}\end{aligned}$$

又由引理 15-2 可知，$f_1(X)$是凸函数，因此$f_1[au_1+b(X-u_1)]$是u_1的凸函数，所以

$$f_2(X)=\max_{0\leqslant u_1\leqslant x_1}\{g(u)+h(x-u)+f_1[au_1+b(x_1-u_1)]\}$$
$$=\max\{h(X)+f_1(bX),g(X)+f_1(aX)\}$$

因为 $f_2(X)$ 也是凸函数,用归纳法可得

$$f_k(X)=\max_{0\leqslant u_{k-1}\leqslant x_{k-1}}\{h(x)+f_{k-1}(bx),g(x)+f_{k-1}(ax)\}$$

证毕。

例 15-5 在有限资源分配问题中,设总资源为 X,分配给 A 和 B。对资源为 x 时,A 和 B 所产生的效益分别为 $g(x)=cx$,$h(x)=dx$,它们对应的资源回收率分别为 a 和 b。设 $c>d>0$,$0<a<b<1$,求 $f_k(X)(k=1,2,\cdots,N)$ 及最优决策 u_1,$u_2,\cdots,u_{N-1}$。

解:采用逆序解法分别对下面 3 种情况进行分析。

(1) 若 $c(1+a)<d+cb$,则由定理 15-1 有

$$f_1(X)=\max\{cx_N,dx_N\}=cx_N$$

即 $u_N=x_N$。也就是说在第 N 阶段,决策是所有资源分配给 A。

$$f_2(X)=\max\{c(1+a)x_{N-1},(d+cb)x_{N-1}\}=(d+cb)x_{N-1}$$

因此 $u_{N-1}=0$,即前一阶段回收的资源不分配给 A,而全部分配给 B。

在 $k=N-2$ 之后,所有控制 u_k 均为 0,即回收的资源分配给 A 的为 0,而全部分配给 B。

综上所述,有

$$x_k=b^kX,\quad k=1,2,\cdots,N-1,\quad x_N=cb^{N-1}X$$
$$u_0=u_1=u_2=\cdots=u_{N-1}=0,\quad u_N=x_N$$

(2) 若 N_s 使下式成立:

$$\left.\begin{aligned}c(1+a+\cdots+a^{N_s})\geqslant d+c(1+a+\cdots+a^{N_s-1})b\\ c(1+a+\cdots+a^{N_s})<d+c(1+a+\cdots+a^{N_s})b\end{aligned}\right\}\tag{15-15}$$

则有

$$f_1(X)=\max\{cx_{N-1},dx_{N-1}\}=cx_{N-1},\quad u_{N-1}=x_{N-1}=ax_{N-2}$$
$$f_2(X)=\max\{c(1+a)x_{N-2},d(1+cb)x_{N-2}\}=c(1+a)x_{N-2},u_{N-2}=x_{N-2}=ax_{N-3}$$
$$\vdots$$
$$f_{N_s}(X)=\max\{cx_{N_s}+c(1+a+\cdots+a^{N_s-1})ax_{N_s},dx_{N_s}+c(1+a+\cdots+a^{N_s-1})bx_{N_s}\}$$
$$=c(1+a+\cdots+a^{N_s})x_{N_s},\quad u_{N-N_s}=x_{N-N_s}=ax_{N_s-1}$$

由式(15-15)可知,当 $k=N_s+1$ 时,f 括号中的最大值将从前项转变成后项,即

$$f_{N_s+1}(X)=\max\{cx_{N_s+1}+c(1+a+\cdots+a^{N_s})ax_{N_s+1},$$
$$dx_{N_s+1}+c(1+a+\cdots+a^{N_s})bx_{N_s+1}\}$$
$$=[d+c(1+a+\cdots+a^{N_s})b]x_{N_s+1},\quad u_{N-N_s-1}=0,x_{N_s+1}=bx_{N_s+2}$$
$$\vdots$$
$$f_N(X)=[d(1+b+\cdots+b^{N-N_s-1})+c(1+a+\cdots+a^{N_s})b^{N-N_s}]X,\quad u_1=0,x_1=X$$

(3) 综合上面的推导有：若正整数 N_s 使得

$$c(1+a+\cdots+a^N) \geqslant d+c(1+a+\cdots+a^{N-1})b$$

则 $$u_{N-1}=x_{N-1}, u_{N-2}=x_{N-2}, \cdots, u_k=x_k=ax_{k-1}, \cdots, u_1=x_1=X$$

解毕。

2. 用最优化原理求解数学规划问题

把数量为 X 的物资投入 N 种生产方式，可以看成是 N 阶段决策问题。每阶段投入一定数量的物资于某种生产。假设第 k 阶段还有资源 x_k，x_k 表示状态，把 $u_k(0<u_k<x_k)$投入生产的资源后，获得效益 $g(x_k)$，还剩下资源 $x_{k+1}=x_k-u_k$，投入下一生产方式。

用 $f_k(X)$表示把资源 X 投入前 k 种生产方式所得到的最大总收入。由最优化原理可知

$$\left.\begin{aligned} f_k(X) &= \max_{0\leqslant x_k\leqslant X}[g_k(x_k)+f_{k-1}(X-x_k)] \\ f_1(X) &= \max_{0\leqslant x_1\leqslant X} g_1(x_1) \end{aligned}\right\} \tag{15-16}$$

这是一组递推公式，由 $f_1(x_{N+1})$开始，逐步求出 $f_N(X)$。但是当 $g(x)$比较复杂时，用这种方法找 $f_k(X)$的解析式是比较困难的。在 $g(x)$特殊的情况下，可以求出解析式。

利用动态规划求解线性规划问题，可写成：假设有数量 X 的物资可用于 N 种生产，若把 x_i 投入第 i 种生产时可得收益 $g_i(x_i)$，问应如何选取 x_i，才能使生产时得到的总收益最大。这个问题的数学规划如下：

$$\begin{cases} \max f(\boldsymbol{x}) = g_1(x_1)+g_2(x_2)+\cdots+g_N(x_N) \\ \text{s. t.} \quad x_1+x_2+\cdots+x_N = X \\ x_i \geqslant 0, \quad i=1,2,\cdots,N \end{cases}$$

假设每个 $g_i(x_i)$在$[0,+\infty)$内连续，显然 F 的极大值存在。这是一个特殊类型的非线性规划问题，由于这类问题的特殊结构，可以把它看成一个多阶段决策问题，并利用动态规划的递推关系求解。

例 15-6 已知 $x_1+x_2+\cdots+x_N=c, c>0, x_i\geqslant 0, i=1,2,\cdots,N$。求 $f=x_1x_2\cdots x_N$ 的最大值。

解：利用递推公式(15-16)，有

$$f_k(X) = \max\{x_1x_2\cdots x_k \mid x_1+x_2+\cdots+x_k = X, x_i\geqslant 0, i=1,2,\cdots,k\}$$

则

$$\begin{cases} f_k(X) = \max\limits_{0\leqslant x_k\leqslant X} x_k f_{k-1}(X-x_k), k=2,\cdots,N \\ f_1(x) = X \end{cases}$$

$$f_2(X) = \max_{0\leqslant x_2\leqslant X} x_2 f_1(X-x_2) = \max_{0\leqslant x_2\leqslant X} x_2(X-x_2) = \left(\frac{X}{2}\right)^2, x_2 = \frac{X}{2}$$

$$f_3(X) = \max_{0\leqslant x_3\leqslant X} x_3 f_2(X-x_3) = \max_{0\leqslant x_3\leqslant X} x_3\left(\frac{X\quad x_3}{2}\right)^2 = \left(\frac{X}{2}\right)^3, x_3 = \frac{X}{3}$$

$$\vdots$$

$$f_N(X)=\max_{0\leqslant x_N\leqslant X} x_N f_{N-1}(X-x_N)=\max_{0\leqslant x_N\leqslant X} x_N\left(\frac{X-x_N}{N-1}\right)^{N-1}=\left(\frac{X}{N}\right)^N, x_N=\frac{X}{N}$$

所以 $f_N(c)=\left(\frac{c}{N}\right)^N$。

现在再来求最优解。

在第 N 阶段，状态变量 $X_N=c$，最优解为

$$x_N=\frac{c}{N}$$

在第 $N-1$ 阶段，状态变量 $X_{N-1}=c-\frac{c}{N}=\frac{(N-1)c}{N}$，最优解为

$$x_{N-1}=\frac{X_{N-1}}{N-1}=\frac{1}{N-1}\cdot\frac{(N-1)c}{N}=\frac{c}{N}$$

在第 $N-2$ 阶段，状态变量 $X_{N-2}=c-\frac{c}{N}-\frac{c}{N}=\frac{(N-2)c}{N}$，最优解为

$$x_{N-2}=\frac{X_{N-2}}{N-2}=\frac{1}{N-2}\cdot\frac{(N-2)c}{N}=\frac{c}{N}$$

$$\vdots$$

在第 1 阶段，状态变量 $X_1=c\underbrace{-\frac{c}{N}-\frac{c}{N}\cdots-\frac{c}{N}}_{N-1}=\frac{c}{N}$，最优解为

$$x_1=X_1=\frac{c}{N}$$

所以最优解是 $\left(\frac{c}{N},\frac{c}{N},\cdots,\frac{c}{N}\right)$，最优值是 $\left(\frac{c}{N}\right)^N$。

解毕。

例 15-7　试利用动态规划求解下面的非线性规划问题：

$$\begin{aligned}\max\quad & f=4x_1^2-x_2^2+2x_3^2+12\\ \text{st.}\quad & 3x_1+2x_2+x_3=9\\ & x_i\geqslant 0,\quad i=1,2,3,\text{且 } x_i \text{ 为整数}\end{aligned}$$

解：利用递推公式(15-16)，得到

$$f_1(y)=\max_{0\leqslant 3x_1\leqslant y} 4x_1^2=\frac{4}{9}y^2$$

即在 $x_1=\frac{y}{3}$ 点达到最大。

$$\begin{aligned}f_2(y)&=\max_{0\leqslant 2x_2\leqslant y}\{-x_2^2+f_1(y-2x_2)\}\\ &=\max_{0\leqslant x_2\leqslant \frac{y}{2}}\left\{-x_2^2+\frac{4}{9}(y-2x_2)^2\right\}\end{aligned}$$

$$= \max_{0 \leqslant x_2 \leqslant \frac{y}{2}} \left\{ \frac{1}{9}(7x_2^2 - 16yx_2 + 4y^2) \right\}$$

$$= \frac{4}{9}y^2$$

即在 $x_2=0$ 点达到最大。

$$f_3(y) = \max_{0 \leqslant x_3 \leqslant 9} \{2x_3^2 + 12 + f_2(9 - x_3)\}$$

$$= \max_{0 \leqslant x_3 \leqslant 9} \left\{2x_3^2 + 12 + \frac{4}{9}(9 - x_3)^2\right\}$$

$$= \max_{0 \leqslant x_3 \leqslant 9} \left\{\frac{1}{9}(22x_3^2 - 72x_3 + 432)\right\}$$

$$= 174$$

即在 $x_3=9$ 点达到最大。所以最优解为 $x_3=9, x_2=0, x_1=0$，最大值为 174。

解毕。

对二维分配问题，假设有两种各为数量 X 和 Y 的物资需要分配于 N 种生产，若第 1 种物资以数量 x_i，第 2 种物资以数量 y_i 投入第 i 种生产时，得到的效益为 $g_i(x_i, y_i)$。问应如何分配这两种物资于 N 种生产才能使总收入最大。这个问题可以化为下列数学规划问题：

$$\begin{aligned}
\max \quad & f(\boldsymbol{x}, \boldsymbol{y}) = g_1(x_1, y_1) + g_2(x_2, y_2) + \cdots + g_N(x_N, y_N) \\
\text{s.t.} \quad & x_1 + x_2 + \cdots + x_N = X \\
& y_1 + y_2 + \cdots + y_N = Y \\
& x_i \geqslant 0, \quad y_i \geqslant 0, \quad i = 1, 2, \cdots, N
\end{aligned}$$

用 $f_k(X,Y)$ 表示把数量 X 的第 1 种物资，数量 Y 的第 2 种物资分配给前 k 种生产时所得到的最大收入。则由最优化原理得到

$$\begin{cases}
f_k(X,Y) = \max\limits_{\substack{0 \leqslant x_k \leqslant X \\ 0 \leqslant y_k \leqslant Y}} \{g_k(x_k, y_k) + f_{k-1}(X - x_k, Y - y_k)\} \\
f_1(X,Y) = \max\limits_{\substack{0 \leqslant x_1 \leqslant X \\ 0 \leqslant y_1 \leqslant Y}} \{g_1(x_1, y_1)\}
\end{cases}$$

3. 设备更新问题

设某台设备服役第 k 年时的纯收益为 $r(k)$、平均维修费为 $w(k)$、更新净值费为 $C(k)$。试做每年的更新或保留的决策 u_k，使其 N 年的总效益最大。

按动态规划要求确定以下参数：

(1) 将设备更新问题按今后 N 年份为 $k=1,2,\cdots,N-1,N$ 个阶段；

(2) 状态参数 $\boldsymbol{x}$ 取为第 k 年初，表示设备已使用过的年限，即 $\boldsymbol{x}=\{0,1,\cdots,N-1\}$；

(3) k 阶段的决策变量只有两个，即 $u_k=K$(保留)或 $u_k=R$(更新)，则 $U_k=\{K,R\}$；

(4) 状态转移方程为 $x_{k+1}=\begin{cases}x_k, & u_k=K\\ x_{k+1}, & u_k=R\end{cases}$;

(5) 阶段指数函数为 $d(x_k,u_k)=\begin{cases}r(x_k)-w(x_k), & u_k=K\\ r(0)-w(0)-C(x_k), & u_k=R\end{cases}$;

式中,$d(x_k,u_k)$是 k 年度的总效益,$r(k)$为纯效益,$w(k)$为维修费,$C(k)$为更新费;

(6) 最优指标函数为 $f_{N-k+1}(x_k)=\max\{d_k(x_k,u_k)+f_{N-k}(x_{k+1})\}$。

不难看出,用动态规划求解设备更新问题时,各阶段的决策只有“继续使用”和“更新”两种决策方案。不同方案要采用不同的效益计算公式。

例 15-8 设某台设备的年收益及平均维修费和更新净值费用如表 15-2 所示。试作今后 5 年内的更新决策,使总效益最大。

表 15-2 机器效益、维修与更新费用表

役龄 k	0	1	2	3	4	5
效益 $r(k)$	5	4.5	4	3.75	3	2.5
维修费 $w(k)$	0.5	1	1.5	2	2.5	3
更新费 $C(k)$	0.5	1.5	2.2	2.5	3	3.5

解:当 $k=5$ 时,有

$$f_1(x_5)=\max\begin{cases}r(x_5)-w(x_5), & u_5=K\\ r(0)-w(0)-C(x_5), & u_5=R\end{cases}$$

$x_5\in\{1,2,3,4\}$,如表 15-3 所示。

表 15-3 第 5 阶段计算表

x_5	u_5	$d(x_5,u_5)$	$u_5^*(x_5)$	$f_1(x_5)$
1	K R	4.5−1=3.5 5−0.5−1.5=3	K	3.5
2	K R	4−1.5=2.5 5−0.5−2.2=2.3	K	2.5
3	K R	3.75−2=1.75 5−0.5−2.5=2	R	2
4	K R	3−2.5=0.5 5−0.5−3=1.5	R	1.5

当 $k=4$ 时,有

$$f_2(x_4)=\max\begin{cases}r(x_4)-w(x_4)+f_1(x_5), & u_4=K\\ r(0)-w(0)-C(x_4)+f_1(1), & u_4=R\end{cases}$$

$x_4 \in \{1,2,3\}$，如表 15-4 所示。

表 15-4 第 4 阶段计算表

x_4	u_4	$d_4(x_4, u_4)$	$u_4^*(x_4)$	$f_2(x_4)$
1	K R	4.5−1+2.5=6 5−0.5−1.5+3.5=6.5	R	6.5
2	K R	4−1.5+2=4.5 5−0.5−2.2+3.5=5.8	R	5.8
3	K R	3.75−2+1.5=3.25 5−0.5−2.5+3.5=5.5	R	5.5

当 $k=3$ 时，有

$$f_3(x_3)=\max\begin{cases} r_3(x_3)-w_3(x_3)+f_2(x_3+1), & u_3=K \\ r_3(0)-w_3(0)-C_3(x_3)+f_2(1), & u_3=R \end{cases}$$

$x_3 \in \{1,2\}$，如表 15-5 所示。

表 15-5 第 3 阶段计算表

x_3	u_3	$d_3(x_3, u_3)$	$u_3^*(x_3)$	$f_3(x_3)$
1	K R	4.5−1+5.8=9.3 5−0.5−1.5+6.5=9.5	R	9.5
2	K R	4−1.5+5.5=8.5 5−0.5−2.2+6.5=8.8	R	8.8

当 $k=2$ 时，有

$$f_4(x_2)=\max\begin{cases} r(x_2)-w(x_2)+f_3(x_2+1), & u_2=K \\ r(0)-w(0)-C(x_2)+f_3(1), & u_2=R \end{cases}$$

$x_2 \in \{1\}$，如表 15-6 所示。

表 15-6 第 2 阶段计算表

x_2	u_2	$d_2(x_2, u_2)$	$u_2^*(x_2)$	$f_4(x_2)$
1	K R	4.5−1+8.8=12.3 5−0.5−1.5+9.5=12.5	R	12.5

当 $k=1$ 时，有

$$f_5(x_1)=\max\begin{cases} r(x_1)-w(x_1)+f_4(x_1+1), & u_1=K \\ r(0)-w(0)-C(x_1)+f_4(1), & u_1=R \end{cases}$$

$x_1 \in \{0\}$，如表 15-7 所示。

表 15-7 第 1 阶段计算表

x_1	u_1	$d_1(x_1,u_1)$	$u_1^*(x_1)$	$f_5(x_1)$
0	K	5－0.5＋12.5＝17	K	17
	R	5－0.5－0.5＋12.5＝16.5		

由此可得最优决策是(K,R,R,R,K)。总收益 17，即第 1 年购买新设备第 2，3，4 年初各革新一次，第 5 年继续使用到年底。
解毕。

15.2.2 不定期多阶段决策问题的求解

这一节将讨论几类不定期多阶段决策问题，利用最优化原理给出迭代法求解过程。

在例 15-1 中已经讨论了最优线路问题的一种类型，现在讨论另一种类型。

给定 N 个点 $x_i(i=1,2,\cdots,N)$ 组成集合$\{x_i\}$，由集合中任一点 x_i 到另一点 x_j 的距离用 c_{ij} 表示，如果 x_i 到 x_j 没有联结，则规定 $c_{ij}=+\infty$，又规定 $c_{ii}=0(1\leqslant i\leqslant N)$，指定一个终点 x_N，要求从 x_i 点出发到 x_N 的最短路线。

与 15.1.1 节讨论的最优路线问题的不同之处是，本问题的阶段数不定，因此称为不定期多阶段决策过程。用 x_i 表示当前状态，决策集合就是除 x_i 以外的点，选定一个点 x_j 以后，得到效益 c_{ij} 并转入新状态 x_j，当状态是 x_N 时，过程停止。

设 $f(x_i)$是由 x_i 点出发至终点 x_N 的最短路程，由最优化原理可得

$$\begin{cases} f(x_i)=\min\limits_{j}\{c_{ij}+f(x_j)\}, \quad x_i=1,2,\cdots,N-1 \\ f(x_N)=0 \end{cases} \tag{15-17}$$

式中，$f(x_i)$是定义在 $x_1,x_2,\cdots,x_N$ 上的函数。所以式(15-17)是函数方程，而不是递推公式。

下面介绍两种迭代法来解式(15-17)的动态规划问题。

1）函数空间迭代法

对节点 $x_i=1,2,\cdots,N$，做初始函数 $f_1(x_i)$如下：

$$\begin{cases} f_1(x_i)=c_{x_i x_N}, \quad x_i=1,2,\cdots,N-1 \\ f_1(x_N)=0 \end{cases} \tag{15-18}$$

式中，$f_1(x_i)$是一阶段效益函数，即用一步从 x_i 到达 x_N 的最短路程。如果从 x_i 无法一步到达 x_N 点，则 $f_1(x_i)=+\infty$。

然后用下列递推关系建立 $f_k(x_i)$：

$$\begin{cases} f_k(x_i)=\min\limits_{x_j}\{c_{x_i x_j}+f_{k-1}(x_j)\}, \quad i=1,2,\cdots,N-1 \\ f_k(x_N)=0 \end{cases} \tag{15-19}$$

式中，$f_k(x_i)$实际上表示由 x_i 点出发经过 k 步到达 x_N 的最短路程。如果经过 k 步

无法到达 x_N，则 $f_k(x_i)=+\infty$。

下面证明，由式(15-18)和式(15-19)确定的函数列 $\{f_k(x_i)\}$ 单调下降收敛于 $f(x_i)$，且 $f(x_i)$ 是函数方程式(15-17)的解。

证明：(1) 先证明 $\{f_k(x_i)\}$ 有极限。

$$f_k(x_i)=\min_{x_j}\{c_{x_ix_j}+f_{k-1}(x_j)\}\leqslant c_{x_ix_i}+f_{k-1}(x_i),\quad 1\leqslant i\leqslant N,\quad k=2,3,\cdots$$

所以 $\{f_k(x_i)\}$ 是单调下降序列。因为 $c_{ij}\geqslant 0$，所以 $f_k(x_i)\geqslant 0$，有下界，从而 $\{f_k(x_i)\}$ 有极限。设极限为 $f(x_i)$。

(2) 再证明 $f(x_i)$ 是式(15-17)的解。由于 $f(x_i)$ 只有有限个，故存在 k_0，使得对任意的 $\varepsilon>0$，当 $k\geqslant k_0$ 时，对所有 x_i，

$$|f_k(x_i)-f(x_i)|<\varepsilon$$

一致成立。即 $-\varepsilon+f_k(x_i)<f(x_i)<\varepsilon+f_k(x_i)$，所以

$$\begin{aligned}f(x_i)&<\varepsilon+f_{k+1}(x_i)=\varepsilon+\min_j\{c_{ij}+f_k(x_j)\}\\&\leqslant\varepsilon+\min_j\{c_{ij}+f(x_j)+\varepsilon\}=\min_j\{c_{ij}+f(x_j)\}+2\varepsilon\\f(x_i)&>f_{k+1}(x_i)-\varepsilon=\min_j\{c_{ij}+f_k(x_j)\}-\varepsilon\\&\geqslant\min_j\{c_{ij}+f(x_j)-\varepsilon\}-\varepsilon=\min_j\{c_{ij}+f(x_j)\}-2\varepsilon\end{aligned}$$

这就证明了 $f(x_i)=\min_j\{c_{ij}+f(x_j)\}$。

证毕。

例 15-9 设有 1,2,3,4,5 共 5 个城市，相互距离如图 15-4 所示。试用函数空间迭代法求各城市到城市 5 的最短路线和最短路程。

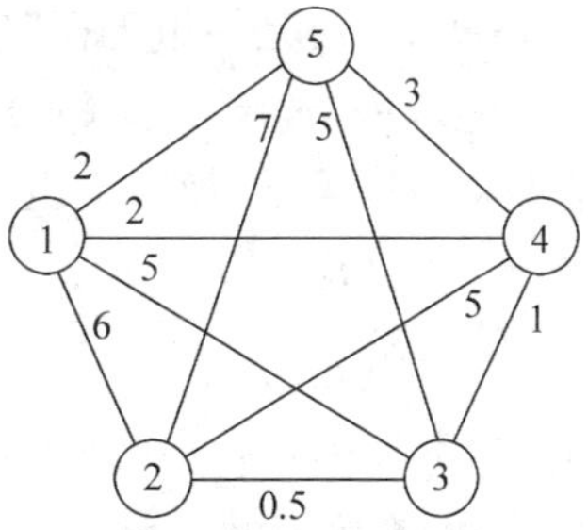

图 15-4 城市路线图

解：用函数空间迭代法先给定一个初始函数为

$$\begin{cases}f_1(i)=c_{i5},\quad i=1,2,3,4\\f_1(5)=0\end{cases}$$

由图 15-4 得到

$$\begin{cases}f_1(1)=c_{15}=2,\quad f_1(2)=c_{25}=7\\f_1(3)=c_{35}=5,\quad f_1(4)=c_{45}=3\end{cases}$$

再求 $f_2(i)$：

$$\begin{cases}f_2(1)=\min_j\{c_{1j}+f_1(j)\}=\min\{0+2,6+7,5+5,2+3,2+0\}=2\\f_2(2)=\min_j\{c_{2j}+f_1(j)\}=\min\{6+2,0+7,0.5+5,5+3,7+0\}=5.5\end{cases}$$

类似地，可得到 $f_2(3)=4$，$f_2(4)=3$。

再计算 $f_3(i)$：

$$f_3(1)=\min_j\{c_{1j}+f_2(j)\}=\min\{0+2,6+5.5,5+4,2+3,2+0\}=2$$

类似地，可得到 $f_3(2)=4.5$，$f_3(3)=4$，$f_3(4)=3$。

再计算 $f_4(i)$：

$$f_4(1)=2, f_4(2)=4.5, f_4(3)=4, f_4(4)=3$$

计算结果说明 $f_4(i)=f_3(i), i=1,2,3,4$，计算停止。$f_4(1), f_4(2), f_4(3), f_4(4)$分别是 1 城、2 城、3 城、4 城到达 5 城的最短路程。然后再求最优决策 $s(i)$。在 $f_4(i)$的计算中，有

$$f_4(1)=c_{15}+f_3(5), \quad \text{所以 } s(1)=5$$
$$f_4(2)=c_{23}+f_3(3), \quad \text{所以 } s(2)=3$$
$$f_4(3)=c_{34}+f_3(4), \quad \text{所以 } s(3)=4$$
$$f_4(4)=c_{45}+f_3(5), \quad \text{所以 } s(4)=5$$

这样，就得到各城到 5 城的最短路线和最短路程为

①→⑤ 最短路程为 2

②→③→④→⑤ 最短路程为 4.5

③→④→⑤ 最短路程为 4

④→⑤ 最短路程为 3

解毕。

2) 决策空间迭代法

在给定 x_1 时，选择一组决策$\{u_{m,x_i}\}$，将依次选定每一步的位置 $x_{i+1}=u_{m,x_i}(x_i)$，直至 $x_N=u_{m,x_N}(x_{N-1})$。这里的下标 m 是不同决策组的标号，i 是阶段标号。

若给定一组初始决策$\{u_{0,x_i}\}$，则将构成一组多阶段状态$\{x_{0,x_i}\}$。

如果$\{u_{0,x_i}\}$是一组无回路的决策，就是不存在这样的回路：

$$x_1 \to x_2=u_{0,x_1}(x_1) \to \cdots \to x_k=u_{0,x_{k-1}}(x_{k-1}) \to x_1=u_{0,x_k}(x_k)$$

则在$\{u_{0,x_i}\}$决策下，做方程组：

$$\begin{cases} f_0(x_i)=c_{x_i u_0,x_i}(x_i)+f[u_{0,x_i}(x_i)], & x_i=1,2,\cdots,N-1 \\ f_0(x_N)=0 \end{cases} \tag{15-20}$$

解出 $f_0(x_1), f_0(x_2), \cdots, f_0(x_{N-1})$。由于$\{u_{0,i}\}$是无回路的初始决策，可以证明方程组(15-20)有唯一解。解出 $f(x_i)$以后，求

$$\min_{x_j}\{c_{x_i x_j}+f(x_j)\}, \quad i=1,2,\cdots,N-1$$

设$\min\limits_{x_j}\{c_{x_i x_j}+f(x_j)\}=c_{x_i x_{i_1}}+f(x_{i_1})$，则令

$$u_{1,x_i}(x_i)=x_{i1}, \quad x_i=1,2,\cdots,N-1$$

这就得到一组新的决策$\{u_{1,x_i}(x_i)\}$，或简记为$\{u_{1,x_i}\}$，再解方程组(15-20)。重复上面的做法，直到对所有的 x_i 都有 $u_{m,x_i}=u_{m-1,x_i}$，则$\{u_{m,x_i}\}$就是最优决策。

同样可以证明，如果决策$\{u_{0,x_i}\}$是无回路的，那么由上面的方法得到的决策$\{u_{1,x_i}\}$也是无回路的，并且由此得到的$\{f_m(x_i)\}$是单调下降序列，它的极限是函数方程(15-17)的解。

例 15-10 利用决策空间迭代法求解例 15-10 的问题。

解：任选一个没有回路的初始决策$\{u_{0,i}\}$，如取 $u_{0,1}(1)=5$，$u_{0,2}(2)=4$，$u_{0,3}(3)=5$，$u_{0,4}(4)=3$，$u_{0,5}(5)=5$，由$\{u_{0,i}\}$求$\{f_0(i)\}$，解下列方程组：

$$\begin{cases} f_0(1) = c_{1u_{0,1}}(1) + f_0[u_{0,1}(1)] = c_{15} + f_0(5) \\ f_0(2) = c_{24} + f_0(4) \\ f_0(3) = c_{35} + f_0(5) \\ f_0(4) = c_{43} + f_0(3) \end{cases}$$

解出 $f_0(1)=2$，$f_0(2)=11$，$f_0(3)=5$，$f_0(4)=6$。再把 $f_0(i)$代入$\min\limits_{x_j}\{c_{ix_j}+f_0(x_j)\}$中解出 $u_{1,i}(i)$。

$i=1$ 时，有

$$\begin{aligned} f_1(1) &= \min_{x_j}\{c_{1x_j}+f_0(x_j)\} \\ &= \min_{x_j}\{c_{11}+f_0(1), c_{12}+f_0(2), c_{13}+f_0(3), c_{14}+f_0(4), c_{15}+f_0(5)\} \\ &= \min\{0+2, 6+11, 5+5, 2+6, 2+0\} \\ &= c_{15}+f_0(5) = 2 \end{aligned}$$

所以 $u_{1,1}(1)=5$。类似地，可以求得 $u_{1,2}(2)=3$，$u_{1,3}(3)=5$，$u_{1,4}(4)=5$。把$\{u_{1,i}\}$代入方程组(15-20)，有

$$\begin{cases} f_1(1) = c_{15} + f_1(5) \\ f_1(2) = c_{23} + f_1(3) \\ f_1(3) = c_{35} + f_1(5) \\ f_1(4) = c_{45} + f_1(5) \\ f_1(5) = 0 \end{cases}$$

解出 $f_1(1)=2$，$f_1(2)=5.5$，$f_1(3)=5$，$f_1(4)=3$，$f_1(5)=0$。再把 $f_1(i)$代入$\min\limits_{x_j}\{c_{ix_j}+f_1(x_j)\}$中解出$\{u_{2,i}\}$。

$i=1$ 时，有

$$\begin{aligned} f_2(1) &= \min_{x_j}\{c_{21}+f_1(1), c_{22}+f_1(2), c_{23}+f_1(3), c_{24}+f_1(4), c_{15}+f_1(5)\} \\ &= \min_{x_j}\{0+2, 6+5.5, 5+5, 2+3, 2+0\} = c_{15}+f_1(5) = 2 \end{aligned}$$

所以 $u_{2,1}(1)=5$。类似地，可以求得 $u_{2,2}(2)=3$，$u_{2,3}(3)=4$，$u_{2,4}(4)=5$。

再由$\{u_{2,i}\}$，求 $f_2(i)$。$f_2(1)=2$，$f_2(2)=4.5$，$f_2(3)=4$，$f_2(4)=3$。

由 $f_2(i)$求 $u_3(i)$。$u_{3,1}(1)=5$，$u_{3,2}(2)=3$，$u_{3,3}(3)=4$，$u_{3,4}(4)=5$。这时 $u_{3,i}(x_i)=u_{2,i}$，$i=1,2,3,4$。所以最优决策为$\{u_{3,i}\}=\{5,3,4,5\}$。最短路线及最短路程为

①→⑤	最短路程为 2
②→③→④→⑤	最短路程为 4.5
③→④→⑤	最短路程为 4
④→⑤	最短路程为 3

解毕。

可以看出，函数空间迭代法和策略空间迭代法得到的解是一样的。

15.3 动态系统最优控制问题

15.3.1 离散动态系统最优控制问题的求解

离散最优控制的提法是：设有一离散动态系统，其状态转移方程为

$$\boldsymbol{x}_{i+1}=\boldsymbol{f}(\boldsymbol{x}_i,\boldsymbol{u}_i),\quad i=0,1,\cdots,N-1 \tag{15-21}$$

假定 $\boldsymbol{x}$ 和 $\boldsymbol{u}_i$ 满足约束条件：

$$g_i(\boldsymbol{x},\boldsymbol{u}_i)\leqslant 0,\quad i=1,2,\cdots,N \tag{15-22}$$

对初始条件 $\boldsymbol{x}_0$，终端条件 $\boldsymbol{x}_N$ 在域 $G(\boldsymbol{x}_N)=0$ 上的系统的性能指标（或效益函数）为

$$J_N=G[\boldsymbol{x}_N]+\sum_{i=1}^{N-1}F(\boldsymbol{x}_i,\boldsymbol{u}_i) \tag{15-23}$$

决定一个控制序列 $\boldsymbol{u}_0,\boldsymbol{u}_1,\cdots,\boldsymbol{u}_{N-1}$，当将 $\{\boldsymbol{u}_i\}$ 及相应的 $\boldsymbol{x}$ 代入式(15-23)时 J_N 达到最小（或最大）值。这是一个 N 阶段决策过程，见图 15-5。

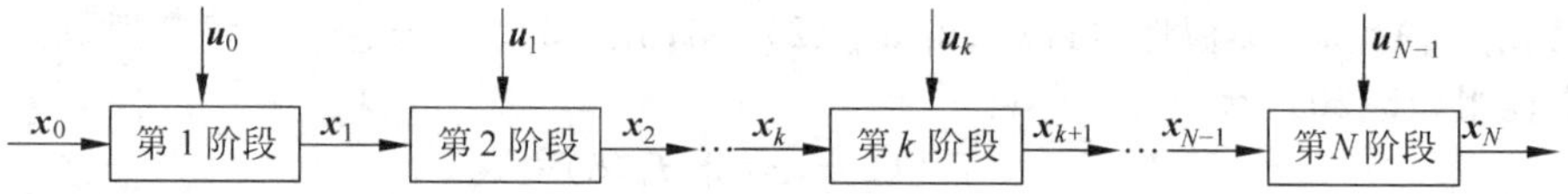

图 15-5 离散最优控制的 N 阶段决策过程

在式(15-21)～式(15-23)中，$\boldsymbol{x}_i$ 为系统的 n 维状态矢量，$\boldsymbol{u}_i$ 为控制矢量，$\boldsymbol{f}$ 为 N 维矢函数。

目标函数的最小值为初始状态 $\boldsymbol{x}_0$ 和阶段长度 N 的函数，记作 $J_N(\boldsymbol{x}_0)$，则

$$J_N(\boldsymbol{x}_0)=\min_{\{\boldsymbol{u}_i\}}\left\{G(\boldsymbol{x}_N)+\sum_{i=0}^{N-1}F(\boldsymbol{x}_i,\boldsymbol{u}_i)\right\} \tag{15-24}$$

根据最优化原则，可将式(15-24)写成

$$J_N(\boldsymbol{x}_0)=\min_{\boldsymbol{u}_0}\{F(\boldsymbol{x}_0,\boldsymbol{u}_0)+J_{N-1}(\boldsymbol{x}_1)\} \tag{15-25}$$

式中，

$$J_{N-1}(\boldsymbol{x}_1)=\min_{\{\boldsymbol{u}_i\}}\left\{G(\boldsymbol{x}_N)+\sum_{i=1}^{N-1}F(\boldsymbol{x}_i,\boldsymbol{u}_i)\right\} \tag{15-26}$$

这是一个函数方程，可以递推求解，每次都是求一个 $\boldsymbol{u}_i^*$ 的最优解，其求解步骤如下：

(1) 令 $J_0(\boldsymbol{x}_N)=G(\boldsymbol{x}_N)$。

(2) 对任一个 $\boldsymbol{x}_{N-1}$，由

$$J_1(\boldsymbol{x}_{N-1})=\min_{\boldsymbol{u}_{N-1}}\{F(\boldsymbol{x}_{N-1},\boldsymbol{u}_{N-1})+J_0(\boldsymbol{x}_N)\} \tag{15-27}$$

求出使该式右端取最小值的 $\boldsymbol{u}_{N-1}^*$。式中，$\boldsymbol{x}_{N-1}=\boldsymbol{f}(\boldsymbol{x}_{N-1},\boldsymbol{u}_{N-1})$。则

$$J_1(\boldsymbol{x}_{N-1}) = F(\boldsymbol{x}_{N-1},\boldsymbol{u}_{N-1}^*) + J_0[\boldsymbol{f}(\boldsymbol{x}_{N-1},\boldsymbol{u}_{N-1}^*)] \tag{15-28}$$

(3) 对任一个 $\boldsymbol{x}_{N-2}$，由

$$J_2(\boldsymbol{x}_{N-2}) = \min_{\boldsymbol{u}_{N-2}}\{F(\boldsymbol{x}_{N-2},\boldsymbol{u}_{N-2}) + J_1(\boldsymbol{x}_{N-1})\} \tag{15-29}$$

求出使该式右端取最小值的 $\boldsymbol{u}_{N-2}^*$。式中，$\boldsymbol{x}_{N-1}=\boldsymbol{f}(\boldsymbol{x}_{N-2},\boldsymbol{u}_{N-2})$。则

$$J_2(\boldsymbol{x}_{N-2}) = r(\boldsymbol{x}_{N-2},\boldsymbol{u}_{N-2}^*) + J_1[\boldsymbol{f}(\boldsymbol{x}_{N-2},\boldsymbol{u}_{N-2}^*)] \tag{15-30}$$

(4) 一般地，如果已经算出 $J_{N-k-1}(\boldsymbol{x}_{k+1})$，则对任一 $\boldsymbol{x}_k$，由

$$J_{N-k}(\boldsymbol{x}_k) = \min_{\boldsymbol{u}_k}\{F(\boldsymbol{x}_k,\boldsymbol{u}_k) + J_{N-k-1}(\boldsymbol{x}_{k+1})\} \tag{15-31}$$

可求出使式(15-31)右端为极小的 $\boldsymbol{u}_k^*$。式中，$\boldsymbol{x}_{k+1}=\boldsymbol{f}(\boldsymbol{x}_k,\boldsymbol{u}_k)$。由此得

$$J_{N-k}(\boldsymbol{x}_k) = F(\boldsymbol{x}_k,\boldsymbol{u}_k^*) + J_{N-k-1}(\boldsymbol{x}_{k+1}^*) \tag{15-32}$$

式中，$\boldsymbol{x}_{k+1}=\boldsymbol{f}(\boldsymbol{x}_k,\boldsymbol{u}_k^*)$。

(5) 重复步骤(4)，由 $k=N-3$ 算到 $k=0$ 为止。这样，便可算出最优决策 $\boldsymbol{u}_0^*,\cdots,\boldsymbol{u}_{N-1}^*$ 和目标函数的最优值 $J_N(\boldsymbol{x}_0)$。

可以看出，离散动态系统最优控制与多阶段决策过程的最优化问题的数学模型是一样的，因此可以用前面已经介绍过的方法进行求解，这里不再重复。

15.3.2 连续动态系统最优控制问题的求解

连续动态系统最优控制问题的提法是：设有一由矢量微分方程描述的连续控制过程

$$\dot{\boldsymbol{x}}(t) = \boldsymbol{f}(\boldsymbol{x},\boldsymbol{u},t) \tag{15-33}$$

对初始条件为 $\boldsymbol{x}(t_0)=\boldsymbol{x}_0$，终端条件 $\boldsymbol{x}(t_f)$ 在域 $G(\boldsymbol{x},t)=0$ 上的目标函数

$$J = G[\boldsymbol{x}(t_f),t_f] + \int_{t_0}^{t_f} F(\boldsymbol{x},\boldsymbol{u},t)\mathrm{d}t \tag{15-34}$$

寻求控制矢量 $\boldsymbol{u}(t)$ 和对应的状态矢量 $\boldsymbol{x}(t)$，使目标函数取最优值。令

$$J(\boldsymbol{x},t) = \min_{\boldsymbol{u}}\left\{G[\boldsymbol{x}(t_f),t_f] + \int_{t_0}^{t_f} F(\boldsymbol{x},\boldsymbol{u},t)\mathrm{d}t\right\} \tag{15-35}$$

在式(15-33)～式(15-35)中，t 在区间 $[t_0,t_f]$ 上变化；$\boldsymbol{x}$ 是一个状态矢量；$\boldsymbol{u}$ 是控制矢量；$\boldsymbol{f}$ 是一个可微矢函数；$F(\boldsymbol{x},\boldsymbol{u},t)$ 是一个可微标量函数，代表了系统在单位时间的效益；极小是对所有 $\boldsymbol{u}$ 取的。

应用最优化原则，得到函数方程

$$J(\boldsymbol{x},t) = \min_{\boldsymbol{u}}\left\{\int_{t}^{t+\Delta t} F(\boldsymbol{x},\boldsymbol{u},t)\mathrm{d}t + J[\boldsymbol{x}(t+\Delta t),t+\Delta t]\right\} \tag{15-36}$$

当 $\Delta t \to 0$ 时，函数方程变为

$$-\frac{\partial J}{\partial t} = \min_{\boldsymbol{u}}\left\{F(\boldsymbol{x},\boldsymbol{u},t) + \left(\frac{\partial J}{\partial \boldsymbol{x}}\right)^{\mathrm{T}} \boldsymbol{f}(\boldsymbol{x},\boldsymbol{u},t)\right\} \tag{15-37}$$

从式(15-37)得出下列两个微分方程：

$$\left.\begin{aligned}&\frac{\partial F}{\partial \boldsymbol{u}}+\frac{\partial \boldsymbol{f}}{\partial \boldsymbol{u}}\frac{\partial J}{\partial \boldsymbol{x}}=\boldsymbol{0}\\&F(\boldsymbol{x},\boldsymbol{u},t)+\left(\frac{\partial J}{\partial \boldsymbol{x}}\right)^{\mathrm{T}}\boldsymbol{f}(\boldsymbol{x},\boldsymbol{u},t)+\frac{\partial J}{\partial t}=0\end{aligned}\right\}\tag{15-38}$$

由此可以决定最优控制 $\boldsymbol{u}^*(t)$。

例 15-11 由下式描述的一阶控制过程：

$$\dot{x}(t)=-ax+\gamma u$$

式中，a 和 γ 为一正常数。控制信号 u 受条件 $|u|\leqslant M$ 约束。试决定最优控制信号 u，使下面的目标函数取极小值：

$$J(u)=\int_0^{t_1}x^2\mathrm{d}t$$

解：令

$$J[x(t),t]=\min_{|u|\leqslant M}\int_t^{t_1}x^2\mathrm{d}t$$

则函数方程为

$$-\frac{\partial J}{\partial t}=\min_{|u|\leqslant M}\left\{x^2+\left(\frac{\partial J}{\partial x}\right)(-ax+\gamma u)\right\}\tag{15-39}$$

如果

$$u(t)=-M\mathrm{sgn}\left(\frac{\partial J}{\partial x}\right)$$

即最优控制 $u^*(t)$ 按 $\frac{\partial J}{\partial x}$ 的符号切换于 $-M$ 和 $+M$ 之间，则函数方程(15-39)的括号内的项目取极小值。因为

$$\gamma u^*\frac{\partial J}{\partial x}=-\gamma M\mathrm{sgn}\left(\frac{\partial J}{\partial x}\right)\cdot\frac{\partial J}{\partial x}=-\gamma M\left|\frac{\partial J}{\partial x}\right|$$

所以 $\frac{\partial J}{\partial x}$ 由下面的偏微分方程的解来决定：

$$-\frac{\partial J}{\partial x}=x^2-ax\frac{\partial J}{\partial x}-\gamma M\left|\frac{\partial J}{\partial x}\right|$$

再利用数值方法求得上式的数值解。
解毕。

习题

15-1 在图 15-6 中，求 A 点到 E 点的最短路线和最短路程。

15-2 有个畜牧场，每年出售部分牲畜，出售 y 头牲畜可获利 $\varphi(y)$ 元。留下 t 头牲畜再繁殖，一年后可得到 $at(a>1)$ 头牲畜。已知该畜牧场年初有 x 头牲畜，确定每年应该出售多少，留下多少，使 N 年后还有 z 头牲畜并且获得的收入总和最大。

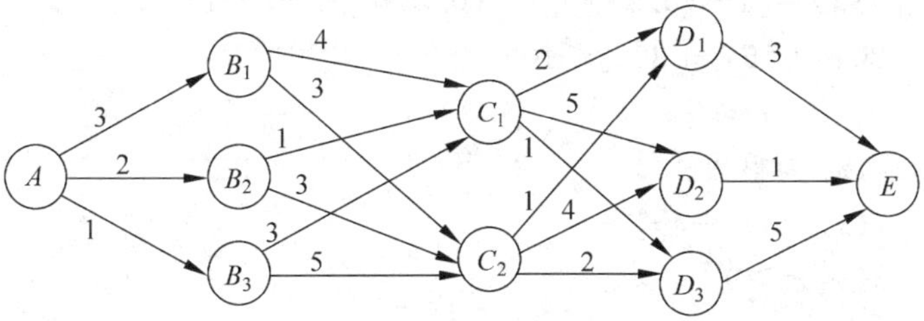

图 15-6 题 15-1 图

把这个问题当作多阶段决策问题，利用最优化原理找出递推公式。

15-3 如图 15-7 所示，从 O 点到 V 点只能走平行或垂直的边，边长是图上每条边旁边的数。

(1) 用最优化原理求 O 点到 V 点的最短路程和最短路线。

(2) 用穷举法求 O 点到 V 点的最短路线的加法次数和比较次数，用最优化原理求 O 点到 V 点的最短路线的加法次数和比较次数。

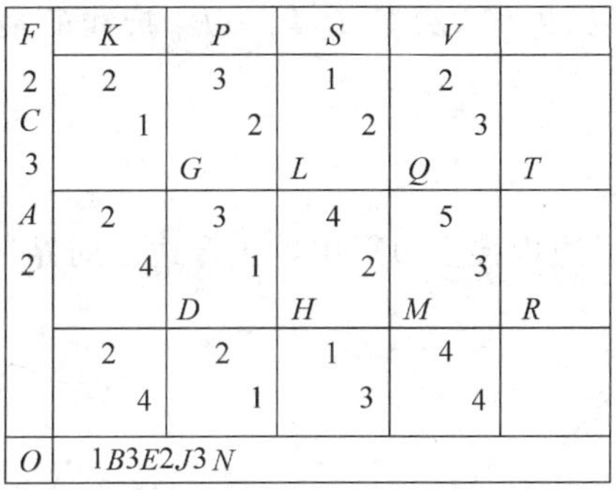

图 15-7 题 15-3 图

15-4 某单位有资源 100 单位，拟分 4 个周期使用，在每个周期有生产任务 A 和 B。若把资源用于 A 生产任务，则每单位能获利 10 元，资源回收率为 2/3；若把资源用于 B 生产任务，则每单位能获利 7 元，资源回收率为 9/10。问每个周期应如何分配资源，才能使总收益最大？

15-5 用动态规划方法解下列非线性规划问题：

(1) $\max \quad f(\boldsymbol{x})=4x_1^2-x_2^2+2x_3^2+12$

$\text{s.t.} \quad 3x_1+2x_2+x_3=9$

$x_1,x_2,x_3\geqslant 0$

(2) $\max \quad f(\boldsymbol{x})=\sqrt{x_1}+\sqrt{x_2}+\cdots+\sqrt{x_n}$

$\text{s.t.} \quad x_1+x_2+\cdots+x_n=a$

$x_i\geqslant 0, \quad i=1,2,\cdots,n$

(3) max $f(\boldsymbol{x})=[1-(0.5)^{x_1}][1-(0.2)^{x_2}][1-(0.1)^{x_3}]$

s. t. $20x_1+15x_2+30x_3\leqslant 105$

$x_1,x_2,x_3\geqslant 0$

其中,x_1,x_2,x_3 为整数。

(4) min $f(\boldsymbol{x})=3x_1^2+4x_2^2+x_3^2$

s. t. $x_1x_2x_3\geqslant 9$

$x_i\geqslant 0,\quad i=1,2,3$

(5) max $f(\boldsymbol{x})=x_1^2x_2x_3^3$

s. t. $x_1+x_2+x_3\leqslant 6$

$x_i\geqslant 0,\quad i=1,2,3$

15-6 设有 5 个城市 1,2,3,4,5,相互的距离如图 15-8 所示。试用函数空间迭代法和决策空间迭代法求各城市到 5 城的最短路线和最短路程。

15-7 如图 15-9 所示,P_0OP_n 是单位圆上的一个扇形,中心角为 α,$P_1,P_2,\cdots P_n$ 是圆上一些任选点,则折线段$\overline{P_0P_1},\overline{P_1P_2},\cdots,\overline{P_{n-1}P_n}$的总长为 $2\sum\limits_{i=1}^{n}\sin\dfrac{\theta_i}{2}$,$\theta_I$ 是 OP_{i-1}与 OP_i 间的夹角。如果 $f_n(\alpha)$是 $P_0P_1\cdots P_n$ 折线的最大长度,用最优化原理证明:

(1) $f_n(\alpha)=2n\sin\dfrac{\alpha}{2n}$;

(2) 由此推出圆的 N 边内接多边形中以正多边形周界为最长。

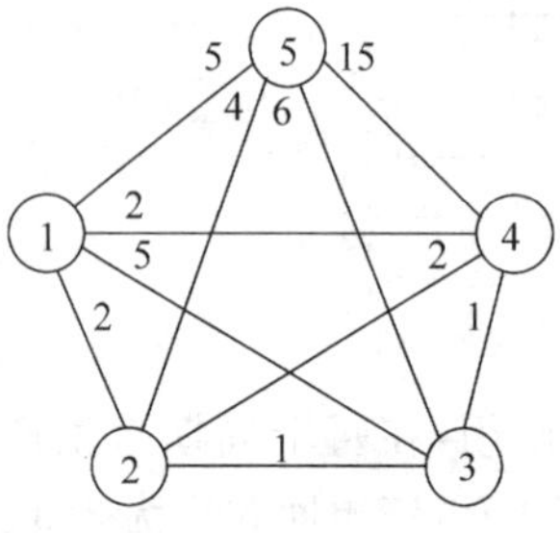

图 15-8 题 15-6 图

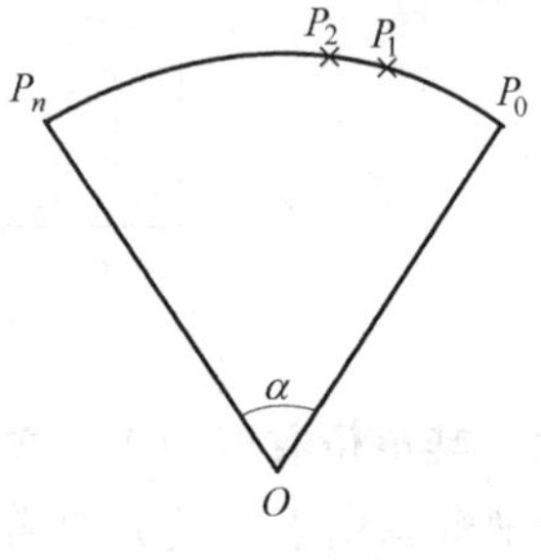

图 15-9 题 15-7 图

15-8 利用动态规划方法证明平均值不等式:

$$\frac{(x_1+x_2+\cdots+x_n)}{n}\geqslant(x_1x_2\cdots x_n)^{\frac{1}{n}}$$

设 $x_i\geqslant 0,i=1,2,\cdots,n$。

15-9 生产计划问题。根据合同,某厂明年每个季度末应向销售公司提供产品,有关信息见表 15-8。若产品过多,季末有积压,则一个季度每积压 1t 产品需支付存储费 0.2 万元。现需找出明年的最优生产方案,使该厂能在完成合同的情况下使全年的生产费用最低。试建立此问题的动态规划模型(不用求解)。

表 15-8 题 15-9 表

季度 j	生产能力 a_j/t	生产成本 r_j/(万元/t)	需求量 b_j/t
1	30	15.6	20
2	40	14.0	25
3	25	15.3	30
4	10	14.8	15

参考文献

1. 熊义杰. 运筹学教程(第二版)[M]. 北京：国防工业出版社，2007.
2. 宁宣熙. 运筹学实用教程(第二版)[M]. 北京：科学出版社，2007.
3. 刁在筠. 运筹学(第三版)[M]. 北京：高等教育出版社，2007.
4.《数学手册》编写组，数学手册[M]. 北京：高等教育出版社，1979.

附录A 中英文索引

A

A^* 搜索算法	A^* search method	9.3

B

Boltzmann 机(玻耳兹曼机)	Boltzmann machine	11.3.1
变尺度法	variable metric method	6.4
变分法及其在最优控制中的应用	variation method and its application in optimal control	14
变分法与动态规划	variation method and dynamic programming	第 4 篇
变量	variable,argument	1.1
变异	mutation	12.1
不可行的	infeasible	2.2
不可行性	infeasibility	2.2

C

初始基本可行解的获取	acquirement of initial basic feasible solution	2.4
初始可行解	initial feasible solution	

D

大 M 法	large M method	2.4.1
单纯形表的建立	establishment of simplex table	2.3.1
单纯形法	simplex method	6.6
单纯形方法	simplex method	2.3
单纯形方法的基本步骤	basic steps of simplex method	2.3.3
动态规划	dynamic programming	16
动态系统最优控制	optimal control of dynamic system	15.3
多阶段决策过程模型与算法	multi-stage process decision model	15.1
多目标优化问题	multi objectives optimal problem	8.1
多项式插值法	polynomial interpolation method	
多元函数的泰勒(Taylor)展开式	Taylor expansion of multi-variable function	4.1

E

二次插值法	quadratic interpolation method	5.3
二次形的概念	concept of quadratic form	4.3.1

F

泛函	functional	13.1
泛函的极值——欧拉方程	functional extreme value and Euler's equation	13.2
非线性的	nonlinear	
非线性规划	non-linear programming	第2篇
非线性规划数学分析基础	mathematical basis of the non-linear programming	4
非线性规划中的一些其他方法	other methods in non-linear programming	8
分支定界法	branch and bound method	3.3
复合形法	complex method	7.2
复制	reproduction	12.1

G

Gaussian 机(高斯机)	Gaussian machine	11.3.2
割平面法	cutting plane method	3.2
格点法	grid method	5.5
共轭方向法	conjugate gradient algorithm	6.5
固体退火过程	process of solid annealing	11.1.1

H

Hamming 悬崖	Hamming cliff	12.1
Hopfield 神经网络	artificial neural network model	10.2
Hopfield 神经网络优化方法	optimization method based on Hopfield neural networks	10
Hopfield 网络	Hopfield neural networks	10.2
Hopfield 网络的联想记忆功能	Hopfield neural networks and optimization problem	10.3
海赛矩阵	Hessian matrix	4.1
函数的二次型与正定矩阵	quadratic form and positive matrix	4.3,6.3
函数的方向导数	directional derivative of function	4.2.1
函数的方向导数与最速下降方向	directional derivative of function and steepest descent direction	4.2
黄金分割法	golden section method	5.2
黄金分割法(0.618法)	golden section method(0.618 method)	5.2.2

J

基本可行解	basic feasible solution	2.2.3
几种典型的最优控制问题	several classic optimal control problems	14.1.3
交叉	crossover	12.1
局部解	local solution	7,7.2.2,11.2.1
均场近似	mean field approximation	11.4.1
均场退火的稳定性	stability of mean field annealing	11.4.2
均场退火法	mean field annealing algorithm	11.4
均场退火计算步骤	implementation steps of MFAA	11.4.3

K

Cauchy 机(柯西机)	Cauchy machine	11.3.3
可变容差法	flexible tolerance method	8.4
可动边界泛函的极值	moving boundary functional extreme value	13.3
可行解	feasible solution	2.2.1
可行解与可行域	feasible solution and feasible region	2.2.1
控制矢量 $\boldsymbol{u}(t)$受限问题	control vector constrained	14.2.1

L

拉格朗日乘子	Lagrange multiplier	7.1,13.4
离散 Hopfield 网络	discrete Hopfield neural networks	10.2.1
离散 Hopfield 网络用于联想记忆	associative memory by discrete HNN	10.2.2
离散系统的最大(小)值原理	the maximum(minimum)principle for discrete system	13.3
利用变分法求解最优控制问题	solving optimal control problem with variation method	13.4
连续 Hopfield 网络	continuous Hopfield neural networks	10.2.3
连续系统的最大(小)值原理	the maximum principle for continuum system	14.1
扫描法	scanning method	14.2.4
两阶段法	two-stage method	2.4.2

M

Metropolis 准则	Metropolis rule	11.1.3
模拟退火法的数理基础	physical basis of simulated annealing algorithm	11.1
模拟退火法与均场退火法	simulated annealing algorithm and mean field annealing algorithm	11
模拟退火算法	simulated annealing algorithm	11.2
目标函数	objective function	1.2

N

牛顿法	Newton's method	6.3

P

偏置轮盘选择	Roulette wheel selection, RWS	12.1

Q

启发式评价函数	heuristic evaluation function	9.2
启发式搜索方法	heuristic search method	9
切线法	tangent method	5.4
穷举法	enumeration method	3.1.2
区间消去的原理	principle of interval shrinkage	5.2.1
确定性多阶段决策问题	deterministic multi-stage process decision problem	15.2

R

人工神经模型	artificial neuron model	10.1.2
人工神经网络相互作用模型	interconnection pattern for artificial neural network	10.1.3

S

生物神经系统	biology nervous system	10.1.1
实数编码的遗传算法	real-number encoding genetic algorithm	12.3
数学模型的尺度变换	metric variation of a mathematic model	8.2
搜索方向	direction of search	6
搜索区间的确定	determination of search interval	5.1
算法参数的确定	setting parameters for SAA	11.2.2
算法描述	description of SAA	11.2.1
随机机的实现步骤	implementation steps of SNN	11.3.4
随机型神经网络	stochastic neural networks	11.3

T

梯度	gradient	4.2
梯度法	gradient methods	6.2
凸函数与凸规划	convex function and convex programming	4.5
图解法	graphic method	2.2.2
图搜索算法	graph search method	9.1
退火过程中的统计力学	statistical mechanics for annealing process	11.1.2

W

无约束多维最优化方法	non-constraint optimal problem methods	6
无约束优化的极值条件	extreme conditions of unconstrained optimal problems	4.4

X

线性等式约束	linear equality constraints	2,7.1.1
线性规划	linear programming	2
线性规划的基本定理	fundamental theorem of LP	2.2.4
线性规划的数学模型	mathematical models of LP	2.1.2
线性规划求解基本原理	the basic principles for solving LP problems	2.2
线性规划数学模型	mathematical models of LP	2.1
线性规划问题	linear programming problem	2.1.1
线性规划与整数规划	linear programming and integer programming	第1篇
消元法	elimination method	7.1.1
选择	selection	12.1

Y

一维搜索	line search	5
一维最优化方法	one-dimensional optimal methods	5
遗传操作	principle operation of genetic algorithm	12.1
遗传算法	genetic algorithm	12
遗传算法过程	process of genetic algorithm	12.1
最大(小)值原理的应用	application of the maximum(minimum) principle	14.2
优化变量	optimal variables	1.1
约束函数	constraint function	1.3
约束条件	constraints	1.3
约束误差的影响及其优化方法	influence of constraint error and other optimal method	8.3
约束优化的极值条件	extreme conditions of constrained optimal problems	4.6
约束最优化方法	constraint optimal problem methods	7
约束最优化问题的间接解法	constraint optimal problem direct methods	7.1
约束最优化问题的直接解法	constraint optimal problem indirect methods	7.2

Z

整数规划数学方法	mathematical models of IP	3.1.1
整数线性规划	integer programming	3

整数线性规划数学模型及穷举法	mathematical models of IP and enumeration method	3.1
正定矩阵及其判别方法	positive matrix and discrimination method	4.3.2
直接搜索法	direct search method	7.2
智能优化方法	intelligent optimization method	第3篇
终端时刻可变	end time varied	13.2.3
重组	recombination	12.1
状态变量终端受限	end state variable constrained	13.2.2
最大(小)值原理	the maximum(minimum) principle	14.1.2
最大值原理	the maximum principle	14
最速下降法	steepest descent method	6.2
最速下降方向	steepest descent direction	4.2.2
最小二乘法	least squares method	6.7
最优化方法概述	introduction of optimal methods	1.5
最优化基本要素	fundamentals of optimization	1
最优化问题的数学模型及分类	mathematical model and classification of optimization	1.4
最优控制问题的提法	expressive way on optimal control problem	14.1.1
最优性判别与换基迭代	optimality discrimination and iteration for changing base	2.3.2
坐标轮换法	coordinate alternation method	6.1